"十二五"职业教育国家规划教材
经全国职业教育教材审定委员会审定
全国高等职业教育工业生产自动化技术系列规划教材

过程控制仪表及装置
（第 3 版）

丁　炜　主编
曹秀敏　付春仙　副主编
马应魁　主审

电子工业出版社
Publishing House of Electronics Industry
北京·BEIJING

内 容 简 介

本书立足高等职业教育的应用特色和能力本位,突出人才应用能力和创新素质的培养,融理论教学与实践训练为一体,系统地介绍了过程控制仪表与装置的构成原理、使用、安装和调试技术。全书编写采用"目标驱动法",共9章;涵盖了生产现场的变送器、控制器、执行器、辅助仪表、DCS、智能式现场仪表和过程控制仪表与装置的应用案例分析。为适应不同行业的需要,应用案例分析涉及石油、化工、冶金、电力、医药等行业。

本书理论联系实际,工学结合,内容丰富,实用性强。可作为高职高专院校、本科院校举办的职业技术学院工业生产自动化技术专业及相关专业的教材,也可作为五年制高职、成人教育工业生产自动化及相关专业的教材,还可供从事生产自动化技术工作的人员参考使用。

未经许可,不得以任何方式复制或抄袭本书之部分或全部内容。
版权所有,侵权必究。

图书在版编目(CIP)数据

过程控制仪表及装置/丁炜主编. —3版. —北京:电子工业出版社,2014.10
全国高等职业教育工业生产自动化技术系列规划教材
ISBN 978-7-121-24389-9

Ⅰ. ①过… Ⅱ. ①丁… Ⅲ. ①过程控制仪表-高等职业教育-教材 ②过程控制-控制设备-高等职业教育-教材 Ⅳ. ①TP273

中国版本图书馆 CIP 数据核字(2014)第220236号

策划编辑:王昭松
责任编辑:王昭松
印　　刷:北京虎彩文化传播有限公司
装　　订:北京虎彩文化传播有限公司
出版发行:电子工业出版社
　　　　　北京市海淀区万寿路173信箱　邮编 100036
开　　本:787×1092　1/16　印张:16.75　字数:428.8千字
版　　次:2007年8月第1版
　　　　　2014年10月第3版
印　　次:2020年7月第8次印刷
定　　价:36.00元

凡所购买电子工业出版社图书有缺损问题,请向购买书店调换。若书店售缺,请与本社发行部联系,联系及邮购电话:(010)88254888。
质量投诉请发邮件至 zlts@phei.com.cn,盗版侵权举报请发邮件至 dbqq@phei.com.cn。
服务热线:(010)88258888

第 3 版前言

《过程控制仪表及装置》教材自 2007 年出版以来，由于内容实用、语言简练、实训典型深受广大读者的喜爱，经过不断的修订和完善，本书的第 3 版有幸获批成为"十二五"职业教育国家规划教材，这是对编者的肯定，更是一种鞭策，我们有责任将这本书做得更好，以答谢读者的厚爱。

《过程控制仪表及装置（第 3 版）》教材延续了前两个版次的风格和特点，立足高职高专人才教育培养目标，遵循主动适应社会发展需要、突出应用性和针对性、加强实践能力培养的原则，融入教学改革的经验和成果，借鉴国外职业教育思想及教材建设思路，从高职院校的实际出发，精选内容，突出重点，力求教材本身的实用性和教材对高职学生的适用性。

过程控制仪表与装置是实现生产过程自动化的工具，是生产过程高效运行的保障，有利于提高生产效率，保证产品质量，减少生产过程的原材料、能源损耗。近年来，随着微电子技术、计算机技术和网络技术的发展，过程控制仪表已经进入以 DCS 和智能仪表为主的时代。为了满足广大师生及有关技术人员学习本课程的需要，在编写第 3 版时，增加了智能式现场总线仪表的使用和校验方法，增加了通过现场仪表和 DCS 来实现过程控制系统集成的案例，考虑到各学校已具备开设加压校验智能差压变送器的条件，将原书中"模拟"校验智能差压变送器的实训内容改为"加压"校验智能差压变送器，努力使课程内容体现该领域的先进工程技术，以提高职业教育的针对性和适应性。

除了对教材内容进行调整外，本次修订还着重对教学资源进行了升级，除配套精品课程网站外，还增设了仪表维修工考试题库，读者可通过访问课程网站和在线答题巩固学习成果，进行自测和考前训练。

本书具有以下特点。

- 集理论、实践技能训练与技术应用能力培养为一体，体系新颖，体现了高职高专人才教育的培养模式和基本要求。理论以"够用为度"；实践以"实用为主"。
- 将知识点与技能点紧密结合，并注重经验技能和技术技能的结合。理论联系实际，掌握知识与培养能力并行，注重培养学生实际动手能力和解决工程实际问题的能力，突出高等职业教育的应用特色和能力本位。
- 全书编写采用"目标驱动法"。每章以知识目标和技能目标为主线，以仪表"性能"和"外特性"剖析为手段，以树状小结为浓缩，结构清晰，深入浅出。
- 具体应用以"安装"、"接线"、"参数设置"和"运行调试"为核心，以单体仪表的项目训练为抓手，以构成工业过程实际控制系统为最终目标；同时，提出了实训装置的标准配置或最低配置,以方便各校选用。

● 案例分析内容覆盖面宽,选择性强,可满足不同行业的需求。

全书共9章,建议按78学时讲授(含实训20学时),其中,绪论、第1章、第7章的第1~3节、第8章、第9章的第1~3节、实训1~6、实训10由兰州石化职业技术学院丁炜老师编写;第2章由山东胜利职业学院范樱花老师编写;第3、4章由山西工程职业技术学院曹秀敏老师编写;第5章由洛阳工业高等专科学校付春仙老师编写;第6章由西安理工大学陈晓童老师编写;第7章的第4节、实训8和9由兰州石化职业技术学院李红萍老师编写;第9章的第4~6节由兰州石化公司魏宗宪编写。全书由丁炜任主编,曹秀敏、付春仙任副主编,丁炜负责全书统稿工作。

本书由兰州石化职业技术学院马应魁教授主审。马教授提出了许多宝贵意见,在此表示衷心的感谢!

本书是国家示范校重点建设专业的配套成果,对应的"过程控制仪表及装置"课程是院级精品课程,网址为http://jpkc.lzpcc.edu.cn/08/dw/过程控制仪表及装置网页/kch3/jp-kch1.htm。

在本书编写过程中,杜增辉、王东强、滕晓燕做了大量辅助性工作,并给予了大力支持和帮助,亦在此表示诚挚的谢意!

由于编者水平有限,书中错漏在所难免,恳请广大读者批评指正。

编　者
2014年8月

目 录

绪论 ··· 1

第1章 过程控制仪表的基本知识 ·· 4

1.1 过程控制仪表的信号制式 ·· 4
1.1.1 信号制式 ·· 4
1.1.2 信号标准 ·· 5
1.2 电动仪表信号标准的使用 ·· 5
1.2.1 采用4～20mA DC 电流信号传送 ·· 5
1.2.2 采用1～5V DC 电压信号实现控制室内部仪表间联络 ·· 6
1.2.3 控制系统仪表之间的典型连接方式 ·· 6
1.3 过程控制仪表防爆的基本知识 ·· 7
1.3.1 防爆仪表的标准 ·· 7
1.3.2 控制仪表防爆措施 ·· 8
1.3.3 安全火花防爆系统的构成 ·· 9
1.4 过程控制仪表的型号命名 ·· 10
1.4.1 DDZ-Ⅲ型仪表的型号及命名 ·· 10
1.4.2 QDZ 型仪表的型号及命名 ·· 11
1.5 过程控制仪表的分析方法 ·· 11
1.5.1 过程控制仪表的总体分析思路 ·· 11
1.5.2 采用单个放大器的分析方法 ·· 12
1.5.3 采用集成运算放大器的分析方法 ·· 13
本章小结 ·· 16
思考与练习题 1 ·· 16

第2章 变送器 ·· 17

2.1 概述 ·· 17
2.1.1 变送器的构成原理 ·· 17
2.1.2 变送器的量程调整、零点调整和零点迁移 ·· 18
2.2 电容式差压变送器 ·· 19
2.2.1 电容式差压变送器的结构与工作原理 ·· 19
2.2.2 差压变送器的选用、安装和维护 ·· 30
实训1 差压变送器的认识与校验 ·· 33
2.3 其他差压变送器 ·· 35
2.3.1 扩散硅式差压变送器 ·· 35
2.3.2 振弦式差压变送器 ·· 36
2.3.3 DELTAPI K 系列电感式变送器 ·· 38
2.4 温度变送器 ·· 40

  2.4.1　热电偶温度变送器 ………………………………………………………………… 41
  2.4.2　一体化热电偶温度变送器 ……………………………………………………… 47
  2.4.3　热电阻温度变送器 ………………………………………………………………… 51
  2.4.4　一体化热电阻温度变送器 ……………………………………………………… 53
实训2　DDZ-Ⅲ型温度变送器的校验 …………………………………………………………… 54
本章小结 ………………………………………………………………………………………… 57
思考与练习题2 …………………………………………………………………………………… 58

第3章　模拟式控制器 …………………………………………………………………………… 59

3.1　控制器的控制规律 ………………………………………………………………………… 59
  3.1.1　基本控制规律 ……………………………………………………………………… 59
  3.1.2　工程常用控制规律 ………………………………………………………………… 62
3.2　DDZ-Ⅲ型控制器 …………………………………………………………………………… 64
  3.2.1　主要功能 …………………………………………………………………………… 64
  3.2.2　基型控制器的构成 ………………………………………………………………… 65
  3.2.3　手动/自动无扰动切换 …………………………………………………………… 67
3.3　基型控制器的操作 ………………………………………………………………………… 68
  3.3.1　基型控制器的外部结构 …………………………………………………………… 68
  3.3.2　基型控制器的使用方法 …………………………………………………………… 69
实训3　基型控制器的认识与使用方法 ………………………………………………………… 71
实训4　基型控制器的 δ、T_{I} 和 T_{D} 测试 ………………………………………………………… 73
本章小结 ………………………………………………………………………………………… 75
思考与练习题3 …………………………………………………………………………………… 75

第4章　执行器 ……………………………………………………………………………………… 76

4.1　概述 ………………………………………………………………………………………… 76
  4.1.1　执行器的种类和特点 ……………………………………………………………… 76
  4.1.2　执行器的构成 ……………………………………………………………………… 77
  4.1.3　执行器的作用方式 ………………………………………………………………… 78
4.2　执行机构 …………………………………………………………………………………… 79
  4.2.1　气动执行机构 ……………………………………………………………………… 80
  4.2.2　电动执行机构 ……………………………………………………………………… 82
4.3　调节机构 …………………………………………………………………………………… 84
  4.3.1　调节机构的结构和特点 …………………………………………………………… 85
  4.3.2　控制阀的流量系数 ………………………………………………………………… 87
  4.3.3　控制阀的可调比 …………………………………………………………………… 88
  4.3.4　控制阀的流量特性 ………………………………………………………………… 90
4.4　阀门定位器 ………………………………………………………………………………… 93
  4.4.1　气动阀门定位器 …………………………………………………………………… 94
  4.4.2　电/气阀门定位器 ………………………………………………………………… 95
4.5　执行器的选择 ……………………………………………………………………………… 97
  4.5.1　执行器结构形式的选择 …………………………………………………………… 97
  4.5.2　控制阀的流量特性选择 …………………………………………………………… 98

  4.5.3 控制阀口径选择 ······ 100
 4.6 气动薄膜控制阀性能测试 ······ 103
  4.6.1 气动薄膜控制阀主要性能指标 ······ 103
  4.6.2 性能指标的测试方法 ······ 104
 4.7 执行器的安装与维护 ······ 106
  4.7.1 执行器的安装 ······ 106
  4.7.2 执行器的维护 ······ 107
 实训 5 执行器与电/气阀门定位器的认识与校验 ······ 107
 本章小结 ······ 111
 思考与练习题 4 ······ 111

第 5 章 辅助仪表 ······ 112

 5.1 安全栅 ······ 112
  5.1.1 齐纳式安全栅 ······ 112
  5.1.2 变压器隔离式安全栅 ······ 114
 5.2 信号分配器 ······ 116
 5.3 变频器 ······ 117
 5.4 电源箱和电源分配器 ······ 118
  5.4.1 电源箱 ······ 118
  5.4.2 电源分配器 ······ 119
  5.4.3 现场总线仪表电源 ······ 120
 本章小结 ······ 122
 思考与练习题 5 ······ 122

第 6 章 数字式控制器 ······ 123

 6.1 概述 ······ 123
  6.1.1 数字式控制器的分类 ······ 123
  6.1.2 数字式控制器的特点 ······ 124
  6.1.3 数字式控制器的构成原理 ······ 125
 6.2 SLPC 可编程调节器 ······ 126
  6.2.1 SLPC 可编程调节器的性能 ······ 126
  6.2.2 SLPC 可编程调节器的硬件结构 ······ 128
  6.2.3 SLPC 可编程调节器的指令系统 ······ 132
  6.2.4 SLPC 可编程调节器的控制功能指令 ······ 142
  6.2.5 SLPC 可编程调节器的程序输入方法 ······ 148
  6.2.6 SLPC 可编程调节器的投运与维护 ······ 153
 6.3 XMA5000 系列通用 PID 调节器 ······ 155
  6.3.1 XMA5000 系列通用 PID 调节器的功能 ······ 155
  6.3.2 XMA5000 系列通用 PID 调节器的面板操作 ······ 156
 实训 6 SLPC 可编程调节器的结构与使用方法 ······ 158
 实训 7 SLPC 可编程调节器编程与仿真程序运行 ······ 160
 本章小结 ······ 162
 思考与练习题 6 ······ 162

第7章 集散控制系统 ……164

7.1 概述 ……164
7.1.1 集散控制系统的基本概念 ……164
7.1.2 集散控制系统的特点 ……165
7.1.3 集散控制系统的发展趋势 ……166

7.2 DCS的硬件结构 ……167
7.2.1 现场控制站（FCS） ……168
7.2.2 操作员站（OPS） ……170

7.3 DCS的软件系统 ……174
7.3.1 现场控制站软件系统 ……175
7.3.2 操作员站软件系统 ……179
7.3.3 DCS控制回路组态 ……180
7.3.4 流程图生成 ……182
7.3.5 历史数据库及报表生成 ……183
7.3.6 OPC技术 ……184

7.4 DCS应用系统组态方法 ……185
7.4.1 水箱液位装置流程及控制要求 ……187
7.4.2 系统控制方案 ……187
7.4.3 系统组态方法 ……188

实训8 DCS系统的认识与操作 ……196
实训9 水箱液位串级控制系统的组态 ……201
本章小结 ……203
思考与练习题7 ……203

第8章 智能式现场仪表 ……204

8.1 现场总线技术 ……204
8.1.1 现场总线技术的产生和发展 ……204
8.1.2 HART协议 ……205
8.1.3 现场总线协议 ……207

8.2 智能式差压变送器 ……209
8.2.1 EJA智能式差压变送器 ……209
8.2.2 ST3000智能式差压变送器 ……215
8.2.3 LSⅢ-PA智能式差压变送器 ……221

8.3 智能式温度变送器 ……223
8.3.1 智能式温度变送器的特点 ……223
8.3.2 TT302智能式温度变送器 ……223

8.4 智能式电动执行机构和智能式阀门定位器 ……228
8.4.1 智能式电动执行机构 ……228
8.4.2 智能式阀门定位器 ……228

实训10 智能式差压变送器校验与组态操作 ……234
本章小结 ……236
思考与练习题8 ……236

第9章 过程控制仪表及装置应用系统案例分析 ... 237

9.1 基型控制器在安全火花型防爆系统中的应用 ... 237
9.1.1 温度控制系统原理图 ... 237
9.1.2 温度控制系统接线图 ... 238

9.2 SLPC 可编程调节器在压缩机防喘振控制中的应用 ... 239
9.2.1 工艺流程及控制要求 ... 239
9.2.2 防喘振方案分析 ... 239
9.2.3 用 SLPC 实现防喘振方案 ... 240

9.3 JX-300XP DCS 在过程控制装置 CS2000 中的应用 ... 241
9.3.1 CS2000 过程控制实验装置简介 ... 241
9.3.2 JX-300XP DCS 硬件配置 ... 242
9.3.3 控制系统回路接线 ... 243
9.3.4 控制方案组态 ... 245

9.4 用 DCS 实现结晶器钢水液位的控制 ... 246
9.4.1 结晶器钢水液位控制系统原理 ... 246
9.4.2 结晶器钢水液位控制方案 ... 247
9.4.3 用 DCS 实现结晶器钢水液位控制方案 ... 249

9.5 用 DCS 实现发电机组热电阻的故障检测 ... 252
9.5.1 概述 ... 252
9.5.2 测温元件加装断路（断阻）保护 ... 253

9.6 现场总线功能模块的应用 ... 253
9.6.1 概述 ... 253
9.6.2 温压补正流量测量（FF-H1 协议） ... 254
9.6.3 串级控制系统 ... 255
9.6.4 锅炉三冲量水位控制系统 ... 256

本章小结 ... 257
思考与练习题 9 ... 257

参考文献 ... 258

绪　　论

1. 过程控制仪表与控制系统

自动控制是指在没有人直接参与的情况下，利用外加的设备或装置（称为过程控制仪表或装置），使被控对象的工作状态或参数（压力、物位、流量、温度、pH 值等）自动地按照预定的程序运行。自动控制技术是生产过程高效运行的技术保障，对企业生产过程起着显著的提升作用，有助于提高生产效率，能够保证产品质量，减少生产过程的原材料、能源损耗，提高生产过程的安全性。

过程控制系统是实现生产过程自动化的平台，而过程控制仪表及装置是过程控制系统不可缺少的重要组成部分，从图 1 中可以看出其重要性。图 1 为某储罐液位自动控制系统，要求储罐液位保持一定，以满足生产需要；图中液位变送器、控制器和执行器构成了一个单回路控制系统。储罐液位由液位变送器转换成相应的标准信号传送到控制器，与给定值相比较，控制器按比较得到的偏差，以一定的控制规律发出控制信号，控制执行器的动作，通过改变储罐液体出料的流量，从而使储罐液位保持在与给定值基本相等的数值上。

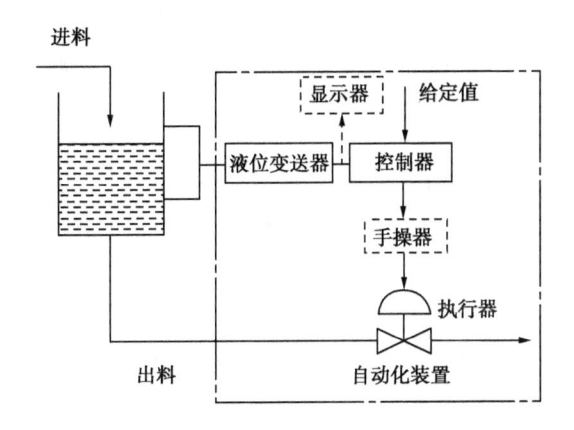

图 1　储罐液位自动控制系统

为提高控制系统的性能，还可增加一些仪表，如手操器、显示器等。这些仪表可以是电动仪表、气动仪表等各种系列的仪表，也可以是各种控制装置，所有这些仪表及装置都属于控制仪表及装置的范畴。如果没有这些仪表及装置，就不可能实现自动控制。

2. 过程控制仪表的发展

过程控制仪表的主体是气动控制仪表和电动控制仪表，它们的产生和发展分别经历了基地式、单元组合式（Ⅰ型、Ⅱ型、Ⅲ型）、组装式及数字智能式等几个阶段。

在 20 世纪 60 年代初，当时国内使用的单元组合式仪表是采用气动放大元件的 QDZ-Ⅰ

型仪表和以电子管为放大元件的DDZ-Ⅰ型仪表。70年代中期，采用集成运算放大器为主要放大元件，具有国际标准信号制（4～20mA DC，1～5V DC）和安全防爆功能的DDZ-Ⅲ型仪表研制成功，并开始投入使用。同时QDZ-Ⅰ型仪表也发展到Ⅱ型、Ⅲ型阶段。所以，DDZ-Ⅱ型、Ⅲ型仪表和QDZ-Ⅱ型、Ⅲ型仪表同时并存了二十几年，它们为我国工业生产自动化的发展起到了促进作用。

20世纪80年代以来，由于各种高新技术的飞速发展，我国开始引进和生产以微型计算机为核心，控制功能分散，显示与操作集中的集散控制系统（DCS），从而将过程控制仪表及装置推向高级阶段。二十几年来在现场变送器方面也有了突飞猛进的发展，它经历了双杠杆式、矢量机构式、微位移式（电容式、扩散硅式、电感式、振弦式）、现场总线式几个阶段，使过程检测的稳定性、可靠性、精度都有很大的提高，为过程控制提供了可靠的保证。

可以断定，以现场总线技术为基础的数字式智能仪表及装置代表着过程控制仪表的发展方向。

3. 过程控制仪表的分类

控制仪表可按应用能源、信号类型和结构形式来分类。

（1）按应用能源分类：可分为气动、电动、液动等几类。工业上通常使用气动控制仪表和电动控制仪表。气动控制仪表的发展和应用已有数十年的历史，电动控制仪表的出现要晚一些，但这类仪表的应用更为广泛。由于采取了安全火花防爆措施，电动控制仪表的防爆问题也得到了很好的解决，它同样能应用于易燃易爆的危险场所。

（2）按信号类型分类：可分为模拟式和数字式两大类。模拟式控制仪表的传输信号通常为连续变化的模拟量。这类仪表线路比较简单，操作方便，价格较低，在我国已经历多次升级换代，在设计、制造、使用上均有较成熟的经验。长期以来，它广泛地应用于各种工业部门。

数字式控制仪表的传输信号通常为断续变化的数字量。这些仪表和装置以微型计算机为核心，其功能完善，性能优越，它能解决模拟式控制仪表难以解决的问题，满足现代化生产过程的高质量控制要求。

（3）按结构形式分类：可分为基地式控制仪表、单元组合式控制仪表、组装式综合控制装置、数字式控制仪表、集散控制系统和现场总线控制系统。

① 基地式控制仪表是以指示、记录为主体，附加控制机构组成的。它不仅能对某变量进行指示或记录，还具有控制功能。由于基地式控制仪表的结构比较简单，价格便宜，又能一机多用，常用于单机自动化系统。我国生产的XCT系列控制仪表和TA系列电子控制器均属于基地式控制仪表。

② 单元组合式控制仪表是根据控制系统中各个组成环节的不同功能和使用要求，将系统划分成能独立地完成某种功能的若干单元，各单元之间用统一的标准信号来联络。将这些单元进行不同的组合，可构成多种多样、复杂程度各异的自动检测和控制系统。

我国生产的电动单元组合仪表（DDZ）和气动单元组合仪表（QDZ）经历了Ⅰ型、Ⅱ型、Ⅲ型三个发展阶段，以后又推出了较为先进的数字化的DDZ-S系列仪表。这类仪表使用灵活，通用性强，适用于中、小型企业的自动化系统。

③ 组装式综合控制装置是在单元组合式控制仪表的基础上发展起来的一种功能分离、

结构组件化的成套仪表装置。目前组装式综合控制装置在实际工程中已很少使用。

④ 数字式控制仪表是以数字计算机为核心的数字控制仪表。其外形结构、面板布置保留了模拟式仪表的一些特征，但其运算、控制功能更为丰富，通过组态可完成各种运算处理和复杂控制。可与计算机配合使用，以构成不同规模的分级控制系统。

⑤ 集散控制系统是将集中于一台计算机完成的任务分派给各个微型过程控制计算机，再配上数字总线以及上一级过程控制计算机，组成各种各样的、能适用于不同过程的、积木式分级分布式计算机控制系统。它将生产过程分成许多小系统，以专用微型计算机进行现场或设备的各种有效控制，实现了"控制分散"或"危险分散"，但整个控制系统的管理高度集中，因此被称为集中分散型控制系统，简称集散控制系统（DCS）。

⑥ 现场总线控制系统是20世纪90年代发展起来的新一代工业控制系统。它是计算机网络技术、通信技术、控制技术和现代仪器仪表技术的最新发展成果。现场总线控制系统的出现引起了传统控制系统结构和设备的根本性变革，它将具有数字通信能力的现场智能仪表连成网络系统，并同上一层监控级、管理级连接起来成为全分布式的新型控制网络。

4. 本课程的任务和学习方法

（1）本课程的任务。过程控制仪表及装置是自动控制专业的一门专业课。其任务是将生产过程控制中常用仪表的结构、工作原理、选用方法、安装与使用方法、校验方法传授给学生。使学生从中学到利用过程控制仪表构成控制系统的方法和实现手段，理解各控制仪表的工作原理与结构，获得控制仪表的安装、使用、校验、维护方面的基本知识和技能。

（2）本课程的学习方法。本课程实践性很强，在学习过程中，要认真听课，注意老师对问题的分析，通过案例分析和实训环节获得过程控制仪表的使用、校验和维护方法；理论联系实际，带着问题学，在学习理论的同时还要多动手；对所学的仪表，要做到"面熟"、"手熟"；学习某一块仪表不是最终目的，而是通过某一部分内容的学习，总结出共性的知识，举一反三；最终学会应用学过的仪表构成实际的控制方案。

第1章

过程控制仪表的基本知识

知识目标
(1) 掌握控制仪表的信号标准及使用方法。
(2) 掌握控制仪表的防爆知识。
(3) 理解 DDZ-Ⅲ型仪表的型号含义和命名方法。
(4) 掌握 DDZ-Ⅲ型仪表的分析方法。

技能目标
(1) 能够对典型的控制仪表进行简单连接。
(2) 能识别控制仪表铭牌上关于型号、防爆等级的含义。

过程控制仪表是实现生产过程自动控制的基础,在冶金、石油、化工、电力等各种工业生产中应用极为广泛。控制仪表种类也多种多样,生产控制仪表的厂家更是成百上千,但它们都遵守国际信号的标准,故不同厂家生产的控制仪表可以组合在同一控制系统中。但是,处于不同工业现场的仪表,防爆等级的要求是不同的;功能相同的仪表,内部的核心部分往往是相似的,因此学习控制仪表有着共性的基础知识。本章主要介绍控制仪表的信号标准、防爆知识、分类方法、型号命名和分析方法。

1.1 过程控制仪表的信号制式

1.1.1 信号制式

信号制式即信号标准,是指仪表之间采用的传输信号的类型和数值。控制仪表及装置在设计时,应力求做到通用性和兼容性,以便不同系列或不同厂家生产的仪表能够共同使用在同一控制系统中,彼此相互配合,共同实现系统的功能。要做到通用性和兼容性,首先必须统一仪表的信号制式。在现场总线控制系统中,现场仪表与控制室仪表或装置之间采用双向数字通信方式,其标准将在第9章中介绍,这里先介绍模拟信号标准。

1.1.2 信号标准

1. 气动仪表的信号标准

国家标准 GB/T 777—1985《工业自动化仪表用模拟气动信号》规定了气动仪表的信号范围为 20～100kPa，该标准与国际标准 IEC 382 是一致的。

2. 电动仪表的信号标准

国家标准 GB/T 3369—1989《工业自动化仪表用模拟直流电流信号》规定了电动仪表的信号范围为 4～20mA DC，负载电阻为 250～750Ω，该标准与国际标准 IEC 381A 是一致的。DDZ-Ⅱ系列单元组合仪表信号范围为 0～10mA DC，负载电阻为 0～1 000Ω 或 0～3 000Ω，目前随着 DDZ-Ⅱ系列单元组合仪表的逐渐淘汰，这种信号标准已很少使用。

1.2 电动仪表信号标准的使用

1.2.1 采用 4～20mA DC 电流信号传送

1. 采用直流电流信号的优点

（1）直流电流信号比交流电流信号的干扰小。交流电流信号容易产生交变电磁场的干扰，对附近仪表和电路有影响，并且如果混入的外界交流干扰信号和有用信号形式相同时将难以滤除，直流电流信号克服了这个缺点。

（2）直流电流信号对负载的要求简单。交流电流信号有频率和相位问题，对负载的感抗或容抗敏感，使得影响因素增多，计算复杂，而直流电流信号只需要考虑负载电阻。

（3）电流比电压更利于信息远传。如果采用电压形式传送信息，当负载电阻较小且进行远距离传送时，导线上的电压降会引起误差；采用电流传送就不会出现这个问题，只要沿途没有漏电流，电流的数值始终一样。而低电压的电路中，即使只采用一般的绝缘措施，漏电流也可以忽略不计，所以接收信号的一端能保证和发送端有同样的电流。由于信号发送仪表输出具有恒流特性，所以导线电阻在规定的范围内变化时对信号电流不会有明显的影响。

2. 采用 4～20mA DC 电流信号的理由

（1）仪表的电气零点为 4mA，不与机械零点重合。这种"活零点"的安排有利于识别仪表断电、断线等故障，且为现场变送器实现两线制提供了可能性。所谓两线制的变送器就是将供电的电源线与信号的输出线合并为两根导线。由于信号为零时变送器仍要处于工作状态，总要消耗一定的电流，所以零电流表示零信号时是无法实现两线制的。

（2）在现场使用两线制变送器不仅节省电缆，布线方便，而且还便于使用安全栅，有利于安全防爆。

3. 采用直流电流信号要注意的问题

（1）采用电流传送信息，接收端的仪表必须是低阻抗的。如果有多个仪表接收同一电流信息，它们必须是串联的。

（2）串联连接的任何一个仪表在拆离信号回路之前首先要把该仪表的两端短接，否则其他仪表将会因电流中断而失去信号。

（3）各个接收仪表一般皆应悬空工作，否则会引起信号混乱。若要使各台仪表有自己的接地点，则应在仪表的输入、输出之间采取直流隔离措施。

1.2.2 采用1~5V DC电压信号实现控制室内部仪表间联络

（1）用电压信号传送的信息可以采用并联连接方式，使同一个电压信号为多个仪表所接收。在控制室内部，各仪表之间的距离不远，适合采用1~5V DC电压作为仪表之间的联络信号。

（2）任何一个仪表拆离信号回路都不会影响其他仪表的运行。

（3）各个仪表既然并联在同一信号线上，当信号源负极接地时，各仪表内部电路对地有同样的电位，这不仅解决了接地问题，而且各仪表可以共用一个直流电源。

但需要注意：用电压传送信息的并联方式要求各个接收仪表的输入阻抗要足够高，否则将会引起误差，其误差大小与接收仪表输入电阻高低及接收仪表的个数有关。

1.2.3 控制系统仪表之间的典型连接方式

电流传送适合于远距离对单个仪表传送信息，电压传送适合于把同一信息传送到并联的多个仪表。在实际应用中，4~20mA DC电流信号主要在现场仪表与控制室仪表之间相连时应用；在控制室内，各仪表的互相联络采用1~5V DC电压信号。控制系统仪表之间的典型连接方式如图1.1所示。图中I_o为发送仪表的输出电流；R为电流/电压转换电阻，通常I_o为4~20mA DC时，R取250Ω。

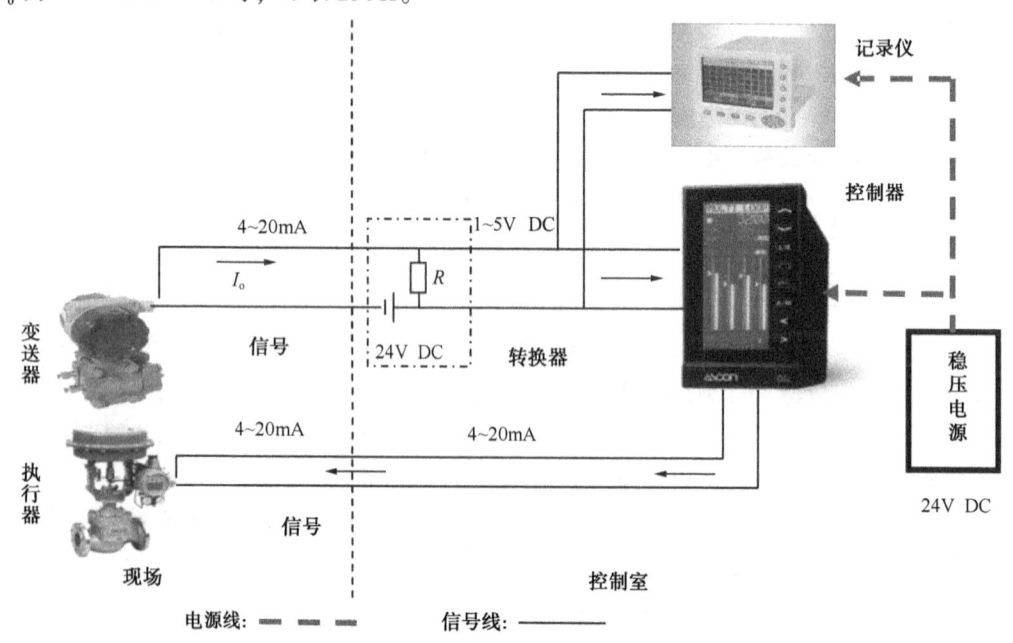

图1.1 控制系统仪表之间的典型连接方式

1.3 过程控制仪表防爆的基本知识

在石油、化工等工业部门中，某些生产场所存在着易燃易爆的固体粉尘、气体或蒸气，它们与空气混合成为具有火灾或爆炸危险的混合物，使其周围空间成为具有不同程度爆炸危险的场所。安装在这些场所的检测仪表和执行器，如果产生的火花或热效应能量点燃危险混合物，则会引起火灾或爆炸。因此，用于这些危险场所的仪表和控制系统，必须具有防爆性能。

气动仪表的能源是 140kPa 的压缩空气，本质上是防爆的。电动仪表只有采取必要的防爆措施才具有防爆性能，下面主要介绍电动仪表的防爆知识。

1.3.1 防爆仪表的标准

防爆仪表必须符合国家标准 GB 3836.1—2000《爆炸性气体环境用电气设备 第一部分：通用要求》的规定。

1. 防爆仪表的分类

按照国家标准 GB 3836.1—2000 规定，防爆电气设备分为两大类。

Ⅰ类：煤矿用电气设备。
Ⅱ类：除煤矿外的其他爆炸性气体环境用电气设备。

其中Ⅱ类电气设备又分为 8 种类型。这 8 种类型及其标志为：d——隔爆型；e——增安全型；i——本质安全型；p——正压型；o——充油型；q——充沙型；n——无火花型；s——特殊型。

电动仪表主要有隔爆型（d）和本质安全型（i）两种。本质安全型又分为两个等级：ia 和 ib。

2. 防爆仪表的分级和分组

在爆炸性气体或蒸气中使用的仪表，有两方面原因可能引起爆炸：①仪表产生能量过高的电火花或仪表内部因故障产生的火焰通过表壳的缝隙引燃仪表外的气体或蒸气；②仪表过高的表面温度。因此，根据上述两个方面对Ⅱ类防爆仪表进行了分级和分组，规定其适用范围。

对隔爆型电气设备，易燃易爆气体或蒸气按最大试验安全间隙（MESG）δ_{max} 进行分级；对本质安全型电气设备，易燃易爆气体或蒸气按 IEC 79-3 规定测得的其最小点燃电流（MIC）与实验室用甲烷的最小点燃电流的比值 R_{MIC} 进行分级。Ⅱ类易燃易爆气体或蒸气分为 A、B、C 三级，如表 1.1 所示。

根据最高表面温度，防爆仪表的最高表面温度分为 $T_1 \sim T_6$ 六组，如表 1.2 所示。

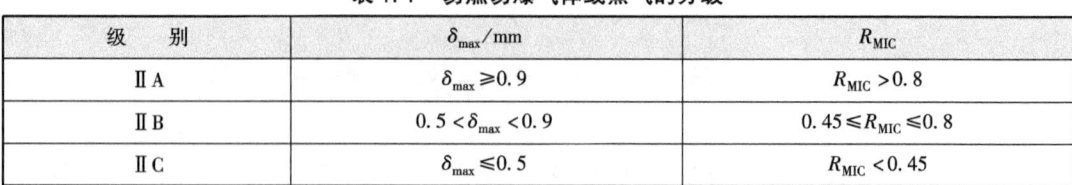

表1.1　易燃易爆气体或蒸气的分级

级别	δ_{max}/mm	R_{MIC}
ⅡA	$\delta_{max} \geq 0.9$	$R_{MIC} > 0.8$
ⅡB	$0.5 < \delta_{max} < 0.9$	$0.45 \leq R_{MIC} \leq 0.8$
ⅡC	$\delta_{max} \leq 0.5$	$R_{MIC} < 0.45$

表1.2　防爆仪表的最高表面温度分组

温度组别	T_1	T_2	T_3	T_4	T_5	T_6
最高表面温度/℃	450	300	200	135	100	85

仪表的最高表面温度 = 实测最高表面温度 − 实测时环境温度 + 规定最高环境温度

防爆仪表的分级和分组，是与易燃易爆气体或蒸气的分级和分组相对应的。易燃易爆气体或蒸气的具体分级和分组如表1.3所示。仪表的防爆级别和组别，就是仪表能适应的某种爆炸性气体混合物的级别和组别，即对于表1.3中相应级、组的上方和左方的气体或蒸气的混合物均可以防爆。

表1.3　易燃易爆气体或蒸气的级别和组别

级别＼组别	T_1	T_2	T_3	T_4	T_5	T_6
ⅡA	甲烷、氨、乙烷、丙烷、丙酮、苯、甲苯、一氧化碳、丙烯酸甲酯、苯乙烯、醋酸、氯苯、醋酸甲酯	乙醇、丁醇、丁烷、醋酸乙酯、醋酸丁酯、醋酸戊酯、环戊烷、丙烯、乙苯、甲醇、丙醇	环己烷、戊烷、己烷、庚烷、辛烷、汽油、煤油、柴油、戊醇、己醇、环己醇	乙醛、三甲胺		亚硝酸乙酯
ⅡB	丙烯酯、二甲醚、环丙烷、焦炉煤气	环氧丙烷、丁二烯、乙烯	二甲醚、丙烯醛、碳化氢	乙醚、二乙醚		
ⅡC	氢	乙炔		二硫化碳	硝酸乙酯	

3. 防爆仪表的标志

防爆仪表的防爆标志为"Ex"；仪表的防爆等级标志的顺序为：防爆类型、类别、级别、温度组别。

控制仪表常见的防爆等级有 ia ⅡCT₅ 和 d ⅡBT₃ 两种。前者表示Ⅱ类本质安全型ia等级C级T5组，由表1.3可知，它适用于ⅡC级别T5温度组别及其左边的所有爆炸性气体或蒸气的场合；后者表示Ⅱ类隔爆型B级T3组，由表1.3可知，它适用于级别和组别为ⅡAT₁、ⅡAT₂、ⅡAT₃、ⅡBT₁、ⅡBT₂和ⅡBT₃的爆炸性气体或蒸气的场合。

1.3.2　控制仪表防爆措施

防爆型控制仪表主要有隔爆型和本质安全型。

1. 隔爆型防爆仪表

采用隔爆型防爆措施的仪表称为隔爆型防爆仪表，其特点是仪表的电路和接线端子全部置于防爆壳体内,其表壳强度足够大,接合面间隙深度足够大,最大的间隙宽度又足够小。这样,即使仪表因事故在表壳内部产生燃烧或爆炸时,火焰穿过缝隙过程中,受缝隙壁吸热及阻滞作用,将大大降低其外传能量和温度,从而不会引起仪表外部规定的易爆性气体混合物的爆炸。

隔爆型防爆结构的具体防爆措施是采用耐压 800～1000kPa 以上的表壳;表壳外部的温升不得超过由易爆性气体或蒸气的引燃温度所规定的数值;表壳接合面的缝隙宽度及深度,应根据它的容积和易爆性气体的级别采用规定的数值等。

隔爆型防爆仪表在安装及维护正常时能达到规定的防爆要求,但是在揭开仪表表壳后,它就失去了防爆性能,因此不能在通电运行的情况下打开表壳进行检修或调整。此外,这种防爆结构长期使用后,由于表壳接合面的磨损,缝隙宽度将会增大,因而长期使用会逐渐降低防爆性能。

2. 本质安全型防爆仪表

采用本质安全型防爆措施的仪表称为本质安全型防爆仪表(简称本安仪表),也称安全火花型防爆仪表。所谓"安全火花"就是指这种火花的能量很低,它不能使爆炸性气体混合物发生爆炸。这种防爆结构的仪表,在正常状态下或规定的故障状态下产生的电火花和热效应能量均不会引起规定的易爆性气体混合物爆炸。正常状态是指在设计规定条件下的工作状态,故障状态是指电路中非保护性元件损坏或产生短路、断路、接地及电源故障等情况。本质安全型防爆仪表有 ia 和 ib 两个等级,ia 级在正常工作、一个和两个故障状态时均不能点燃爆炸性气体混合物;ib 级在正常工作和一个故障状态时不能点燃爆炸性气体混合物。

本质安全型防爆仪表在电路设计上采用低工作电压和小工作电流。通常采用不大于 24V DC 工作电压和不大于 20mA 的工作电流。对处于危险场所的电路,适当选择电阻、电容和电感的参数值,用来限制火花能量,使其只产生安全火花;在较大电容和电感回路中并联双二极管,以消除不安全火花。

常用本质安全型防爆仪表有电动单元Ⅲ型的差压变送器、温度变送器、电/气阀门定位器以及安全栅等。

必须指出,将本质安全型防爆仪表在其所适用的危险场所中使用,还必须考虑与其配合的仪表及信号线可能对危险场所的影响,应使整个测量或控制系统具有安全火花防爆性能。

1.3.3 安全火花防爆系统的构成

构成安全火花防爆系统的要求:①在危险场所使用本安仪表;②在控制室仪表与危险场所仪表之间设置安全栅。这样构成的系统就能实现安全火花防爆系统,如图 1.2 所示。

如果上述系统中不采用安全栅,而由分电盘代替,分电盘只能起信号隔离作用,不能限压、限流,故该系统就不再是安全火花防爆系统了;同样,有了安全栅,但若某个现场仪表不是本安仪表,则该系统也不能保证本质安全的防爆要求。

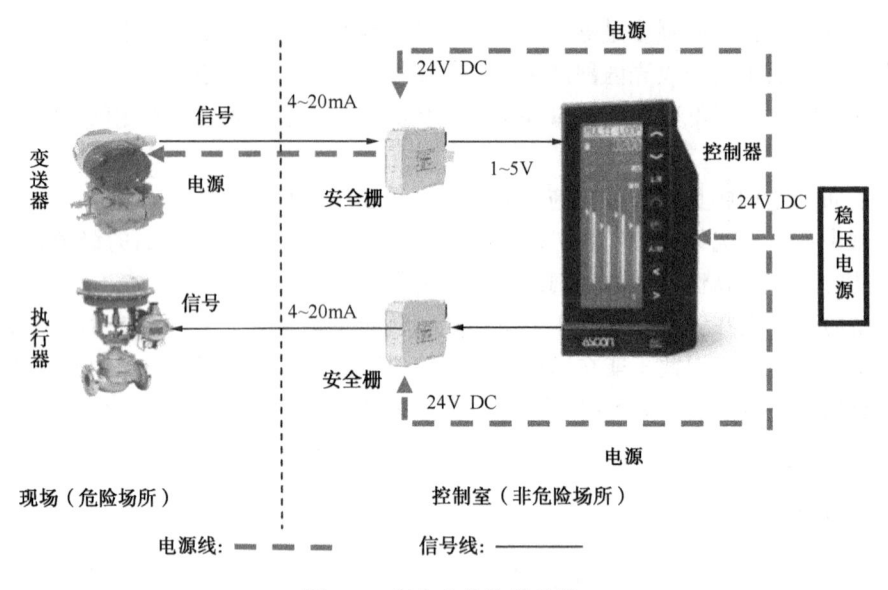

图1.2 安全火花防爆系统

1.4 过程控制仪表的型号命名

按照过程控制仪表在系统中的作用和特点可分为8类。
(1) 变送单元：温度变送器、差压变送器、液位变送器以及压力变送器等。
(2) 调节单元：基型控制器、特种控制器。
(3) 给定单元：恒流给定器、比值给定器。
(4) 转换单元：电/气转换器、电流转换器。
(5) 计算单元：加减器、乘除器、开方器等。
(6) 显示单元：积算器、记录仪等。
(7) 辅助单元：安全栅、配电器、操作器等。
(8) 执行单元：气动执行器、电/气阀门定位器等。

下面就以现代生产过程常用的电动控制仪表和气动控制仪表为例介绍过程控制仪表的命名方法。

1.4.1 DDZ-Ⅲ型仪表的型号及命名

DDZ-Ⅲ型仪表各单元的型号由三部分组成，各部分之间用短横线隔开，格式如下：

D□□－□□□□－□

(1) 第一部分由三个汉语拼音大写字母所组成。
第一个字母均为D，表示属于电动单元组合仪表。
第二个字母代表仪表大类，字母含意如下：
B——变送单元；T——调节单元；X——显示单元；J——计算单元；

Z——转换单元；K——执行单元；G——给定单元；F——辅助单元。
第三个字母代表各大类中的产品小类，同一字母在不同大类中有不同的含义，如：
在变送单元中：W——温度和温差；Y——压力；C——差压。
在调节单元中：L——连续；D——断续。
在运算单元中：J——加减；S——乘除；K——开方。
在显示单元中：Z——指示；J——记录；B——报警；S——积算。
在执行单元中：Z——直行程；J——角行程。
（2）第二部分由4位阿拉伯数字组成，这4位数字代表产品的种类、规格和结构特征。
（3）第三部分由一个或数个汉语拼音大写字母组成，标志产品的特殊用途。例如，安全火花防爆（A）、隔离防爆（B）、防腐（F）、船用（C）等。当具备一个以上特殊用途时，按字母顺序排列。
例如，DBC-2310为一台差压变送器的型号规格。其中第一位数字"2"表示工作压力为400kPa，第二位数字"3"表示测量信号的上限范围为600Pa～4kPa，第三位数字"1"表示带单平法兰，第四位数字"0"表示序号。

1.4.2 QDZ型仪表的型号及命名

QDZ型仪表型号格式为Q□□-□，第一个字母Q表示属于气动单元组合仪表，第二个字母代表仪表大类，字母含义同DDZ-Ⅲ型仪表，第三个字母表示测量参数或仪表品种，最后一个部分是阿拉伯数字，用以表示产品系列、规格、结构特征等编号。

1.5 过程控制仪表的分析方法

过程控制仪表品种繁多，如何在学习几种典型仪表之后，自行对其他仪表进行分析，关键在于掌握过程控制仪表的分析方法。

1.5.1 过程控制仪表的总体分析思路

模拟仪表先用框图的形式分析其结构功能，掌握仪表的外部特性，内部电路要根据功能的要求分析其"核心"；数字仪表要熟悉其硬件和软件资源，掌握其编程方法和操作方法，通过工程案例分析，掌握工程方案实现和功能分配方法。本节主要介绍模拟仪表的分析方法。

从仪表整体结构看，模拟式控制仪表有两种构成形式。
（1）仪表整机采用单个放大器，其放大器可由若干级放大电路或不同的放大器串联而成。如DDZ-Ⅱ型仪表、大部分的变送器以及气动仪表等。
（2）整机由数目不等的运算放大器电路以不同形式组装而成。例如，DDZ-Ⅲ型系列、A系列和EK系列仪表等。

1.5.2 采用单个放大器的分析方法

1. 采用单个放大器的仪表特点

单个放大器一般具有如图 1.3 所示的典型结构,即整个仪表可以划分为三部分:输入转换部分、放大部分和反馈部分。

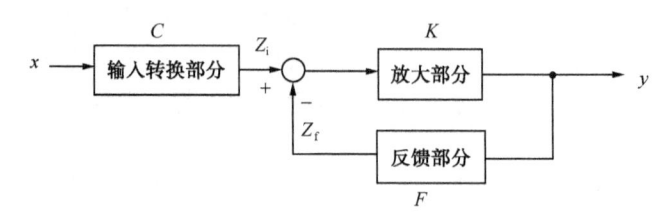

图 1.3 单个放大器的仪表结构

输入转换部分把输入信号 x 转化为某一中间变量 Z_i,可以是电压、电流、位移、力和力矩等物理量;反馈部分把仪表的输出信号转换为反馈信号 Z_f,Z_i 和 Z_f 是同一类型的物理量。放大部分把 Z_i 和 Z_f 的差值放大,并转换成标准输出信号 y。由图 1.3 可以求得整个仪表的输出与输入关系为:

$$y = \frac{K}{1+KF}Cx \tag{1-1}$$

式中,C——测量部分的转换系数;
K——放大系数;
F——反馈部分的反馈系数。

当 K 足够大,且满足 $KF \gg 1$ 时,式(1-1)变为:

$$y = \frac{1}{F}Cx \tag{1-2}$$

由于实际仪表一般能满足 $KF \gg 1$,故仪表的输出与输入关系只取决于输入部分和反馈部分的特性;同时仪表输入部分的输出信号 Z_i 与整机输出信号经反馈部分反馈到放大部分的输入端的反馈信号 Z_f 基本相等,放大部分的净输入接近于零。

2. 采用单个放大器的分析方法

对于这类仪表的分析,首先要将仪表分为输入、放大和反馈三个部分,然后对各个部分进行分析,尤其是输入部分和反馈部分,最后根据式(1-1)或式(1-2)求得仪表的输出和输入之间关系。

对实际仪表划分出输入、放大和反馈这三个部分的关键在于找出比较环节和引出负反馈的取样环节。对于气动仪表一般依据力或力矩平衡原理找出这两个环节是很直观的,比较环节一般是膜片或杠杆,取样是仪表输出;电动仪表的比较环节一般从放大器的输入端去找,取样环节从仪表的输出端去找。

电动仪表的比较方式有两种：串联比较和并联比较。

串联比较是输入部分的电压 U_i 和反馈部分的输出电压 U_f 串联，其差值作为放大器的净输入 ε，如图 1.4 所示；并联比较是输入部分的电压 U_i 和反馈部分的输出电压 U_f 分别通过电阻并联加到放大器的输入端，如图 1.5 所示。

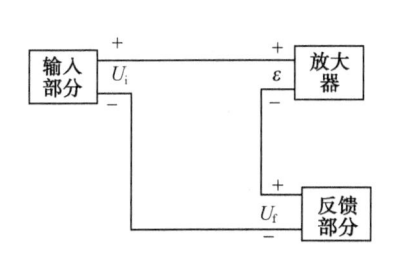

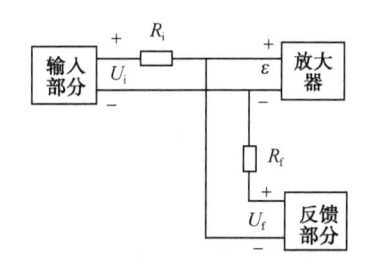

图 1.4　电压串联比较结构　　　　图 1.5　电压通过电阻并联比较结构

电动仪表的取样方式有两种：电流取样和电压取样。电流取样方式如图 1.6 所示，取样元件电阻串联在输出信号回路中；电压取样方式如图 1.7 所示，取样电压是输出电压的全部或一部分。

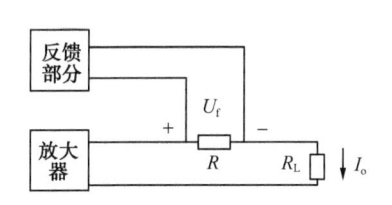

图 1.6　电流取样结构　　　　图 1.7　电压取样结构

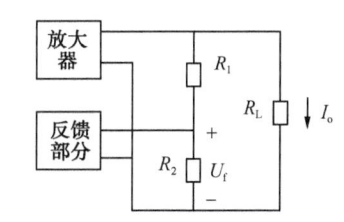

1.5.3　采用集成运算放大器的分析方法

1. 集成运算放大器的基本特征

在对仪表中的某一级运算放大器电路进行分析时，运算放大器本身可以用如图 1.8 所示的模型来表示。对前一级运算放大器电路输出而言，它相当于一个等效电阻 R_i，称为输入电阻；对后一级运算放大器电路输入而言，它可以看做一个由电压源（其大小受输入电压控制）和内阻 R_o 串联起来的等效电源，其中 R_o 称为输出电阻。在分析仪表线路时，往往把运算放大器理想化。

理想运算放大器具有如下特点：①输入电阻 $R_i = \infty$；②输出电阻 $R_o = 0$；③开环电压增益 $K_o = \infty$；④失调及其漂移为零。

由上述特点，可以得出如下两条重要的结论：

(1) "虚短"：差模输入电压为零，即 $u_d = 0$。

(2) "虚断"：输入端输入电流为零，即 $i_i = 0$。

实际的运算放大器不可能如此，但与此结论非常接近。

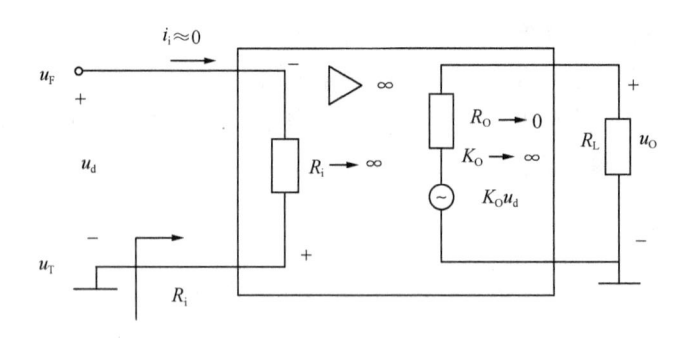

图1.8 运算放大器等效模型

2. 集成运算放大器典型电路

通常,运算放大器电路都是带有负反馈的闭环电路,即信号从输入端加入,经放大后输出,输出电压又通过反馈电路引回到输入端。这时,整个运算放大器电路的特性主要取决于反馈电路的形式和参数。仪表中常用的四种电路形式及其特性如下。

(1) 反相端输入。反相端输入运算放大器电路如图1.9所示。

其 u_o 与 u_i 的关系为:

$$u_o = -\frac{R_2}{R_1}u_i \tag{1-3}$$

(2) 同相端输入。同相端输入运算放大器电路如图1.10所示。

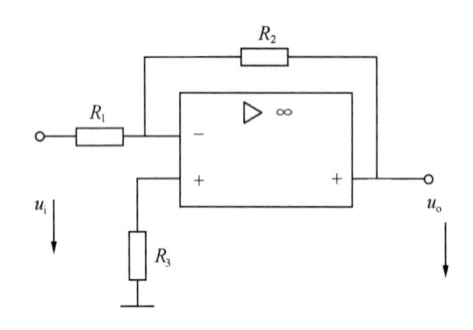

图1.9 反相端输入运算放大器电路 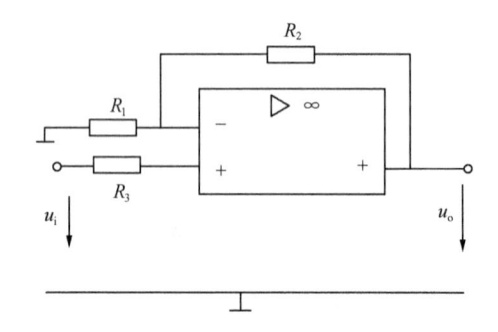　　图1.10 同相端输入运算放大器电路

其 u_o 与 u_i 的关系为:

$$u_o = \left(1 + \frac{R_2}{R_1}\right)u_i \tag{1-4}$$

(3) 差动输入。差动输入运算放大器电路如图1.11所示。

当 $R_3 = R_1$,$R_4 = R_2$ 时,有:

$$u_o = -\frac{R_2}{R_1}(u_{iF} - u_{iT}) \tag{1-5}$$

(4) 电压跟随器。电压跟随器电路如图1.12所示。

这时,u_o 与 u_i 的关系为:

$$u_o = u_i \tag{1-6}$$

式（1-6）中，输出电压与输入电压相等，即电压跟随器实际上是一个1:1同相端输入运算放大器。其主要优点是输入电阻高、输出电阻低。因此，在仪表电路应用中，将它置于需要隔离的两个电路之间，从前级电路索取的电流很小，对后级电路相当于一个电压源，从而起到良好的隔离作用，使得前、后级电路不会相互影响，而信号传送又不至于损失。

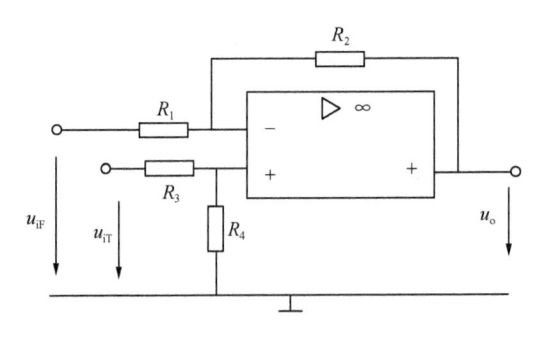

图 1.11　差动输入运算放大器电路　　　　图 1.12　电压跟随器电路

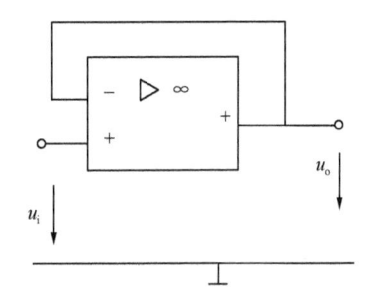

3. 单电源供电的运算放大器电路

运算放大器通常都是由正、负电源供电，但过程控制仪表出于总体设计的需要，便于仪表的安装以及变送器采用两线制等原因，在仪表线路中一般都采用单电源供电，即由一组 24V DC 电源供电。运算放大器采用单电源供电，实质改变的是电位基准，由于电位基准发生了改变，因此运算放大器的允许工作条件将跟着改变。为了保证运算放大器正常工作，常采用电平移动的办法，这并不影响运算放大器电路的运算关系和特性。有关这方面的具体内容将在本书的第 3 章中进行讲解。

4. 采用运算放大器的仪表分析方法

采用运算放大器的仪表分析方法，就是把整个仪表线路划分成一个个运算放大器电路单独进行分析，最后再综合得到整机的特性，故仪表线路的分析基础是单个运算放大器电路的分析方法，具体方法有如下两种。

（1）熟练灵活地掌握基本运算放大器电路的关系，就能很容易地看出运算放大器电路的运算关系，并能很快地了解整个仪表的特性。当然，仪表中的实际电路，并不像基本运算电路那样一目了然，它有时可能是两种基本电路的合成，或者输入回路电阻包含有电容等非纯阻性元件，甚至由一些较为简单的无源电阻网络构成，只要了解仪表的作用和结构框图，结合一些等效定理可将这些比较复杂的电路转化为基本电路。有关这一方面的技巧，将在后面的章节中进行介绍。

（2）利用理想运算放大器输入端的两个特征：①差模输入电压等于零；②输入端输入电流等于零。这两个特征是分析运算放大器电路输出与输入关系的出发点。实际上，前面所述的四个基本运算放大器电路的关系式也是依据这两个特征求得的。根据电路具体结构，找出输入、输出信号与 u_T、u_F 之间的关系，然后依据 $u_T = u_F$，求出输出与输入之间的关系。

利用上述两个特征进行分析时，采用"保证等效，断开反馈"的办法，把原电路转化为一个没有反馈的开环等效电路，往往可以使问题变得简单与清晰，有利于进行分析。

对于一块仪表，可以采用由整体到局部，最后再综合的方法分析。现将仪表的分析步骤小结如下。

① 了解仪表的作用和结构框图。
② 按照结构框图将整机线路划分成相应的部分。
③ 根据信号的传递方向，对各部分逐一进行分析。
④ 综合仪表的整机特性。

本 章 小 结

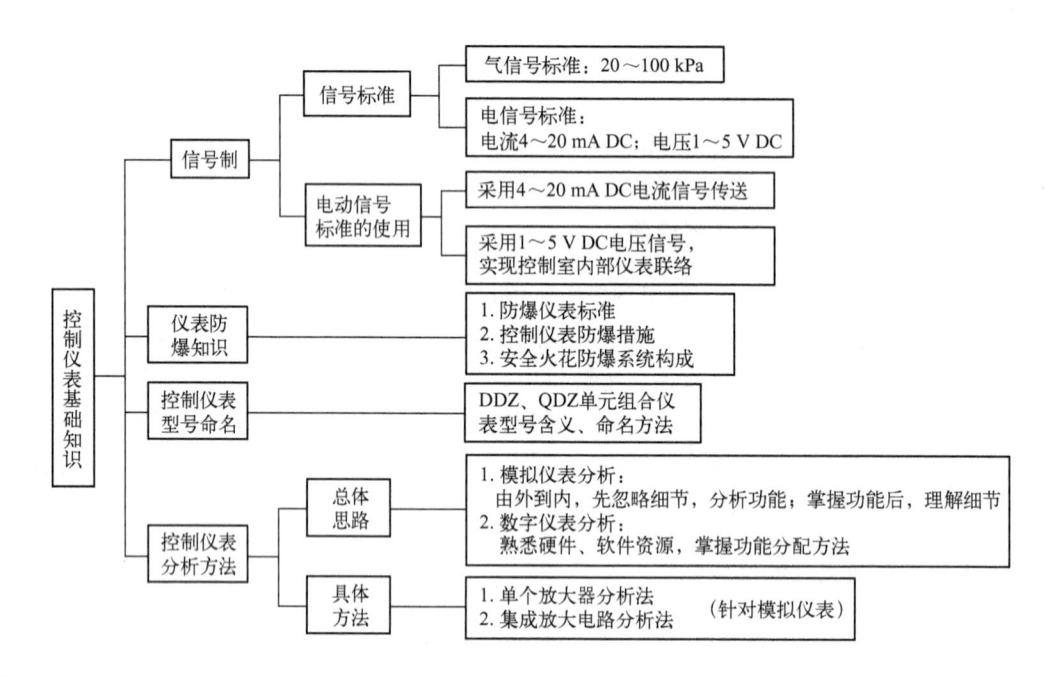

```
                        ┌─ 信号标准 ─┬─ 气信号标准：20～100 kPa
                        │           └─ 电信号标准：
                        │              电流4～20 mA DC；电压1～5 V DC
              ┌─ 信号制 ─┤
              │         └─ 电动信号 ─┬─ 采用4～20 mA DC电流信号传送
              │            标准的使用 └─ 采用1～5 V DC电压信号，
              │                         实现控制室内部仪表联络
              │
              │                    ┌─ 1. 防爆仪表标准
   控制       ├─ 仪表防爆知识 ─────┤   2. 控制仪表防爆措施
   仪表       │                    └─ 3. 安全火花防爆系统构成
   基础  ─────┤
   知识       ├─ 控制仪表 ──────── DDZ、QDZ单元组合仪
              │  型号命名           表型号含义、命名方法
              │
              │                    ┌─ 总体 ─┬─ 1. 模拟仪表分析：
              │                    │  思路  │    由外到内，先忽略细节，分析功能；掌握功能后，理解细节
              │                    │        └─ 2. 数字仪表分析：
              └─ 控制仪表 ─────────┤             熟悉硬件、软件资源，掌握功能分配方法
                 分析方法           │
                                    └─ 具体 ─┬─ 1. 单个放大器分析法      （针对模拟仪表）
                                       方法  └─ 2. 集成放大电路分析法
```

思考与练习题 1

1. 控制仪表和控制系统有什么关系？
2. 什么是信号制？控制系统仪表之间采用哪种连接方式最佳？为什么？
3. 防爆仪表与易燃易爆气体或蒸气之间有何对应关系？
4. 怎样才能构成一个安全火花防爆系统？
5. 对于采用单个放大器的仪表一般如何着手进行分析？
6. 仪表中常用到哪四种运算放大器电路？各有哪些特点？
7. 对于采用运算放大器构成的仪表，一般如何着手进行分析？
8. 仪表的一般分析步骤是什么？

第2章

变 送 器

知识目标
(1) 掌握变送器的作用、种类和构成原理。
(2) 掌握变送器量程调整、零点调整及零点迁移的目的。
(3) 理解电容式差压变送器测量、转换和放大部分的工作原理。
(4) 了解其他差压变送器的构成和特点。
(5) 掌握架装式温度变送器量程单元和放大单元的作用、调零、调量程的方法。
(6) 掌握一体化温度变送器的功能、构成和特点。

技能目标
(1) 能进行差压变送器的选用、安装、调校和维护。
(2) 能完成电容式差压变送器、架装式温度变送器的实训项目。
(3) 能处理常见故障。

变送器在自动检测和控制系统中的作用，是将被测工艺参数，如压力、流量、液位、温度等物理量转换成相应的统一标准信号，并传送到指示记录仪、运算器和控制器，供显示、记录、运算、控制和报警等。变送器的种类很多，按应用能源分，有气动变送器、电动变送器；按被测工艺参数分，有压力变送器、差压变送器、流量变送器、液位变送器、温度变送器等。本章将主要介绍两种常用的电动变送器：差压变送器和温度变送器。

2.1 概 述

2.1.1 变送器的构成原理

不同的变送器其构成是不同的，但变送器都是基于负反馈的原理来工作的。通常，变送器由输入转换部分、放大器和反馈部分组成，变送器的构成原理图如图 2.1 所示。

输入转换部分的作用是检测工艺参数 x，并把参数 x 转换成一个中间模拟量，如电压、电流、位移、作用力或力矩等，作为放大器的输入信号 Z_i。

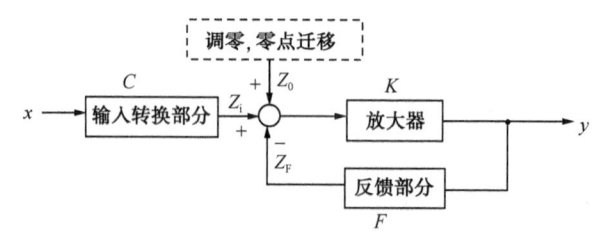

图 2.1 变送器的构成原理

放大器的作用是将 ε（输入信号 Z_i 与调零信号 Z_0 的代数和同反馈信号进行比较后的差值）转换成标准的输出信号。

反馈部分的作用则是把变送器的输出信号 y 转换成与输入信号 Z_i 同一性质的量，与输入信号 Z_i、调零信号 Z_0 相比较。

根据负反馈放大器原理，由图 2.1 可以求得整个变送器输出与输入的关系为：

$$y = \frac{K}{1+KF}(Cx + Z_0) \tag{2-1}$$

式中，C——测量部分的转换系数；
K——放大器的放大系数；
F——反馈部分的反馈系数。

当 K 足够大，且满足 $KF \gg 1$ 时，式（2-1）变为：

$$y = \frac{1}{F}(Cx + Z_0) \tag{2-2}$$

结论一：仪表的特性与输入部分和反馈部分有关。

结论二：若 F、C 是常数，则变送器输出与输入将保持良好的线性关系。其特性如图 2.2 所示。

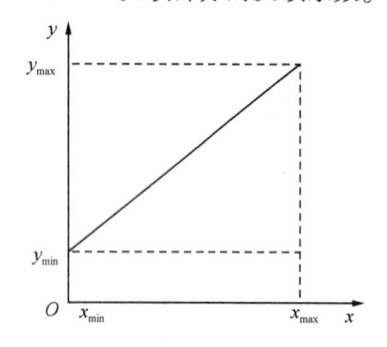

图 2.2 变送器输出与输入的关系

图 2.2 中 x_{max}、x_{min} 分别为变送器测量范围的上限值和下限值，y_{max}、y_{min} 分别为输出信号的上限值和下限值。

2.1.2 变送器的量程调整、零点调整和零点迁移

1. 量程调整

量程调整的目的，是使变送器输出信号的上限值 y_{max} 与测量范围的上限值 x_{max} 相对应。如图 2.3 所示为变送器量程调整前后的输入输出特性。由该图可见，量程调整的实质是改变输入输出特性曲线的斜率，也就是改变变送器输出信号 y 与输入信号 x 之间的比例系数。

实现量程调整的方法，通常是改变反馈部分的反馈系数 F。有些变送器还可以用改变测量转换部分的转换系数 C 来调整量程。当改变反馈部分的反馈系数 F 时，F 越大，量程就

越大；F 越小，量程就越小。

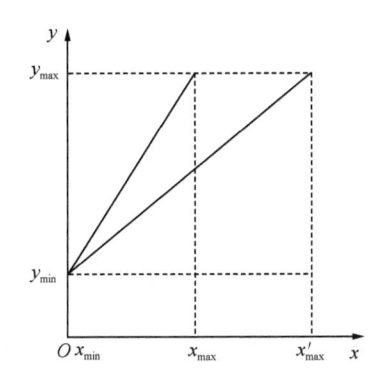

图 2.3 变送器量程调整前后的输入/输出特性

2. 零点调整和零点迁移

零点调整和零点迁移的目的，都是使变送器输出信号的下限值 y_{min} 与测量范围的下限值 x_{min} 相对应。在 $x_{min}=0$ 时，使 $y=y_{min}$ 的调整，称为零点调整；在 $x_{min} \neq 0$ 时，使 $y=y_{min}$ 的调整，称为零点迁移。如果 $x_{min}<0$，称为负迁移，如果 $x_{min}>0$ 称为正迁移，由图 2.4 可见，零点迁移的实质是变送器的量程不变，输入输出特性曲线沿 x 轴左右平移一段距离。

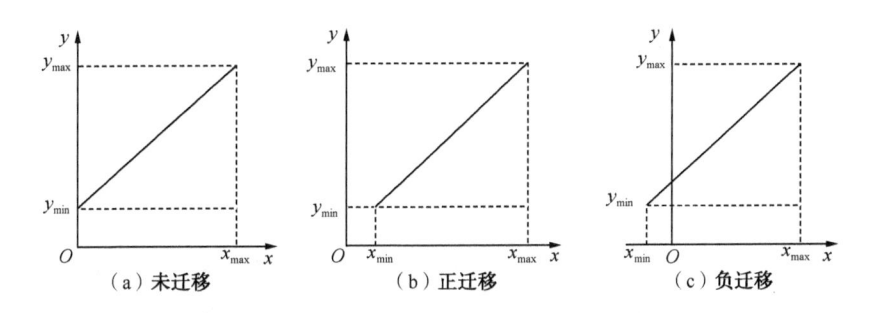

（a）未迁移　　（b）正迁移　　（c）负迁移

图 2.4 变送器零点迁移前后的输入/输出特性

实现零点调整和零点迁移的方法，是在负反馈放大器的输入端加上一个零点调整信号 Z_0。

2.2 电容式差压变送器

2.2.1 电容式差压变送器的结构与工作原理

电容式差压变送器是美国罗斯蒙特公司于 1959 年研制的，这项技术首先用于军事工业，并于 1969 年正式发表，随后各国相继研制，我国于 20 世纪 70 年代末开始生产电容式差压变送器，如西安仪表厂的1151系列（引进美国罗斯蒙特公司技术）、兰州炼油厂仪表厂FC系列（引进日本富士公司技术）均属于此类仪表。

电容式差压变送器是微位移式变送器，它以差动电容膜盒作为检测元件，并且采用全密封熔焊技术，因此整机的精度高、稳定性好、可靠性高、抗震性强，其基本误差一般为±0.2%或±0.25%。

敏感元件的中心感压膜片是在施加预张力条件下焊接的，其最大位移量为0.1mm，即可使感压膜片的位移与输入差压成线性关系，又可以大大减小正、负压测量室法兰的张力和力矩影响而产生的误差。中心感压膜片两侧的固定电极为弧形电极，可以有效地克服静压的影响和更有效地起到单向过压的保护作用。

采用两线制方式，输出电流为4～20mA DC国际标准统一信号，可与其他接收4～20mA DC信号的仪表配套使用，构成各种控制系统。

变送器设计小型化、品种多、型号全，可以在任意角度下安装而不影响其精度，量程和零点外部可调，安全防爆，全天候使用，即安装、调校和使用非常方便。

本节仅以1151系列电容式差压变送器为例，讨论电容式差压变送器的工作原理。

变送器由测压部件、电容/电流转换电路、放大和输出限制电路三部分组成，其构成框图如图2.5所示，原理电路图如图2.6所示。

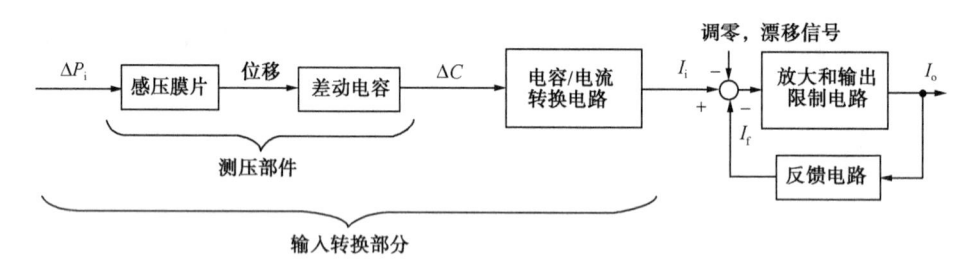

图2.5 电容式差压变送器构成框图

输入差压ΔP_i作用于测量部件的中心感压膜片，使其产生位移S，从而使感压膜片（即可动电极）与两弧形电极（即固定电极）组成的差动电容的电容量发生变化。此电容变化量由电容/电流转换电路转换成直流电流信号，电流信号与调零信号的代数和与反馈信号进行比较，其差值送入放大电路，经放大后得到变送器整机的输出电流信号I_o。

1. 测压部件

测压部件的作用是把被测差压ΔP_i转换成电容量的变化。它由正压、负压测量室和差动电容敏感元件等部分组成。测压部件的结构如图2.7所示。

差动电容敏感元件包括中心感压膜片11（可动电极），正、负压侧弧形电极12、10（固定电极），电极引线1、2、3，正、负压侧隔离膜片14、8和基座13、9等。在差动电容敏感元件的空腔内充有硅油，用以传递压力。中心感压膜片和正、负压侧弧形电极构成的电容为C_{i1}和C_{i2}，无差压输入时，$C_{i1}=C_{i2}$，其电容量为150～170pF。

第 2 章 变 送 器

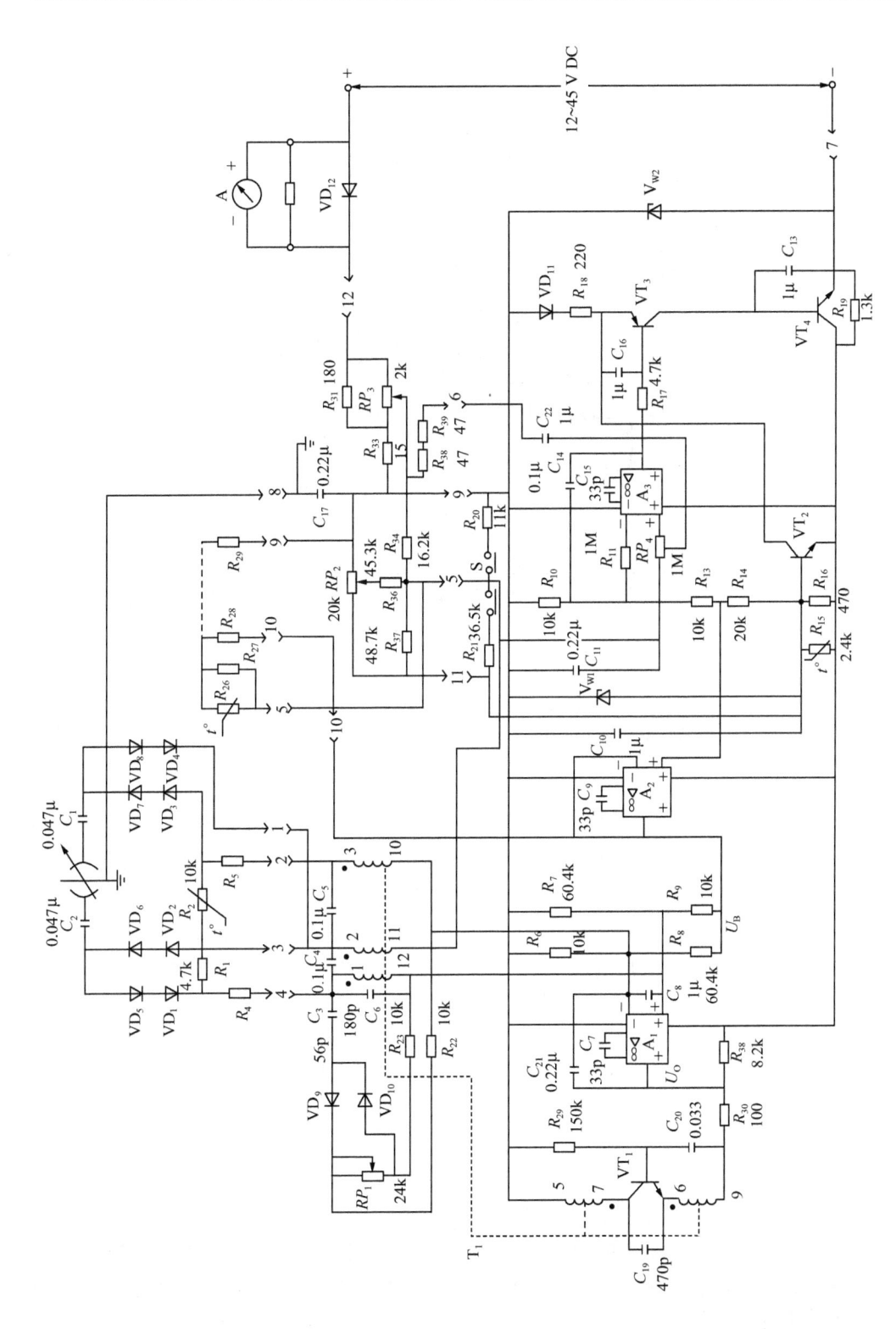

图2.6 电容式差压变送器原理电路图

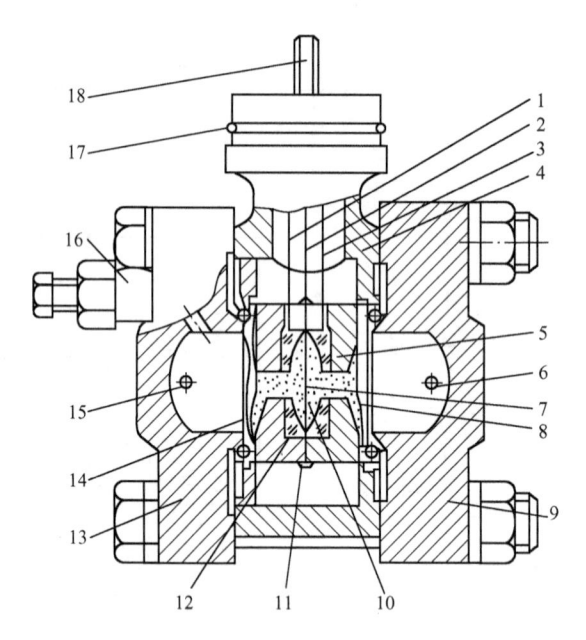

1，2，3—电极引线；4—差动电容膜盒座；5—差动电容膜盒；6—负压侧导压口；7—硅油；8—负压侧隔离膜片；9—负压侧基座；10—负压侧弧形电极；11—中心感压膜片；12—正压侧弧形电极；13—正压侧基座；14—正压侧隔离膜片；15—正压侧导压口；16—放气排液螺钉；17—O形密封环；18—插头

图 2.7 测压部件结构

当被测压差 ΔP_i 通过正、负压侧导压口引入正、负压测量室，作用于正、负压侧隔离膜片上时，由硅油做媒介，将压力传到中心感压膜片的两侧，使膜片产生微小位移 ΔS，从而使中心感压膜片与其两边弧形电极的间距不等，如图 2.8 所示，结果使一个电容（C_{i1}）的容量减小，另一个电容（C_{i2}）的容量增加。

（1）差压/膜片位移转换。在1151系列变送器中，电容膜盒中的感压膜片是平膜片，平膜片形状简单，加工方便，但压力和位移是非线性的，只有在膜片的位移小于膜片的厚度的情况下才是线性的。膜片在制作时，无论测量高差压、低差压或微差压都采用周围夹紧并固定在环形基体中的金属平膜片做感压膜片，以得到相应的差压/位移转换。有：

$$\Delta S = K_1 \times \Delta P_i \tag{2-3}$$

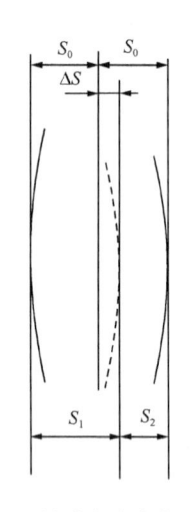

图 2.8 差动电容变化示意图

式中，K_1——位移/差压转换系数。

由于膜片的工作位移小于 0.1mm，当测量较低差压时，则采用具有初始预紧应力的平膜片；在自由状态下被绷紧的平膜片，具有初始张力。这不仅提高了线性度，还减少了滞后。对厚度很薄、初始张力很大的膜片，其中心位移与差压之间也有良好的线性关系。

当测量较高差压时，膜片较厚，很容易满足膜片的工作位移小于膜片的厚度的条件，所以这时位移与差压成线性关系。

可见，在1151系列变送器中，通过改变膜片厚度可得到变送器不同的测量范围，即测量较高差压时，用厚膜片；而测量较低差压时，用张紧的薄膜片；两种情况均有良好的线性

（2）膜片位移/电容转换。中心感压膜片的位移 ΔS 与差动电容的电容量变化示意图如图2.8所示。设中心感压膜片与两边弧形电极之间的距离分别为 S_1 和 S_2。

当被测差压 $\Delta P_i = 0$ 时，中心感压膜片与两边弧形电极之间的距离相等，设其间距为 S_0，则 $S_1 = S_2 = S_0$；在有差压输入，即被测差压 $\Delta P_i \neq 0$ 时，中心感压膜片在 ΔP_i 作用下将产生位移 ΔS，则有 $S_1 = S_0 + \Delta S$ 和 $S_2 = S_0 - \Delta S$。

若不考虑边缘电场影响，中心感压膜片与两边弧形电极构成的电容 C_{i1} 和 C_{i2}，可近似地看做平行板电容器，其电容量可分别表示为：

$$C_{i1} = \frac{\varepsilon A}{S_1} = \frac{\varepsilon A}{S_0 + \Delta S} \tag{2-4}$$

$$C_{i2} = \frac{\varepsilon A}{S_2} = \frac{\varepsilon A}{S_0 - \Delta S} \tag{2-5}$$

式中，ε——电极板之间介质的介电常数；
A——弧形电极板的面积。

两电容之差为：

$$\Delta C = C_{i2} - C_{i1} = \varepsilon A \left(\frac{1}{S_0 - \Delta S} - \frac{1}{S_0 + \Delta S} \right) \tag{2-6}$$

可见，两电容量的差值与中心感压膜片的位移 S 成非线性关系。显然不能满足高精度的要求。但若取两电容量之差与两电容量之和的比值，则有：

$$\frac{C_{i2} - C_{i1}}{C_{i2} + C_{i1}} = \frac{\varepsilon A \left(\dfrac{1}{S_0 - \Delta S} - \dfrac{1}{S_0 + \Delta S} \right)}{\varepsilon A \left(\dfrac{1}{S_0 - \Delta S} + \dfrac{1}{S_0 + \Delta S} \right)} = \frac{\Delta S}{S_0} = K_2 \Delta S \tag{2-7}$$

式中，$K_2 = \dfrac{1}{S_0}$——比例系数。

式（2-7）表明：

① 差动电容的相对变化值 $\dfrac{C_{i2} - C_{i1}}{C_{i2} + C_{i1}}$ 与 ΔS 成线性关系，要使输出与被测差压成线性关系，就需要对该值进行处理。

② $\dfrac{C_{i2} - C_{i1}}{C_{i2} + C_{i1}}$ 与介电常数 ε 无关，这一点很重要，因为从原理上消除了灌充液介电常数随温度变化而变化给测量带来的误差，可大大减小温度对变送器的影响，变送器的温度稳定性好。

③ $\dfrac{C_{i2} - C_{i1}}{C_{i2} + C_{i1}}$ 的大小与电极板间的初始距离 S_0 成反比关系，S_0 越小，差动电容的相对变化量越大，即灵敏度越高。

④ 如果差动电容结构完全对称，可以得到良好的稳定性。

2. 电容/电流转换电路

转换电路的作用是将差动电容的相对变化值 $\dfrac{C_{i2} - C_{i1}}{C_{i2} + C_{i1}}$ 成比例地转换成差动电流信号 I_i，

并实现非线性补偿功能，其电路如图2.9所示。它由振荡器、解调器、振荡控制放大器、线性调整电路等组成。

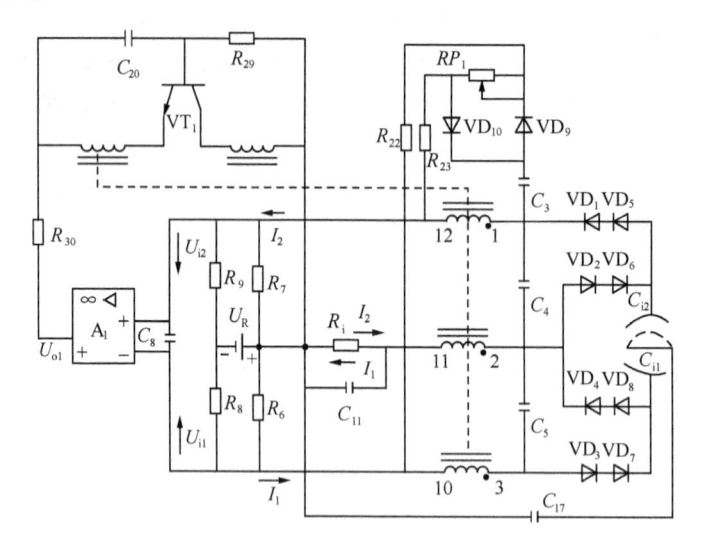

图2.9 转换电路

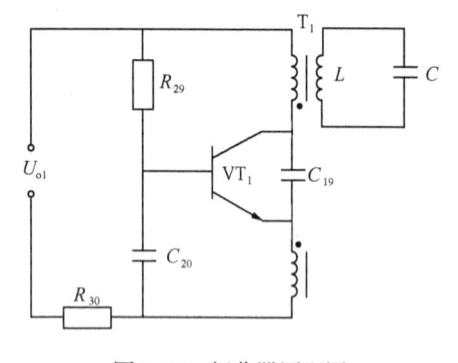

图2.10 振荡器原理图

(1) 振荡器。振荡器用于向差动电容 C_{i1}、C_{i2} 提供高频电流，它由晶体管 VT_1、变压器 T_1 及有关电阻 R_{29}、R_{30} 和电容 C_{19}、C_{20} 组成，其电路如图2.10所示。

图2.10中，U_{o1} 为运算放大器 A_1 的输出电压，作为振荡器的供电电源，因此 U_{o1} 的大小可控制振荡器的输出幅度。变压器 T_1 有三组输出绕组（1-12、2-11、3-10），图中只画出了输出绕组回路的等效电路，其等效电感为 L，等效负载电容为 C，它的大小主要取决于变送器测量元件的差动电容值。

振荡器为变压器反馈型振荡电路。在电路设计时，只要选择适当的电路元器件参数，便可满足振荡的相位和振幅条件。

等效电容 C 和输出绕组的电感 L 构成并联谐振回路，其谐振频率也就是振荡器的振荡频率，由等效电容 C 和输出绕组的电感 L 决定，约为32kHz。振幅大小由运算放大器 A_1 决定。

(2) 解调器。解调器主要由二极管 $VD_1 \sim VD_8$，电阻 R_1、R_4、R_5，热敏电阻 R_2，电容 C_1、C_2 等组成，与测量部分连接，如图2.11所示。

解调器的作用是将随差动电容 C_{i1}、C_{i2} 相对变化的高频电流，调制成直流电流 I_1 和 I_2，然后输出两组电流，差动电流 $I_i(I_i = I_2 - I_1)$ 和共模电流 $I_c = (I_1 + I_2)$。差动电流 I_i 随输入差压 ΔP_i 而变化，此信号与调零及反馈信号叠加后送入运算放大器 A_3 进行放大后，再经功放、限流输出 4~20mA DC 电流信号。共模电流 I_c 与基准电压进行比较，其差值经放大后，作为振荡器的供电电源，只要共模电流保持恒定不变，差动电流与输入差压之间就保持单一的比例关系。

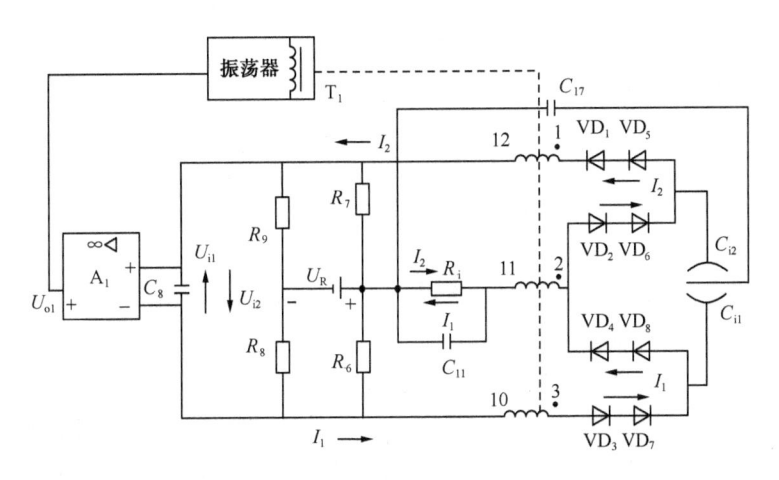

图 2.11 解调和振荡控制电路

图 2.11 中 R_i 为并联在电容 C_{11} 两端的等效电阻。U_R 是运算放大器 A_2 的输出电压,此电压提供基准电压,恒定不变,可看成是一个恒压源。

由于差动电容的电容量很小,其值远远小于 C_{11} 和 C_{17},因此在振荡器输出幅度恒定的情况下,流过 C_{i1} 和 C_{i2} 电流的大小主要由这两个电容的电容量决定。

由图 2.11 可知,绕组 2-11 输出的高频电压,经 VD_4、VD_8 和 VD_2、VD_6 整流得到直流电流 I_2 和 I_1。I_1 的流经线路是 $T_1(11) \to R_i \to C_{17} \to C_{i1} \to VD_8$、$VD_4 \to T_1(2)$;$I_2$ 的流经线路是 $T_1(2) \to VD_2$、$VD_6 \to C_{i2} \to C_{17} \to R_i \to T_1(11)$。

由图可见,经 VD_2、VD_6 及 VD_4、VD_8 整流后流过 R_i 的两路电流 I_2 和 I_1,方向是相反的,两者之差 $(I_2 - I_1)$ 即为解调器输出的差动电流 I_i。I_i 在 R_i 上的压降 U_i,即为放大电路的输入信号。

绕组 3-10 和绕组 1-12 输出的高频电压,经 VD_3、VD_7 和 VD_1、VD_5 整流同样得到 I_1 和 I_2。此时,I_1 的流经线路是 $T_1(3) \to VD_3$、$VD_7 \to C_{i1} \to C_{17} \to R_6$、$R_8 \to T_1(10)$;$I_2$ 的流经线路是 $T_1(12) \to R_7$、$R_9 \to C_{17} \to C_{i2} \to VD_5$、$VD_1 \to T_1(1)$。

由图可见,经 VD_3、VD_7 和 VD_1、VD_5 整流而流经并联电阻 R_6 与 R_8 和并联电阻 R_7 与 R_9 的两路电流 I_2 和 I_1,其方向是一致的,两者之和 $(I_2 + I_1)$ 即为解调器输出的共模电流 I_c。

解调器线路中每一电流回路均用两只二极管相串联进行整流,目的是提高电路的可靠性。在 $\frac{1}{2\pi f C_{i1}}$ 或 $\frac{1}{2\pi f C_{i2}} \geq \frac{1}{2\pi f C_{11}} + \frac{1}{2\pi f C_{17}}$ 的情况下,可认为 C_{i1}、C_{i2} 两端电压的变化等于振荡器输出高频电压的峰-峰值 U_{pp},故流过 C_{i1}、C_{i2} 的电流 I_1 和 I_2 的平均值可分别表示为:

$$I_1 = \frac{U_{pp}}{T} \times C_{i1} = f U_{pp} C_{i1} \quad (2-8)$$

$$I_2 = \frac{U_{pp}}{T} \times C_{i2} = f U_{pp} C_{i2} \quad (2-9)$$

式中,T——高频电压振荡周期;
　　　　f——高频电压振荡频率。

则

$$I_i = I_2 - I_1 = f U_{pp} (C_{i2} - C_{i1}) \quad (2-10)$$

$$I_c = I_2 + I_1 = fU_{pp}(C_{i2} + C_{i1}) \tag{2-11}$$

将式（2-11）代入式（2-10）后可得：

$$I_i = I_2 - I_1 = (I_2 + I_1)\frac{C_{i2} - C_{i1}}{C_{i2} + C_{i1}} \tag{2-12}$$

由式（2-12）可见，只要设法使 $I_2 + I_1$ 维持恒定，即可使差动电流 I_1 与差动电容的相对变化值之间成线性关系。

（3）振荡控制放大器。振荡控制放大器由 A_1 和基准电压源组成，A_1 与振荡器、解调器连接，构成深度负反馈控制电路。

振荡控制放大器的作用是保证共模电流 $I_c = I_2 + I_1$ 为常数。

由图 2.11 可知，A_1 的输入端接收两个电压信号 U_{i1} 和 U_{i2}，U_{i1} 是基准电压 U_R 在 R_9 和 R_8 上的压降；U_{i2} 是 $I_2 + I_1$ 在并联电阻 R_6 与 R_8 和并联电阻 R_7 与 R_9 上的压降。这两个电压信号之差送入 A_1，经放大得到 U_{o1}，去控制振荡器。

当 A_1 为理想运算放大器时，则有：

$$U_{i1} = U_{i2} \tag{2-13}$$

从电路分析可知，这两个电压信号分别为：

$$U_{i1} = \frac{U_R}{R_6 + R_8} \times R_8 - \frac{U_R}{R_7 + R_9} \times R_9 \tag{2-14}$$

$$U_{i2} = \frac{R_6 R_8}{R_6 + R_8}I_1 + \frac{R_7 R_9}{R_7 + R_9}I_2 \tag{2-15}$$

因为 $R_6 = R_9$，$R_7 = R_8$，故式（2-14）、式（2-15）两式可分别简化为：

$$U_{i1} = \frac{R_8 - R_9}{R_6 + R_8}U_R \tag{2-16}$$

$$U_{i2} = \frac{R_6 R_8}{R_6 + R_8}(I_1 + I_2) \tag{2-17}$$

将 U_{i1}、U_{i2} 代入式（2-13）可求得：

$$I_1 + I_2 = \frac{R_8 - R_9}{R_6 R_8}U_R \tag{2-18}$$

式（2-18）中 $R_6 = R_9 = 10\text{k}\Omega$，$R_8 = 60.4\text{k}\Omega$，$U_R = 3.2\text{V}$，均恒定不变，则 $I_1 + I_2 = 0.267\text{mA}$ 为一常数。

设 $K_3 = \frac{R_8 - R_9}{R_8 R_6}U_R$，再将式（2-18）代入式（2-12）得：

$$I_i = I_2 - I_1 = K_3 \frac{C_{i2} - C_{i1}}{C_{i2} - C_{i1}} \tag{2-19}$$

假定 $I_1 + I_2$ 增加，使 $U_{i1} > U_{i2}$。使 A_1 的输出 U_{o1} 减小（U_{o1} 以 A_1 的电源正极为基准），从而使振荡器的振荡幅值减小，变压器 T_1 输出电压幅值减小，直至 $I_1 + I_2$ 恢复到原来的数值。显然，这是一个负反馈的自动调节过程，最终使 $I_1 + I_2$ 保持不变。

式（2-19）表明，转换电路的输出差动电流与差动电容相对变化值之间成线性关系。

（4）线性调整电路。由于差动电容检测元件中有分布电容 C_0 的存在，差动电容的相对变化量变为：

$$\frac{(C_{i2}+C_0)-(C_{i1}+C_0)}{(C_{i2}+C_0)+(C_{i1}+C_0)}=\frac{C_{i2}-C_{i1}}{C_{i2}+C_{i1}+2C_0} \tag{2-20}$$

由式（2-20）可知，在相同输入差压 ΔP_i 的作用下，分布电容 C_0 将使差动电容的相对变化量减小，使 $I_i = I_2 - I_1$ 减小，从而给变送器带来非线性误差。

为了克服这一误差，保证仪表精度，因而在电路中设置了线性调整电路。

非线性因素的总体影响是使输出呈现饱和特性，所以，随着差压的增加，该电路采用提高振荡器输出电压幅度，增大解调器输出电流的方法，来补偿分布电容所产生的非线性。线性调整电路由 VD_9、VD_{10}、C_3、R_{22}、R_{23}、RP_1 等元件组成，其原理简图如图2.12所示。

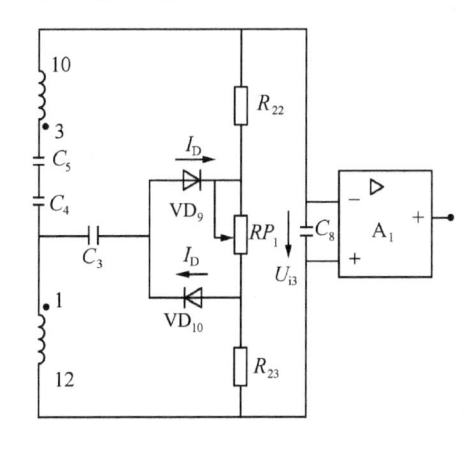

图2.12 线性调整电路

绕组 3-10 和绕组 1-12 输出的高频电压经 VD_9、VD_{10} 半波整流，电流 I_D 在 R_{22}、RP_1、R_{23} 上形成直流压降，经 C_8 滤波后得到线性调整电压 U_{i3}。

$$U_{i3}=I_D(R_{22}+RP_1)-I_DR_{23}=I_D(RP_1+R_{23})-I_DR_{22} \tag{2-21}$$

因为 $R_{22} = R_{23}$，所以有：

$$U_{i3}=I_DRP_1 \tag{2-22}$$

由式（2-22）可见，线性调整电压 U_{i3} 的大小，通过调整电位器 RP_1 的阻值来决定；当 $RP_1 = 0$ 时，$U_{i3}=0$，无补偿作用。当 $RP_1 \neq 0$ 时，$U_{i3} \neq 0$（U_{i3} 的方向如图2.12所示）。该调整电压 U_{i3} 作用于 A_1 的输入端，使 A_1 的输出电压降低，振荡器供电电压 U_{o1} 增加，从而使振荡器振荡幅度增大，提高了差动电流 I_i，这样就补偿了分布电容所造成的误差。

3. 放大电路

放大和输出限制电路的电路原理图如图2.13所示。放大电路主要由集成运算放大器 A_3 和晶体管 VT_3、VT_4 等组成。A_3 为前置放大器，VT_3、VT_4 组成复合管功率放大器，将 A_3 的输出电压转换成变送器的输出电流 I_o。电阻 R_{31}、R_{33}、R_{34} 和电位器 RP_3 组成反馈电阻网络，输出电流 I_o 经这一网络分流，得到反馈电流 I_f，I_f 送至放大器输入端，构成深度负反馈，从而保证使输出电流 I_o 与输入差动电流 I_i 之间为线性关系。调整 RP_3 电位器，可以调整反馈电流 I_f 的大小，从而调整变送器的量程。

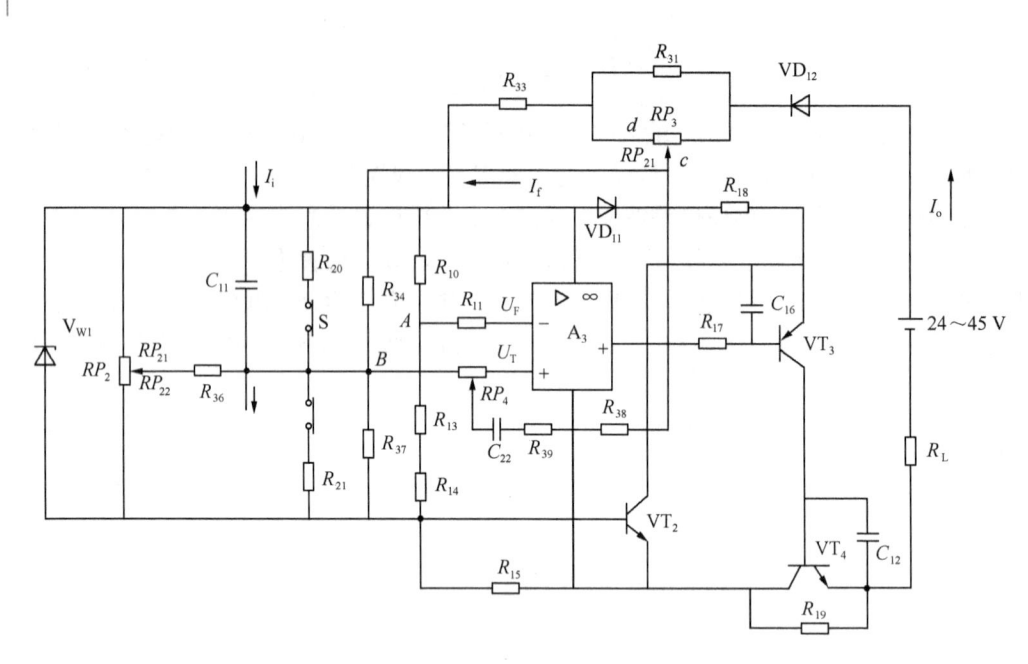

图 2.13 放大和输出限制电路原理图

电路中 RP_2 为零点调整电位器，用以调整输出零点，S 为正、负迁移调整开关。用 S 接通 R_{20} 或 R_{21}，实现变送器的正向或负向迁移。

放大电路的作用是将转换电路输出的差动电流 I_i 放大，并转换成 4～20mA 的直流输出电流 I_o。

现对放大电路的输出电流 I_o 与输入差动电流 I_i 的关系做进一步的分析。

由图可知，A_3 反相输入端电压 U_F 是 V_{W1} 稳定电压 U_{VW1} 通过 R_{10}、R_{13}、R_{14} 分压值 U_A 与晶体管 VT_2 发射极正向压降 U_{be2} 之和，即：

$$U_F = U_A + U_{be2} = \frac{R_{13} + R_{14}}{R_{10} + R_{13} + R_{14}} U_{VW1} + U_{be2} = \frac{10+30}{10+10+30} \times 6.4 + 0.7 = 5.5 \text{ (V)}$$

式中，U_{VW1}——稳压二极管 V_{W1} 的稳压值，实际值为 6.4V；

U_A——相对 U_{VW1} 负极对 A 点电压，该电压处于 A_3 的共模输入电压范围之内，从而保证了集成运算放大器的正常工作。

A_3 同相输入端电压 U_T 是 B 点电压 U_B 与 U_{be2} 之和，U_B 由三个信号叠加而成，即：

$$U_B = U_i + U_z + U_f \tag{2-23}$$

式中，U_B——相对 U_{VW1} 负极对 B 点电压；

U_i——解调器输出差动电流 I_i 在 B 点产生的电压；

U_z——调零电路在 B 点产生的调零电压；

U_f——负反馈电路的反馈电流 I_f 在 A 点产生的电压。

在求取 U_i 电压时，设 R_i 为并联在 C_{11} 两端的等效电阻（见图 2.11），则有：

$$U_i = -I_i R_i \tag{2-24}$$

式中 U_i 为负值。因为 C_{11} 上的压降为上正下负，即 B 点电压随 I_i 的增加而降低。

在求取 U_z 电压时，设 R_z 为计算 U_z 在 B 点处的等效电阻，其等效的调零电路如图 2.14 所示。

第2章 变送器

$$U_z = U_{VW1} \times \frac{(RP_{21}+RP_{22})+(R_{36}+R_z)}{(RP_{21}+RP_{22})(R_{36}+R_z)} \times \frac{RP_{22}}{RP_{22}+R_{36}+R_z} \times R_z$$
$$= \alpha U_{VW1} \tag{2-25}$$

在求取 U_f 电压时，设 R_f 为计算 U_f 在 B 点处的等效电阻，R_d 为电位器滑动触点 c 和 d 之间的电阻，其等效负反馈电路如图 2.15 所示。

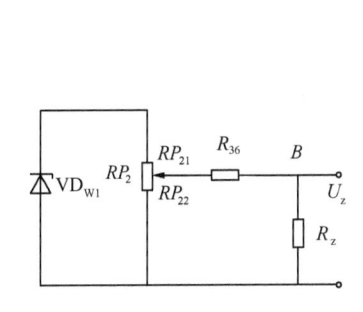

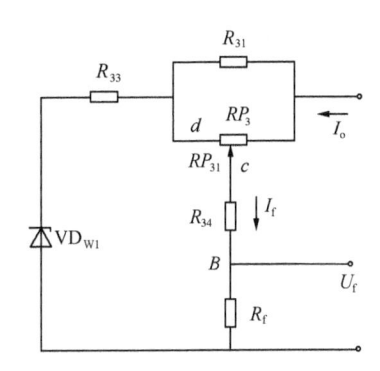

图 2.14 调零等效电路　　　　图 2.15 负反馈等效电路

根据三角形 – 星形变换方法可求得：$R_d = \dfrac{RP_{31}R_{31}}{RP_{31}+R_{31}}$

由于 $R_{34}+R_f \gg R_d+R_{33}$，可近似地求得反馈电流 I_f 为：

$$I_f = \frac{R_d+R_{33}}{R_{34}+R_f}I_o$$

设
$$\beta = \frac{R_{34}+R_f}{R_{33}+R_d}$$

所以有：
$$U_f = R_f I_f = R_f \frac{R_{33}+R_d}{R_{34}+R_f}I_o = \frac{R_f}{\beta}I_o \tag{2-26}$$

当为理想运算放大器时，$U_T = U_F$（即 $U_A = U_B$），则有：
$$U_A = U_i + U_z + U_f \tag{2-27}$$

将 U_i、U_z、U_f 代入式（2-27），得：
$$I_o = \frac{\beta R_i}{R_f}I_i + \frac{\beta}{R_f}(U_A - \alpha U_{VW1}) \tag{2-28}$$

设 $K_4 = \dfrac{\beta R_i}{R_f}$，$K_5 = \dfrac{1}{R_i}$，并将式（2-3）、式（2-7）、式（2-19）代入式（2-28）得：

$$I_o = K_1 K_2 K_3 K_4 \Delta P_i + K_4 K_5 (U_A - \alpha U_{VW1}) \tag{2-29}$$

由式（2-29）可见：

(1) 变送器的输出电流 I_o 与输入差压 ΔP_i 成线性关系。

(2) $K_4 K_5 (U_A - \alpha U_{VW1})$ 为调零项，在输入差压为下限值时，调整该项使变送器输出电流为 4mA；α 值通过调整 RP_2 电位器和 S 接通 R_{20} 或 R_{21} 来实现；当 R_{20} 接通时，α 增大，则输入差压 ΔP_i 增大（保证输出电流 I_o 不变），从而实现正向迁移；当 R_{21} 接通时，α 减小，则输入差压 ΔP_i 减小，从而实现负向迁移。

(3) $K_4 = \dfrac{\beta R_i}{R_f}$，改变 β 值，可改变变送器量程，通过调整电位器 RP_3 来实现。

（4）调整 RP_3（改变 β 值），不仅调整了变送器的量程，而且也影响了变送器的零位信号。

同样，调整 RP_2 不仅改变变送器的零位，而且也影响了变送器的满度输出，但量程不变；因此，在仪表调校时要反复调整零点和满度，直至都满足要求为止。

4. 其他电路

（1）输出限制电路。输出限制电路由晶体管 VT_2、电阻 R_{18}、二极管 VD_{11} 等组成，如图 2.16 所示。

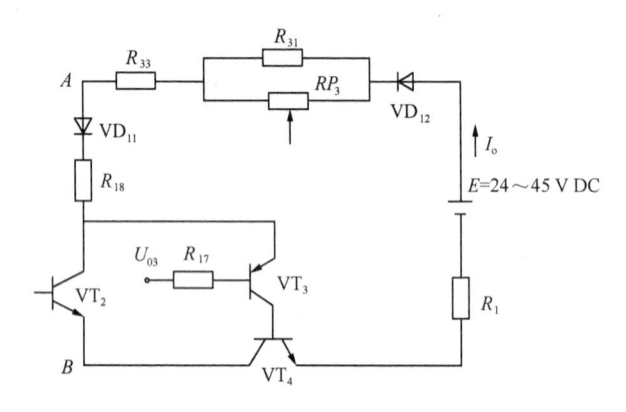

图 2.16 输出限幅电路

输出限制电路的作用是防止输出电流过大，损坏变送器的元器件。当变送器正向压力过载或因其他原因造成输出电流超过允许值时，电阻 R_{18} 上的压降加大，因为 U_{AB} 恒定为 7.1V 左右，迫使晶体管 VT_2 的 U_{ce2} 下降，使其工作在饱和区，所以流经 VT_2 的电流减小；同时晶体管 VT_3、VT_4 也失去放大作用，从而使流过 VT_4 的电流受到限制。

输出限制电路可保证变送器过载时，输出电流不大于 30mA。

（2）阻尼电路。R_{38}、R_{39}、C_{22} 和 RP_4 等组成阻尼电路，用于抑制变送器输出因被测差压变化所引起的波动。RP_4 为阻尼时间常数调整电位器，调节 RP_4 可改变动态反馈量，阻尼调节范围为 0.2～1.67s。

（3）反向保护电路。V_{W2} 除起稳压作用外，当电源反接时，它还提供反向通路，以防止元器件损坏。VD_{12} 用于在指示仪表未接通时，为输出电流提供通路，同时当电源接反时，起反向保护作用。

（4）温度补偿电路。R_1、R_4、R_5 和热敏电阻 R_2 用于量程温度补偿；R_{27}、R_{28}、热敏电阻 R_{26} 用于零点温度补偿。

2.2.2 差压变送器的选用、安装和维护

1. 差压变送器的选用

差压变送器的选用，一般应根据量程（或测量范围）、工作压力、防爆等级、防腐与安装要求而定。下面就精度要求、介质性质、量程与压力等确定差压变送器的选型进行简要介绍。

(1) 按测量精度要求选型。

① 对于一般性介质,在测量精度要求不高的场合,且气源又方便,则可选用气动差压变送器。

② 对于测量精度要求较高,环境温度变化又大的场合,宜选用矢量机构式电动型差压变送器。

③ 对于测量精度要求很高,采用可编程控制器或集散控制系统的控制装置,则可选用测量精度高、故障率低的电容式或电感式、扩散硅式、振弦式差压变送器。

(2) 按测量范围与工作压力选型。

差压变送器的型号规格应根据工艺上要求测量的量程及工艺设备或管道内工作压力来确定。

① 变送器实际测量的量程应大于或等于仪表本身所能测量的最小量程,而小于或等于仪表本身所能测量的最大量程。变送器进行零点迁移后,实际测量的正、负极限值应小于或等于仪表本身所能测量的最高量程的上限值。

② 变送器应用场合的实际工作压力(即静态工作压力)应小于或等于变送器所能承受的额定工作压力。

(3) 按被测介质性质选型。

① 被测介质黏度大,易结晶、沉淀或聚合引起堵塞的场合,宜采用单平法兰式差压变送器,如图2.17所示。

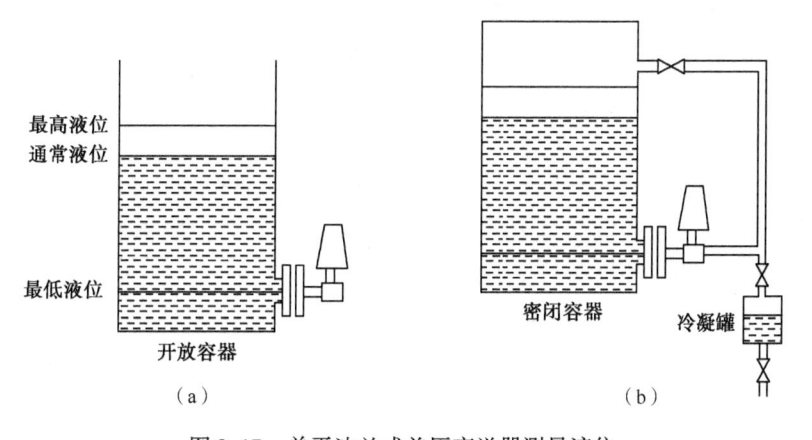

图2.17 单平法兰式差压变送器测量液位

② 被测介质有大量沉淀或结晶析出,致使容器壁上有较厚的结晶或沉淀时,宜采用单插入式法兰差压变送器,如图2.18(b)所示;若上部容器壁和下部一样,也有较厚的结晶层时,常用双插入式法兰差压变送器,如图2.18(c)所示。

③ 被测介质腐蚀性较强而负压室又无法选用合适的隔离液时,可选用双平法兰式差压变送器,如图2.18(a)所示。

2. 差压变送器的安装

差压变送器与差压源之间导压管的长度应尽可能短,一般在3～50m范围内,其内径不宜小于8mm;导压管应保持有不小于1:10的倾斜度,即水平方向敷设10m时,其两端高度差为1m。导压管的坡向应满足:当被测介质为气体时,应能使气体中的冷凝液自动顺着导压管流回工艺管道或设备中去，所以变送器安装位置最好高于取压源，若在实际安装中做不到这一点，则应在导压管路的最低点装设液体收集器和排液阀门。当被测介质为液体时，应能使液体中析出的气体自己顺着导压管流回工艺管道或设备中去，否则应在导压管路的最高点装设气体收集器和放气阀门，所以变送器安装位置最好低于取压源。总之，导压管线的坡度和坡向都是要保证在导压管线和差压变送器中，只有单相介质（气相或液相）存在，以保证测量的稳定性和防止产生附加误差。

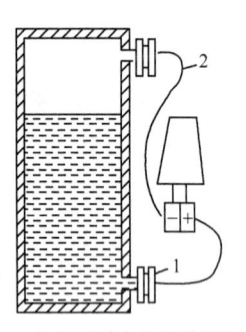

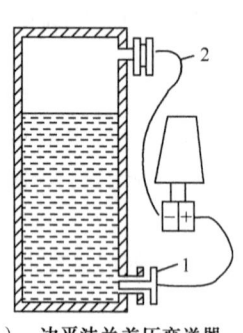

（a）双平法兰差压变送器　　（b）一边平法兰差压变送器，一边插入式法兰差压变送器　　（c）双插入式法兰差压变送器

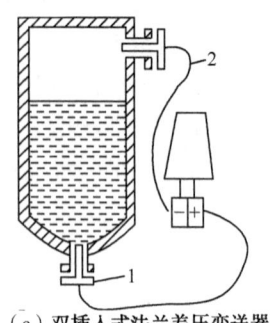

1—法兰式测量头；2—毛细管

图2.18　双法兰式差压变送器测量液位

当被测介质为蒸气时，在导压管路中应安装冷凝容器，以防差压变送器因高温蒸气进入而损坏。冷凝器安装位置，应保证两根导压管中的冷凝液液位长期保持在同一水平面上。从冷凝容器至变送器的导压管路，应按被测介质为液体时的要求敷设。

对于有腐蚀性的介质，在导压管路中应安装相应的隔离设备，以防差压变送器被腐蚀。在被测介质黏度很大、容易沉淀或结晶、气/液相转换温度低、易聚合等情况下，也应采取相应的隔离设备，以防导压管被堵塞。

3. 差压变送器的使用注意事项

使用差压变送器时要注意以下三点。

（1）差压变送器在使用前必须对其测量范围、零点漂移量、精度、静压误差等进行复校。

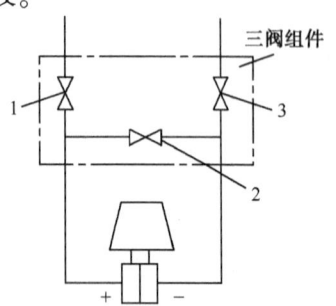

1—高压阀；2—平衡阀；3—低压阀

图2.19　三阀组件

（2）变送器安装后，开车之前还需检查一次各种变送器的工作压力、工作温度、测量范围、漂移量等，看是否和实际情况相符，若有不符之处，则必须查明原因并纠正后才能开车。

（3）开启和停用时，应避免仪表承受单向静压。

为了避免使用时单向受压，每台差压变送器应附带一套三阀组件，通常把它安装在差压变送器的上方，如图2.19所示。其中阀1和阀3分别为高压和低压切断阀，阀2为平衡阀。平衡阀2在开表和停表时用以保护差压变送器和便于调零位。

在开启差压变送器时，应先开平衡阀2，然后再开阀1和阀3，当阀1和阀3全开后，再关闭阀2。

在停用差压变送器时，也应先打开平衡阀2，然后再分别关闭阀1和阀3。按以上顺序开启或停用差压变送器，可以避免差压变送器承受单向静压而过载；对于有冷凝液或隔离液的差压变送器，也可以避免冷凝液或隔离液被冲跑。

实训1　差压变送器的认识与校验

1. 实训目标

（1）认识各种差压变送器的外形、结构和信号输入、输出的位置。
（2）掌握差压变送器校验的方法。

2. 实训装置（准备）

（1）压力发生装置1套。
（2）直流稳压电源1台（0～30V DC）。
（3）电容式差压变送器1台（若有其他压力、差压变送器也可展示）。
（4）数字电压表1台。
（5）标准电阻箱1台。
（6）导线若干，钳子、螺钉旋具各1把。

3. 实训内容

（1）认识差压变送器结构，熟悉各调节螺钉的位置和用途。
（2）调整仪表的零点和量程。
（3）仪表的精度校验。
（4）进行零点迁移调整。
（5）量程调整。

4. 实训步骤

（1）认识压力（差压）变送器。仔细观察各种压力（差压）变送器的外表、铭牌，学会从外部辨认仪表的类型。查找各变送器输入、输出信号的位置。打开仪表外壳，大体认识内部结构，找到调零点和调量程的挡位和调整螺钉。

（2）调校接线。电容式差压变送器校验接线如图2.20所示。

（3）调校。接线后，通电，打开气源，进行零点和量程的调整。

① 关闭阀6，打开阀7和阀8，使正、负压测量室都通大气，差压信号为零时，调整零点螺钉，使电压表读数为(1.000 ± 0.004)V DC。

② 关闭阀7，打开阀6，用气动定值器加压至仪表测量上限，调整量程螺钉，使电压表读数为(5.000 ± 0.004)V DC。

注意：在差压不变时，零点和量程螺钉都是顺时针旋转输出增大，逆时针旋转输出减小。反复调整零点和量程,直到合格为止。

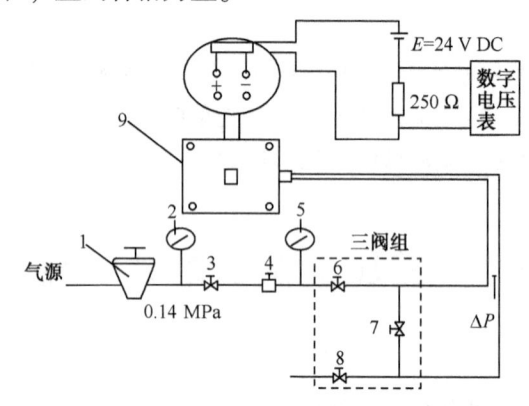

1—过滤器;2、5—标准压力表;3—截止阀;4—气动定值器;6—高压阀;7—平衡阀;8—低压阀;9—被校变送器

图 2.20　电容式差压变送器校验接线图

③ 精度校验。将差压测量范围平分为 5 点,进行刻度校验。先做正行程,后做反行程,将检验结果填入数据表。

④ 零点迁移调整。加输入下限差压(迁移量),调零点螺钉使电压表读数为 (1.000 ± 0.004) V DC;加输入上限差压,调量程螺钉使电压表读数为 (5.000 ± 0.004) V DC。逐点校验,将检验结果填入数据表。

⑤ 改变量程。调整零点,取消原有正、负迁移量,输入差压为零,调整零点螺钉,使输出电压为 (1 ± 0.004) V DC。

调整量程到需要值,若量程缩小,则当输入差压 ΔP 为零时,顺时针转动量程螺钉,使输出电压为:$\dfrac{原有量程}{所需量程} \times 1\text{V}$;若量程增大,则当输入差压为原有量程的值时,逆时针转动量程螺钉,使输出电压为:$\dfrac{原有量程}{所需量程} \times 5\text{V}$。

复校零点和量程,最后进行零点漂移调整。

5. 数据处理

将校验数据填入表 2.1 中,根据校验数据,计算基本误差和变差。

表 2.1　精度校验数据记录表

输 入 差 压	0	25%	50%	75%	100%
标准输出电压/V	1	2	3	4	5
上行输出电压/V					
上行误差/V					
下行输出电压/V					
下行误差/V					
基本误差/(%)					
变差/(%)					
精度					

6. 实训报告

(1) 写出差压变送器的校验步骤。

(2) 根据校验的数据,判断被校表的精度是否达到规定精度值。若未达到规定精度值,则分析其原因。

2.3 其他差压变送器

下面介绍几种其他结构的差压变送器。

2.3.1 扩散硅式差压变送器

扩散硅式差压变送器也是微位移式两线制差压变送器。它的检测元件采用硅杯压阻传感器,由于单晶硅材质纯净、功耗小、滞后和渐变极小、机械稳定性好、体积小、质量小、结构简单和精度高,且传感器的制造工艺与硅集成电路工艺有很好的兼容性,以扩散硅压阻传感器作为检测元件的传感器得到了越来越广泛的使用。

扩散硅式差压变送器由测量部件和放大电路两部分组成。

1. 测量部件

测量部件结构如图 2.21 所示。

测量部件由正、负压导压口,隔离膜片,硅杯,支座,玻璃密封,引线等组成。硅杯是敏感元件,由两片研磨后的硅应变片胶合而成,按平衡电桥四个臂的要求对称分布,既是弹性元件又是检测元件。当硅杯受压时,压阻效应作用使其扩散电阻(即应变电阻)阻值发生变化,使检测桥路失去平衡,产生不平衡电压输出。

硅杯两面浸在硅油中,硅油和被测介质之间用金属隔离膜片分开。硅杯上各应变电阻通过金属丝连接到印制电路板上,再穿过玻璃密封部分引出。当被测差压 ΔP_i 作用于测量室内隔离膜片时,隔离膜片通过硅油将压力传递给硅杯压阻传感器,于是电桥就有电压信号输出到放大器。

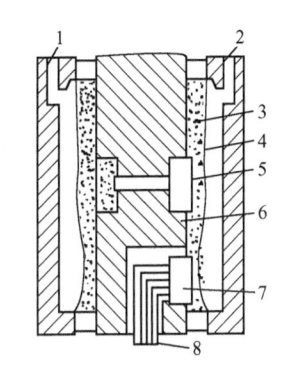

1—负压导压;2—正压导压;3—硅油;
4—隔离膜片;5—硅杯;6—支座;
7—玻璃密封;8—引线

图 2.21 测量部件结构

2. 电路原理

扩散硅式差压变送器的电路原理图如图 2.22 所示。

图 2.22 中 I' 是不平衡电桥供电恒流源,$I' = 1\text{mA}$;I_1、I_2 分为两个桥臂电流,$I_1 = I_2 = 0.5\text{mA}$;R_A、R_B、R_C、R_D 为应变电阻,当 $\Delta P_i = 0$ 时,$R_A = R_B = R_C = R_D$;R_0 为零点调整电阻;R_f 为量程调整电阻。

当变送器输入差压信号 ΔP_i 时,使硅杯受压,R_A、R_D 的阻值增加 ΔR,而 R_B、R_C 的阻

值减小 ΔR，此时 T 点电位降低，而 F 点电位升高，于是电桥失去平衡而有电压输出。该信号经运算放大器 A 和晶体管进行电压和功率放大后使输出电流 I_o 增加。在差压变化的量程范围内，晶体管 VT 的发射极电流 I_e 为 3～19mA，所以整机输出电流 I_o 为 4～20mA。

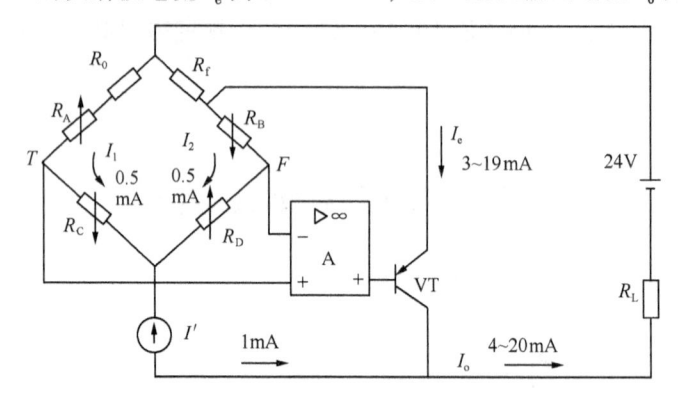

图 2.22　扩散硅式差压变送器电路原理图

2.3.2　振弦式差压变送器

振弦式差压变送器的基本原理，就是将压力或差压的变化转换成振弦张力的变化，从而使振弦的固有谐振频率变化，并通过振弦去改变谐振电路的谐振频率。检测出这个电信号的频率就检测到了差压的大小。实际使用中可以将这个频率直接输出，也可以变换成电流输出。

1. 检测器的结构

如图 2.23 所示为振弦式差压变送器的检测器结构示意图。

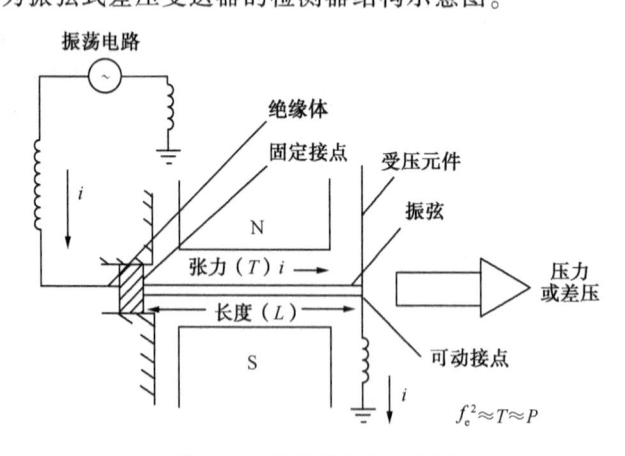

图 2.23　检测器结构示意图

图 2.23 中，振弦被拉紧在永久磁铁（S、N）产生的磁场中。振弦的右端与受压元件连接，接点可随受压元件移动并经受压元件接地。左端是固定的，但与振荡电路连接。因此，振荡电路的输出电流 i 可经振弦到地形成闭合回路。

图 2.23 中所示受压元件为膜片，在实际使用中，也有采用膜盒、波纹管和螺旋波登管的。

如图 2.24 所示为膜盒型检测器结构示意图。

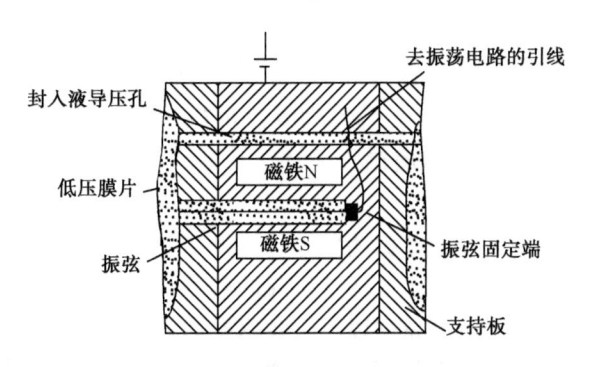

图 2.24　膜盒型检测器断面图

图 2.24 中，振弦被张紧在膜盒中部，高压侧和低压侧膜片都分别封入填充液，并由导压孔沟通传递压力。振弦的可动端在低压侧，当差压或压力作用于高压侧膜片时，经过填充液传递压力，将低压膜片向外压去，使振弦受到张力。

2. 信号变换过程

如图 2.25 所示为压力或差压变换成电振荡频率，再转变成电流的过程。

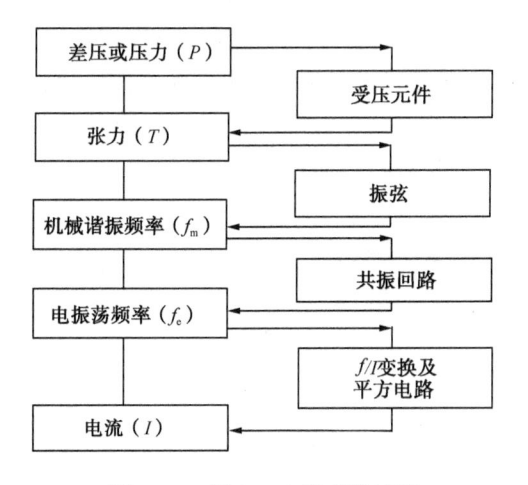

图 2.25　压力→电流变换过程

（1）压力或差压变换成张力。图 2.23 已经表明，压力或差压经受压元件变换成图示箭头方向的集中力，这个力显然与压力或差压成正比。由于振弦的一端固定，一端焊在受压元件上，振弦上就受到一个张力，其大小等于受压元件变换来的集中力。

设张力为 T，压力或差压为 P，则有：

$$P \propto T \tag{2-30}$$

（2）张力变换成机械谐振频率。振弦的机械谐振频率（f_m）与张力（T）之间有如下关系：

$$f_m = \frac{1}{2L}\sqrt{\frac{T}{M}} \tag{2-31}$$

式中，L——振弦长度；

M——振弦质量。

设振弦受张力时长度 L 及质量 M 并不变化，所以有：

$$f_m \propto \sqrt{T} \text{ 或 } f_m^2 \propto T$$

据式（2-30）可得振弦的机械谐振频率（f_m）和压力（或差压）之间的关系为：

$$f_m^2 \propto P \tag{2-32}$$

（3）机械固有谐振频率变换成电振荡频率。由图 2.23 可知，振弦上流过的电流是来自振荡器的交变电流，而振弦又置于永久磁铁形成的磁场中，于是振弦上就受到一个始终与磁场方向垂直的交变力作用，所以振弦就以电流频率振动。当振荡器电流的频率与振弦机械固有谐振频率相等时，振弦处于共振状态。当压力或差压变化引起张力变化时，振弦的机械固有谐振频率变化，从而使振弦的振动脱离共振状态。因为振弦也是振荡电路的一部分，通过反馈，就会使电振荡频率随之变化，以保持振弦在共振状态。即：

$$f_m = f_e \tag{2-33}$$

$$f_e^2 \propto P \tag{2-34}$$

这就是说，振荡电路的频率（f_e）反映了压力或差压的大小，从而实现了压力→电信号的转换。频率（f_e）为检测器的输出。

（4）频率转换成电流。如图 2.26 所示为频率→电流变换原理示意图。

由振荡器输出的频率信号被送到脉冲整形电路，形成两个相位相反的频率信号，分别加到两级频率变换电路（f/I 及 $f \cdot I/V$），f/I 的输出与频率成正比，这个输出又加到下一级频率变换电路 $f \cdot I/V$，使其成为平方变换电路，所以第二级频率变换电路的电压输出与频率的平方成正比例。这个电压经 V/I 变换电路，以 $4 \sim 20\text{mA}$ 或 $10 \sim 50\text{mA}$ 的电流输出。

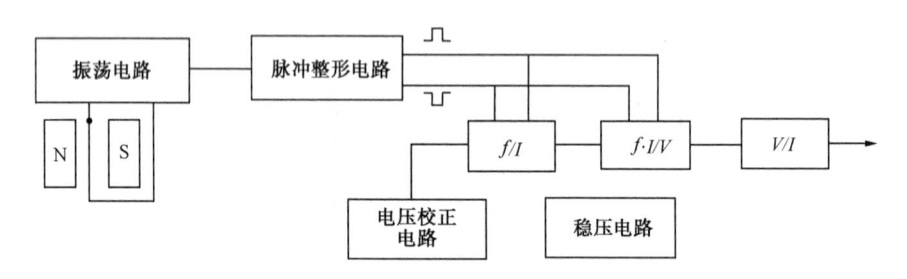

图 2.26　频率→电流变换原理

于是有：

$$p \propto T \propto f_m^2 = f_e^2 \propto I \tag{2-35}$$

$$P \propto I \tag{2-36}$$

可见，经过如图 2.25 所示的一系列变换得到的振弦式差压变送器的输出电流（I）与输入压力或差压成正比。

2.3.3　DELTAPI K 系列电感式变送器

DELTAPI K 系列（下称 K 系列）电感式变送器是由英国肯特公司使用先进的测量技术设计而成的。它以单元组合方式用于过程控制系统中，能在各种危险或恶劣的工业环境中，为差压、压力、流量、液位和料位提供精确可靠的测量。该变送器已由天津自动化仪表厂引进生产。

K 系列电感式变送器采用统一的 4～20mA DC 标准输出信号，在系统中以两线制传输，兼容于所有两线制仪表。该变送器采用现场安装方式，在设计中考虑了安全火花防爆和防腐等特殊要求。K 系列电感式变送器的品种规格齐全，基本上满足了工业过程检测和控制的要求。

1．特点

K 系列电感式变送器与 DDZ-Ⅲ型变送器相比较具有如下优点。

(1) 采用微位移式电平衡工作原理，没有机械传动、转换部分。

(2) 外形美观，结构小巧，质量小。

(3) 调整方便，零点、满量程、阻尼均在仪表外部调整，且零点和满量程调整时互不影响。

(4) 具有独特的电感检测元件，敏感检测元件所在的测量头部分采用全焊接密封结构；计算机进行温度、压力补偿，不需要调整静压误差。

(5) 除测量头部分外，零部件通用性高，均可互换。

(6) 调整、维修方便。

(7) 各项技术指标多数优于 DDZ-Ⅲ型变送器（如精度为 0.25%，平均无故障时间≥15年）。

2．工作原理

整机是由敏感元件（膜盒）、放大器、显示表头、外壳和测量室等几大部分组成。

(1) 测量部分。测量部分如图 2.27 所示，主要由膜盒、敏感膜片、固定电磁电路、隔离膜片、灌充液、过程连接口等构成。

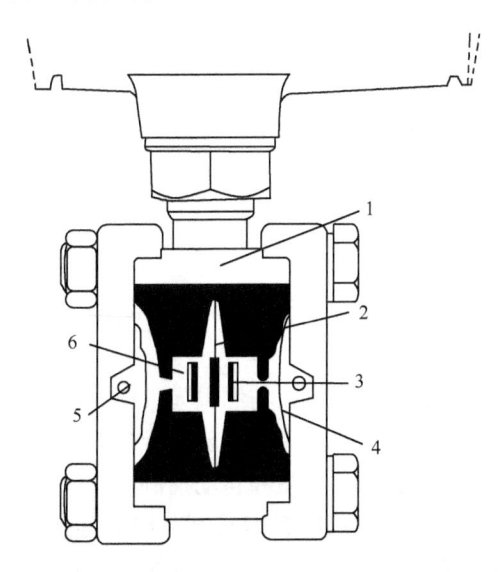

1—膜盒；2—敏感膜片；3—固定电磁电路；4—隔离膜片；5—过程连接口；6—灌充液

图 2.27 敏感膜片固定电磁电路隔离膜片

被检测的工业过程流体（液体、气体或蒸气）的压力或差压通过膜盒的隔离膜片和灌充液（硅油）传递到中心敏感膜片上，从而使中心敏感膜片变形，即产生位移，其位移的大小与过程压力或差压成正比，中心敏感膜片的中央部位装有铁淦氧磁片，与两侧固定的电磁电路组成一个差动变压器。差动变压器电感量的变化与中心敏感膜片的位移量成正比，从而实现了将压力或差压变化转换成电参数（电感量）变化的目的。

（2）结构组成。K系列电感式变送器的组成部件，如图2.28所示。

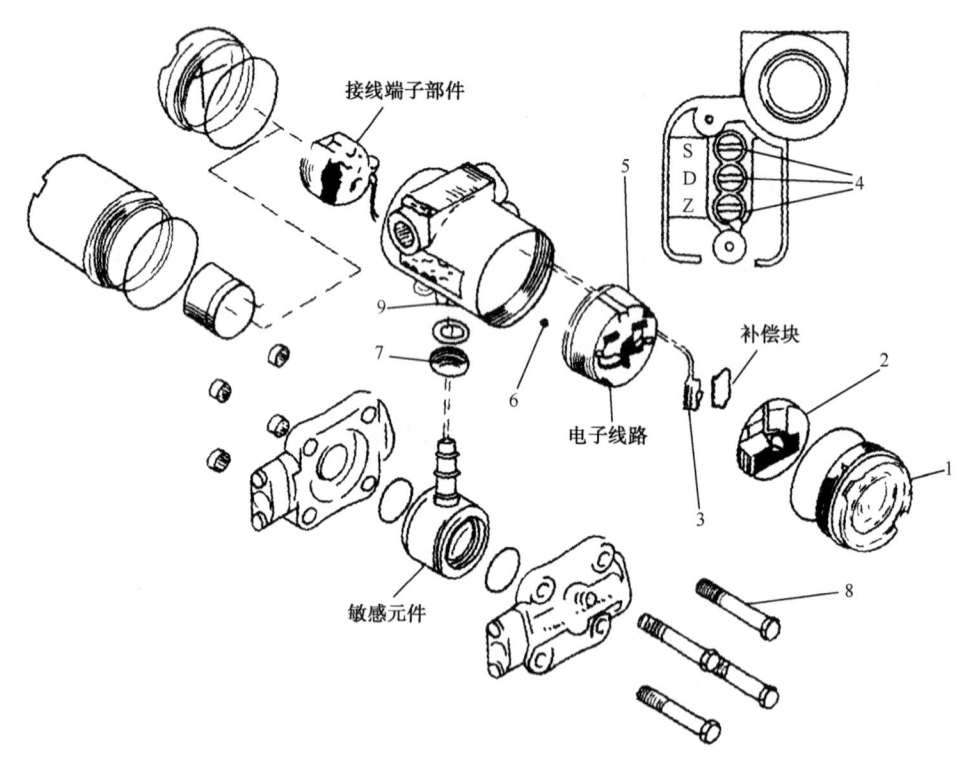

1—盖；2—放大器盒盖；3—敏感元件输出电缆及插头；4—零点、阻尼、量程调节螺钉；
5—放大器；6—定位螺钉；7—外壳锁紧螺母；8—容室紧固螺栓；9—外壳

图2.28 K系列电感式变送器的组成部件

2.4 温度变送器

温度变送器是一种信号转换仪表，可以与测温元件配合使用，把温度或温差信号转换成统一标准信号输出；还可以把其他能够转换成直流毫伏信号的工艺参数也变成相应的统一标准信号输出，实现对温度参数的显示、记录和自动控制。

温度变送器按连接方式可分为两线制和四线制。DDZ-Ⅲ型温度变送器就是四线制温度变送器，属于控制室内架装仪表，有三类品种：直流毫伏变送器、热电偶温度变送器、热电阻温度变送器。

四线制温度变送器具有如下主要特点。

（1）采用低漂移、高增益的集成运算放大器，使仪表的可靠性和稳定性有所提高。

（2）在热电偶和热电阻温度变送器中设置了线性化电路，从而使变送器的输出信号和被测温度之间为线性关系，提高了变送器精度，并方便指示和记录。

（3）线路中采用了安全火花防爆措施，增加了直流/交流/直流（DC/AC/DC）转换器部分，兼有安全栅的功能，所以能测量来自危险场所的直流毫伏信号或温度信号。温度变送器结构框图如图 2.29 所示。

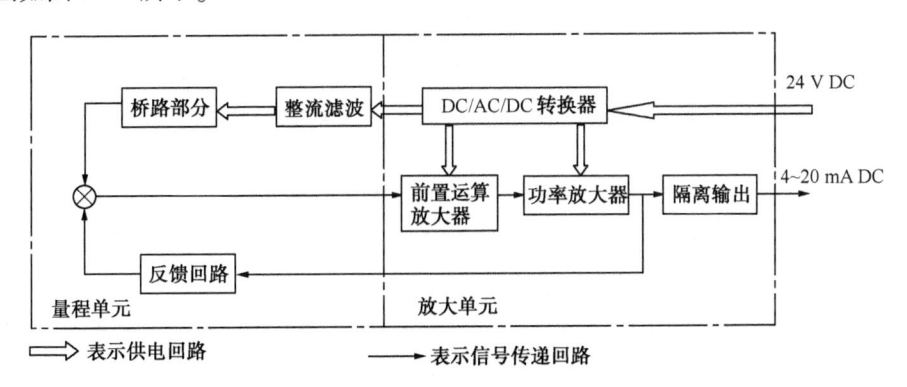

图 2.29 温度变送器结构框图

在线路结构上，三种变送器都分为量程单元和放大单元两部分。它们分别设置在两块印制电路板上，用插件互相连接，其中放大单元是三者通用，而量程单元则随品种、测量范围的不同而不同。

在过程控制领域中，使用最多的是热电偶温度变送器和热电阻温度变送器。

2.4.1 热电偶温度变送器

热电偶温度变送器与热电偶配合使用，可以把温度信号转换为 4～20mA、1～5V 的标准信号。它由量程单元和放大单元两部分组成，如图 2.30 所示。

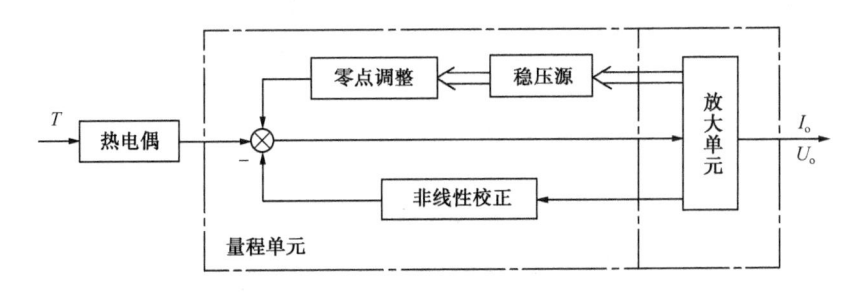

图 2.30 热电偶温度变送器构成框图

热电偶温度与毫伏信号间是非线性关系，为了保证输入温度 T 与整机输出 I_o 或 U_o 间的线性关系，热电偶温度变送器采用了非线性负反馈回路来实现。

1. 放大单元

热电偶温度变送器的放大单元包括放大器和 DC/AC/DC 转换器两部分，放大器由集成运算放大器、功率放大器、隔离输出和隔离反馈电路组成，后者由变换器和整流、滤波、稳压电路组成。放大单元的作用是将量程单元送来的毫伏信号进行电压放大和功率放大，输出统一的直流电流信号 I_o（4～20mA）或直流电压信号 U_o（1～5V）。同时，输出电流又经隔离反馈转换成反馈电压信号 U_f，送至量程单元。

（1）电压放大电路。由于来自量程单元的输入信号很微小，放大电路采用直接耦合方式，因此对运算放大器的温度漂移必须加以限制，必须采用低漂移型高增益运算放大器。

（2）功率放大器。功率放大器起着放大和调制的作用。它把运算放大器输出的电压信号，转换成具有一定带负载能力的电流信号，同时，把该直流电流调制成交流信号，通过 1:1 的隔离变压器实现隔离输出。

功率放大器线路如图 2.31 所示，由复合管 VT_{a1}、VT_{a2} 及其射极电阻 R_{a2}、隔离变压器 T_o 等组成。

功率放大器由 DC/AC/DC 转换器输出方波电压供电，在方波电压的正半个周期（其极性如图 2.31 所示），二极管 VD_a 导通，VD_b 截止，由输入信号产生电流 i_a；当方波电压的极性为与图示相反的负半周期时，二极管 VD_b 导通，VD_a 截止，从而产生电流 i_b。由于在方波电压的一个周期内，i_a、i_b 轮流通过隔离变压器 T_o 的两个（也称一次侧）绕组，于是在铁芯中产生交变磁通，这个交变磁通使 T_o 的副边（也称二次侧）绕组中产生交变电流 i_L，从而实现了隔离输出。

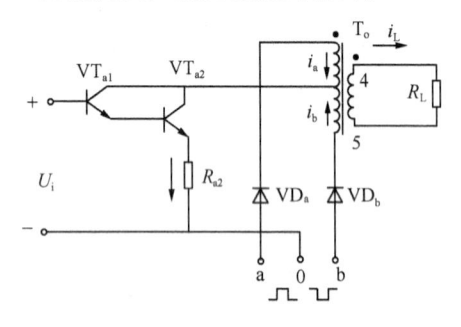

图 2.31 功率放大器原理图

为了提高输入阻抗，减小线性集成电路的功耗采用了复合管。引入射极电阻 R_{a2} 是为了稳定功率放大器的工作状态。

（3）隔离输出与隔离反馈。为了避免输出与输入之间有电的直接联系，在功率放大器与输出回路之间以及输出回路与反馈回路之间，采用隔离变压器 T_o 和 T_f 来传递信号。

隔离输出与隔离反馈部分电路如图 2.32 所示。T_o 的副边电流 i_L，经过桥式整流和 R_{o1}、C_o 组成的阻容滤波电路滤波，得到 4～20mA 的直流输出电流 I_o，I_o 在 R_{o2}（250Ω）上的压降 1～5V DC 为输出电压 U_o。稳压管 VD_{wo} 的作用在于当电流输出回路断线时，输出电流 I_o 可以通过 VD_{wo} 而流向 R_{o2}，从而保证电压输出信号不受影响。

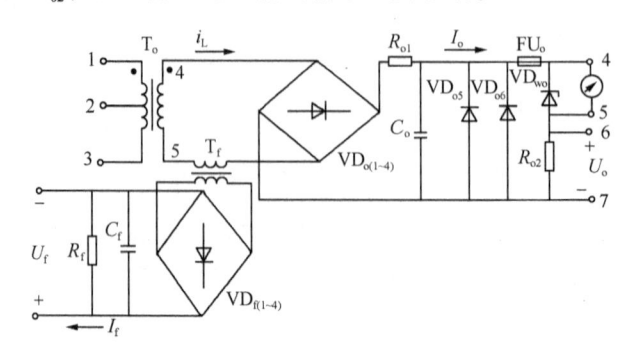

图 2.32 隔离输出与隔离反馈部分原理图

反馈隔离变压器 T_f 的原边与 T_o 的副边串在一起，电流 i_L 流经 T_f 转换成副边的交变电流，再经过桥式整流、电容滤波而成为反馈电流信号 I_f，I_f 又经 R_f 转换成反馈电压 U_f。由于 T_f 原、副边绕组匝数相等，所以，I_f 和 I_o 相等，亦为 4～20mA。若 $R_{o2}=250\Omega$，$R_f=50\Omega$，则 $U_o=5U_f$。

反馈电压经量程单元送到运算放大器的输入端，使整机形成闭环负反馈。

（4）直流/交流/直流（DC/AC/DC）转换器。DC/AC/DC 转换器用来对仪表进行隔离式供电。该转换器在 DDZ-Ⅲ型仪表中是一种通用部件，除了温度变送器以外，也用于安全栅。DC/AC 转换器是 DC/AC/DC 转换器的核心部分。由 VT_{s1}、VT_{s2}、R_{s1}～R_{s5} 和变压器 T_s 构成的 DC/AC 转换电路如图 2.33 所示，实质上是一个磁耦合对称推挽式多谐振荡器。它把 24V 直流电压转换成一定频率（4kHz）的交流方波电压，再经过整流、滤波和稳压后，提供直流电压。在温度变送器中，它既为功率放大器提供方波电源，又为运算放大器和量程单元提供直流电源。

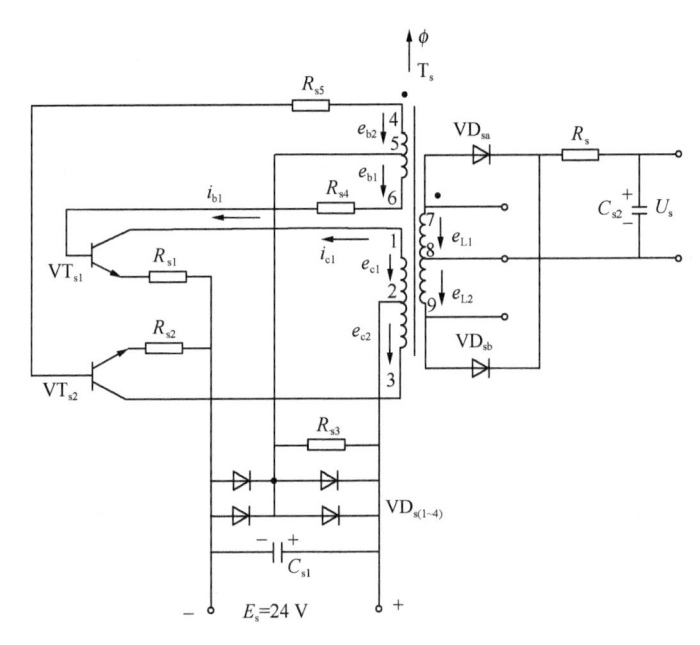

图 2.33　直流/交流/直流转换器原理图

图 2.33 中晶体管 VT_{s1}、VT_{s2} 起两只开关的作用，R_{s1}、R_{s2} 为射极电阻，用来稳定两只管的工作点；电阻 R_{s3}、R_{s4} 和 R_{s5} 为基极偏流电阻，R_{s3} 阻值应选合适，太大会影响起振，太小则会使基极损耗增加。二极管 $VD_{s(1～4)}$ 主要是为了保护晶体管 VT_{s1}、VT_{s2} 的发射极不会因电源接反而被击穿。

2．量程单元

热电偶温度变送器的量程单元原理电路如图 2.34 所示，它由信号输入回路①、零点调整及冷端补偿回路②，以及非线性反馈回路③等部分组成。

输入回路中的电阻 R_{i1}、R_{i2} 及稳压管 VD_{wi1}、VD_{wi2} 是安全火花防爆元件，分别起限流和限压作用，使流入危险场所的电能量限制在安全电平以下。电阻 R_{i1}、R_{i2} 与 C_i 组成低通滤波器，滤去输入信号 U_i 中的交流分量。

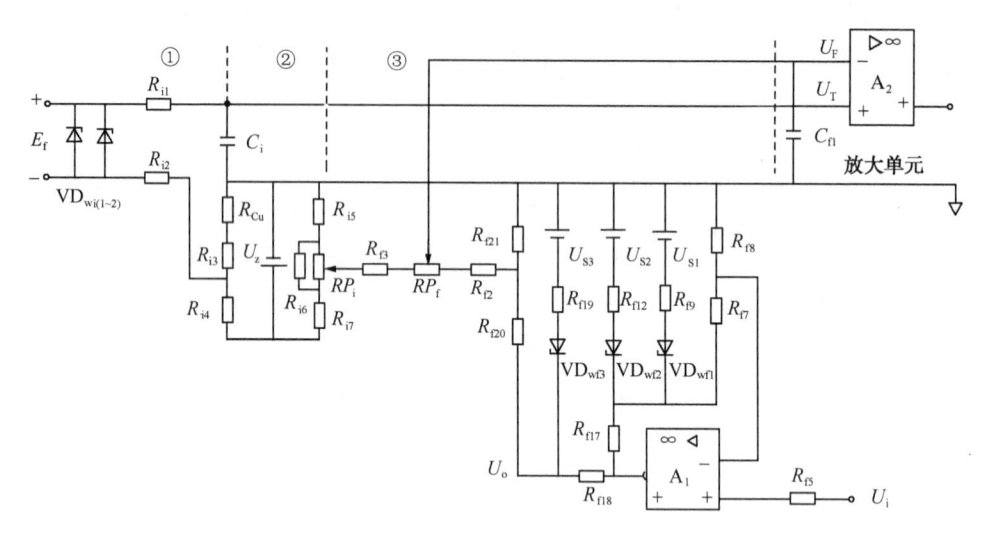

图 2.34　热电偶温度变送器量程单元原理图

零点调整及冷端补偿回路由电阻 R_{i3}、R_{i4}、R_{i5}、R_{i6}、R_{i7}、R_{Cu} 及 RP_i 等组成。

非线性反馈回路由电阻 R_{f2}、R_{f3}、RP_f 及运算放大器 A_1 等组成的线性化电路组成。

电路的特点是：

① 在输入回路增加了由 R_{Cu} 电阻组成的热电偶冷端补偿电路，同时在电路安排上把调零电位器 RP_i 移到了反馈回路的支路上。

② 在反馈回路中增加了运算放大器构成的线性化电路。

(1) 热电偶冷端补偿电路。热电偶产生的热电势 E_t 与热电偶的冷端温度有关。当冷端温度不固定时，热电势 E_t 也随之变化，从而带来测量误差。因此，需对热电偶的冷端温度进行补偿，以减小热电偶冷端温度变化所引起的测量误差。

当热电偶冷端温度为 0℃ 时，运算放大器 A_2 同相输入端的输入信号为：

$$U_{T1} = E(t,0) + I_1(R_{Cu0} + R_{i3}) \tag{2-37}$$

其中
$$I_1 = \frac{U_z}{\Delta R_{Cu} + R_{Cu0} + R_{i3} + R_{i4}}$$

由于
$$\Delta R_{Cu} + R_{Cu0} + R_{i3} \ll R_{i4}$$

所以
$$I_1 \approx \frac{U_z}{R_{i4}}$$

当热电偶冷端温度由 0℃ 升至 t_1 时：

$$U_{T2} = E(t,0) - E(t_1,0) + I_1(\Delta R_{Cu} + R_{Cu0} + R_{i3}) \tag{2-38}$$

式中，R_{Cu0}——冷端温度为 0℃ 时的铜电阻值；

ΔR_{Cu}——冷端温度为 t_1 时的铜电阻增量阻值；

$E(t,0)$——工作端温度为 t，冷端温度为 0℃ 时热电偶的热电势值；

$E(t_1,0)$——冷端温度为 t_1，相对冷端温度为 0℃ 时的热电偶的热电势值。

当冷端温度变化时，电路自动补偿，则 $U_{T1} = U_{T2}$，有：

$$-E(t_1,0) + I_1 \Delta R_{Cu} = 0 \tag{2-39}$$

也就是说，当 $E(t_1,0) = I_1 \Delta R_{Cu}$ 时，满足自动补偿。

当冷端温度升高时，铜电阻阻值增加，补偿了由于环境温度升高引起的热电偶热电势 E_t 的下降。

(2) 线性化电路。热电偶温度变送器的测温元件热电偶和被测温度之间存在着非线性关系，其特性曲线如图 2.35 所示。为了使变送器的输出信号与被测温度信号之间为线性关系，必须进行非线性补偿，线性化电路实际上是一个折线电路，用折线来近似表示热电偶的非线性特性。由于线性化电路处于反馈电路中，因而它的特性应与所采用的热电偶特性相同，如图 2.36 所示。从理论上讲，折线段数越多，近似程度就越好。实际上，折线段数越多，线路也就越复杂，容易带来误差。一般情况下，用 4～6 段折线近似表示热电偶的某段特性曲线时，所产生的误差小于 0.2%。

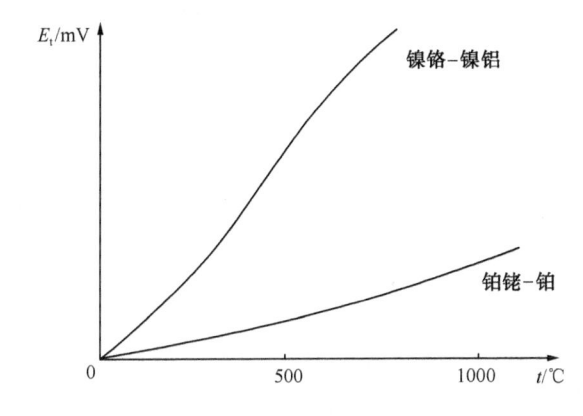

图 2.35 热电偶特性曲线

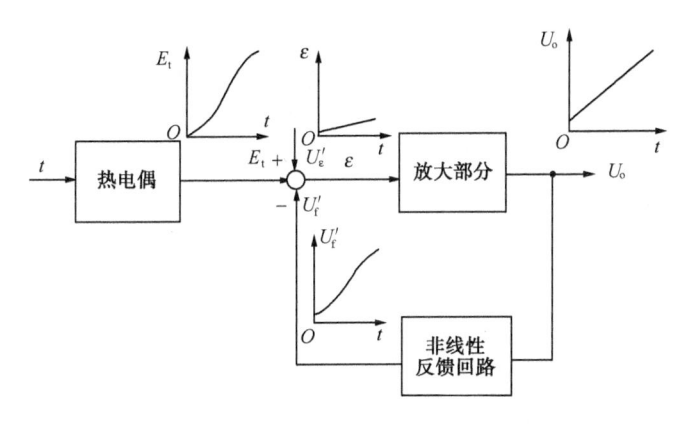

图 2.36 热电偶温度变送器线性化原理框图

下面分析线性化电路的原理。

如图 2.37 所示，由 4 段折线来近似表示某非线性特性所组成的曲线。图中，U_f 为反馈回路的输入信号，U_a 为非线性运算电路的输出信号，γ_1、γ_2、γ_3、γ_4 分别代表 4 段直线的斜率。要实现如图 2.37 所示的特性曲线，可采用如图 2.38 所示的典型运算电路结构。图中，VD_{wf1}、VD_{wf2}、VD_{wf3} 均为理想稳压管，它们的稳压数值为 U_d，U_{s1}、U_{s2}、U_{s3} 是基准电压回路提供的基准电压，对公共点而言，均为负值。基准电压回路由恒压电路和电阻分压回路

R_f、R_{f11}、R_{f13}、R_{f14}、R_{f15}、R_{f16} 组成。R_a 为反馈回路的等效负载。

A_1、R_{f17}、R_{f7}、R_{f8}、R_{f18} 和 R_a 组成运算电路的基本线路，该线路决定了第一段直线的斜率 γ_1。当要求后一段直线的斜率大于前一段时，如图 2.37 中的 $\gamma_2 > \gamma_1$，则可在 R_{f7} 和 R_{f8} 电阻上并联一个电阻，如图 2.38 中的 R_{f9}。如果又要求后一段直线的斜率小于前一段时，如图 2.37 中的 $\gamma_3 < \gamma_2$，则可在 R_a 上并联一个电阻，如图 2.38 中的 R_{f19}。并联电阻的大小取决于对新线段斜率的要求，而基准电压的数值和稳压管的击穿电压，则决定了什么时候由一段直线过渡到另一段直线，即决定折线的拐点。

下面以第一、第二段直线为例分析如图 2.38 所示运算电路是如何实现如图 2.37 所示特性曲线的。

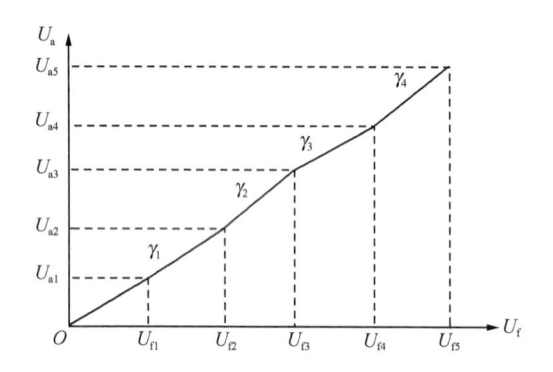

图 2.37 非线性运算电路特性曲线示例

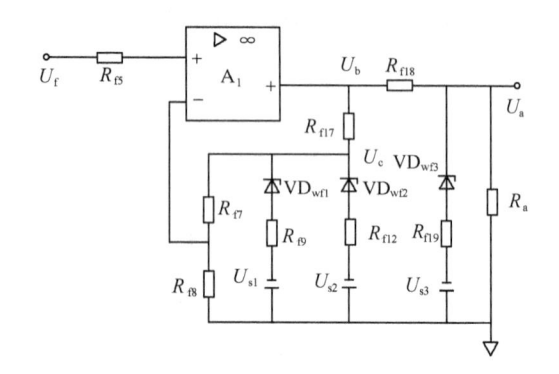

图 2.38 非线性运算电路原理图

第一段直线，即 $U_f \leq U_{f2}$，这段直线要求斜率是 γ_1。

要求 $U_c \leq U_d - U_{s1}$，$U_c < U_d - U_{s2}$，$U_a < U_d - U_{s3}$，此时，VD_{wf1}、VD_{wf2}、VD_{wf3} 均未导通，这样图 2.38 可简化成如图 2.39 所示。

将 A_1 看成理想运算放大器，则可列出下列关系式：

$$\Delta U_f = \frac{R_{f8}}{R_{f7} + R_{f8}} \Delta U_c \quad (2\text{-}40)$$

$$\Delta U_c = \frac{R_{f7} + R_{f8}}{R_{f7} + R_{f8} + R_{f17}} \Delta U_b \quad (2\text{-}41)$$

$$\Delta U_a = \frac{R_a}{R_{f18} + R_a} \Delta U_b \quad (2\text{-}42)$$

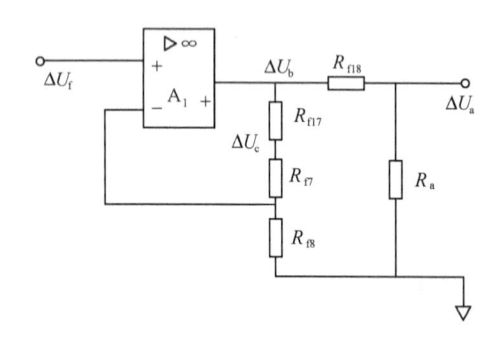

图 2.39 非线性运算原理简图之一

设 $\alpha_1 = \dfrac{R_{f7} + R_{f8} + R_{f17}}{R_{f7} + R_{f8}}$，$\beta_1 = \dfrac{R_a}{R_{f18} + R_a}$，则将公式联立求解得：

$$\Delta U_a = \alpha_1 \beta_1 \frac{R_{f7} + R_{f8}}{R_{f8}} \Delta U_f$$
$$\gamma_1 = \frac{\Delta U_a}{\Delta U_f} = \alpha_1 \beta_1 \frac{R_{f7} + R_{f8}}{R_{f8}} \quad (2\text{-}43)$$

第二段直线，即 $U_{f2} < U_f \leq U_{f3}$，这段直线的斜率要求为 γ_2，且 $\gamma_2 > \gamma_1$。

在此段直线范围内，要求 $U_d - U_{s1} < U_c \leq U_d - U_{s2}$，$U_a < U_d - U_{s3}$，此时，$VD_{w1}$ 处于导通

46

状态，而 VD_{wf2}、VD_{wf3} 均未导通，这样，图 2.38 简化成图 2.40。

将 A_1 看成理想运算放大器时，有下列关系式：

$$\Delta U_\mathrm{f} = \frac{R_\mathrm{f8}}{R_\mathrm{f7} + R_\mathrm{f8}} \Delta U_\mathrm{c} \qquad (2\text{-}44)$$

$$\Delta U_\mathrm{c} = \frac{\dfrac{(R_\mathrm{f7} + R_\mathrm{f8})R_\mathrm{f9}}{(R_\mathrm{f7} + R_\mathrm{f8}) + R_\mathrm{f9}}}{\dfrac{(R_\mathrm{f7} + R_\mathrm{f8})R_\mathrm{f9}}{(R_\mathrm{f7} + R_\mathrm{f8}) + R_\mathrm{f9}} + R_\mathrm{f17}} \Delta U_\mathrm{b} \qquad (2\text{-}45)$$

$$\Delta U_\mathrm{a} = \frac{R_\mathrm{a}}{R_\mathrm{f18} + R_\mathrm{a}} \Delta U_\mathrm{b} \qquad (2\text{-}46)$$

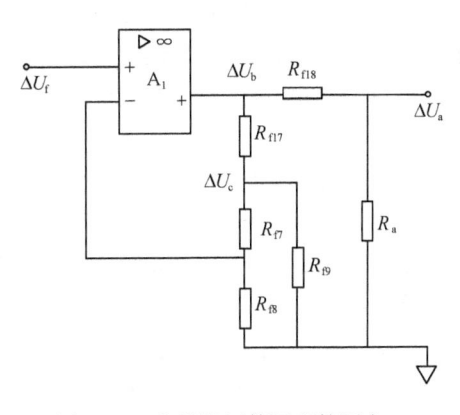

设 $\delta_1 = \dfrac{\dfrac{(R_\mathrm{f7} + R_\mathrm{f8})R_\mathrm{f9}}{(R_\mathrm{f7} + R_\mathrm{f8}) + R_\mathrm{f9}} + R_\mathrm{f17}}{\dfrac{(R_\mathrm{f7} + R_\mathrm{f8})R_\mathrm{f9}}{(R_\mathrm{f7} + R_\mathrm{f8}) + R_\mathrm{f9}}}$，$\beta_1 = \dfrac{R_\mathrm{a}}{R_\mathrm{f18} + R_\mathrm{a}}$，

图 2.40 非线性运算原理简图之二

将公式联立解得：

$$\Delta U_\mathrm{a} = \delta_1 \beta_1 \frac{R_\mathrm{f7} + R_\mathrm{f8}}{R_\mathrm{f8}} \Delta U_\mathrm{f}$$

$$\gamma_2 = \frac{\Delta U_\mathrm{a}}{\Delta U_\mathrm{f}} = \delta_1 \beta_1 \frac{R_\mathrm{f7} + R_\mathrm{f8}}{R_\mathrm{f8}} \qquad (2\text{-}47)$$

由于 $\alpha_1 < \beta_1$，则 $\gamma_1 < \gamma_2$，可见，在 R_f7 和 R_f8 上并联一个电阻，可增加特性曲线的斜率，根据需要的斜率 γ_2，只需要在已定的 γ_1 的基础上，适当选配 R_f9 即可满足 $\gamma_1 < \gamma_2$ 的要求。

斜率为 γ_3、γ_4 的两段直线与此相类似，不再叙述。

(3) 零点和量程调整。图 2.34 中，R_i3、R_i4、R_i5、R_i7、R_Cu 及 U_z 组成零点调整回路；R_f3、R_Pf、R_f2 组成量程调整回路，改变 RP_i 可以小范围调整零点，通常调整范围为满度的 $\pm 5\%$；改变 RP_f 可以小范围调整量程，其调整范围为满度的 $\pm 5\%$。改变 R_i3 可以大幅度地改变变送器的零点，实现零点迁移。改变 R_f2 可以大幅度地调整量程。由于，在附有线性化机构的热电偶温度变送器中，由于不同测温范围的热电偶特性曲线并不相同，所以当简单改变测温范围时是不能保证仪表的精度的，需要同时改变非线性反馈回路的结构和有关元件的参数才行。

2.4.2 一体化热电偶温度变送器

一体化热电偶温度变送器，由测温元件和变送器模块两部分构成，其结构框图如图 2.41 所示。变送器模块把测温元件的输出信号 E_t 或 R_t 转换成为统一的标准信号，主要是 4～20mA 的直流电流信号。

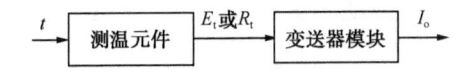

图 2.41 一体化热电偶温度变送器结构框图

所谓一体化热电偶温度变送器，是指将变送器模块安装在测温元件接线盒或专用接线盒内的一种温度变送器。其变送器模块和测温元件形成一个整体，可以直接安装在被测温度的工艺设备上，输出为统一标准信号。这种变送器具有体积小、质量小、现场安装方便以及输出信号抗干扰能力强、便于远距离传输等优点。对于测温元件采用热电偶的变送器，不需要采用昂贵的补偿导线，节省安装费用，因而一体化热电偶温度变送器在工业生产中得到了广泛应用。

由于一体化热电偶温度变送器直接安装在现场，因此变送器模块一般采用环氧树脂浇注全固化封装，以提高对恶劣使用环境的适应性能。但由于变送器模块内部的集成电路一般情况下工作温度在 $-20 \sim +80$℃ 范围内，超过这一范围，电子器件的性能会发生变化，变送器将不能正常工作，因此在使用中应特别注意变送器模块所处的环境温度。

一体化热电偶温度变送器品种较多，其变送器模块大多数以一片专用变送器芯片为主，外接少量元器件构成，常用的变送器芯片有 AD693、XTR101、XTR103、IXR100 等。变送器模块也有由通用的运算放大器构成或采用微处理器构成的。

下面以 AD693 构成的一体化热电偶温度变送器为例进行介绍。

1. AD693 芯片

AD693 是 ANALOG DEVICES 公司生产的一种专用变送器芯片，它可以直接接收传感器的直流低电平输入信号并转换成 $4 \sim 20$mA 的直流输出电流。该芯片的原理图如图 2.42 所示，主要由信号放大器、U/I 转换器、基准电压源和辅助放大器构成。传感器的直流低电平输入信号加在引脚 17、18 上，经信号放大器放大或衰减为 60mV DC 的电压信号，U/I 变换器将该电压信号转换为 $4 \sim 20$mA DC 信号由端子 10、7 输出。

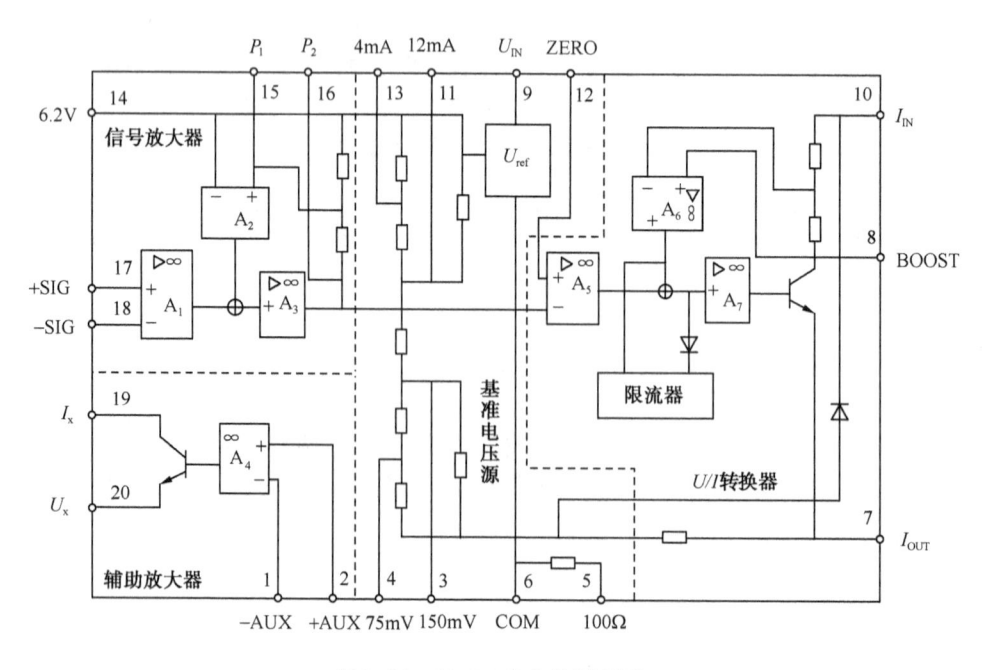

图 2.42 AD693 芯片的原理图

(1) 信号放大器。信号放大器由 A_1、A_2、A_3 三个运算放大器和若干反馈电阻组成，其输入信号范围为 0～100mV；设计放大倍数为 2 倍，通过端子 14、15、16 外接适当阻值的电阻，可以调整放大器的放大倍数，从而使输出为 0～60mV DC。

(2) U/I 转换器。U/I 转换器将 0～60mV 的直流电压输入信号转换为 0～16mA 的直流电流输出信号，通过端子 9、11～13 外接适当阻值的电阻并采取适当的连接方法，可以使输出为 4～20mA、0～20mA 或 (12±8) mA 等多种直流电流输出信号。U/I 变换器中，还设置了输出电流限幅电路，可使输出电流最大不超过 32mA DC。

(3) 基准电压源。基准电压源由基准稳压电路和分压电路组成，通过将其输入端子 9 与端子 8 相连或外接适当的电阻，可以输出 6.2V DC 及其他多种不同的基准电压，供零点调整、量程调整及用户使用。

(4) 辅助放大器。辅助放大器是一个可以灵活使用的放大器，由一个运算放大器和电流放大级组成，输出电流范围为 0.01～5mA DC。它主要作为信号调整用，另外也有多种其他用途，如作为输入桥路的供电电源、输入缓冲级和 U/I 转换器；提供大于或小于 6.2V 的基准电压；放大其他信号然后与主输入信号叠加；利用片内提供的 100Ω 和 75mV 或 150mV 的基准电压产生 0.75mA 或 1.5mA 的电流作为传感器的供电电流等。辅助放大器不用时必须将同相输入端（端子 2）接地。

2. AD693 构成的热电偶温度变送器

AD693 构成的热电偶温度变送器的电路原理图如图 2.43 所示。它由热电偶、输入电路和 AD693 组成。

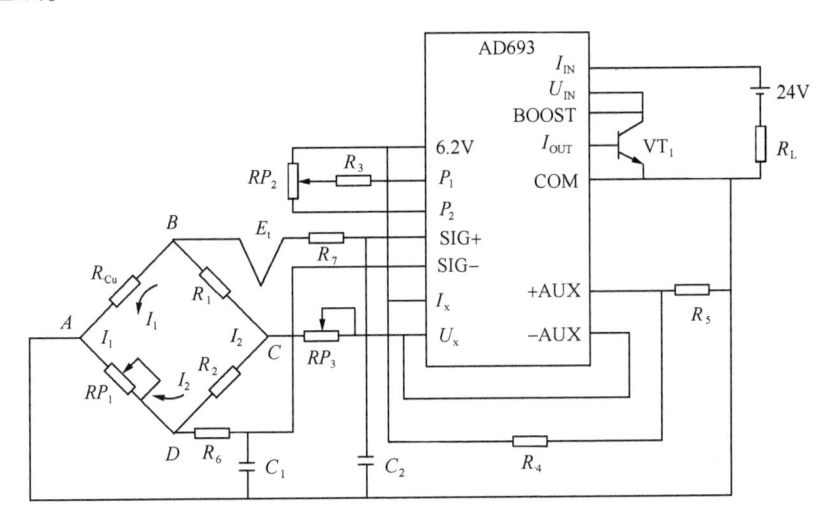

图 2.43 热电偶温度变送器电路原理图

(1) 输入电路。图 2.43 中输入电路是一个直流不平衡电桥，其四个桥臂分别是 R_1、R_2、R_{Cu} 以及电位器 RP_1。B、D 是电桥的输出端，与 AD693 的输入端子 17、18 相连。电桥由 AD693 的基准电压源和辅助放大器供电，辅助放大器端子 20 与 1 相连，构成电压跟随器，其输入由 6.2V 基准电压经 R_4、R_5 分压提供，若取 $R_4 = R_5 = 2$kΩ，则桥路供电电压为 3.1V。电位器 RP_3 用来调节电桥的总电流，设计时确定电桥总电流为 1mA。由于电桥上、下两个支路的固定电阻 $R_1 = R_2 = 5\text{k}\Omega$，且比 R_Cu、电位器 RP_1 的电阻值大得多，因此可以认为上、下两个支路的电流相等，即 $I_1 = I_2 = I/2 = 0.5\text{mA}$。

从图 2.43 可知，AD693 的输入信号 U_i 为热电偶所产生的热电势 E_t 与电桥的输出信号 U_BD 之代数和，即：

$$U_\text{i} = E_\text{t} + U_\text{BD} = E_\text{t} + I_1 R_\text{Cu} - I_2 RP_1 = E_\text{t} + I_1 (R_\text{Cu} - RP_1) \tag{2-48}$$

式中，R_Cu——铜补偿电阻阻值；
RP_1——电位器的阻值。

(2) AD693 放大倍数的调整。为了使变送器能与各种热电偶配合使用，AD693 的输入信号的上限范围应为 5mV 至 55mV 可调。由于 U/I 转换器的转换系数是恒定值，因此调整信号放大器的放大倍数，可以调整不同的输入信号范围。图 2.42 中 AD693 端子 14、15、16 所接的电位器 RP_2 和电阻 R_3，起调整放大器放大倍数的作用。RP_2 和 R_3 的数值确定方法如下。

对不同的输入信号范围，AD693 端子 14、15、16 所接电阻的数值和接法是不同的。对于 0～30mV 的输入信号，要求在端子 14、15 外接一个电阻 $R_{14,15}$，其计算公式为：

$$R_{14,15} = \frac{400}{\dfrac{30}{U_\text{is}} - 1} \tag{2-49}$$

对于 30～60mV 的输入信号，要求在端子 15、16 外接一个电阻 $R_{15,16}$，其计算公式为：

$$R_{15,16} = \frac{400 \left[1 - \dfrac{60}{U_\text{is}} \right]}{\dfrac{30}{U_\text{is}} - 1} \tag{2-50}$$

以上两式中的 U_is 均为所要求的输入信号范围的上限值。

将 5mV 和 55mV 分别代入式 (2-49) 和式 (2-50)，可求得 $R_{14,15} = 80\Omega$，$R_{15,16} = 80\Omega$。按输入信号可在 0～55mV 范围内调整的要求，综合考虑 $R_{14,15}$、$R_{15,16}$ 的数值，可取 $R_3 = 0.9 R_{14,15}$，即 $R_3 = 72\Omega$；同时取 $RP_2 = 1.5\text{k}\Omega$。

(3) 变送器的静特性。AD693 的转换系数等于信号放大器放大倍数与 U/I 转换器转换系数的乘积，设其值为 K，即：

$$I_\text{o} = K U_\text{i} \tag{2-51}$$

式中，U_i——AD693 的输入信号。

将式 (2-48) 代入式 (2-51)，可得变送器输出与输入之间的关系为：

$$I_\text{o} = K U_\text{i} = K E_\text{t} + K I_1 (R_\text{Cu} - RP_1) \tag{2-52}$$

由式 (2-52) 可以看出以下几点。

① 变送器的输出电流 I_o 与热电偶的热电势 E_t 成正比关系。

② R_Cu 阻值大小随温度而变。合理选择 R_Cu 的数值，可使 R_Cu 随温度变化而引起的 $I_1 R_\text{Cu}$ 变化量的绝对值近似等于热电偶因冷端温度变化所引起的热电势 E_t 的变化值，两者互相抵消。不同热电偶 R_Cu 的阻值是不同的，其值可由式 (2-53) 求得：

$$R_\text{Cu} = \frac{E_\text{t}}{I_1 \alpha_{20}} \tag{2-53}$$

式中，R_Cu——铜补偿电阻在 20℃ 时的电阻值，Ω；

I_1——桥臂电流,可认为 I_1 不变,mA;

α_{20}——铜电阻在20℃附近的平均电阻温度系数,其值一般为0.004/℃;

E_t——热电偶在20℃附近平均每度所产生的热电势,mV/℃。

严格地讲,热电偶热电势 E_t 与温度之间的关系以及补偿电阻 R_{Cu} 阻值变化与温度之间的关系都是非线性的。但由于两者非线性程度不同,因此,这种补偿只是近似的。

③ 改变 RP_1 的阻值可以改变式(2-52)第二项的大小,即可以实现变送器的零点调整和零点迁移。RP_1 为调零电位器,零点调整和零点迁移量(mV)的大小可近似用式(2-54)计算:

$$U = 0.5(R_{Cu} - RP_1) \tag{2-54}$$

④ 改变转换系数 K,可以改变仪表输出电流 I_o 与输入信号 E_t 之间的比例关系,从而可以改变仪表的量程。K 是通过调节电位器 RP_2 改变的,故 RP_2 为量程调整电位器。

⑤ 改变 K 值(调量程)时,将同时影响式(2-52)第二项的大小,即同时影响仪表的零点;而调整零点时对仪表的满度值也有影响,因此,温度变送器的零点调整和量程调整相互有影响。

图 2.43 中,外接的晶体管 VT_1 起降低 AD693 功耗的作用,从而可以提高可靠性,增大 AD693 的使用温度范围。R_6、C_1 和 R_7、C_2 分别构成 RC 滤波电路,用于抑制输入的干扰信号。

2.4.3 热电阻温度变送器

热电阻温度变送器与各种测温热电阻配合使用,可以将温度信号转换为 4～20mA DC 电流信号或 1～5V DC 电压信号输出,它也是由量程单元和放大单元两部分组成。

1. 热电阻温度变送器的量程单元

热电阻温度变送器量程单元的原理电路图如图 2.44 所示。

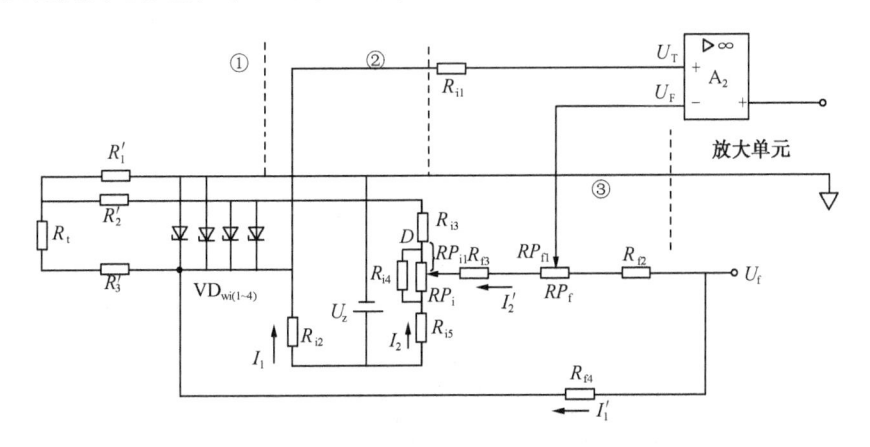

图 2.44 热电阻温度变送器量程单元的原理电路图

量程单元由热电阻 R_t 及引线电阻补偿回路①、桥路部分②以及反馈回路③组成。其中限压稳压管 $VD_{wi(1～4)}$ 为安全火花防爆元件,它使进入危险场所的电能量限制在安全电平以下。

热电阻 R_t 及引线电阻 R'_1、R'_2、R'_3 与零点调整电路一起组成了不平衡电桥。当被测温度 t 改变时，R_t 两端电压改变，此电压作为集成运算放大器 A_2 的输入信号。零点调整原理与热电偶温度变送器相同。更换电阻 R_{i3}，即大幅度地改变零点迁移量；调整调零电位器 RP_i，可获得满量程 ±5% 的零点调整范围。桥路的基准电压 U_z 由标准稳压管和场效应管组成的稳压器提供。

反馈回路有正、负反馈两部分，负反馈回路起量程调整作用；更换 R_{f2} 就可以大幅度地改变变送器的量程范围，调整电位器 RP_f 可获得满量程 ±5% 的量程调整范围；正反馈回路由电阻 R_{f4} 等组成，反馈电压引入到同相输入端，它起线性化作用。

(1) 线性化电路。热电阻温度变送器的测温元件热电阻和被测温度之间也存在着非线性关系，R_t 和被测温度 t 之间关系为上凸形，即热电阻阻值的增加量随温度增加而逐渐减小。在测量范围内，铂电阻的最大非线性误差约为 2%，这对于精度要求较高的场合是不允许的。

热电阻温度变送器线性化的实现，不采用折线电路的方法，而是采用热电阻两端电压信号 U_t 正反馈的方法，在整机的反馈回路中引出一支路，经电阻 R_{f4} 将反馈电压加到热电阻 R_t 的两端，构成一路随 R_t 增加而不断加深的正反馈，使整机的增益随信号的增大而不断增大，从而校正了热电阻阻值随被测温度增加而变化量逐渐减小的趋势，最终使得热电阻两端的电压 U_t 与被测温度 t 之间呈线性关系。

根据图 2.44 可知，集成运算放大器同相输入端的输入信号由两部分组成，一是电源电压 U_z 在热电阻 R_t 上形成的电压信号，另一个是反馈电压 U_f 在 R_t 上形成的电压信号。而反相输入端的输入信号，包括电源电压 U_z 和反馈电压 U_f 在量程调整电位器 RP_f 滑动触点与公共端间形成的电压。

在电路设计中，取 $R_{f4} \gg R_t$，$R_{i2} \gg R_t$，$R_{i5} \gg R_{i3} + RP_i \times R_{i4}$，$R_{f2} \gg RP_f + R_{f3} + RP_{i1} + R_{i3}$，同时在求输出/输入关系时忽略热电阻三根引线电阻的影响。

把 A_2 看成是理想运算放大器，即 $U_T = U_F$。

则
$$U_T = \frac{R_t}{R_{i2}}U_z + \frac{R_t}{R_{f4}}U_f \tag{2-55}$$

$$U_F = \frac{R_{i3} + RP_{i1}}{R_{i5}}U_z + \frac{R_{f3} + R_{i3} + RP_{f1} + RP_{i1}}{R_{f2}}U_f \tag{2-56}$$

RP_{i1} 为电位器 RP_i 滑动触点与 D 点之间的等效电阻，有 $RP_{i1} = \frac{RP_i R_{i4}}{RP_i + R_{i4}}$。

设 $\alpha = \frac{R_{i3} + RP_{i1}}{R_{i5}}$，$\beta = \frac{R_{f3} + R_{i3} + RP_{f1} + RP_{i1}}{R_{f2}}$

可求得：
$$U_f = \frac{\dfrac{R_t}{R_{i2}} - \alpha}{\beta - \dfrac{R_t}{R_{f4}}}U_z \tag{2-57}$$

$$U_o = 5 \times \frac{R_{f4}}{R_{i2}} \frac{R_t - \alpha R_{i2}}{\beta R_{f4} - R_t}U_z \tag{2-58}$$

式中，当 R_t 随被测温度的增加而变大时，U_f 的分子部分增加，分母部分减小，所以，U_f 增加的数值越来越大，也就是 U_o 增加的数值越来越大，如图 2.45 所示，U_o 和 R_t 之间为下凸形的函数关系。由于热电阻 R_t 和被测温度 t 之间的上凸形函数关系，因此，只要恰当地选择元件参数，就可以得到 U_o 和 t 之间的直线函数关系。

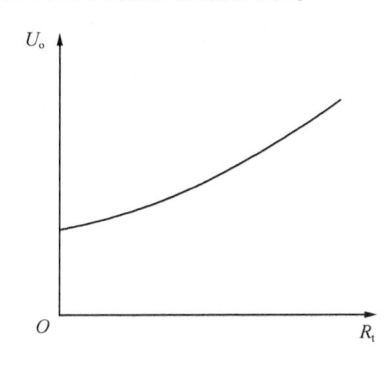

图 2.45　U_o 与 R_t 的函数关系

（2）引线电阻补偿电路。热电阻与桥路之间采用三线制的连接方式，如图 2.44 所示，目的是克服引线电阻所带来的误差。由于三线制的连接方式中，三根引线一般采用相同材质，相同直径，且长度也几乎相同，因此，每根导线的引线电阻可以近似相等。三根引线的阻值要求为 $R'_1 = R'_2 = R'_3 = 1\Omega$。

在三线制的连接方式中，两根导线电阻 R'_1、R'_2 分别加入了两个桥臂，通过两电阻的总电流几乎相等，所以引线电阻的电压降也差不多相互抵消。另一个加入总的电流回路，使 U_T、U_F 增加相同的电压，因而互相抵消。实际计算表明，在各种量程时，引线电阻造成的误差都小于 0.1%。

2. 放大单元

热电阻温度变送器的放大单元与热电偶温度变送器的放大单元相同，不再叙述。

2.4.4　一体化热电阻温度变送器

由 AD693 构成的热电阻温度变送器的电路原理图如图 2.46 所示，它与热电偶温度变送器的电路大致相同，只是将原来热电偶冷端温度补偿电阻 R_{Cu} 用热电阻 R_t 代替。这时，AD693 的输入信号 U_i 为电桥的输出信号 U_{BD}，即：

$$U_i = U_{BD} = I_1 R_t - I_2 RP_1 = I_1 \Delta R_t + I_1 (R_{t0} - RP_1) \tag{2-59}$$

式中，I_1、I_2——桥臂电流，$I_1 = I_2$；

R_t——热电阻随温度的变化量（从被测温度范围的下限值 t_0 开始）；

R_{t0}——温度 t_0 时热电阻的电阻值；

RP_1——调零电位器 RP_1 的电阻值。

同样可求得热电阻温度变送器的输出与输入之间的关系为：

$$I_o = KI_1 \Delta R_t + KI_1 (R_{t0} - RP_1) \tag{2-60}$$

式（2-60）表明，在电桥两桥臂电流 I_1、I_2 一定时，变送器输出电流 I_o 与热电阻阻值随温度的变化量 ΔR_t 成比例关系。由于 R_t 随被测温度变化时，将引起电桥电流产生变化，

尽管 I_0 的变化十分微小，但仍将影响 I_0 与 ΔR_t 之间的比例关系，且量程越大，影响也越大。因此，热电阻温度变送器的精度稍低一点。热电阻温度变送器的零点调整、零点迁移以及量程调整，与前述的热电偶温度变送器大致相同，这里不再叙述。

为了克服连接导线电阻的影响，热电阻应采用三线制接法，如图 2.46 所示。由于在 RP_2 桥臂中串入一根与 R_t 桥臂中完全相同的连接导线，并且两桥臂的电流几乎是相等的，因此当环境温度变化时，两根导线电阻变化所引起的电压降变化，彼此相互抵消，不会影响桥路的输出电压，从而克服了导线电阻的影响，提高了仪表的测量精度。特别指出的是，AD693 是一种通用芯片，也可与其他的传感器配合使用，如配接扩散硅或应变片式压力传感器可构成压力或差压变送器。

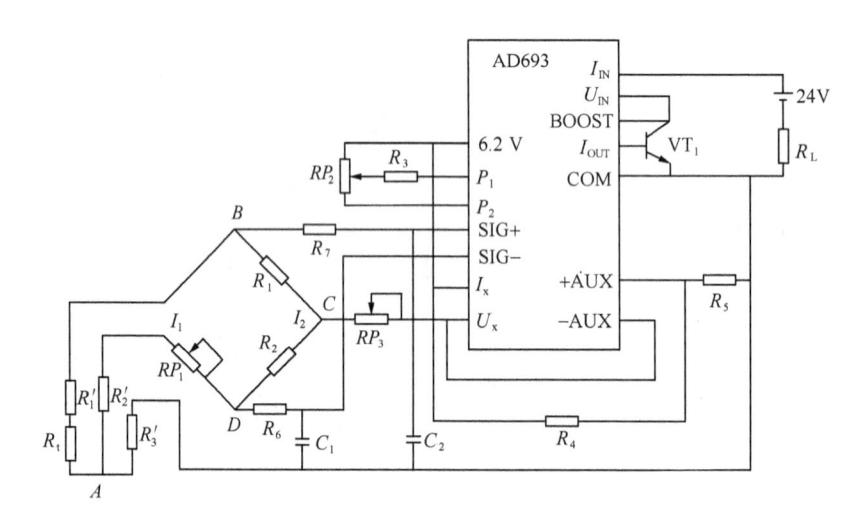

图 2.46　热电阻温度变送器电路原理图

实训 2　DDZ-Ⅲ 型温度变送器的校验

1. 实训目标

（1）熟悉和掌握温度变送器的结构及工作原理。

（2）学会热电偶温度变送器、热电阻温度变送器的零点调整、量程调整、零点迁移以及精度校验方法。

2. 实训装置

（1）DDZ-Ⅲ-DBW-3225（或 Ⅰ 系列热电偶温度变送器）1 台。

（2）DDZ-Ⅲ-DBW-3335（或 Ⅰ 系列热电阻温度变送器）1 台。

（3）精密直流电阻箱（0.01 级，0.01~99.99Ω）1 台。

（4）RX11-6-W 1Ω 电阻 3 只。

（5）毫伏信号发生器（DFX-01）1 台。

(6) 标准电位差计（UJ-36）1 台。

(7) 0～20mA 直流电流表（0.2 级或 0.5 级）1 台。

(8) 直流五位数字电压表（10V）1 台。

(9) 万用表 1 台。

(10) 玻璃棒温度计（0～50℃±0.1℃）1 支。

(11) 螺钉旋具、钳子、导线等。

3. 实训内容

(1) 热电偶温度变送器的零位、量程调整和精度校验。

(2) 热电阻温度变送器的零位、量程调整和精度校验。

4. 实训步骤

(1) 热电偶温度变送器校验方法。

① 热电偶温度变送器的校验接线如图 2.47 所示。

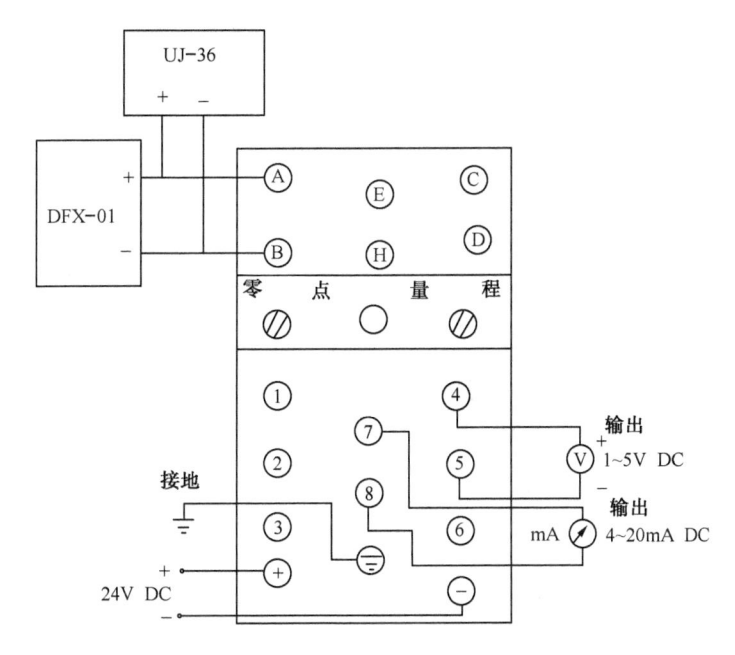

图 2.47　热电偶温度变送器校验接线

② 零点与量程调整。根据不同的温度测量范围，调节 UJ-36 的测量刻度为测量温度下限 $t_下$ 所对应的热电势值 $E_{i下}$。再调节毫伏信号发生器，使 UJ-36 平衡，此时变送器的输入信号为温度下限值所对应的热电势值 $E_{i下}$。调整零点电位器，使输出电流为 4mA 或电压为 1V。用上述方法，调节 UJ-36 和毫伏信号发生器，给出温度上限值 $t_上$ 所对应的热电势值 $E_{i上}$，调整量程电位器，使输出电流为 20mA 或电压为 5V，反复进行多次，直到零点和量程都满足要求为止。

③ 精度校验。用毫伏信号发生器和 UJ-36 配合，分别给出温度测量范围（$t_上 - t_下$）的 0、25%、50%、75%、100% 所对应的热电势值，再加上 $t_下$ 对应的热电势值 $E_{i下}$，则输出电

流标准值应分别为：4mA、8mA、12mA、16mA、20mA，将测量结果填入表2.2中。

④ 注意事项。在热电偶的实际使用中，由于冷端温度变化会引起测量误差，故在仪表设计时，线路上采用铜电阻或二极管对其进行补偿。在实训或调校过程中，各校验温度点所对应的热电势值为：

$$E(t,t_1) = E(t,0) - E(t_1,0)$$

式中，t——被测点温度；

t_1——热电偶温度（变送器端子排温度）用玻璃棒温度计测得；

$E(t,0)$——被测点温度的热电势值，已知t_1后查表得出；

$E(t_1,0)$——热电偶冷端温度的热电势值，查表得出；

$E(t,t_1)$——热电偶被测点温度相对于冷端温度为t_1时的热电势值。

这样，就避免了将温度变送器中的温度补偿元件（铜电阻或二极管）换成对应热电偶冷端为0℃的固定电阻值。

（2）热电阻温度变送器的校验方法。

① 热电阻温度变送器的校验接线如图2.48所示。

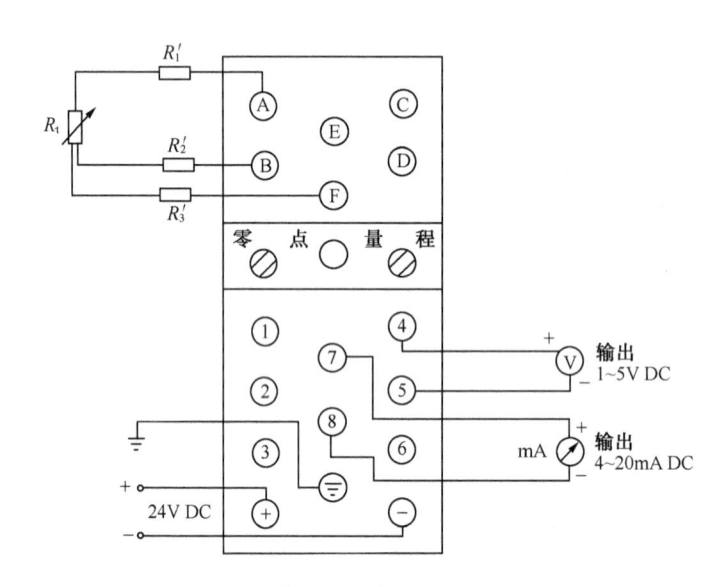

图2.48 热电阻温度变送器校验接线

② 零点与量程调整。使$R_1' = R_2' = R_3' = 1\Omega$，用直流精密电阻箱代替$R_t$，根据仪表测量范围调节$R_t$，当温度为下限值$t_下$时，调节电阻箱，使其值为相应的下限热电阻值$R_{t下}$。同时调节零点电位器，使输出为4mA或1V。调节电阻箱，使其为上限温度$t_上$所对应的热电阻值$R_{t上}$，同时调节量程电位器，使输出为20mA或5V，反复进行多次直到零点和量程都满足要求为止。

③ 精度校验。零点和量程调好后，调节R_t（电阻箱），分别给出温度测量范围$(t_上 - t_下)$的0、25%、50%、75%、100%所对应的热电阻值，再加上$R_{t下}$，则输出电流标准值应分别为：4mA、8mA、12mA、16mA、20mA，将实际测量结果记录下来。数据表设计参照表2.2。

5. 数据处理

表2.2　精度校验数据记录表

	温度/℃	$t_下$	$t_下+25\%\Delta t$	$t_下+50\%\Delta t$	$t_下+75\%\Delta t$	$t_下+100\%\Delta t$
输　入	毫伏信号电压/mV					
输　出	标准输出电流/mA					
	上行输出电流/mA					
	下行输出电流/mA					
误　差	上行误差电流/mA					
	下行误差电流/mA					
	基本误差/（%）					
	变差					

6. 实训报告

（1）写出热电偶温度变送器和热电阻温度变送器的校验步骤。

（2）根据校验的数据，判断被校表的精度是否达到规定精度值。若未达到规定的精度值，试分析原因。

本 章 小 结

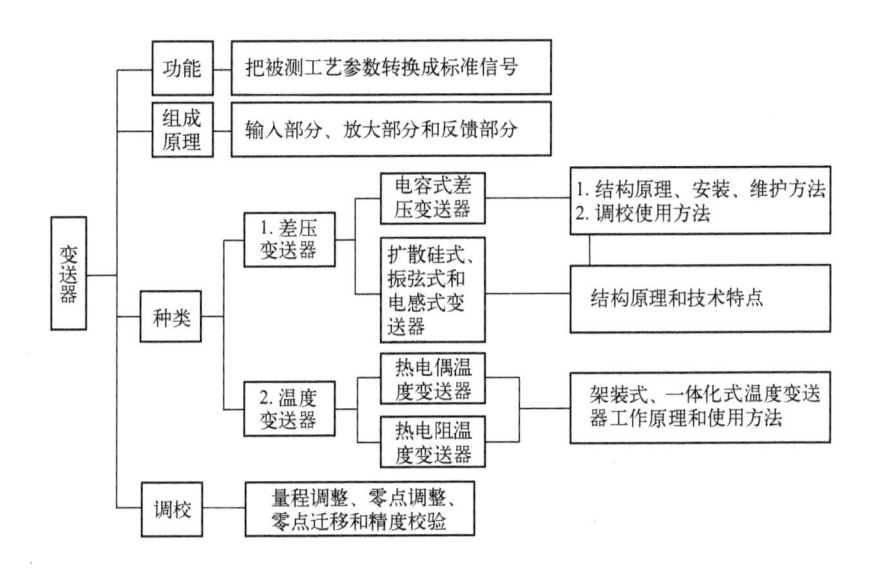

变送器
- 功能：把被测工艺参数转换成标准信号
- 组成原理：输入部分、放大部分和反馈部分
- 种类
  - 1. 差压变送器
    - 电容式差压变送器
      1. 结构原理、安装、维护方法
      2. 调校使用方法
    - 扩散硅式、振弦式和电感式变送器：结构原理和技术特点
  - 2. 温度变送器
    - 热电偶温度变送器
    - 热电阻温度变送器
    - 架装式、一体化式温度变送器工作原理和使用方法
- 调校：量程调整、零点调整、零点迁移和精度校验

思考与练习题 2

1. 变送器主要包括哪些仪表？各有何用途？
2. 变送器是基于什么原理构成的？如何使输入信号与输出信号之间为线性关系？
3. 何谓零点迁移？为什么要进行零点迁移？零点迁移有几种？
4. 何谓量程调整和零点调整？
5. 电容式、扩散硅式、电感式、振弦式差压变送器各有什么特点？
6. 电容式差压变送器如何实现差压/位移转换？差压/位移转换如何满足高精度的要求？
7. 电容式差压变送器如何保证位移/电容转换关系是线性的？
8. 对于不同测量范围的 1151 系列电容式差压变送器，为什么整机尺寸无太大差别？
9. 简述扩散硅式、电感式、振弦式差压变送器力/电转换的基本原理。
10. 温度变送器接收直流毫伏信号、热电偶信号和热电阻信号时应该有哪些不同？
11. 采用热电偶测量温度时，为什么要进行冷端温度补偿？一般有哪些冷端温度补偿方法？
12. 采用热电阻测量温度时，为什么要进行引线电阻补偿？一般有哪些引线电阻补偿方法？

第3章

模拟式控制器

知识目标
(1) 了解控制器的种类及发展。
(2) 理解比例、微分、积分三种基本控制规律的特点。
(3) 掌握工程常用控制规律的特点及应用场合。
(4) 掌握 DDZ-Ⅲ型控制器的主要功能。

技能目标
(1) 能够应用所学知识正确使用控制器。
(2) 能够对控制器进行正确的调校。
(3) 能够在三种运行方式下操作控制器并进行手动/自动切换。

控制器在冶金、石油、化工、电力等各种工业生产中应用极为广泛。要实现生产过程自动控制，无论是简单的控制系统，还是复杂的控制系统，控制器都是必不可少的。控制器是工业生产过程自动控制系统中的一个重要组成部分，它把来自检测仪表的信号进行综合，按照预定的规律去控制执行器的动作，使生产过程中的各种被控参数，如温度、压力、流量、液位、成分等符合生产工艺要求。本章主要介绍在工业控制中有一定影响力的 DDZ-Ⅲ型控制器的控制规律、构成原理和使用方法。

3.1 控制器的控制规律

3.1.1 基本控制规律

在自动控制系统中，由于扰动作用的结果使被控参数偏离给定值，从而产生偏差，控制器将偏差信号按一定的数学关系，转换为控制作用，将输出作用于被控过程，以校正扰动作用所造成的影响。被控参数能否回到给定值上，以怎样的途径、经过多长时间回到给定值上来，即控制过程的品质如何，不仅与被控过程的特性有关，而且也与控制器的特性，即控制器的控制规律有关。

所谓控制器的控制规律，就是指控制器的输出信号与输入信号之间随时间变化的规律。这种规律反映了控制器本身的特性。在研究控制器的特性时，将控制器从系统中断开，单独研究它的输出信号与输入信号随时间变化的关系。在这种研究中，通常在控制器的输入端加一个阶跃信号，即突然出现人为偏差时，输出信号随阶跃输入信号的变化规律。控制器的控制规律实际上反映的是控制器的动态特性，常用微分方程、传递函数和阶跃响应曲线来表示。

控制器的基本控制规律有比例（P）、积分（I）、微分（D）三种。这三种控制规律各有其特点。

1. 比例（P）控制规律

输出信号 y（指变化量）与偏差信号 ε（给定值不变，偏差的变化量就是输入信号的变化量）之间成比例关系的控制规律称为比例控制规律。具有这种规律的控制器称比例控制器。

这种控制规律用方程可表示为：

$$y = K_P \varepsilon$$

式中，K_P——一个可调系数，称为比例增益。

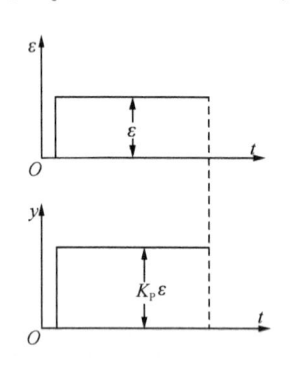

比例控制规律在阶跃输入信号作用下的输出响应特性如图 3.1 所示。

从图 3.1 中可以看出：比例控制特性的优点是反应速度快，控制作用能立即见效，即当有偏差信号输入时，控制器立刻有与偏差信号成比例的控制作用输出。输入的偏差信号越大，输出的控制作用也越强，这是比例控制的一个显著特点。另一方面，它也有不足之处，因控制器的输出信号与偏差信号之间任何时刻都存在着比例关系，因此这种控制器用在自动控制系统中就难免存在静差，即控制结束时，被控参数不可能一点不差地回到给定值，这是它

图 3.1 比例控制的阶跃响应特性

的最大缺点。为了减小静差，必须增大比例增益 K_P，但 K_P 的增大使系统的稳定性变差，所以单纯的比例控制规律要同时兼顾静态和动态品质指标是比较困难的。

2. 积分（I）控制规律

输出信号 y（指变化量）与偏差信号 ε 对时间的积分成比例关系的控制规律称为积分控制规律。

这种控制规律用积分方程可表示为：

$$y = \frac{1}{T_I} \int \varepsilon \mathrm{d}t$$

式中，$\dfrac{1}{T_I}$——积分速度；

T_I——积分时间。

积分控制规律在阶跃输入信号作用下的输出响应特性如图 3.2 所示。

由图 3.2 可以看出，当有偏差存在时，积分控制的输出信号将随时间不断增大（或减小），只有当输入偏差等于零时，输出信号才停止变化，而稳定在某一数值上。控制器的输

出信号变化的快慢与输入偏差 ε 的大小和积分速度 $1/T_I$ 成正比，控制器输出变化的方向由 ε 的正负决定。

由上可知，积分控制的最大优点是可以消除静差。只要还有偏差存在，积分作用就还要作用下去。而当偏差没有了，输出还有保持性，这是它能消除静差的根本原因。但是它也存在着缺点，由于它的控制作用是随时间的积累而逐渐增强的，偏差刚出现时，不管有多大，控制作用都得从零开始逐渐加强，所以控制动作缓慢，这样就会造成控制不及时。特别是当被控过程的惯性较大时，由于控制不及时，被控参数将出现很大的超调量，控制时间也将延长，甚至使系统难以稳定。

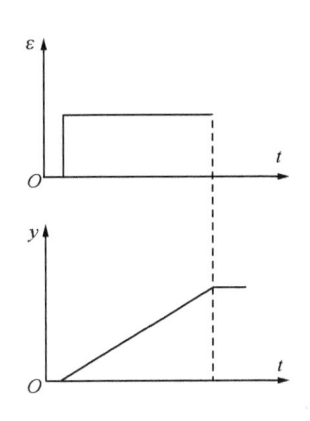

图 3.2 积分控制的阶跃响应特性

3. 微分（D）控制规律

输出信号 y 与偏差信号 ε 对时间的微分成正比，或者说输出信号与偏差信号的变化速度成正比的控制规律称为微分控制规律。控制器具有微分控制特性在很多场合下是非常必要的。特别是对于一些惯性较大的被控过程，常常希望根据被控参数变化的趋势即偏差变化的速度来进行控制，以免被控参数可能出现很大的超调量或过长的调节时间。

微分控制规律用微分方程可表示为：

$$y = T_D \frac{d\varepsilon}{dt}$$

式中，T_D——微分时间；

$\dfrac{d\varepsilon}{dt}$——偏差信号变化速度。

微分控制规律的特性如图 3.3 所示。由图可知，当输入端出现阶跃信号时，在出现阶跃信号的瞬间（$t = t_0$），相当于偏差信号变化速度为无穷大。从理论上讲，输出也将达到无穷大，但实际上是不可能的。实际微分控制规律如图 3.3（a）所示。对于一个固定的偏差来说，不管这个偏差有多大，因为它的变化速度为零，故微分输出也为零。对于一个等速上升的偏差，即 $\dfrac{d\varepsilon}{dt} = m$（常数），则微分输出也为一个常数 $y = T_D m$，如图 3.3（b）所示。这就是微分控制规律的特点。

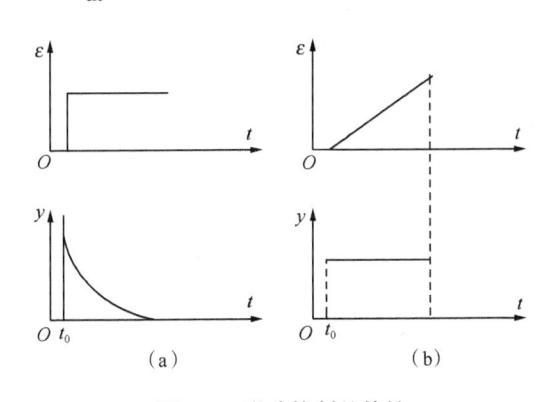

图 3.3 微分控制的特性

由上分析可知，微分控制使用在系统中，即使偏差很小，但只要出现变化趋势，即可马上进行控制，故有"超前"控制之称。但它的输出只能反映偏差信号的变化速度，不能反映偏差的大小，控制结果也不能消除偏差，所以不能单独使用这种控制器。

3.1.2 工程常用控制规律

从前面的分析可知,基本控制规律有比例(P)、积分(I)、微分(D)三种,这三种控制规律各有其特点。但实际上,除了比例控制规律以外,单纯的积分控制和微分控制规律都不能用来控制生产过程。因此,工程上常用的控制规律是比例(P)、比例积分(PI)、比例微分(PD)以及比例积分微分(PID)控制规律,由此产生相应的四种常用控制器。后面三种控制器的阶跃响应特性如图3.4所示。

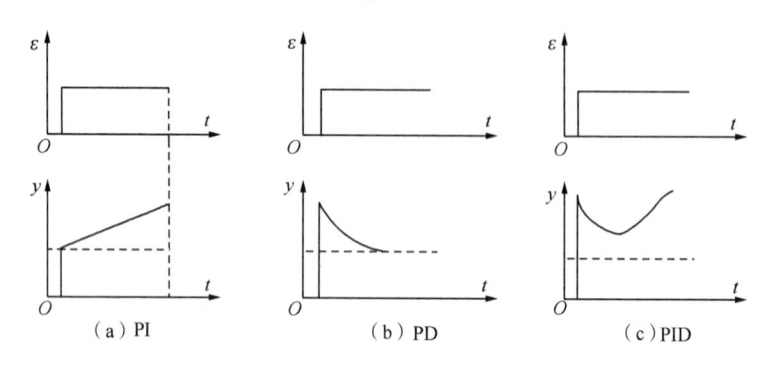

图3.4 控制器的阶跃响应特性

1. 比例(P)控制器

具有比例控制规律的控制器称为比例控制器,即 P 控制器。比例控制器是一种最简单而又最基本的控制器,比例控制器的传递函数为:

$$W(s) = \frac{Y(s)}{E(s)} = K_P \tag{3-1}$$

在实际使用中,习惯用比例增益 K_P 的倒数比例度 δ 表示控制器输入与输出之间的比例关系:

$$\delta = \frac{1}{K_P} \times 100\% \tag{3-2}$$

可见,比例度 δ 为比例增益 K_P 的倒数。比例度 δ 越小,比例增益越大,控制器的灵敏度越高。

比例度 δ 具有重要的物理意义。如果控制器的输出直接代表控制阀开度的变化量,那么比例度就代表了控制阀开度改变100%(即从全关到全开)时所需要的系统被控量的允许变化范围。只有当被控量处在这个范围之内时,控制阀的开度变化才与偏差成比例。超出这个范围(比例度)之外,控制阀处于全关或全开状态,控制器就失去控制作用了。实际上,控制器的比例度常常用它相对于被控量测量仪表量程的百分比表示。例如,假定测量仪表的量程为100℃,$\delta = 50\%$ 就意味着被控量改变50℃就能使控制阀从全关到全开。

比例控制器用于自动控制系统时,只要被控参数偏离其给定值,控制器便产生一个与偏差成比例的输出信号,通过执行器改变控制参数,使偏差减小。这种按比例动作的控制器对于干扰的影响能产生及时而有力的抑制作用。但是,同时也应该看到,比例控制作用是以偏差存在作为前提的，所以它不可能做到无静差控制。

2. 比例积分（PI）控制器

消除静差最有效的方法是具有积分控制作用。当积分控制作用于控制系统时，只要偏差存在，其输出的控制作用就会随时间不断加强，直到完全克服干扰，最终消除静差为止。但是，单独的积分控制也存在着致命的弱点，即当偏差出现时，其输出是随时间增长而逐渐加强的，也就是说控制动作过于迟缓，因而在改善系统静态控制质量的同时，往往使动态品质变坏。例如使过渡过程时间增长，甚至造成系统不稳定。因此，在实际生产中，总是同时使用比例和积分两种控制规律，把比例作用的及时性与积分作用消除静差的优点结合起来，组成比例加积分作用的控制器，即 PI 控制器。PI 控制器的传递函数为：

$$W(s) = \frac{Y(s)}{E(s)} = K_\mathrm{P}\left(1 + \frac{1}{T_\mathrm{I}s}\right) \qquad (3-3)$$

式中，K_P、T_I 的含义同前。

3. 比例微分（PD）控制器

对于时间常数较大的被控过程，为提高控制系统的动态控制品质，常常使用微分控制规律。微分控制规律用于自动控制系统时，即使偏差很小，但只要出现变化趋势即可根据变化的速度产生强烈的控制作用，使干扰的影响尽快地消除在萌芽状态之中。这种超前的控制作用，可以有效地抑制过渡过程的超调量，有利于控制质量的提高。但是，也正是由于纯微分控制的上述特点，因此对静态的偏差毫无抑制能力。如果系统的被控量一直是以控制器难以察觉的速度缓慢变化时，控制器并不动作，这样被控量的偏差却有可能积累到相当大的数值而得不到校正，这种情况当然是不希望出现的。因此，单纯的微分控制只能起辅助控制作用，不能单独使用。在实际使用中，它总是和比例控制规律或比例积分控制规律结合，组成比例加微分作用的 PD 控制器或比例加积分加微分作用的 PID 控制器。理想 PD 控制器的传递函数为：

$$W(s) = K_\mathrm{P}(1 + T_\mathrm{D}s) \qquad (3-4)$$

式中，K_P、T_D 的含义同前。

4. 比例积分微分（PID）控制器

将比例、积分、微分三种控制规律结合在一起，组成 PID 三作用控制器。理想 PID 控制器的传递函数为：

$$W(s) = K_\mathrm{P}\left(1 + \frac{1}{T_\mathrm{I}s} + T_\mathrm{D}s\right) \qquad (3-5)$$

式中，K_P、T_I、T_D 的含义同前。

PID 控制器同时具有三种基本控制规律（P、I、D）的优点，它吸取了比例控制的快速反应功能、积分控制的消除静差功能以及微分控制的预测功能，而又弥补了三者的不足。很显然，从控制效果看，应该是比较理想的一种控制规律。另外，从控制理论的观点来看，与 PD 相比，PID 提高了系统的无差度；与 PI 相比，为动态性能的改善提供了可能。因此，PID 兼顾了静态和动态两方面的控制要求，可以取得较为满意的控制效果。

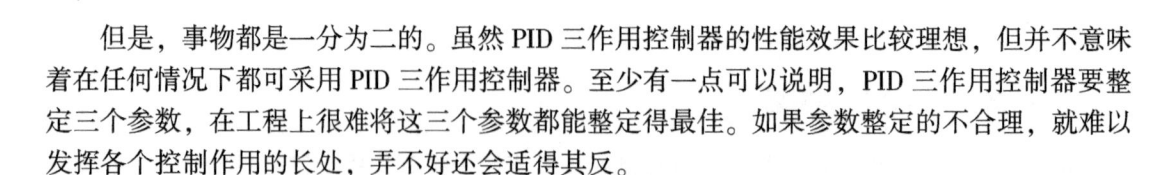

但是，事物都是一分为二的。虽然 PID 三作用控制器的性能效果比较理想，但并不意味着在任何情况下都可采用 PID 三作用控制器。至少有一点可以说明，PID 三作用控制器要整定三个参数，在工程上很难将这三个参数都能整定得最佳。如果参数整定的不合理，就难以发挥各个控制作用的长处，弄不好还会适得其反。

3.2 DDZ-Ⅲ型控制器

3.2.1 主要功能

控制器在自动控制系统中的地位和作用是十分重要的。当干扰作用于被控过程时，其被控参数发生变化，使相应的测量值偏离给定值而产生偏差。控制器则根据偏差大小，按照一定的规律使其输出变化，并通过执行器改变控制参数，使被控参数回到给定值，从而抵消干扰对被控参数的影响。所以，控制器具有把在干扰作用下偏离给定值的被控参数重新拉回到给定值上的功能。

DDZ-Ⅲ型控制器的作用是将变送器送来的 1～5V DC 测量信号与 1～5V DC 给定信号进行比较得到偏差信号，然后再将其偏差信号进行 PID 运算，输出 4～20mA DC 信号，最后通过执行器，实现对过程参数的自动控制。一台 DDZ-Ⅲ型工业控制器除能实现 PID 运算外，还具有如下功能，以适应生产过程自动控制的需要。

（1）获得偏差并显示其大小。控制器的输入电路接收测量信号和给定信号，两者相减，获得偏差信号。由偏差表或双针指示表显示其大小和正负。

（2）显示控制器的输出。由输出显示表显示控制器输出信号的大小。由控制器的输出信号去控制控制阀的开度，且两者之间有一一对应的关系，所以习惯上将输出显示表称为阀位表。

（3）提供内给定信号并能进行内外给定选择。若给定信号由控制器内部产生，称为内给定。当控制器用于单回路定值控制系统时，给定信号常由控制器内部提供，它的范围与测量值的范围相同。若给定信号来自外部，称为外给定。当控制器作为串级控制系统或比值控制系统中的副控制器使用时，其给定信号来自控制器外部，它往往不是恒定值。控制器的给定信号由外部提供还是由内部电路产生，可通过内外给定切换开关来选择。

（4）进行正/反作用选择。如控制器的输入偏差大于零（$\varepsilon > 0$），对应的输出信号变化量也大于零（$y > 0$），称为正作用控制器。如控制器的输入偏差小于零（$\varepsilon < 0$），对应的输出信号变化量大于零（$y > 0$），称为反作用控制器。根据执行器和生产过程的特性，为了构成一个负反馈控制系统，必须正确地确定控制器的正/反作用，否则整个控制系统无法正常运行。控制器是选择正作用还是反作用，可通过正/反作用切换开关进行选择。

（5）进行手动操作，并具有良好的手动/自动双向切换性能。在自动控制系统中，为了增加运行的可靠性和操作的灵活性，往往要求控制器在正常和非正常状态下，方便地进行手动/自动切换，而且在切换过程中要求控制器的输出不因切换而发生变化，使执行机构保持原来的位置，不对控制系统的运行产生扰动，即必须实现无扰动切换。

DDZ-Ⅲ型控制器有自动（A）、软手动（M）和硬手动（H）三种工作状态，并通过联动开关进行切换。

除以上功能外，DDZ-Ⅲ型控制器还具有如下一些特点。

① DDZ-Ⅲ型控制器，由于采用了线性集成电路固体组件，不仅提高了控制器的技术指标，降低了功耗，而且扩大了控制器的功能，进一步提高了仪表在长期运行中的稳定性和可靠性。

② DDZ-Ⅲ型控制器的品种很多，有基型控制器；有便于构成与计算机连接用的控制器，例如，与 DDC 直接数字控制机和 SPC 监督计算机连接用的控制器；有为满足各种复杂控制系统要求的特种控制器，如各种间歇控制器、自选控制器、前馈控制器、非线性控制器等。

③ DDZ-Ⅲ型控制器中还设有各种附加机构，如偏差报警、输入报警、限制器、隔离器、分离器、报警灯等。

总之，DDZ-Ⅲ型控制器便于组成各种控制系统，达到了模拟控制较完善的程度，充分满足了各种生产工艺过程的控制要求。DDZ-Ⅲ型控制器尽管品种规格很多，但都是由基型控制器发展起来的，因此基型控制器是使用最多、最具有代表性的仪表。

3.2.2 基型控制器的构成

常用的 DDZ-Ⅲ型基型控制器的组成如图 3.5 所示，图 3.6 为其电路原理图。

由图 3.5 和图 3.6 可知，基型控制器由控制单元和指示单元两大部分组成。控制单元包括输入电路、PD 电路与 PI 电路、软手动与硬手动操作电路和输出电路等，指示电路包括测量信号指示电路和给定信号指示电路。

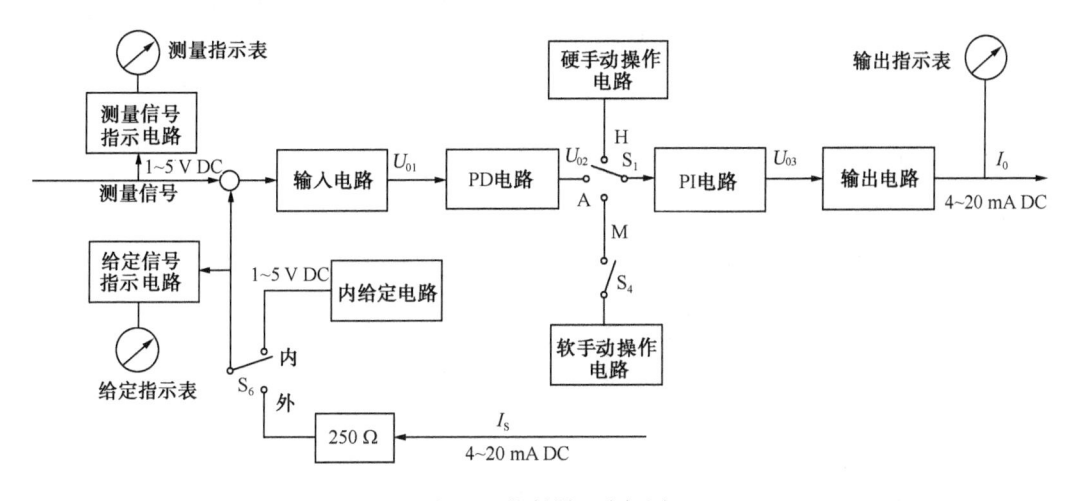

图 3.5 控制器组成框图

控制器的测量输入信号为 1～5V DC 信号，给定信号有内给定和外给定两种。内给定信号为 1～5V DC 信号，而外给定信号为 4～20mA DC 信号。用切换开关 S_6 选择内给定或外给定。外给定时面板上外给定指示灯亮。

测量信号和给定信号通过输入电路进行减法运算，输出偏差值送到 PD 电路和 PI 电路进行 PID 运算，然后由输出电路转换成 4～20mA DC 信号输出。PD 和 PI 运算电路是基型控制器的一个核心部分。

如图 3.6 所示，联动开关 S_1 用以进行自动（A）、软手动（M）、硬手动（H）的相互切换。

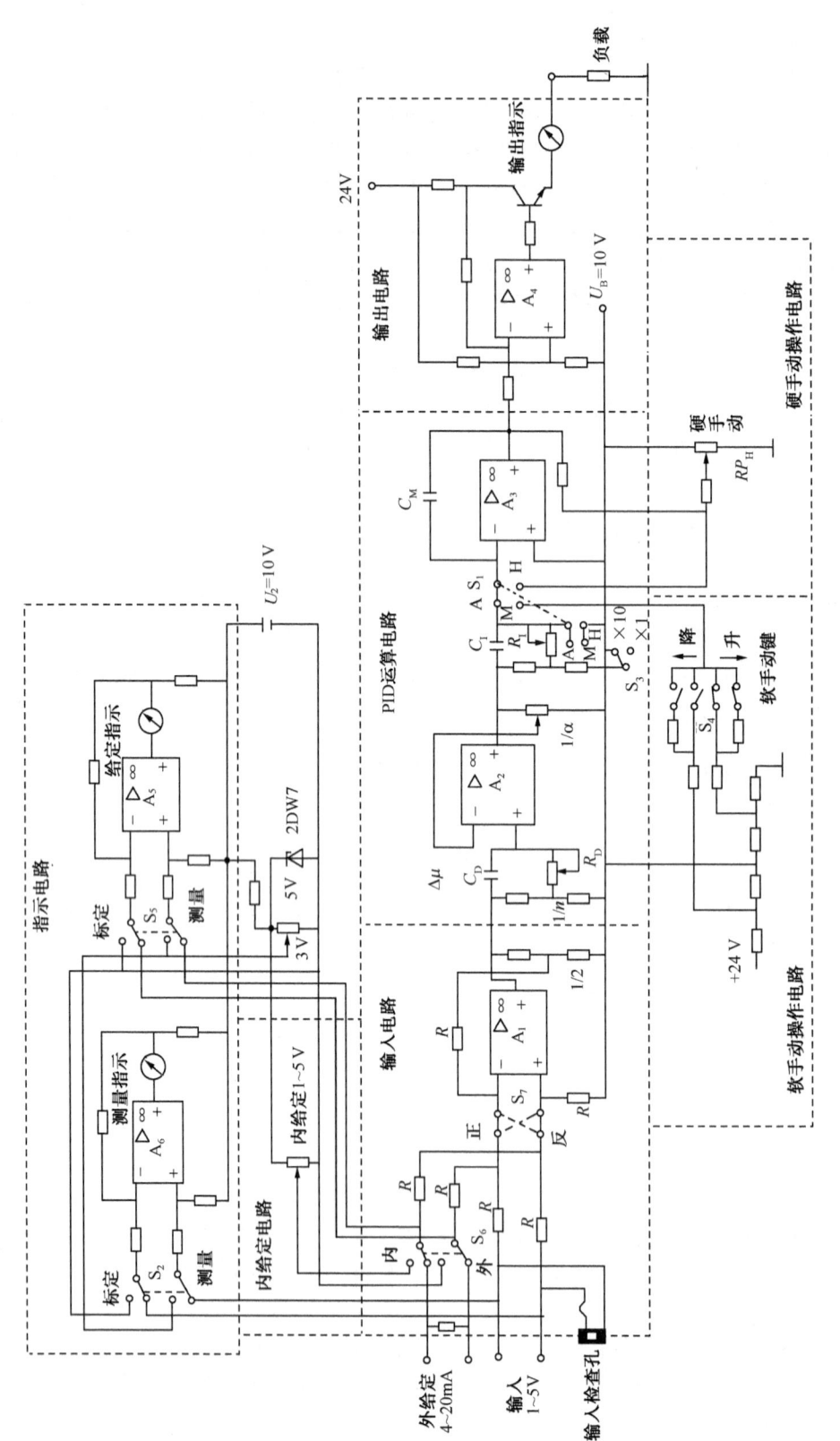

图3.6 基型控制器电路原理图

当开关S_1处于软手动（M）状态时，按下软手动操作键S_4，使控制器输出以一定速度上升或下降。当松开软手动操作键S_4时，控制器的输出保持在松开软手动操作键S_4前瞬间的数值上。当控制器处于硬手动（H）状态时，移动硬手动操作杆（WH），能使控制器的输出迅速地改变到需要的数值。只要操作杆不动，就保持这一数值不变。

自动/软手动的切换是按双向无平衡、无扰动方式进行的，硬手动/软手动或硬手动/自动的切换也是无平衡、无扰动方式进行的。只有自动/硬手动或软手动/硬手动切换时，才要求先做好平衡方可达到无扰动切换。

测量信号的指示电路和给定信号的指示电路分别把1～5V电压信号转换成1～5mA电流信号，与测量指示表、给定指示表或双针指示器一起对测量信号和给定信号进行连续指示，两者之差即为控制器的输入偏差。

在控制器的输入端与输出端分别设置了输入检测孔和手动输出插孔。当控制器出现故障需要维修时，把控制器从壳体中卸下检查，把便携式手动操作器的输入输出插头分别插入控制器的输入检查插孔和手动操作插孔，就可以用手动操作器进行手动操作，对生产工艺过程进行手动控制。

图3.6中S7是正/反作用切换开关。开关S7可以改变偏差的极性，借此改变控制器的正/反作用。图中，S_7在实线位置为正作用，虚线位置为反作用。

3.2.3　手动/自动无扰动切换

通常，在自动控制系统投运之前，总是先进行手动操作，然后再切换到自动运行。当系统出现故障或控制器发生故障（或停用检修）时，系统则由自动切换到手动。下面就分析一下手动/自动切换过程。根据DDZ-Ⅲ型控制器的电路结构特点，它具备两种性质的无扰动切换。

1. 无平衡、无扰动切换

所谓无平衡切换，是指在自动、手动切换时，不需要事先调平衡，可以随时切换至所需要的位置。所谓无扰动切换是指在切换时控制器的输出不发生变化，对生产过程无扰动。

DDZ-Ⅲ型控制器由自动或硬手动向软手动的切换（A、H→M）以及由软手动或硬手动向自动的切换（M、H→A）均为无平衡、无扰动的切换方式。

（1）当从任何一种操作状态切换到软手动操作时，运算放大器A_3的反向端为悬空状态，U_{o3}都能保持切换前的值。所以，凡是向软手动（M）方式的切换，均为无平衡、无扰动的切换。

（2）控制器处于软手动（M）方式，或硬手动（H）方式时，电容C_1两端电压值等于U_{o2}，而且C_1的一端与U_B相连，在从手动向自动切换的前后是等电位的，在切换瞬间，C_1没有放电现象，U_{o3}不会突变，控制器的输出信号也不会突变。所以，凡是向自动（A）方式的切换也均为无平衡、无扰动的切换。

2. 有平衡、无扰动的切换

凡是向硬手动方式的切换，从自动到硬手动或从软手动到硬手动（A、M→H），均为有平衡、无扰动切换。若要做到无扰动切换，必须事先平衡。因为硬手动操作拨盘的刻度（即 U_H 值），不一定与控制器的输出电流相对应，因此在由其他方式向硬手动方式切换前，应拨动硬手动拨盘（即调 RP_H 电位器），使它的刻度与控制器的输出电流相对应，才能保证切换时不发生扰动。

综上所述，DDZ-Ⅲ型控制器的切换过程可描述如下：

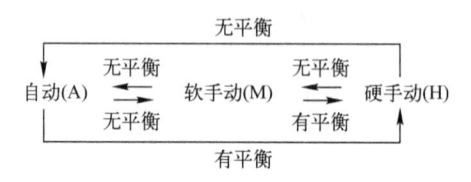

```
                  无平衡
         ┌─────────────────────────┐
         ↓    无平衡         无平衡
     自动(A) ←──── 软手动(M) ⇄ 硬手动(H)
              无平衡         有平衡
         └─────────────────────────┘
                  有平衡
```

3.3 基型控制器的操作

3.3.1 基型控制器的外部结构

DDZ-Ⅲ型基型控制器的外部结构如图 3.7 所示。各组成部分的作用介绍如下。

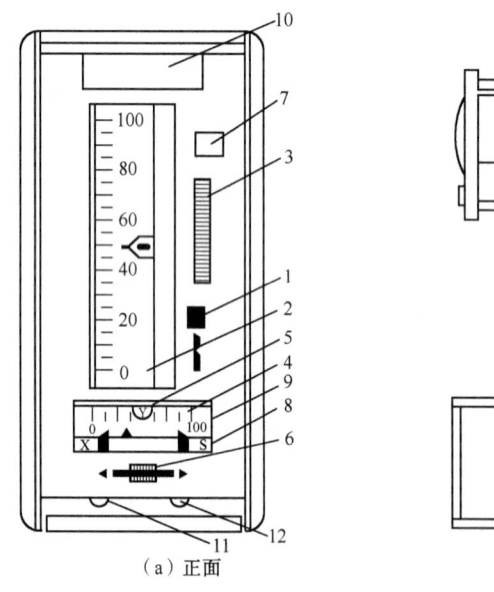

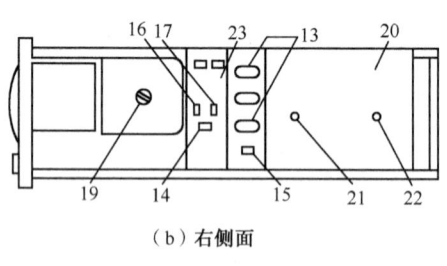

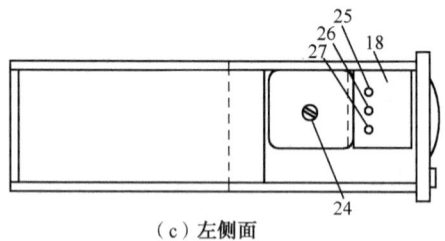

图 3.7 控制器的外形

1——自动/软手动/硬手动切换开关：用来选择控制器的工作状态。

2——双针垂直指示表：在 0～100% 的刻度上，黑针为给定信号指针，红针为测量信号指针。当测量信号与给定信号的偏差小于 ±0.5% 时，测量指针隐藏在给定指针下面。

3——内给定设定轮：内给定时改变给定值。

4——输出指示表：又称阀位指示表，用以指示控制器的输出信号大小。

5——硬手动操作杆：系统处于硬手动操作状态时，改变硬手动操作杆的左右位置，控制器的输出信号则相应改变。

6——软手动操作键：软手动操作状态时，向右或向左推动软手动操作键，控制器的输出随时间按一定的速度增加或减少。当操作键处于中间位置时，控制器的输出信号与切换前瞬时输出相等，并能长期保持下去，即使停电也能保持特性不变。

7——外给定指示灯：控制器处于外给定时，指示灯亮。

8——阀门指示器：指示控制阀的关闭（X）和打开（S）方向。

9——输出范围指示：表示阀门的安全开度或与输出限幅单元配合表示输出信号的上、下限。

10——位号牌：用于标明位号，当控制器附有报警单元时，报警时位号牌后的报警灯亮。

11——输入检查插孔：供便携式手动操作器或数字电压表检查输入信号用。

12——手动输出插孔：当控制器需要维护或发生故障时，把便携式手动操作器的输出插头插入，可以无扰动地转换到用便携式手动操作器控制。

13——比例度、积分时间和微分时间设定盘：由它们设定 P、I、D 参数。

14——积分时间切换开关：当处于"×1"或"×10"挡时，表示乘上积分时间设定盘上的读数；当处于"断"时，控制器切除积分作用。

15——正/反作用切换开关：控制器处于正向操作时，输出随着测量值的增加而增加，处于反向操作时，输出随着测量值的增加而减少。

16——内/外给定切换开关：供选择内给定信号或外给定信号（远方给定信号）用。

17——测量/标定切换开关：当处于"测量"时，双针垂直指示针分别指示输入信号和给定信号，全程按 0 ~ 100% 刻度。当处于"标定"时，输入和给定信号同时指示在 50% 的位置。

18——指示单元：包括指示电路和内给定电路。

19——给定指针调零：调整给定指针的机械零点。

20——控制单元：包括输入电路、PID 运算电路和输出电路等。

21——2% 跟踪调整：当比例度为 2% 时，调整闭环跟踪精度。

22——500% 跟踪调整：当比例度为 500% 时，调整闭环跟踪精度。

23——辅助单元：包括硬手动操作电路和各种切换开关。

24——输入指针调零：调整输入指针的机械零点。

25——输入指示量程调节：调整输入指示量程。

26——给定指示量程调节：调整给定指示量程。

27——标定电压调整："标定"校验时，调整指示电路的输入信号。

3.3.2 基型控制器的使用方法

1. 主要性能指标

基型控制器的主要技术指标介绍如下。

测量信号：1 ~ 5V DC；

外给定信号：4 ~ 20mA DC（250Ω ± 0.5%）；

内给定信号：1～5V DC；
输出信号：4～20mA DC；
输出保持特性：-0.1%/h；
测量及给定指示：0～100%，双针，±1%；
输出指示：0～100%，±2.5%。
控制器参数如下。
比例度：2%～500%；
积分时间：0.01～2.5min 或 0.1～25min；
微分时间：0.04～210min；
软手动操作：100s/满量程或6s/满量程；
硬手动设定精度：±5%。
切换特性如下。
自动←→软手动：<±0.25%；
软手动→硬手动：预调后<5%；
硬手动→软手动：<±0.25%；
闭环跟踪相对误差：±0.5%；
供电电压：24V DC±10%；
负载电阻：250～750Ω。

2. 使用方法

DDZ-Ⅲ型控制器使用时，应首先进行通电前的检查及准备。
(1) 通电前应检查电源端子接线极性是否正确。
(2) 根据工艺和系统要求，设置正/反作用开关的位置。
(3) 按照控制阀的作用方式，确定阀门指示器的方向。
开车投运时，用手动方法操作。
(1) 软手动操作启动：把自动（A）/软手动（M）/硬手动（H）切换开关置"软手动"位置（M），然后用内给定轮调整给定信号；用软手动操作键调整控制器的输出信号，使得测量信号尽可能地靠近给定信号。
(2) 硬手动操作启动：把自动（A）/软手动（M）/硬手动（H）切换开关置"硬手动"位置（H），同样用内给定轮调整给定信号，然后操作硬手动操作杆，调整控制器的输出信号，使得测量信号尽可能地靠近给定信号。

当手动控制达到平衡且系统稳定后，由手动切换到自动，一般情况下，切换前应将比例度置为最大，切断微分，且积分时间也置为最大。

把控制器切换到自动状态后，需整定PID参数。若已知PID参数，可直接调整δ、T_I、T_D刻度盘到所需的数值。否则，可按衰减法或经验法进行参数的整定。

当需要从自动切换到手动时，有两种情况：从自动切换到软手动可以直接切换；从自动向硬手动切换时，要先调整硬手动操作杆，使操作杆与自动时的输出值一致，然后才能切换到硬手动。

当需要将内给定无冲击地转换到外给定时，先将自动切换到软手动位置，然后由内给定切换到外给定，调整外给定信号使其和切换前的内给定指示相等，再把方式开关切换到自动位置。

当需要由外给定无冲击地转换到内给定时，同样先将自动切换到软手动位置，然后由外给定切换到内给定，调整内给定值使之与外给定时一样，再把方式开关拨至自动位置。

实训 3 基型控制器的认识与使用方法

1. 实训目标

（1）熟悉基型控制器的外形和基本结构。
（2）掌握基型控制器的正确操作方法。

2. 实训装置（准备）

（1）DTL-3100 控制器（DTZ-2100S 型或其他）1 台。
（2）直流信号发生器 2 台。
（3）直流稳压电源（0～30V DC）1 台。
（4）标准电流表（0～30mA）1 台。
（5）标准电阻箱 2 台。
（6）秒表 1 只。
（7）万用表 1 台。
（8）螺钉旋具 1 把。
（9）导线若干。

实训装置接线如图 3.8 所示。

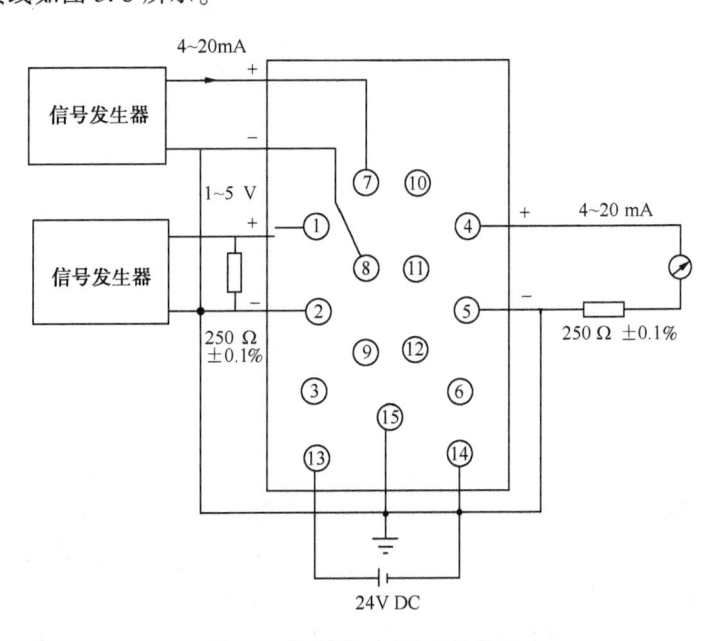

图 3.8 控制器开环校验接线图

3. 实训内容

（1）观察控制器的正面板和侧面板的布置。
（2）了解各调节旋钮、可动开关的作用。
（3）学习控制器的操作方法。

4. 实训步骤（要领）

（1）观察仪表的结构。

① 观察控制器的正面板布置，弄清各部位的名称和作用；观察接线端子板，了解主要接线端子的用途。

② 抽出控制器的机芯，观察正/反作用开关、测量/标定开关、内/外给定切换开关和比例度、积分时间、微分时间等 PID 参数调节旋钮等；将控制器机芯重新推入表壳。

（2）按图 3.8 所示接线，经指导教师检查后才能通电。

（3）测量、给定信号及双针指示实验。

① 将侧面板的开关分别置于"软手动"、"外给定"、"测量"位置。接通电源和测量、外设定信号后，预热 30min。

② 调整测量输入端的电流信号，使之分别为 4、12、20mA，测量指针应分别指 0、50%、100%。误差应小于 ±1%；当误差超过 ±1% 时，调整双针指示表左侧的机械零点和指示单元的测量指示量程电位器。

③ 调整外给定信号，使之分别为 4、12、20mA，给定指针应分别指 0、50%、100%。误差应小于 ±1%；当指示误差超过 ±1% 时，调整表头另一侧的机械零点和指示单元的给定指示量程电位器。

④ 将测量/标定开关切换到"标定"位置，测量指针和设定指针应同时指到 50%，误差应小于 ±1%。当误差超过 ±1% 时，应调整指示单元中的"标定电压调整"电位器，使标定电压为 3V。

（4）手动操作特性与输出指示实验。

① 将各切换开关分别置于"软手动"、"外给定"、"测量"位置。

② 向右或向左按软手动操作键，控制器的输出将增大或减小。松开，输出保持不变。轻按时，满量程输出变化时间为 100 s；重按时，满量程输出变化时间为 6 s。重复操作两次并注意观察；误差不超过 ±20%。

③ 用软手动键使输出指针指在 0、50%、100% 位置，观察标准电流表，看输出电流是否分别为 4、12、20mA。误差应小于 ±2.5%。

④ 把手动/自动开关置于"硬手动"位置，操作硬手动操作杆到 0、50%、100%，观察标准电流表，看输出电流是否分别为 4、12、20mA。误差应小于 ±5%。当误差超出范围时，取下辅助单元盖板，调整辅助单元上的"零点调整"和"量程调整"电位器。

（5）手动/自动切换特性实验。将比例度置于 100%，积分时间置于 1min（×1 挡），微分时间关断，使输入偏差为零（测量信号、给定信号同为 12mA）。

① 进行自动/软手动的双向无平衡、无扰动切换。控制器置于"软手动"，使输出为任意值。手动/自动开关切换到"自动"，记下此时的输出值，切换前后输出之差应不大于

±20mV。开关再由"自动"切换到"软手动",切换前后输出之差仍不大于±20mV。

② 进行"软手动"→"硬手动"有平衡、无扰动切换。控制器置于"软手动",使输出为任意值,拨动硬手动操作杆与输出表指示值对齐,将手动/自动开关由"软手动"切换到"硬手动",开关切换前后,控制器输出值变化应不大于±5%。

③ 进行"硬手动"→"软手动"无平衡、无扰动切换。控制器置于"硬手动",使输出为任意值,手动/自动开关由"硬手动"切换到"软手动"。切换前后控制器输出变化不大于±20mV。

控制器由"硬手动"切换到"软手动"再切换到"自动",视为"软手动"→"自动";由"自动"切换到"软手动"再切换到"硬手动",视为"软手动"→"硬手动"。

5. 思考与分析

(1) 控制器面板上有哪些显示表头?可显示何种信息?
(2) 控制器侧面板上有哪些旋钮和开关?各有何用途?
(3) 手动/自动无扰动切换,何时为无平衡?何时为有平衡?

实训4 基型控制器的 δ、T_I 和 T_D 测试

1. 实训目标

(1) 掌握基型控制器的正确操作方法。
(2) 掌握比例度 δ、微分时间 T_D、积分时间 T_I 的测试方法。

2. 实训装置(准备)

同实训3中的实训装置。

3. 实训内容

(1) 比例度 δ 的测试。
(2) 微分时间 T_D 的测试。
(3) 积分时间 T_I 的测试。

4. 实训步骤(要领)

各开关分别置于"外给定"、"测量"、"×10挡"、"正作用"、"软手动",微分时间关断,积分时间调为最大。

(1) 比例度 δ 的校验。调测量信号和给定信号为12mA(50%满量程),比例度依次置2%、100%、500%,每次均通过"软手动"使输出电流为4mA,然后把切换开关拨到"自动"位置,改变输入信号,使输出电流为20mA。可按下述公式计算实际比例度:

$$\delta_{实} = (输入变化值/输入范围)/(输出变化值/输出范围) \times 100\%$$

比例度刻度误差 δ_P:

$$\delta_P = \frac{\delta_{刻} - \delta_{实}}{\delta_{刻}} \times 100\%$$

(2)微分时间 T_D 的校验。比例度置于实际的 100%,调整测量信号和给定信号为 12mA,通过"软手动"使输出电流为 4mA。然后将手动/自动开关切换到"自动",阶跃输入为 1mA,此时输出变化为 1mA(4mA 变化到 5mA)。把微分电容短路,将微分时间旋至被校刻度,此时输出将突增至 14mA,则控制器微分增益 $K_D = (14-4)/1 = 10$。

解除微分电容短路状态,并同时启动秒表,而后按指数规律下降,当下降到 8.3mA 时停表,所记时间为微分时间常数 T。由 $T_{D实} = K_D \times T$ 即可求得微分时间。

刻度误差值 δ_{TD},按下式确定:

$$\delta_{TD} = \frac{T_{D标} - T_{D实}}{T_{D标}} \times 100\%$$

式中,$T_{D标}$——微分时间的标称值。

(3)积分时间 T_I 的校验。微分时间关断,积分时间旋至最大,手动/自动开关拨到"软手动"。调整测量信号和设定信号为 12mA(50%满量程),通过"软手动"使输出电流为 4mA。将积分时间依次旋至被校刻度(×1 挡:0.01、1、2.5 min;×10 挡:0.1、10、25 min),使测量信号增加 1mA,将手动/自动开关切换到"自动",同时启动秒表,当控制器输出上升到 6mA 时,停止计时,所记时间即为实测积分时间 $T_{I实}$。

$$\delta_{TI} = \frac{T_{I标} - T_{I实}}{T_{I实}} \times 100\%$$

5. 数据处理

将比例度测试结果填入表 3.1。

表 3.1　比例度校验记录

项　　目	1	2	3
刻度值/(%)			
实际值/(%)			
误　　差			

微分时间、积分时间校验结果的记录可参照表 3.1。

注意:比例度的误差应不超过 ±25%,微分时间和积分时间其误差应分别不超过 -20% 和 50%。

6. 实训报告

写出比例度 δ、微分时间 T_D 和积分时间 T_I 的校验步骤。

根据校验的数据,判断被校表的精度是否达到规定精度值。若未达到规定精度值,试分析原因。

本 章 小 结

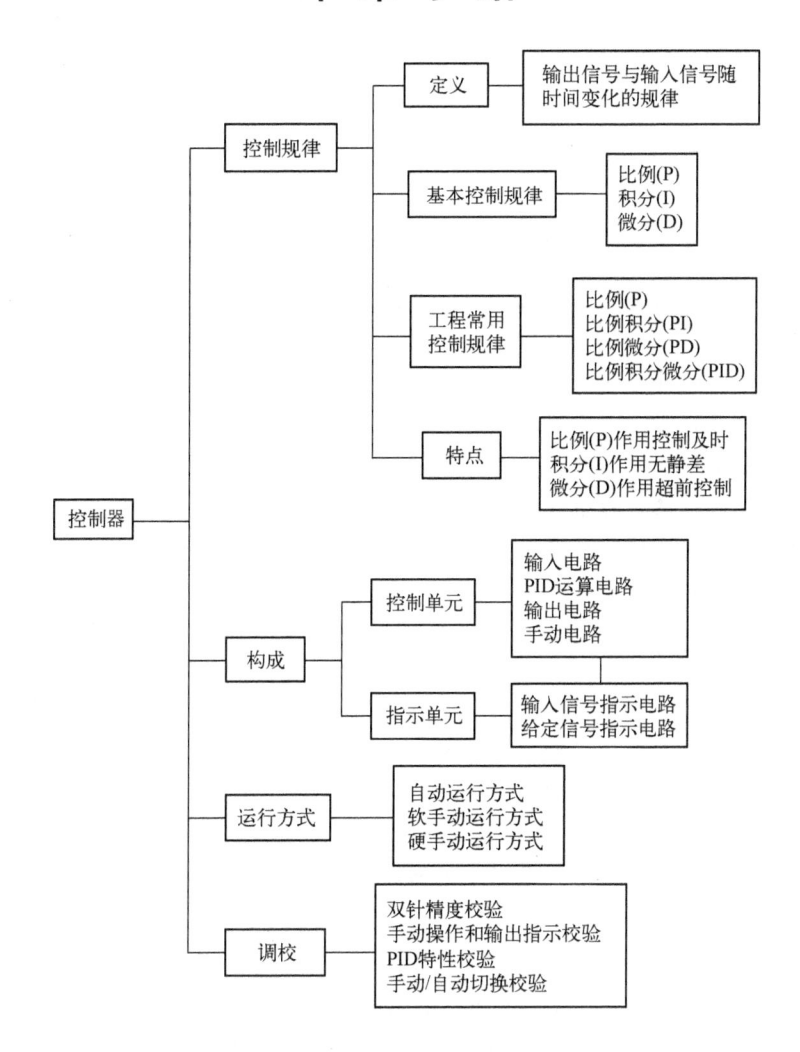

```
控制器 ─┬─ 控制规律 ─┬─ 定义 ── 输出信号与输入信号随时间变化的规律
        │            │
        │            ├─ 基本控制规律 ── 比例(P) / 积分(I) / 微分(D)
        │            │
        │            ├─ 工程常用控制规律 ── 比例(P) / 比例积分(PI) / 比例微分(PD) / 比例积分微分(PID)
        │            │
        │            └─ 特点 ── 比例(P)作用控制及时 / 积分(I)作用无静差 / 微分(D)作用超前控制
        │
        ├─ 构成 ─┬─ 控制单元 ── 输入电路 / PID运算电路 / 输出电路 / 手动电路
        │       │
        │       └─ 指示单元 ── 输入信号指示电路 / 给定信号指示电路
        │
        ├─ 运行方式 ── 自动运行方式 / 软手动运行方式 / 硬手动运行方式
        │
        └─ 调校 ── 双针精度校验 / 手动操作和输出指示校验 / PID特性校验 / 手动/自动切换校验
```

思考与练习题 3

1. 工业上常用控制器的控制规律有哪几种？
2. 在模拟控制器中，一般采用什么方式实现各种控制规律？
3. 试述 DDZ-Ⅲ型控制器的功能。
4. 基型控制器由哪几部分组成？各部分的主要作用是什么？
5. DDZ-Ⅲ型控制器的输入电路为什么要采用差动输入方式？为什么要进行电平移动？
6. DDZ-Ⅲ型控制器有哪几种工作状态？什么是软手动状态和硬手动状态？
7. 什么是控制器的无扰动切换？DDZ-Ⅲ型控制器如何实现手动/自动无扰动切换？
8. 为什么从软手动方式向硬手动方式切换需要事先平衡？

第4章

执 行 器

知识目标
(1) 了解执行器的种类及特点。
(2) 了解执行器的正、反作用方式。
(3) 掌握气动执行机构的结构及工作原理。
(4) 理解电动执行机构的组成及各部分作用。
(5) 了解控制阀的结构及特点。
(6) 理解控制阀的流量系数、可调比和流量特性的概念。
(7) 了解阀门定位器的作用及使用场合。
(8) 掌握控制阀的选用原则。

技能目标
(1) 能够应用控制阀的选用原则正确选用控制阀。
(2) 能够对执行器进行正确的调校。
(3) 能够正确安装执行器。
(4) 能够处理执行器在使用、维护中的问题。

执行器是过程控制系统中一个重要的组成部分,人们常把执行器比喻为生产过程自动化的"手脚"。它的作用是接收来自控制器输出的控制信号,并转换成直线位移或角位移来改变控制阀的流通面积,以改变被控参数的流量,控制流入或流出被控过程的物料或能量,从而实现对过程参数的自动控制,使生产过程满足预定的要求。执行器安装在现场,直接与工艺介质接触,通常在高温、高压、高黏度、强腐蚀、易结晶、易燃易爆、剧毒等场合下工作,如果选用不当,将直接影响过程控制系统的控制质量,甚至造成严重事故。本章主要介绍执行器的结构特点和使用方法。

4.1 概 述

4.1.1 执行器的种类和特点

执行器按所驱动能源来分,有电动执行器、气动执行器、液动执行器三大类产品。它们的特点及应用场合如表 4.1 所示。

表 4.1 三种执行器的特点比较

比 较 项 目	气动执行器	电动执行器	液动执行器
结构	简单	复杂	简单
体积	中	小	大
推力	中	小	大
配管配线	较复杂	简单	复杂
动作滞后	大	小	小
频率响应	狭	宽	狭
维护检修	简单	复杂	简单
使用场合	防火防爆	隔爆型能防火防爆	要注意火花
温度影响	较小	较大	较大
成本	低	高	高

电动执行器的能源取用方便，动作灵敏，信号传输速度快，适合于远距离的信号传送，便于与电子计算机配合使用。但电动执行器一般不适用于防火防爆的场合，而且结构复杂，价格贵。

气动执行器是以压缩空气作为动力能源的执行器，具有结构简单、动作可靠、性能稳定、输出力大、成本较低、安装维修方便和防火防爆等优点，在过程控制中获得最广泛的应用。但气动执行器有滞后大、不适于远传的缺点，为了克服此缺点，可采用电/气转换器或阀门定位器，使传送信号为电信号，现场操作为气动，这是电/气结合的一种形式，也是今后发展的方向。

液动执行器的推力最大，但由于各种原因在工业生产过程自动控制系统中目前使用不广。因此，本章仅介绍常用的电动执行器和气动执行器。

4.1.2 执行器的构成

执行器由执行机构和调节机构（又称为控制阀）两个部分组成。各类执行器的调节机构的种类和构造大致相同，主要差别是执行机构不同。调节机构均采用各种通用的控制阀，这对生产和使用都有利。

执行机构是执行器的推动装置，它根据控制信号的大小，产生相应的推力，推动调节机构动作。调节机构是执行器的调节部分，在执行机构推力的作用下，调节机构产生一定的位移或转角，直接调节流体的流量。

(1) 电动执行器是电动调节系统中的一个重要组成部分。它接收电动控制器输出的 4～20mA DC 信号，并将其转换成为适当的力或力矩，去操纵调节机构，从而达到连续调节生产过程中有关管路内流体流量的目的。当然，电动执行器也可以调节生产过程中的物料、能源等，以实现自动调节。

电动执行器由电动执行机构和调节机构两部分组成，其中将电动控制器传来的控制信号转换成为力或力矩的部分称为电动执行机构，而各种类型的控制阀或其他类似作用的调节设备则统称为调节机构。

电动执行机构根据不同的使用要求，有简有繁。最简单的是电磁阀上的电磁铁。除此之外，都用电动机作为动力元件推动调节机构。调节机构使用得最普遍的是控制阀，它与气动执行器用的控制阀完全相同。

电动执行机构与调节机构的连接方式有多种，有的将两者固定安装在一起，构成一个完整的执行器，如电磁阀、电动控制阀等；也有用机械连杆把两者就地连接起来的，如各种直行程、角行程、多转式电动执行机构就属于这一类。

电动执行器还可以通过电动操作器实现控制系统的自动操作和手动操作的相互切换。当操作器的切换开关切向"手动"位置时，可由操作器的正、反操作按钮直接控制伺服电动机的电源，以实现输出轴的正转/停转/反转三种状态，遥控操作。另外，还可以转动执行器上的手柄，在现场就地手动操作。

接收 4～20mADC 信号的电动执行器，都是以两相异步伺服电动机为动力的位置伺服机构，根据配用的调节机构的不同，输出方式有直行程、角行程和多转式三种类型，各种电动执行机构的构成及工作原理完全相同，差别仅在于减速器不同。

(2) 气动执行器是指以压缩空气为动力源的一种执行器。它接收气动控制器或电/气转换器、阀门定位器输出的气压信号，改变控制流量的大小，使生产过程按预定要求进行，实现生产过程的自动控制。气动执行器由气动执行机构和调节机构（控制阀）两部分组成。

近年来，工业生产规模不断扩大，并向大型化、高温高压化发展，对工业自动化提出了更高的要求。为适应工业自动化的需要，在气动执行机构方面，除了薄膜执行机构外，已发展有活塞执行机构、长行程执行机构和滚筒膜片执行机构等产品。在电动执行机构方面，除角行程执行机构外，已发展有直行程执行机构和多转式执行机构等产品。在控制阀方面，除直通单座、双座控制阀外，已发展有高压控制阀、碟阀、球阀、偏心旋转控制阀等产品。同时，套筒控制阀和低噪声控制阀等产品也正在发展中。

此外，随着电子计算机在工业生产过程自动控制系统中的应用，接收串行或并行数字信号的执行器也正在发展，但目前大多数是专用的。

4.1.3　执行器的作用方式

执行器的执行机构有正作用式和反作用式两种，控制阀有正装和反装两种。因此，执行器的作用方式可分为气开和气关两种形式，实现气动调节的气开、气关时，有四种组合方式，如图 4.1 和表 4.2 所示。

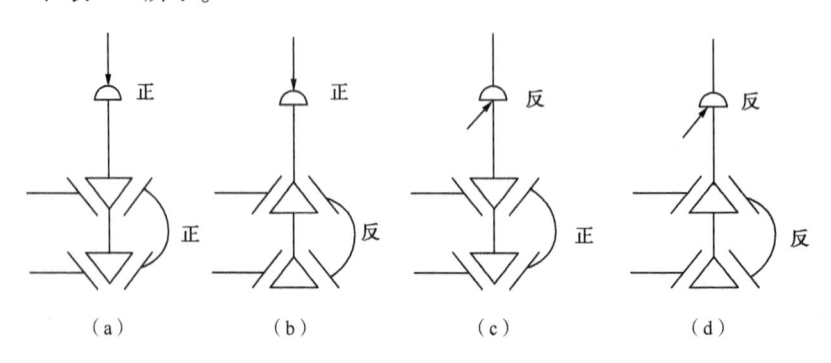

图 4.1　气开、气关阀示意图

表 4.2　执行器组合方式

序　号	执行机构	阀　体	气动控制阀
a	正	正	（正）气关
b	正	反	（反）气开
c	反	正	（反）气开
d	反	反	（正）气关

气开阀随着信号压力的增加而开度增大，无信号时，气开阀处于全关状态；反之，气关阀随着信号压力的增加而逐渐关闭，无信号时，气关阀处于全开状态。

对于一个控制系统，究竟选择气开作用方式还是气关作用方式要由生产工艺要求来决定。一般来说，要根据以下几条原则进行选择。

1. 从生产的安全出发

控制阀气开、气关的选择，主要从生产工艺的安全来考虑：当发生断电或其他事故引起信号压力中断时，控制器出了故障而无输出、阀的膜片破裂导致控制阀无法工作或阀芯处于无能源状态时，应能确保工艺设备和人身的安全，不致发生事故。

例如，一般蒸汽加热器选用气开式控制阀，一旦气源中断，阀门处于全关状态，停止加热，使设备不致因温度过高而发生事故或危险。锅炉进水的控制阀则选用气关式，当气源中断时仍有水进入锅炉，不致产生烧干或爆炸事故。

2. 从保证产品质量的角度考虑

当发生上述使控制阀不能正常工作的情况时，控制阀所处的状态不应造成产品质量的下降，如精馏塔回流控制系统就常选用气关阀，这样，一旦发生故障，阀门全开着，使生产处于全回流状态，这就防止了不合格产品被蒸发，从而保证了塔顶产品的质量。

3. 从降低原料和动力损耗的角度考虑

如控制精馏塔进料的控制阀常采用气开式，因为一旦出现故障，阀门是处于关闭状态的，不再给塔投料，从而减少浪费。

4. 从介质特点考虑

如精馏塔釜加热蒸汽的控制阀一般选用气开式，以保证故障时不浪费蒸汽。但是如果釜液是易结晶、易聚合、易凝结的液体时，则应考虑选用气关式控制阀，以防止在事故状态下由于停止了蒸汽的供给而导致釜内液体的结晶或凝聚。

4.2　执行机构

执行器由执行机构和调节机构（控制阀）两部分组成。在电动执行器和气动执行器两大类产品中主要是执行机构不同。

4.2.1 气动执行机构

气动执行机构是气动执行器的推动部分,它按控制信号的大小产生相应的输出力,通过执行机构的推杆,带动控制阀的阀芯使它产生相应的位移(或转角)。

气动执行机构常用的有薄膜执行机构和活塞执行机构两种。

1. 气动薄膜式执行机构

气动薄膜式执行机构由膜片、推杆和平衡弹簧等部分组成,如图 4.2 所示。它通常接收 $0.2 \times 10^5 \sim 1.0 \times 10^5 Pa$ 的标准压力信号,经膜片转换成推力,克服弹簧力后,使推杆产生位移,按其动作方式分为正作用和反作用两种形式。当输入气压信号增加时推杆向下移动称正作用;当输入气压信号减小时推杆向上移动称反作用。与气动执行机构配用的气动控制阀有气开和气关两种:有信号压力时,阀门开启的称气开式;而有信号压力时,阀门关闭的称气关式。气开、气关是由气动执行机构的正、反作用与控制阀的正、反安装来决定的。在工业生产中口径较大的控制阀通常采用正作用方式的气动执行机构。

气动执行机构的输出是位移,输入是压力信号,在平衡状态时,它们之间的关系称为气动执行机构的静态特性,即:

$$PA = KL$$
$$L = \frac{PA}{K} \qquad (4-1)$$

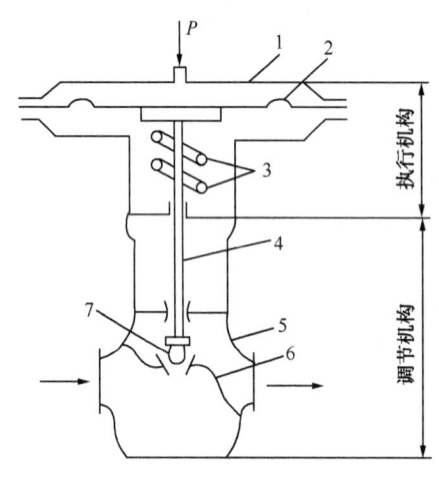

1—上阀盖;2—膜片;3—平衡弹簧;4—阀杆;
5—阀体;6—阀座;7—阀芯

图 4.2 气动执行器

式中,P——执行机构输入压力;
　　　A——膜片的有效面积;
　　　K——弹簧的弹性系数;
　　　L——执行机构的推杆位移。

当执行机构的规格确定后,A 和 K 便为常数,因此执行机构输出的位移 L 与输入信号压力 P 成比例关系。当信号压力 P 加到薄膜上时,此压力乘上膜片的有效面积 A,得到推力,使推杆移动,弹簧受压,直到弹簧产生的反作用力与薄膜上的推力相平衡为止。显然,信号压力越大,推杆的位移即弹簧的压缩量也就越大。推杆的位移范围就是执行机构的行程。气动薄膜执行机构的行程规格有:10、16、25、40、60、100mm 等,信号压力从 $0.2 \times 10^5 Pa$ 增加到 $1.0 \times 10^5 Pa$,推杆则从零走到全行程,阀门就从全开(或全关)到全关(或全开)。

执行机构的动态特性表示动态平衡时,信号压力 P 引入与执行机构推杆位移 L 之间的关系。可用微分方程表示:

$$RC\frac{\mathrm{d}\Delta L}{\mathrm{d}t}+\Delta L=\frac{A}{K}\Delta P$$

或

$$T\frac{\mathrm{d}\Delta L}{\mathrm{d}t}+\Delta L=\frac{A}{K}\Delta P$$

式中，P——信号压力；

L——阀杆位移；

A——薄膜有效面积；

K——弹簧刚度；

T——时间常数，$T=RC$；

R——从控制器到控制阀之间的管道阻力；

C——薄膜室的气容。

传递函数为：

$$\frac{L(s)}{P(s)}=\frac{A}{(Ts+1)K}$$

从控制器或电/气阀门定位器到执行机构膜头间的引压管线，可以作为膜头的一部分，由于管线存在阻力，引压管线可近似认为是单容环节，而膜头作用有容量，所以气动执行机构可看成一个惯性环节，其时间常数取决于膜头的大小与管线的长度和直径。

2. 气动活塞式执行机构

气动活塞式执行机构如图 4.3 所示。

活塞随汽缸两侧压差而移动，在汽缸两侧输入一个固定信号和一个变动信号，或两侧都输入变动信号。

气动活塞式执行机构的汽缸允许操作压力较大，可达 $5\times10^5\mathrm{Pa}$，而且无弹簧抵消推力，所以具有较大的输出推力，特别适用于高静压、高压差、大口径的工艺场合。它是一种强有力的气动执行机构。

气动活塞式执行机构按其作用方式可分为比例式和两位式两种。所谓比例式是指输入信号压力与推杆的行程成比例关系，这时它必须与阀门定位器配用。两位式是根据输入执行机构活塞两侧的操作压力差来完成的。活塞由高压侧推向低压侧，就使推杆由一个极端位置推移至另一个极端位置。这种执行机构的行程一般为 25～100mm。

此外，还有一种长行程执行机构，它具有行程长（200～400mm）、转矩大的特点，适用于输出转角（0°～90°）和力矩的场合。

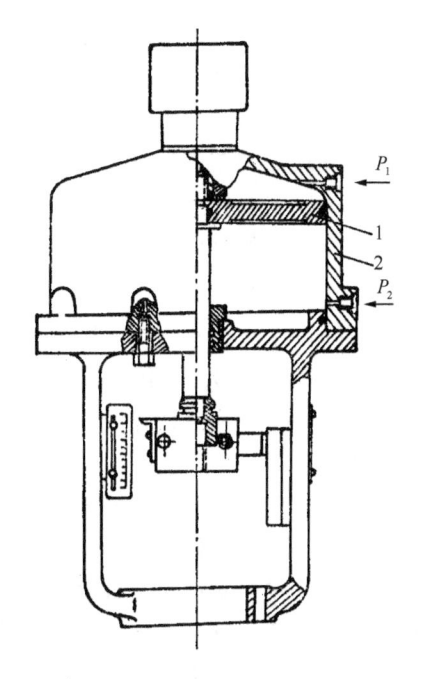

1—活塞；2—汽缸

图 4.3 气动活塞式执行机构

4.2.2 电动执行机构

接收 0～10mA DC 或 4～20mA DC 信号的电动执行器,都是以两相异步伺服电动机为动力的位置伺服机构,根据配用的调节机构的不同,输出方式有直行程、角行程和多转式三种类型,各种电动执行机构的构成及工作原理完全相同,差别仅在于减速器不一样。

如图 4.4 所示为电动执行机构的组成框图,它由伺服放大器和执行机构两部分组成。执行机构又包括两相伺服电动机、减速器和位置发送器。

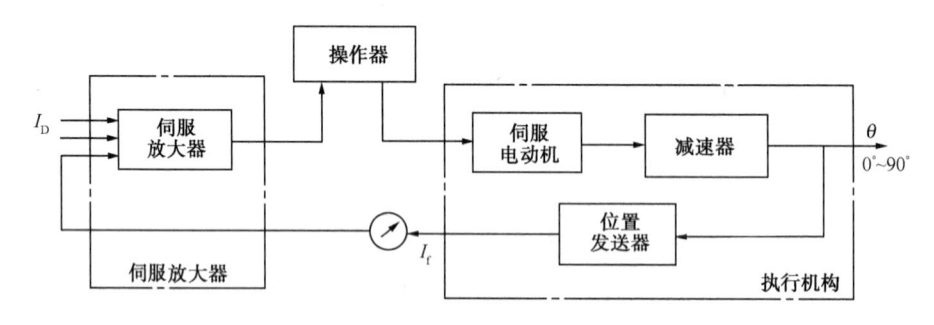

图 4.4 电动执行机构框图

伺服放大器的作用是综合输入信号和反馈信号,并将该结果信号加以放大,使之有足够大的功率来控制伺服电动机的转动。根据综合后结果信号的极性,放大器应输出相应极性的信号,以控制电动机的正、反向旋转。

伺服电动机是执行器的动力装置,将电功率变为机械功率以对调节机构做功。由于伺服电动机转速高,满足不了较低的调节速度的要求,输出力矩小带动不了调节机构,故必须经过减速器将高转速、小力矩转化为低转速、大力矩的输出。

位置发送器的作用是输出一个与执行器输出轴位移成比例的电信号,一方面借电流来指示阀位,另一方面作为位置反馈信号反馈至输入端,使执行器构成一个位置反馈系统。

来自控制器的电信号 I_D 作为伺服放大器的输入信号,与位置反馈信号 I_f 进行比较,其差值(正或负)经放大后去控制两相伺服电动机正转或反转,再经减速器减速后,使输出产生位移,即改变控制阀的开度(或挡板的角位移)。与此同时,输出轴的位移又经位置发送器转换成电流信号 I_f,作为反馈信号,被返回到伺服放大器的输入端。当反馈信号 I_f 与输入信号 I_D 相等时,电动机停止转动,这时控制阀的开度就稳定在与控制器输出信号 I_D 成比例的位置上。

如输入电信号增加,则输入信号与反馈信号的差值为正极性,伺服放大器控制电动机正转;反之,输入电流信号减小,则差值信号为负极性,伺服放大器控制电动机反转,即电动机可根据输入信号与反馈信号差值的极性产生正转或反转,以带动调节机构进行开大或关小阀门的操作。

在实际控制系统中,执行器根据控制器的控制信号去控制阀门,要求执行器的正转或反转能反映控制器偏差信号的正负极性。在系统投入自动运行前,用手动操作控制,使被调参数接近给定值,而控制阀处于某一中间位置。由于控制器的自动跟踪作用,在手动操作时已有一个相应的输出电流，其大小为 4～20mA DC 中的某一数值，故当系统切换到自动方式后，若偏差信号为正，则控制器输出电流增加，执行器的输入信号大于位置反馈信号，电动机正转，反之，偏差信号为负，控制器输出电流减小，电动机反转，所以电动机的正、反转是受偏差信号极性控制的。

下面对电动执行机构的伺服放大器和执行机构分别进行介绍。

1. 伺服放大器

伺服放大器是由前置磁放大器、触发器、晶闸管主回路及电源等部分组成的。如图 4.5 所示为伺服放大器的原理框图。

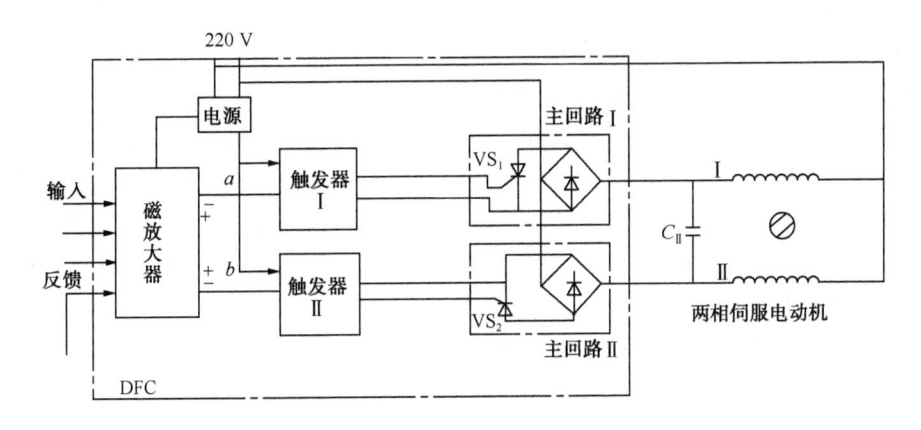

图 4.5 伺服放大器框图

伺服放大器有三个输入通道和一个反馈通道，可以同时输入三个输入信号和一个反馈信号，以满足复杂控制系统的要求。一般的简单控制系统中只用一个输入通道和一个反馈通道。

前置级磁放大器是一个增益很高的放大器，来自控制器的输入信号和位置反馈信号在磁放大器中进行比较，当两者不相等时，放大器把偏差信号进行放大，根据输入信号与反馈信号相减后偏差的正负极性，放大器在 a、b 两点产生两位式的输出电压，控制两个晶体管触发电路中一个工作，另一个截止，使主回路的晶闸管导通，两相伺服电动机接通电源而旋转，从而带动调节机构进行自动控制。晶闸管在电路中起无触点开关作用。伺服放大器有两组开关电路，即触发器与主回路，分别接收正偏差或负偏差的输入信号，以控制伺服电动机的正转或反转。与此同时，位置反馈信号随电动机转角的变化而变化，当位置反馈信号与输入信号相等时，前置放大器没有输出，伺服电动机停转。

2. 执行机构

执行机构由两相交流伺服电动机、位置发送器和减速器组成，如图 4.4 所示。

（1）伺服电动机。伺服电动机是执行机构的动力部分，它是由采用冲槽硅钢片叠成的定子和鼠笼形转子组成的两相伺服电动机。定子上具有两组相同的绕组，靠移相电容使两相绕组中的电流相位相差 90°，同时两相绕组在空间也相差 90°，因此构成定子旋转磁场。电动机的旋转方向，取决于两相绕组中电流相位的超前或滞后。

考虑到执行器中的电动机常处于频繁的启动、制动过程中，在控制器输出过载或其他原因使阀卡位时，电动机还可能长期处于堵转状态，为保证电动机在这种情况下不致因过热而烧毁，这种电动机具有启动转矩大和启动电流较小的特点。另外，为了尽量减少伺服电动机在断电后按惯性继续"惰走"的过程，并防止电动机断电后被负载作用力推动，发生反转现象，在伺服电动机内部还装有傍磁式制动机构，以保证电动机在断电时，转子立即被制动。

(2) 减速器。伺服电动机转速较高，输出转矩小，转速一般为 600～900r/min，而调节机构的转速较低，输出转矩大，输出轴全行程（90°）时间一般为 25s，即输出轴转速为 0.6r/min。因此，伺服电动机和调节机构之间必须装有减速器，将高转速、低转矩变成低转速、高转矩，伺服电动机和调节机构之间一般装有两级减速器，减速比一般为（1 000～1 500）:1。

减速器采用平齿轮和行星减速机混合的传动机构。其中，平齿轮加工简单，传动效率高，但减速器体积大；行星减速机构具有体积小、减速比大、承载力大、效率高等优点。

(3) 位置发送器。位置发送器根据差动变压器的工作原理，利用输出轴的位移来改变铁芯在差动线圈中的位置，以产生反馈信号和位置信号。为保证位置发送器稳定的电压及反馈信号与输出轴位移成线性关系，位置发送器的差动变压器电源采用 LC 串联谐振磁饱和稳压，并在位置发送器内设置零点补偿电路，从而保证了位置发送器良好的反馈特性。

角行程电动执行器的位置发送器通过凸轮和减速器输出轴相接，差动变压器的铁芯用弹簧紧压在凸轮的斜面上，输出轴旋转 0°～90°，差动变压器铁芯产生轴向位移，位置发送器输出电流为 4～20mA DC。

直行程电动机执行器的位置发送器与减速器之间的连接和调整是通过杠杆和弹簧来实现的。当减速器输出轴上下运动时，杠杆一端依靠弹簧力紧压在输出轴的端面上，使差动变压器推杆产生轴向位移，从而改变铁芯在差动变压器绕组中的位置，以达到改变位置发送器输出电流的目的。

(4) 操作器。操作器是用来完成手动与自动之间的切换、远方操作和自动跟踪无扰动切换等任务。根据它的功能不同有三种类型：第一种是有切换操作、阀位指示、跟踪电流指示和中途限位的；第二种是有切换操作、阀位指示和跟踪电流的；第三种是有切换操作、阀位指示和跟踪电流，但无跟踪电流指示的。

随着自动化程度的不断提高，对电动执行机构提出了更多的要求，如要求能直接与计算机连接、有自保持作用和不需要数/模转换的数字输入电动执行机构，伺服电动机采用了低速电动机后，有利于简化电动执行机构的结构，提高性能，有待于进一步推广。

4.3 调 节 机 构

调节机构是执行器的调节部分，它与被控介质直接接触，在执行机构的推动下，阀芯产生一定的位移（或转角），改变阀芯与阀座间的流通面积，从而达到调节被控介质流量的目的。控制阀是一种主要的调节机构，它安装在工艺管道上直接与被控介质接触，使用条件比较恶劣，它的好坏直接影响到控制质量。

4.3.1 调节机构的结构和特点

从流体力学的现象来看，控制阀是一个局部阻力可以变化的节流元件，由于阀芯在阀体内移动，改变阀芯与阀座之间的流通面积，即改变阀的阻力系数，使被控介质的流量相应改变，从而达到调节工艺参数的目的。根据能量守恒原理，对于不可压缩流体，可以推导出控制阀的流量方程式：

$$Q = \frac{A}{\sqrt{\xi}} \sqrt{\frac{2(P_1 - P_2)}{\rho}} \tag{4-2}$$

式中，Q——流体通过阀的流量；

P_1 和 P_2——分别为进口端和出口端的压力；

A——阀连接管道的截面积；

ρ——流体的密度；

ξ——阀的阻力系数。

当 A 一定且 P_1、P_2 不变时，流量仅随阻力系数而变化。阻力系数主要与流通面积（即阀门的开度）有关，即改变阀门的开度，就改变了阻力系数，从而达到调节流量的目的，阀门开得越大，阻力系数越小，则通过的流量将越大。

控制阀主要由上下阀盖、阀体、阀座、阀芯、阀杆、填料和压板等零部件组成。阀芯和阀杆连接在一起，连接方法可用紧配合销钉固定或螺纹连接销钉固定。上下阀盖都装有衬套，为阀芯移动起导向作用。它还有一个斜孔，连通阀盖内腔与阀后内腔，当阀芯移动时，阀盖内腔的介质很容易经斜孔流入阀后，不致影响阀芯的移动。

阀芯是控制阀关键的零件，为了适应不同的需要，得到不同的阀特性，阀芯的类型多种多样，但一般分为两大类，即直行程阀芯和角行程阀芯。

（1）直行程阀芯。包括：平板形阀芯、柱塞形阀芯、窗口形阀芯、套筒形阀芯、多级阀芯。

（2）角行程阀芯。包括：偏心旋转阀芯、碟形阀芯、球形阀芯。

为适应不同的工作温度和密封要求，上阀盖有四种常见的结构类型：普通型、散热型、长颈型、波纹管密封型。

上阀盖内一般具有填料室，内装聚四氟乙烯或石墨石棉填料，起密封作用。

根据不同的使用要求，控制阀有多种多样，各具不同特点，主要有以下几种类型，如图 4.6 所示。

1. 直通单座阀

直通单座阀阀体内只有一个阀芯和阀座，如图 4.6（a）所示。这一结构特点使它容易保证密闭，因而泄漏量很小（甚至可以完全切断）。同时，由于只有一个阀芯，流体对阀芯的推力不能像双座阀那样相互平衡，因而不平衡力很大，尤其在高压差、大口径时，不平衡力更大。因此，直通单座阀适用于泄漏要求严、阀前后压差较小、管径小的场合。

2. 直通双座阀

直通双座阀阀体内有两个阀芯和阀座，如图 4.6（b）所示。双座阀的阀芯采用双导向结构，只要把阀芯反装，就可以改变它的作用形式。因为流体作用在上、下两阀芯上的不平衡力可以相互抵消，因此双座阀的不平衡力小，允许使用的压差较大，流通能力比同口径的单座阀大。但双座阀上、下阀芯不易同时关闭，故泄漏量较大，尤其使用于高温或低温时，材料的热膨胀差更容易引起较严重的泄漏，所以双座阀适用于两端压差较大的、泄漏量要求不高的场合，不适用于高黏度介质和含纤维介质的场合。

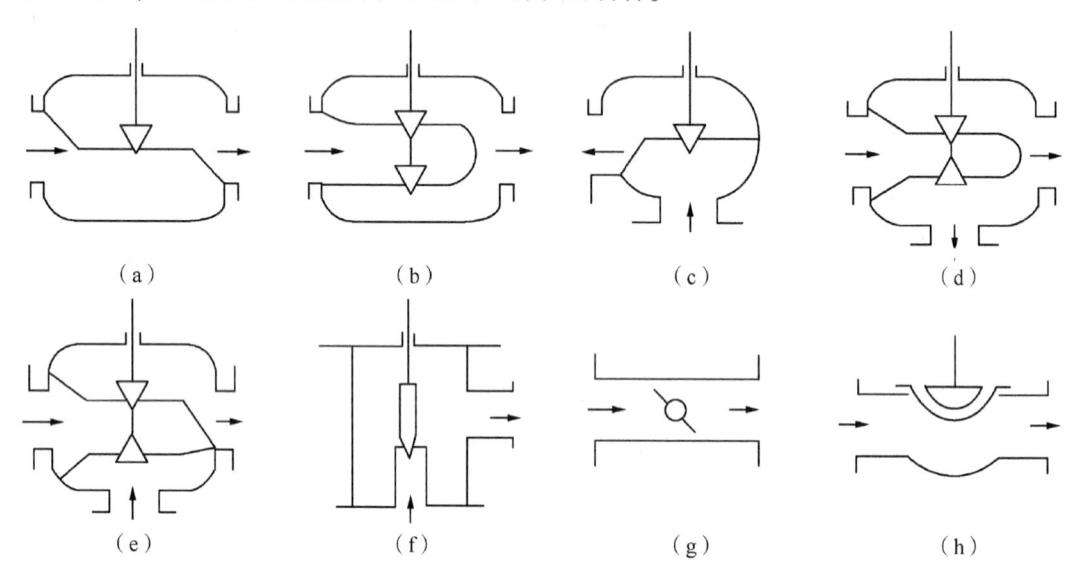

图 4.6 控制阀的主要类型

3. 角形阀

角形阀的阀体为角形，如图 4.6（c）所示。其他方面的结构与单座阀相似，这种阀流路简单，阻力小，阀体内不易积存污物，所以特别有利于高黏度、含悬浮颗粒的流体控制，从流体的流向看，有侧进底出和底进侧出两种，一般采用底进侧出。

4. 三通阀

三通阀阀体有三个接管口，适用于有三个方向流体的管路控制系统，大多用于热交换器的温度调节、配比调节和旁路调节。在使用中应注意流体温度不宜过大，通常小于 150℃，否则会使三通阀产生较大应力而引起变形，造成连接处泄漏或损坏。

三通阀有三通合流阀（见图 4.6（e））和三通分流阀（见图 4.6（d））两种类型。三通合流阀为流体由两个输入口流进、混合后由一个出口流出；三通分流阀为流体由一个输入口进，分为两个出口流出。

5. 高压阀

高压阀是专为高压系统使用的一种特殊阀门，如图 4.6（f）所示，使用的最大公称压力在 320×10^5Pa 以上；一般为铸造成型的角形结构。为适应高压差，阀芯头部可采用硬质合金或可淬硬钢渗铬等，阀座则采用可淬硬钢渗铬。

6. 碟阀

碟阀又称翻板阀，如图 4.6（g）所示。适用于圆形截面的风道中，它的结构简单而紧凑，质量小，但泄漏量较大。特别适用于低压差、大流量且介质为气体的场合，多用于燃烧系统的风量控制。

7. 隔膜阀

它采用了具有耐腐蚀衬里的阀体和耐腐蚀的隔膜代替阀的组件，由隔膜起控制作用，如图 4.6（h）所示。这种阀的流路阻力小，流通能力大，耐腐蚀，适用于强腐蚀性、高黏度或带悬浮颗粒与纤维的介质流量控制。但耐压、耐高温性能较差，一般工作压力小于 10×10^5 Pa，使用温度低于 150℃。

4.3.2 控制阀的流量系数

反映控制阀的工作特性和结构特征的参数很多，如流量系数 C、公称直径 D_g、阀座直径 d_g、阀芯行程 L、流量特性、公称压力 P_g 和薄膜有效面积等。在这些参数中，流量系数 C 具有特别重要的意义，因为 C 值的大小直接反映了控制阀的容量。它是设计、使用部门选用控制阀的重要参数。

根据流量方程式（4-2），由于 $\gamma = \rho g$，流量方程式还可以写成：

$$Q = \frac{A}{\sqrt{\xi}} \sqrt{\frac{2g}{\gamma}(P_1 - P_2)}$$

式中，ρ——流体的密度；

g——重力加速度；

γ——流体的重度；

$\Delta P = P_1 - P_2$——控制阀前后压差。

令

$$C = A\sqrt{\frac{2}{\xi}} \tag{4-3}$$

则得

$$Q = C\sqrt{\frac{\Delta P}{\rho}}$$

C 称为流量系数，从上式可知，C 正比于 Q，因此，在控制阀中 C 又称为阀的流通能力。因为 C 正比于流通面积 A，而 A 取决于阀芯直径 D_g，又因为 C 正比于 $1/\sqrt{\xi}$，而阻力系数 ξ 取决于阀的结构，可见，流量系数 C 表示了控制阀的结构系数，对于不同口径、不同结构的控制阀，其流量系数 C 也不同。为了反映不同口径、不同结构的控制阀流通能力的大小，需要规定一个统一的实验条件，于是流通能力 C 被定义为：当控制阀全开时，阀前后压差 ΔP 为 0.1MPa、流体的密度为 1g/cm³ 时，每小时通过控制阀流体的流量数，以 m³/h 或 kg/h 为计算单位。

控制阀的尺寸通常用公称直径 D_g 和阀座直径 d_g 来表示。主要依据计算出的流通能力 C 来进行选择，各种尺寸控制阀的 C 值如表 4.3 所示。

表 4.3 控制阀流通能力 C 与其尺寸的关系

公称直径 D_g/mm		3/4					20				25
阀座直径 d_g/mm		2	4	5	6	7	8	10	12	15	20	25
流通能力 C	单座阀	0.08	0.12	0.20	0.32	0.50	0.80	1.2	2.0	3.2	5.0	8
	双座阀											10
公称直径 D_g/mm		32	40	50	65	80	100	125	150	200	250	300
阀座直径 d_g/mm		32	40	50	65	80	100	125	150	200	250	303
流通能力 C	单座阀	12	20	32	56	80	120	200	280	450		
	双座阀	16	25	40	63	100	160	250	400	630	1000	1600

流通能力 C 表示控制阀的容量，对于通过控制阀的流体流量的控制，是基于改变其阀芯与阀座之间的流通截面大小，即改变其阻力大小来达到的。

根据调节所需的物料量 Q_{max}、Q_{min}、流体密度 ρ 以及控制阀上的压差 ΔP，可以求得最大流量、最小流量的 C_{max} 和 C_{min} 值，再根据 C_{max}，在所选用产品类型的标准系列中，选取大于 C_{max} 并最接近一级的 C 值，查出 D_g 和 d_g。

【例1】 流过某一油管的最大体积流量为 40m³/h，流体密度为 0.05g/cm³，阀门上的压差为 0.2MPa，试选择适当型号的阀门。

根据流通能力公式：

$$C = Q\sqrt{\frac{\rho}{\Delta P}}$$

$$C_{max} = Q_{max}\sqrt{\frac{\rho}{\Delta P}} = 40 \times \sqrt{\frac{0.05}{0.2}} = 20$$

从表 4.3 中查得，应选阀座直径 d_g 为 40mm、公称直径 D_g 为 40mm 的双座阀。此时，C 值为 25，这样在最大流量时还有一定的余量。

4.3.3 控制阀的可调比

控制阀的可调比就是控制阀所能控制的最大流量与最小流量之比。可调比也称为可调范围，用 R 表示。

$$R = \frac{Q_{max}}{Q_{min}}$$

注意：式中最小流量 Q_{min} 和泄漏量是不同的。最小流量指的是可调流量的下限值，它一般为最大流量的 2%～4%，而泄漏量是阀全关时泄漏的量，它仅为最大流量的 0.01%～0.1%。

1. 理想可调比

当控制阀上的压差一定时，这时的可调比称为理想可调比。

$$R = \frac{Q_{max}}{Q_{min}} = \frac{C_{max}\sqrt{\frac{\Delta P}{\gamma}}}{C_{min}\sqrt{\frac{\Delta P}{\gamma}}} = \frac{C_{max}}{C_{min}}$$

也就是说，理想可调比等于最大流通能力与最小流通能力之比，它反映了控制阀调节能力的大小，是由结构设计决定的。人们总是希望控制阀的可调比大一些，但是由于阀芯结构设计和加工的限制，C_{min}不能太小，因此理想可调比一般均小于50。目前我国统一设计时，取 $R=30$。

2. 实际可调比

控制阀在实际工作时，总是与管路系统相串联或与旁路阀相并联，随着管路系统的阻力变化或旁路阀开启程度的不同，控制阀的可调比也发生相应的变化，此时的可调比就称为实际可调比。

（1）串联管道时的可调比。控制阀串联管道工作情况如图4.7所示。由于流量的增加，管道的阻力损失也增加。若系统的总压差 ΔP 不变，则分配到控制阀上的压差相应减小，这就使控制阀所能通过的最大流量减小，所以串联管道时控制阀实际可调比就会降低，若用 $R_{实际}$ 表示控制阀的实际可调比，则有：

$$R_{实际} = \frac{Q_{max}}{Q_{min}} = \frac{C_{max}\sqrt{\frac{\Delta P_{min}}{\gamma}}}{C_{min}\sqrt{\frac{\Delta P_{max}}{\gamma}}} = R\sqrt{\frac{\Delta P_{min}}{\Delta P_{max}}} = R\sqrt{\frac{\Delta P_{min}}{\Delta P}}$$

令

$$S = \frac{\Delta P_{min}}{\Delta P}$$

则

$$R_{实际} = R\sqrt{S} \tag{4-4}$$

式中，ΔP_{max}——控制阀全关时阀前后的压差（近似等于系统的总压差 ΔP）；

ΔP_{min}——控制阀全开时阀前后的压差；

S——控制阀全开时阀前后压差与系统总压差之比。

由式（4-4）可知，S 值越小，即串联管道的阻力损失越大时，实际可调比越小。它的变化情况如图4.8所示。

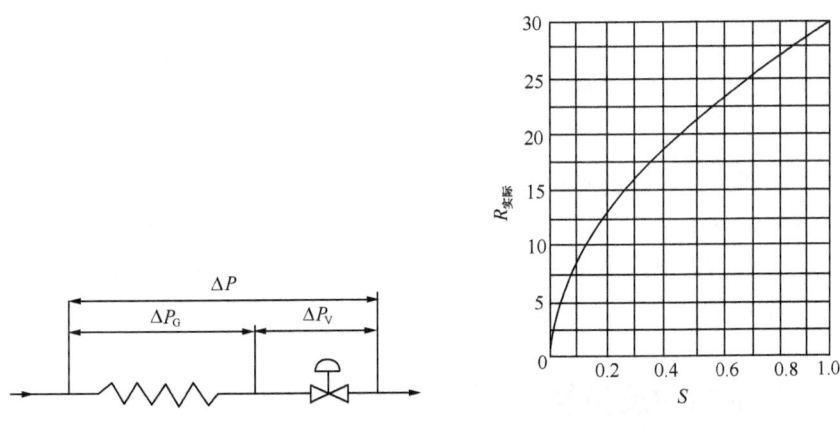

图4.7 控制阀串联管道工作情况　　图4.8 串联管道时的可调比

（2）并联管道时的可调比。控制阀并联管道的工作情况如图4.9所示。当打开与控制阀并联的旁路时，实际可调比为：

$$R_{实际} = \frac{总管最大流量}{调节阀最小流量 + 旁路流量} = \frac{Q_{max}}{Q_{1min} + Q_2}$$

若令

$$x = \frac{调节阀全开时的流量}{总管最大流量} = \frac{Q_{1max}}{Q_{max}}$$

则

$$R_{实际} = \frac{Q_{max}}{x\frac{Q_{max}}{R} + (1-x)Q_{max}} = \frac{R}{R-(R-1)x} \tag{4-5}$$

从式（4-5）可知，当 x 值越小，即旁路流量越大时，实际可调比就越小。它的变化情况如图4.10所示。从图中可以看出，旁路阀的开度对实际可调比的影响很大。

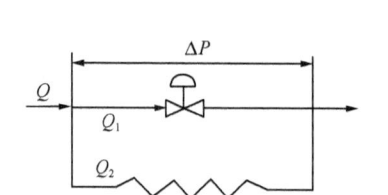

图4.9　并联管道工作情况

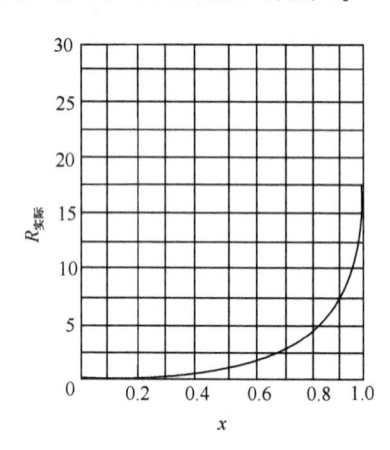

图4.10　并联管道时的可调比

从式（4-5）可得：

$$R_{实际} = \frac{1}{1 - \frac{R-1}{R}x}$$

因为一般情况下 $R \gg 1$，所以有：

$$R_{实际} = \frac{1}{1-x} = \frac{1}{1 - \frac{Q_{1max}}{Q_{max}}} = \frac{Q_{max}}{Q_2} \tag{4-6}$$

式（4-6）表明，并联管道实际可调比与控制阀本身的可调比无关。控制阀的最小流量一般比旁路流量小得多，所以可调比实际上只是总管最大流量与旁路流量之比值。

综上所述，串联或并联管道都将使实际可调比下降，所以在选择控制阀和组成系统时不应使 S 值太小，要尽量避免打开并联旁路阀，以保证控制阀有足够的可调比。

4.3.4　控制阀的流量特性

控制阀的流量特性，是指介质流过阀门的相对流量与阀门相对开度之间的关系，即：

$$\frac{Q}{Q_{max}} = f\left(\frac{1}{L}\right) \tag{4-7}$$

式中，Q/Q_{max}——相对流量，即某一开度的流量与全开流量之比；

l/L——相对开度，即某一开度下的行程与全行程之比。

从过程控制的角度来看，流量特性是控制阀的主要特性，它对整个过程控制系统的品质有很大影响。不少的控制系统工作不正常，往往是由于控制阀的特性特别是流量特性选择不合适，或者是阀芯在使用中受腐蚀、磨损使特性变坏引起的。

由流量方程式（4-2）可知，流过控制阀的流量不仅与阀的开度（流通截面积）有关，还受控制阀两端压差的影响。当控制阀两端压差不变时，流量特性只与阀芯形状有关，这时的流量特性就是控制阀生产厂家提供的特性，称为理想流量特性或固有流量特性。而控制阀在现场工作时，两端压差是不可能固定不变的，因此，流量特性也要发生变化，把控制阀在实际工作中所具有的流量特性称为工作流量特性或安装流量特性。可见，相同理想流量特性的控制阀，在不同现场的不同条件下工作时，其工作流量特性并不完全一样。

1. 理想流量特性

在控制阀前后压差一定的情况下得到的流量特性，称为理想流量特性，它仅取决于阀芯的形状。不同的阀芯曲面可得到不同的流量特性，它是一个控制阀所固有的流量特性。

在目前常用的控制阀中，有三种典型的固有流量特性，即直线流量特性、对数（或称等百分比）流量特性和快开流量特性，其阀芯形状和相应的特性曲线如图 4.11 和图 4.12 所示。

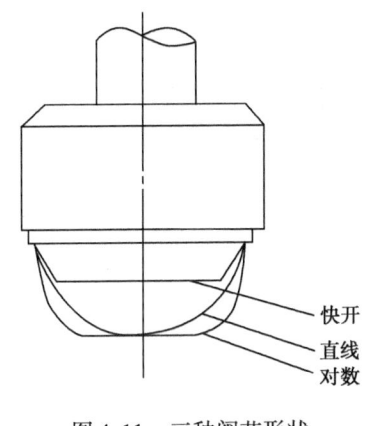

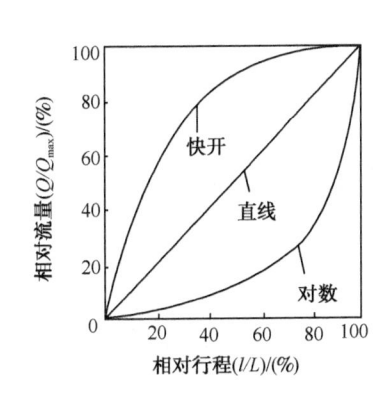

图 4.11　三种阀芯形状　　　　图 4.12　理想流量特性曲线

（1）直线流量特性。直线流量特性指的是控制阀的相对流量与阀芯的相对位移成直线关系，其数学表达式为：

$$\frac{d(Q/Q_{max})}{d(l/L)} = K \tag{4-8}$$

式中，K——控制阀的放大系数。

直线流量特性的控制阀在小开度工作时，其相对流量变化太大，控制作用太强，容易引起超调，产生振荡；而在大开度工作时，其相对流量变化小，控制作用太弱，造成控制作用不及时。

（2）对数（等百分比）流量特性。对数（等百分比）流量特性是指阀杆的相对位移（开度）变化所引起的相对流量变化与该点的相对流量成正比。其数学表达式为：

$$\frac{\mathrm{d}(Q/Q_{max})}{\mathrm{d}(l/L)} = K(Q/Q_{max}) = K_V \tag{4-9}$$

可见，控制阀的放大系数 K_V 是变化的，它随相对流量的变化而变化。

从过程控制来看，利用对数（等百分比）流量特性，在小开度时 K_V 小，控制缓和平稳；在大开度时 K_V 大，控制及时有效。

（3）快开流量特性。这种特性在小开度时流量就比较大，随着开度的增大，流量很快达到最大，故称为快开特性。快开特性的数学表达式为：

$$\frac{\mathrm{d}(Q/Q_{max})}{\mathrm{d}(l/L)} = K(Q/Q_{max})^{-1} \tag{4-10}$$

快开特性的阀芯形状为平板形，其有效行程为阀座直径的 1/4，当行程增大时，阀的流通面积不再增大，不能再起控制作用。

2. 工作流量特性

在实际使用时，控制阀安装在管道上，与其他设备串联，或者与旁路管道并联，因而控制阀前后的压差是变化的。此时，控制阀的相对流量与阀芯相对开度之间的关系称为工作流量特性。

（1）串联管道的工作流量特性。控制阀与其他设备串联工作时，如图 4.7 所示，控制阀上的压差是其总压差的一部分。当总压差 ΔP 一定时，随着阀门的开大，引起流量 Q 的增加，设备及管道上的压力将随流量的平方增长，这就是说，随着阀门开度增大，阀前后压差将逐渐减小。所以，在同样的阀芯位移下，实际流量要比阀前后压差不变时的理想情况小。尤其在流量较大时，随着阀前后压差的减小，控制阀的实际控制效果变得非常迟钝。如果图 4.7 中使用线性阀，其理想流量特性是一条直线，由于串联阻力的影响，其实际的工作流量特性将变成如图 4.13（a）所示的向上缓慢变化的曲线。

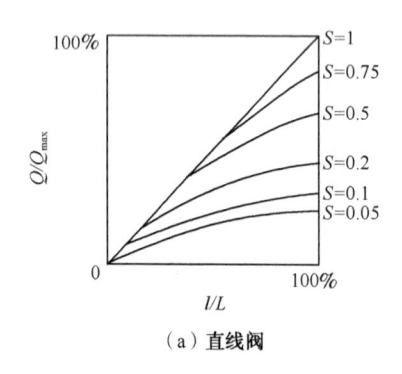

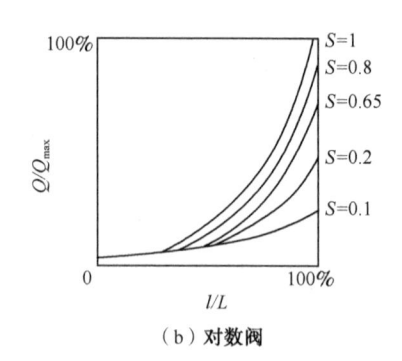

（a）直线阀　　　　　　　　　　（b）对数阀

图 4.13　串联管道控制阀的工作流量特性

图 4.13 中 Q_{max} 表示串联管道阻力为零，控制阀全开时的流量；S 表示控制阀全开时阀前后压差 ΔP_{min} 与系统总压差 ΔP 的比值，$S = \Delta P_{min}/\Delta P$。由图 4.13 可知，当 $S=1$ 时，管道压降为零，控制阀前后压差等于系统的总压差，故工作流量特性即为理想流量特性。当 $S<1$ 时，由于串联管道阻力的影响，使流量特性产生两个变化：一个是阀全开时流量减小，即阀的可调范围变小；另一个是使阀在大开度时的控制灵敏度降低。随着 S 的减小，直线特性趋向于快开特性，对数特性趋向于直线特性，S 值越小，流量特性的变形程度越大。在实际

使用中，一般希望 S 值不低于 $0.3 \sim 0.5$。

(2) 并联管道的工作流量特性。在现场使用中，控制阀一般都装有旁路阀，如图 4.9 所示，以便手动操作和维护。并联管道时的工作流量特性如图 4.14 所示，图中 S' 为阀全开时的工作流量与总管最大流量之比。

如图 4.14 所示，当 $S'=1$ 时，旁路阀关闭，工作流量特性即为理想流量特性。随着旁路阀逐渐打开，S' 值逐渐减小，控制阀的可调范围也将大大减小，从而使控制阀的控制能力大大下降，影响控制效果。根据实际经验，S' 的值不能低于 0.8。

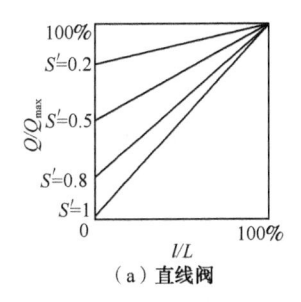

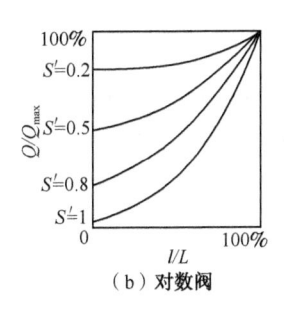

图 4.14　并联管道时控制阀工作流量特性

4.4　阀门定位器

阀门定位器是与气动执行器配套使用的。它接收控制器的输出信号，它的输出信号去控制控制阀运动。顾名思义，阀门定位器的功能就是使控制阀按控制器的输出信号实现正确的定位作用。

工业企业中自动控制系统的执行器大都采用气动执行器，前面已介绍了气动执行器，阀杆的位移是由薄膜上的气压推力与弹簧反作用力平衡来确定的。由于执行机构部分的薄膜和弹簧的不稳定性以及各可动部分的摩擦力，例如为了防止阀杆引出处的泄漏，填料总要压得很紧，致使摩擦力可能很大，此外，被调节流体对阀芯的作用力，被调节介质黏度大或带有悬浮物、固体颗粒等对阀杆移动所产生的阻力，所有这些都会影响执行机构与输入信号之间的准确定位关系，影响气动执行器的灵敏度和准确度。因此，在气动执行机构工作条件差或要求调节质量高的场合，都在气动执行机构前加装阀门定位器。

阀门定位器是气动执行器的主要附件，它与气动执行器配套使用，具有以下用途。

(1) 提高阀杆位置的线性度，克服阀杆的摩擦力，消除被控介质压力变化与高压差对阀位的影响，使阀门位置能按控制信号实现正确定位。

(2) 增加执行机构的动作速度，改善控制系统的动态特性。

(3) 可用 $20 \sim 100 \mathrm{kPa}$ 的标准信号压力去操作 $40 \sim 200 \mathrm{kPa}$ 的非标准信号压力的气动执行机构。

(4) 可实现分程控制，用一台控制仪表去操作两台控制阀，第一台控制阀上定位器通入 $20 \sim 60 \mathrm{kPa}$ 的信号压力后阀门走全行程，第二台控制阀上定位器通入 $60 \sim 100 \mathrm{kPa}$ 的信号压力后阀门走全行程。

(5) 可实现反作用动作。
(6) 可修正控制阀的流量特性。
(7) 可使活塞执行机构和长行程执行机构的两位式动作变为比例式动作。
(8) 采用电/气阀门定位器后，可用 4～20mA DC 电流信号去操作气动执行机构，一台电/气阀门定位器具有电/气转换器和气动阀门定位器的双重作用。

阀门定位器按输入信号来分，有气动阀门定位器和电/气阀门定位器。

4.4.1 气动阀门定位器

气动阀门定位器接收由气动控制器或电/气转换器转换的控制器的输出信号，然后产生和控制器输出信号成比例的气压信号，用以控制气动执行器。阀门定位器与气动执行机构配套使用如图 4.15 所示。

由图 4.15 可知，阀门定位器与气动执行器配合使用，当气动执行器动作时，阀杆的位移又通过机械装置负反馈到阀门定位器，因此，阀门定位器和执行器组成一个气压—位移负反馈闭环系统。由于阀门定位器与气动执行器构成一个负反馈闭环系统，因而不仅改善了气动执行器的静态特性，使输入电流与阀杆位移之间保持良好的线性关系；而且改善了气动执行器的动态特性，使阀杆移动速度加快，减少了信号的传递滞后。如果使用得当，可以保证控制阀的正确定位，从而大大提高调节系统的品质。

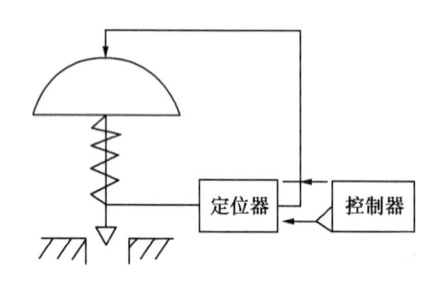

图 4.15 阀门定位器与气动执行器连接图

如图 4.16 所示，是一种与气动薄膜执行机构配套使用的气动阀门定位器。它是按力平衡原理工作的。当输入压力通入波纹管后，挡板靠近喷嘴，单输出放大器的输出压力通入薄膜执行机构，阀杆位移通过凸轮拉伸反馈弹簧，直到反馈弹簧作用在主杠杆上的力矩与波纹管作用在主杠杆上的力矩相平衡。

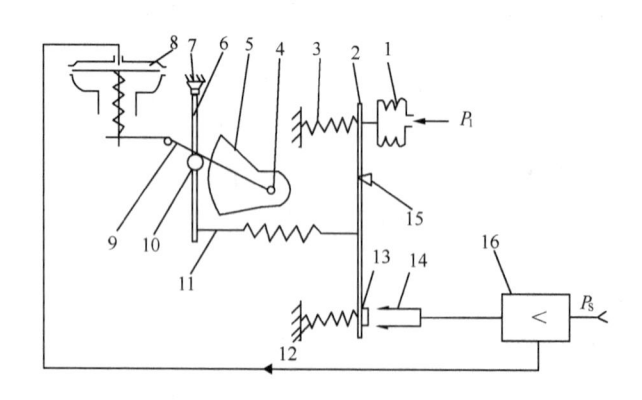

1—波纹管；2—主杠杆；3—迁移弹簧；4—凸轮支点；5—反馈凸轮；6—副杠杆；7—支点；8—膜室；9—反馈杆；10—滚轮；11—反馈弹簧；12—调零弹簧；13—挡板；14—喷嘴；15—主杠杆支点；16—放大器

图 4.16 力矩平衡式气动阀门定位器

它的动作是这样的，当通入波纹管1的压力增加时，波纹管1使主杠杆2绕主杠杆支点15偏转，挡板13靠近喷嘴14，喷嘴背压升高。此背压经放大器16放大后的压力 P_S 引入到气动执行机构的膜室8，因其压力增加而使阀杆向下移动，并带动反馈杆9绕凸轮支点4偏转，反馈凸轮5也跟着做逆时针方向的转动，通过滚轮10使副杠杆6绕支点7顺时针偏转，从而使反馈弹簧11拉伸，反馈弹簧11对主杠杆2的拉力与信号压力 P_1 通过波纹管1作用到主杠杆2的推力达到力矩平衡时，阀门定位器达到平衡状态。此时一定的信号压力就对应于一定的阀杆位移，即对应于一定的控制阀开度。

弹簧12是调零弹簧，调整其预紧力可以改变挡板的初始位置。弹簧3是迁移弹簧，在分程控制中用来补偿波纹管对主杠杆的作用力，使阀门定位器在接收不同范围的输入信号时，仍能产生相同范围的输出信号。

阀门定位器有正作用式和反作用式两种，正作用式定位器是指当信号压力增加时，输出压力也增加；而反作用式定位器则相反，当信号压力增加时，输出压力减小。如图4.16所示为正作用式阀门定位器。只要把波纹管的位置从主杠杆的右侧调到左侧，迁移弹簧3从左侧调到右侧便可改装成反作用式的阀门定位器。阀门定位器有了正、反作用之后，如果要使正作用的控制阀变成反作用的控制阀，就可以通过阀门定位器来实现，而不必改变控制阀的阀芯和阀座。

4.4.2 电/气阀门定位器

如图4.17所示为气动执行机构配用电/气阀门定位器的框图。由图4.17可以看出，电/气阀门定位器与气动执行机构配套使用时，具有机械反馈部分。电/气阀门定位器将来自控制器或其他单元的4～20mA DC电流信号转换成气压信号去驱动执行机构。同时，从阀杆的位移取得反馈信号，构成具有阀位移负反馈的闭环系统，因而不仅改善了执行器的静态特性，使输入电流与阀杆位移之间保持良好的线性关系；而且改善了气动执行器的动态特性，使阀杆的移动速度加快，减小了信号的传递滞后。

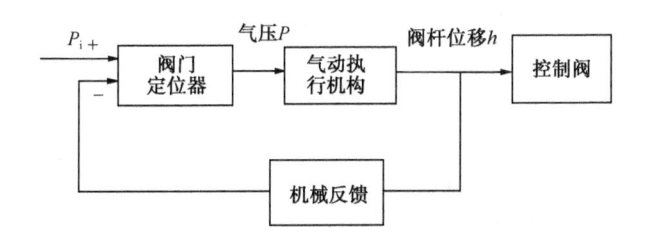

图 4.17 气动执行机构与电/气阀门定位器配用框图

电/气阀门定位器的结构形式有多种，下面介绍的一种也是按力矩平衡原理工作的，主要由接线盒组件、转换组件、气路组件及反馈组件四部分组成。

(1) 接线盒组件包括接线盒、端子板及电缆引线等零部件。对于一般型和安全火花型，无隔爆要求。而对于安全隔爆复合型，则采取了隔爆措施。

(2) 转换组件的作用是将电流信号转换成气压信号。它由永久磁钢、导磁体、力线圈、杠杆、喷嘴、挡板及调零装置等零部件组成。

（3）气路组件由气路板、气动放大器、切换阀、气阻及压力表等零部件组成。它的作用是实现气压信号的放大和"自动/手动"切换等。改变切换阀位置可实现"手动"和"自动"控制。

（4）反馈组件是由反馈机体、反馈弹簧、反馈拉杆及反馈压板等零部件组成的。它的作用是平衡电磁力矩，使电/气阀门定位器的输入电流与阀位移间成线性关系，所以，反馈组件是确保定位器性能的关键部件之一。

电/气阀门定位器整个机体部分被封装在涂有防腐漆的外壳中，外壳部分应具有防水、防尘等性能。

如图4.18所示为电/气阀门定位器的工作原理示意图。由控制器来的4～20mA DC电流信号输入线圈6、7时，使位于线圈之中的杠杆3磁化。因为杠杆位于永久磁钢5产生的磁场中，因此，两磁场相互作用，对杠杆产生偏转力矩，使它以支点为中心偏转。如信号增加，则图中杠杆左侧向下运动。这时固定在杠杆3上的挡板2便靠近喷嘴1，使放大器背压升高，经放大输出气压作用于执行器的膜头上，使阀杆下移。阀杆的位移通过拉杆10转换为反馈轴13和反馈压板14的角位移。再经过调量程支点15使反馈机体16运动。固定在杠杆3另一端上的反馈弹簧8被拉伸，产生了一个负反馈力矩（与输入信号产生的力矩方向相反），使杠杆3平衡，同时阀杆也稳定在一个相应的确定位置上，从而实现了信号电流与阀杆位置之间的比例关系。

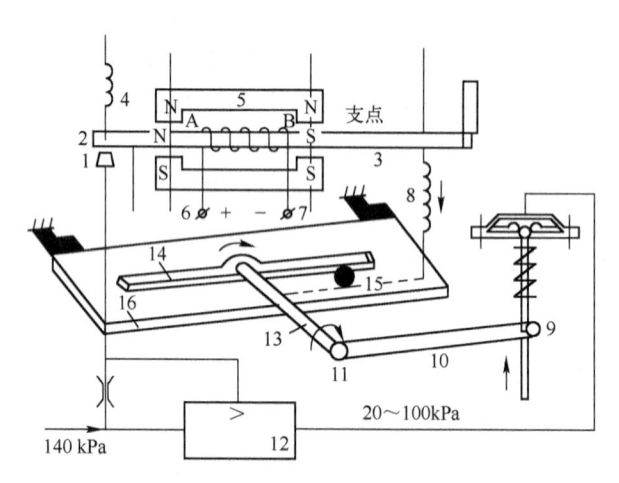

1—喷嘴；2—挡板；3—杠杆；4—调零弹簧；5—永久磁钢；6，7—线圈；8—反馈弹簧；9—夹子；
10—拉杆；11—固定螺钉；12—放大器；13—反馈轴；14—反馈压板；15—调量程支点；16—反馈机体

图4.18 电/气阀门定位器工作原理

电/气阀门定位器除了能克服阀杆上的摩擦力、消除流体作用力对阀位的影响，提高执行器的静态精度外，由于它具有深度负反馈，使用了气动功率放大器，增加了供气能力，因而提高了控制阀的动态性能，加快了执行机构的动作速度；在需要的时候，还可通过改变机械反馈部分凸轮的形状，修改控制阀的流量特性，以适应控制系统的控制要求。

4.5 执行器的选择

执行器是过程控制系统的一个重要环节，其正确选用对控制系统是十分重要的。一般应根据介质的特点和工艺的要求等来合理选用。在具体选用时，应从四个方面来考虑：① 控制阀结构形式及材料的选择；② 控制阀口径的选择；③ 控制阀气开、气关方式的选择；④ 控制阀流量特性的选择。从应用角度来看，控制阀的结构形式及材料的选择和控制阀口径的选择是相当重要的。从控制角度来讲，更加关心控制阀气开、气关方式的选择和控制阀流量特性的选择。

4.5.1 执行器结构形式的选择

在工业生产中，被控介质的特性是千差万别的，例如，有的属于高压，有的属于高黏度，有的具有腐蚀作用。流体的流动状态也各不相同，例如，有的被控介质流量很小，有的流量很大，有的是分流，有的是合流。因此，必须适当地选择执行器的结构形式去满足不同的生产过程控制要求。

首先应根据生产工艺要求选择控制阀的结构形式，然后再选择执行机构的结构形式。

控制阀结构形式的选择要根据控制介质的工艺条件（如压力、流量等）和被控介质的流体特性（如黏度、腐蚀性、毒性、是否含悬浮颗粒、介质状态等）进行全面考虑。

具体选择可参考4.3.1节中控制阀的种类，根据各种控制阀的特点来选择，一般大口径选用双座阀。当流体流过时，流体在阀芯前后产生的压差作用在上、下阀芯上，向上和向下的作用方向相反，大小相近，不平衡力较小。由于单座阀阀芯前后压差所产生的不平衡力较大，使阀杆产生附加位移，影响控制精度。因此，当阀的口径较小时，一般选用单座阀。

选择控制阀的结构形式还要注意控制阀与气动薄膜执行机构配套使用时，执行器分气开式和气关式两种，一般要根据生产上的安全要求进行选择。如果供气系统发生故障时，控制阀处于全开位置造成的危害较小，则选用气关式，反之选用气开式。另外，双导向阀芯的控制阀有正装和反装两种方式。所谓正装就是阀体直立，阀芯向下移动，流通截面减小；反装式与此相反。单导向阀芯的控制阀只有正装一种方式。

当控制阀的结构形式确定后就可选择执行机构的结构形式了。执行机构结构形式的选择一般要考虑下列因素。

（1）执行机构的输出动作规律。执行机构的输出动作规律大致分为比例式、积分式和双位式三种。

比例式动作的执行机构在稳态时的输出（即执行机构的位移）与输入信号成比例，通常按闭环系统（有负反馈）来构成，定位精度、线性度、移动速度等性能均比较高，因此目前得到广泛应用。

积分式动作的执行机构当有输入信号时，输出按一定速度（等速度）增减。当输入信号小于界限值时，输出变化速度为零（保持在某一开度）。

双位式动作的执行机构当有输入信号时全开，无输入信号时全关。

(2) 执行机构的输出动作方式和行程。执行机构的输出动作方式分直行程和角行程两种。行程也各有不同，应根据控制阀的结构形式来选择。一般对于提升式控制阀选用直行程，回转式控制阀选用角行程。由于通过机械转换可以改变动作方式，因此执行机构动作方式的选用有较大的灵活性。

(3) 执行机构的静态特性和动态特性。比例式动作的执行机构有下列品质指标来定义静态和动态特性：灵敏限、纯滞后时间、过调量、调节时间、静差、非线性偏差、正反行程变差。

除上述三方面因素外，还应考虑它的运行可靠性、检修维护工作量及投资等情况。根据各种执行机构的特点，一般按下列原则进行选择。

(1) 控制信号为连续模拟量时，选用比例式执行机构，而控制信号为断续（开/关）方式时，应选择积分式执行机构。

(2) 当采用气动仪表时，应选用气动执行机构。气动执行机构工作可靠、结构简单、检修维护工作量小，值得推广使用。因此，当采用电动仪表时，除可选用电动执行机构外，也可考虑选用气动执行机构，以发挥气动执行机构的优越性。当配直行程控制阀（如直通单座阀、三通阀）时，应选择气动薄膜执行机构或气动活塞执行机构。气动薄膜执行机构的输出力通常能满足控制阀的要求，所以大多数均选用气动薄膜执行机构。但当所配的控制阀的口径较大或介质为高压差时，执行机构就必须有较大的输出力，此时，气动薄膜执行机构应配上一个阀门定位器，或者选用气动活塞执行机构。当配角行程控制阀（如蝶阀）时就应选用长行程执行机构。但是所需输出力矩较小时，也可选用气动薄膜执行机构或气动活塞执行机构，只要再加上一个杠杆和一个支点后，便可使其输出一个力矩。

(3) 电动执行机构既可作为比例环节接收连续控制信号，也可作为积分环节接收断续控制信号，而且两种控制方式相互转换相当方便，所以当在控制方式上有特殊要求时，可考虑选择电动执行机构。当系统中要求程序控制时，可选用能接收断续信号的电动执行机构。

(4) 对于具有爆炸危险的场所或环境条件比较恶劣，如高温、潮湿、溅水、有导电性尘埃的场所，可选用气动执行机构。

4.5.2 控制阀的流量特性选择

目前控制阀的流量特性有直线、等百分比、快开和抛物线四种。抛物线的流量特性介于直线与等百分比特性之间，一般用等百分比流量特性来代替抛物线流量特性。这样，控制阀的流量特性，在生产中常用的是直线、等百分比和快开三种。而快开特性主要用于两位式控制及程序控制中。因此，在考虑控制阀流量特性选择时通常是指如何合理选择直线和等百分比流量特性。

控制阀流量特性的选择有数学分析法和经验法。前者还在研究中，目前较多采用经验法。一般可以从以下几个方面来考虑。

1. 根据过程特性选择

一个过程控制系统，在负荷变动的情况下，要使系统保持预定的控制品质，则必须要求系统总的开环放大系数在整个操作范围内保持不变。一般的变送器、控制器（已整定好）

执行机构等其放大系数基本上是不变的，但过程的特性往往是非线性的。为此，必须合理选择控制阀的特性，以补偿过程的非线性，达到系统总的放大系数近似为线性的目的，从而得到较好的控制质量。可见，控制阀流量特性的选择原则应符合：

$$K_V K_0 = 常数$$

式中，K_V——控制阀的放大系数；

K_0——过程的放大系数。

当过程的特性为线性时，应选择直线特性的控制阀，使系统总的放大系数保持不变。

当过程的特性为非线性时，如过程的放大系数随负荷干扰的增加而变小时，则应选用放大系数随负荷干扰增大而变大的等百分比特性的控制阀，这样合成的结果使系统总的放大系数保持不变。

2. 根据配管情况选择

在现场使用中，控制阀总是与设备和管道连在一起的，由于系统配管情况不同，配管阻力的存在引起控制阀上压差的变化，使控制阀的工作流量特性和理想流量特性有差异。因此，首先应根据系统的特点来选择工作流量特性，然后再考虑配管情况来选择相应的理想流量特性。选择原则可参照表4.4进行。

从表4.4可以看出，当$S=1\sim0.6$时，即控制阀两端的压差变化较小时，由于此时理想流量特性畸变较小，因而，要求的工作特性就是理想流量特性。当$S=0.6\sim0.3$时，即控制阀两端的压差变化较大时，不论要求的工作特性是什么，都选用等百分比理想流量特性。这是因为，若要求的工作特性是线性的，理想特性为等百分比特性的控制阀，当$S=0.6\sim0.3$时，经畸变后的工作特性已接近于线性了。当要求的工作特性为等百分比特性时，那么其理想特性曲线应比它更凹一些，此时可通过阀门定位器的凸轮外廓曲线来补偿。当$S<0.3$时，已不适于控制阀工作，因而必须从管路上想办法，使S值增大再选用合适的流量特性的控制阀。因为当$S<0.3$时，直线特性已严重畸变为快开特性，不利于调节。即使是等百分比理想特性，工作特性也已严重偏离理想特性，接近于直线特性，虽然仍能调节，但它的调节范围已大大减少，所以一般不希望S值小于0.3。确定S的大小应从两方面考虑，首先应考虑保证调节性能，S值越大，工作特性畸变越小，对调节有利。但S值越大，说明控制阀上的压差损失越大，造成不必要的动力消耗。一般设计时取$S=0.3\sim0.5$。对于气体介质，因阻力损失小，一般S值都大于0.5。

表4.4　根据配管状况选择

配管状况	$S=1\sim0.6$		$S=0.6\sim0.3$		$S<0.3$
阀的工作特性	直线	等百分比	直线	等百分比	不宜控制
阀的理想特性	直线	等百分比	等百分比	等百分比	不宜控制

3. 依据负荷变化情况选择

直线流量特性的控制阀在小开度时流量相对变化值较大，过于灵敏，容易引起振荡，阀芯、阀座极易受到破坏，在S值小、负荷变化幅度大的场合，不宜采用。等百分比流量特性的控制阀的放大系数随阀门行程的增加而增加，流量相对变化值是恒定不变的，因此它对负荷波动有较强的适应性。无论在全负荷或半负荷生产时都能很好地调节，从制造的角度来看也并不困难，在生产过程自动化中，等百分比流量特性的控制阀是应用最广泛的一种。

在负荷变化较大的场合，应选用对数（等百分比）流量特性的控制阀。因为等百分比流量特性的控制阀放大系数是随阀芯位移的变化而变化的。其相对流量变化率是不变的，因而能适应负荷变化情况。

另外，当控制阀经常工作在小开度时，也应选用对数（等百分比）流量特性的控制阀。因为直线流量特性的控制阀在小开度时，相对流量变化率很大，不宜进行微调。

当介质有固体悬浮物时，为了不至于引起阀芯曲面的磨损应选用直线流量特性的控制阀。

4.5.3 控制阀口径选择

控制阀的口径选择对控制系统的正常运行影响很大。若控制阀口径选择过小，当系统受到较大扰动时，控制阀即使运行在全开状态，也会使系统出现暂时失控现象。若口径选择过大，运行中阀门会经常处于小开度状态，容易造成流体对阀芯和阀座的频繁冲蚀，甚至使控制阀失灵。因此，对控制阀口径的选择应该给予充分的重视。

控制阀口径的大小决定于流通能力 C。C 值的大小决定于阀门全开时的最大流量和压差的数值。在工程计算中，为了能正确计算流通能力，也就是合理的选择控制阀的口径，首先必须要合理确定控制阀流量和压差的数值，同时还应对控制阀的开度和可调比进行验算，以保证所选控制阀口径既能满足工艺上最大流量的需要，也能适应最小流量的调节。从工艺提供的数据到计算出流通能力，直到控制阀口径的确定，需经过以下几个步骤。

(1) 计算流量的确定：根据现有的生产能力、设备负荷及介质的状况，决定计算的最大工作流量 Q_{max} 和最小工作流量 Q_{min}。

(2) 计算压差的确定：根据已选择的控制阀流量特性及系统特点选定 S 值，然后确定计算压差，即控制阀全开时的压差。

(3) 流通能力的计算：根据控制介质的类型和工况，选择合适的计算公式或图表，由已决定的计算流量和计算压差，求取最大和最小流量时的流通能力 C_{max} 和 C_{min}。

(4) 流通能力 C 值的选用：根据已求取的 C_{max}，在所选用的产品类型的标准系列中，选取大于 C_{max} 值并与其最接近的那一级的 C 值（各类控制阀的 C 值可查有关手册中控制阀的主要参数表）。

(5) 控制阀开度验算：根据已得到的 C 值和已确定的流量特性，验证一下控制阀的开度，一般要求最大计算流量时的开度不大于90%，最小计算流量时的开度不小于10%。

(6) 控制阀实际可调比的验算：用计算求得的 Q_{min} 和采用控制阀的 R 值，验证一下可调比，一般要求实际可调比不小于10。

(7) 控制阀口径的确定：在上述验证合格以后，就可根据 C 值决定控制阀的口径。

下面再把口径计算步骤中的几个问题做如下说明。

(1) 最大工作流量的确定：为了使控制阀满足调节的需要，计算时应该按最大流量来考虑。最大流量与工艺生产能力、被控过程负荷变化、预期扩大生产等因素有关。在确定最大流量时，必须注意两种倾向：一种倾向是过多地考虑裕量，使控制阀的口径选得过大，这样不但造成经济上的浪费，而且将使控制阀经常处于小开度工作，可调比显著减小，调节质量下降。另一种倾向与此相反，只考虑眼前生产，片面强调调节质量，当生产力需要提高时，控制阀就不能适应，必须更换大一些口径的控制阀。

（2）压差的计算：要使控制阀能起到调节作用，就必须在阀前后有一定的压差。压差的确定是控制阀计算中最关键的问题。控制阀上的压差占整个系统压差的比值越大，则控制阀流量特性的畸变越小，调节性能就能得到保证。但是控制阀前后压差越大，即阀上的压力损失越大，所消耗的动力越多。因此，在计算压差时，必须兼顾调节性能和动力消耗两个方面。在工程设计中，一般认为控制阀的压差为系统总压差的 30% ~ 50%（$S = 0.3 \sim 0.5$）是比较合适的。系统总压差是指系统中包括控制阀在内的与流量有关的动能损失，如管路、弯头、节流装置、热交换器、手动阀等局部阻力上的压力损失。

设 ΔP_V 为控制阀全开时的压差；$\sum \Delta P_F$ 为系统中除控制阀外各局部阻力引起压力损失的总和，则有：

$$S = \frac{\Delta P_V}{\Delta P_V + \sum \Delta P_F}$$

对上式变换后，可求得压差的计算公式为：

$$\Delta P_V = \frac{S \sum \Delta P_F}{1 - S} \tag{4-11}$$

考虑到系统设备中静压经常波动会影响阀上压差的变化，使 S 值进一步下降。如锅炉给水调节系统，锅炉压力的波动就会影响控制阀上压差的变化，此时，计算压差时还应增加系统设备中静压 P 的 5% ~ 10%，即：

$$\Delta P_V = \frac{S \sum \Delta P_F}{1 - S} + (0.05 \sim 0.1) P \tag{4-12}$$

根据系统具体情况，选取 S 值，并再计算各局部阻力引起压力损失的总和 $\sum \Delta P_F$ 后，就可以计算控制阀两端的压差了。

（3）开度的验算：决定控制阀口径时，C 值计算后要根据标准中的系列数据进行选取和考虑 S 值对全开时最大流量的影响等因素，还应对开度进行验算。控制阀工作时，一般希望最大开度在 90% 左右，不能太小，否则会使可调比缩小，阀门口径偏大，影响调节性能，同时也不经济。最小开度不小于 10%，否则液体对阀芯、阀座的冲蚀较严重，容易损坏阀芯而使特性变坏，甚至调节失灵。控制阀开度 K 的验算公式与控制阀的流量特性有关，验算公式如下：

对于直线流量特性控制阀有：

$$K = \left[1.03 \sqrt{\frac{S}{S + \left(\frac{C^2 + \Delta P / \gamma}{Q_i^2} - 1 \right)}} - 0.03 \right] \times 100\% \tag{4-13}$$

对于等百分比流量特性控制阀有：

$$K = \left[\frac{1}{1.48} \lg \sqrt{\frac{S}{S + \left(\frac{C^2 \times \Delta P / \gamma}{Q_i^2} - 1 \right)}} + 1 \right] \times 100\% \tag{4-14}$$

式中，K——流量为 Q_i 时的阀门开度；

S——控制阀全开时的压差与系统总压差之比；

C——控制阀的流通能力；

ΔP——控制阀全开时的压差；

γ——介质的重度；

Q_i——被验算开度处的流量。

(4) 可调比的验算：一般来讲，控制阀的理想可调比 $R=30$ 左右。但实际上，由于受工作流量特性的影响、最大开度和最小开度的限制以及选用控制阀口径时对 C 值按标准中的系列数据进行选取和放大，会使可调比下降，一般只能达到 $R=10\sqrt{S}$ 左右。因此，可调比验算时应按 $R_\text{实}=10\sqrt{S}$ 来进行。

从公式可知，当 $S \geq 0.3$ 时，则 $R_\text{实} \geq 5.5$，说明控制阀实际可调的最大流量等于或大于最小流量的 5.5 倍，一般生产中 $Q_\text{max}/Q_\text{min} \geq 3$ 已能满足要求了。

当选用的控制阀不能同时满足工艺上最大流量和最小流量的调节要求时，除增加系统压力外，可采用两个控制阀进行分程控制来满足可调比的要求。

【例2】 在某系统中，拟选用一台直通双座阀，根据工艺要求，最大流量 $Q_\text{max}=100\text{m}^3/\text{h}$，最小压差 $\Delta P_\text{min}=50\text{kPa}$，最小流量 $Q_\text{min}=20\text{m}^3/\text{h}$，最大压差 $\Delta P_\text{max}=500\text{kPa}$，阀为直线流量特性。$S=0.5$，被调介质为水，$\rho=1\text{g/cm}^3$，求所选控制阀的口径应取多大值？

解 (1) 计算流量的确定：

$$Q_\text{max}=100\text{m}^3/\text{h}$$
$$Q_\text{min}=20\text{m}^3/\text{h}$$

(2) 计算压差的确定：

$$\Delta P_\text{max}=500\text{kPa}$$
$$\Delta P_\text{min}=50\text{kPa}$$

(3) 流通能力的计算：

$$C_\text{max}=Q_\text{max}\sqrt{\frac{\rho}{\Delta P_\text{min}}}=100\sqrt{\frac{1}{0.5}}=140$$

(4) 根据 $C_\text{max}=140$，查直通双座控制阀产品的主要参数表，得到相应的流通能力 $C=160$。

(5) 开度验算。

最大流量时控制阀的开度为：

$$K_\text{max}=\left[1.03\sqrt{\frac{S}{S+\left(\dfrac{C^2\times\Delta P_\text{min}/\gamma}{Q_i^2}-1\right)}}-0.03\right]\times 100\%$$

$$=\left[1.03\sqrt{\frac{0.5}{0.5+\left(\dfrac{160^2\times 0.5/1}{100^2}-1\right)}}-0.03\right]\times 100\%=79.4\%$$

最小流量时控制阀的开度为：

$$K_\text{min}=\left[1.03\sqrt{\frac{S}{S+\left(\dfrac{C^2\times\Delta P/\gamma}{Q_i^2}-1\right)}}-0.03\right]\times 100\%$$

$$= \left[1.03\sqrt{\frac{0.5}{0.5+\left(\frac{160^2 \times 0.5/1}{20^2}-1\right)}}-0.03\right] \times 100\% = 10.3\%$$

因为 $K_{max} < 90\%$，$K_{min} > 10\%$，所以能满足要求。

（6）可调比的验算：

$$R_{实} = 10\sqrt{S} = 10\sqrt{0.5} = 7$$

而

$$\frac{Q_{max}}{Q_{min}} = \frac{100}{20} = 5$$

所以 $R_{实} > \frac{Q_{max}}{Q_{min}}$，能满足要求。

（7）根据以上参数，再查直通双座控制阀的主要参数表，即可求得控制阀口径 $D_g = 100\text{mm}$。

4.6 气动薄膜控制阀性能测试

4.6.1 气动薄膜控制阀主要性能指标

气动执行器的主要技术指标有非线性偏差、正反行程变差、灵敏限、始点偏差、终点偏差、全行程偏差、流通能力误差、流量特性误差、薄膜气室或汽缸的气密性、控制阀的密封性、阀座关闭时允许的泄漏量等。

产生非线性偏差和正、反行程变差的原因有：执行机构弹簧刚度的变化；薄膜有效面积的变化；阀杆与填料处的摩擦。

气动薄膜控制阀的主要技术指标如表4.5所示。

表4.5 气动薄膜控制阀的主要技术指标

名称	单座、双座角形阀		三通阀		高压阀		低温阀		隔膜阀	
	不带定位器	带定位器	不带定位器	带定位器	不带定位器	带定位器	不带定位器	带定位器	不带定位器	带定位器
非线性偏差/（%）	±4	1	±4	±4	±4	±1	±6	±1	±10	±1
正反行程变差/（%）	2.5	1	2.5	1	2.5	1	5	1	6	1
灵敏限/（%）	1.5	0.3	1.5	0.3	1.5	0.3	2	0.3	3	0.3
流通能力误差/（%）	±10（$C \leq 5$ 为±15）		±10		±10		±10（$C \leq 5$ 为±15）		±20	
流量特性误差/（%）	±10（$C \leq 5$ 为±15）		±10		±10		±10（$C \leq 5$ 为±15）			
允许泄漏量/（%）	单座、角形为0.01 双座为0.1		0.1		0.01		单座0.01 双座0.1		无泄漏	

4.6.2 性能指标的测试方法

下面介绍几种技术性能指标的测试方法。

1. 非线性偏差

测试装置如图 4.19 所示。

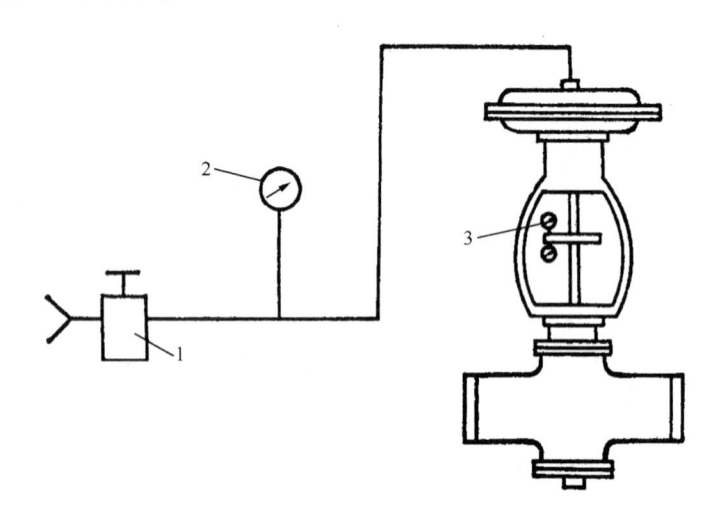

1—定值器；2—压力表；3—百分表

图 4.19 非线性偏差、变差、灵敏限测试装置

测试方法：将 0.196133×10^5 Pa 的气压信号输入薄膜气室中，然后增加气压至 0.980665×10^5 Pa，使阀杆走完全行程。再将气压下降，使阀杆反向走完全行程。在阀杆的升降过程中，逐个记录每增减 0.0784532×10^5 Pa 的信号压力相应的位移量。将实际"信号—位移"关系与理论关系进行比较。

要求：除 0.196133×10^5 Pa 和 0.980665×10^5 Pa 两点外，实测值与理论值最大偏差不应超过如表 4.5 所列的指标。

2. 正反行程变差

正反行程变差的测试装置与方法和非线性偏差的测试装置与方法相同。

要求：同一信号压力值下的阀杆正反位移值的最大差值，不应超过表 4.5 所示指标。

3. 灵敏限

测试装置：和非线性偏差的测试装置相同。

测试方法：分别在 0.2745862×10^5 Pa、0.588399×10^5 Pa、0.9022118×10^5 Pa 信号压力所对应的位移处，增加和降低信号压力，当阀杆开始移动 0.01mm 时，记下所需要的信号压力变化值。

要求：所需要的信号压力变化值不得超过如表 4.5 所示的指标。

4. 流通能力

测试装置如图 4.20 所示，与一般流量校验装置相似。

测试方法：阀前取压点为 $(0.5 \sim 2.5) D$（D 为管径），阀后取压点为 $(4 \sim 6) D$。当薄膜气室所加信号压力是控制阀全开时，从高位槽来的恒定压力水流经控制阀到计量槽，通过改变控制阀前阀门 a 的开度，使控制阀前后压差 ΔP 恒定在 $0.4903325 \times 10^5 \sim 0.784532 \times 10^5 \mathrm{Pa}$ 之间。测出流过的流量，即可求出流通能力 C：

$$C = \frac{Q}{\sqrt{\Delta P}}$$

要求实测 C 值和规定 C 值之误差不得超过如表 4.5 所示的指标。

5. 流量特性

流量特性的测试装置如图 4.20 所示。

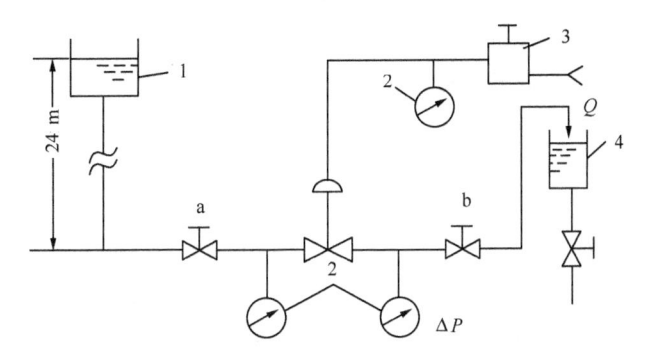

1—高位槽；2—压力表；3—定值器；4—计量槽

图 4.20 流通能力和流量特性测试装置

测试方法：按流通能力的测试方法进行，分别测取相对开度为 5%、10%、20%、30%、40%、50%、60%、70%、80%、90%、100% 时的相对应流通能力，即由此得到控制阀的实测流量特性。

要求：实测流量特性与理论流量特性的最大偏差不应超过如表 4.5 所示的指标。

6. 允许泄漏

在薄膜气室中输入规定的气压，使阀关闭，并将室温的水以规定的压力按流入方向输入阀中，测量阀另一端流出的泄漏量。允许的泄漏量不能超过表 4.5 所规定的数值。

气动执行器制造厂在产品出厂前已进行了全面的性能测试，其中流量特性、流通能力等项仅为抽测。对于使用单位来说，主要测试调整非线性偏差、正反行程变差等技术指标。从调校的角度来看，始终点偏差、全行程偏差、非线性偏差、正反行程变差、灵敏限等项，影响其达到规定指标的因素归纳起来大都为阀杆、阀芯可动部分在移动过程中受到妨碍，有的是填料压得过紧，增大了阀杆的摩擦力；有的是由于阀杆与阀芯同心度不好或使用过程中阀杆变形，造成阀杆、阀芯移动时与填料及导向套摩擦。此外，压缩弹簧的特性变化及刚度不合适等均有可能影响上述几项指标。其他，如填料密封性不好，则可能是填料压盖松或填料本身老化造成的；泄漏量大，关不死，可能是由阀芯、阀座受到腐蚀所致，这时则需要更换新的；若阀芯、阀座盖不严，则需要重新研磨。总之在调校时，要在已了解控制阀本身的结构原理基础上，根据具体情况进行具体分析，找出原因，调整或更新零部件，使其达到预定的技术指标。

4.7 执行器的安装与维护

4.7.1 执行器的安装

执行器应安装在便于调整、检查和拆卸的地方。在保证安全生产的同时也应该考虑节约投资、整齐美观。这里介绍一些安装的原则。

(1) 执行器最好是正立垂直安装于水平管道上。在特殊情况下，需要水平或倾斜安装时，除小口径控制阀外，一般都要加装支撑。

(2) 执行器应安装在靠近地面或楼板的地方，在其上、下方应留有足够的间隙，在管道标高大于 2 m 时，应尽量设在平台上，以便于维护、检修和装卸。

(3) 选择执行器的安装位置时，应采取其前后有不小于 10D（D 为管道直径）的直管段。以免控制阀的工作特性畸变太厉害。

(4) 控制阀安装在管道上时，阀体上的箭头方向与管道中流体流动方向应相同。如果控制阀的口径与管道的管径不同时，两者之间应加一个渐缩管来连接。

(5) 为防止执行机构的薄膜老化，执行器应尽量安装在远离高温、震动、有毒及腐蚀严重的场地。

(6) 当生产现场有检测仪表时，控制阀应尽量与其靠近，以利于调整。在不采用阀门定位器时，建议在膜头上装一个小压力表，以指示控制器来的信号压力。另外要注意工艺过程对控制阀位置的要求。如常压分馏塔在气提塔侧线上的流量控制阀，应靠近气提塔，以保证常压分馏塔的液体出口线有一段液柱。又如当高位槽进行液位、流量调节时，对于密闭容器，因高位槽上部承受压力，控制阀位置的高低影响不大，但对于敞口容器，为使控制阀前后有较大的压差以利于调节，控制阀位置应装得低一些。

(7) 为了安全起见，控制阀应加旁通管路，并装有切断阀及旁路阀，以便在控制阀发生故障或维修时，通过旁路使生产过程继续进行。旁路组合的形式较多，现举常用的四种方案进行比较，如图 4.21 所示。

如图 4.21 (a) 所示是过去习惯采用的方案，旁路可以自动放空，但由于两个切断阀与控制阀在一根管线上，难以拆卸、安装，且所占空间大。

如图 4.21 (b) 所示，这种方案比较好，布置紧凑，占地面积小，便于拆卸。

如图 4.21 (c) 所示，这种方案也比较好，便于拆卸，但占地面积比图 4.21 (b) 中的方案大一些。

如图 4.21 (d) 所示，这种方案只适用于小口径控制阀，否则执行器安装位置高，拆装不便。

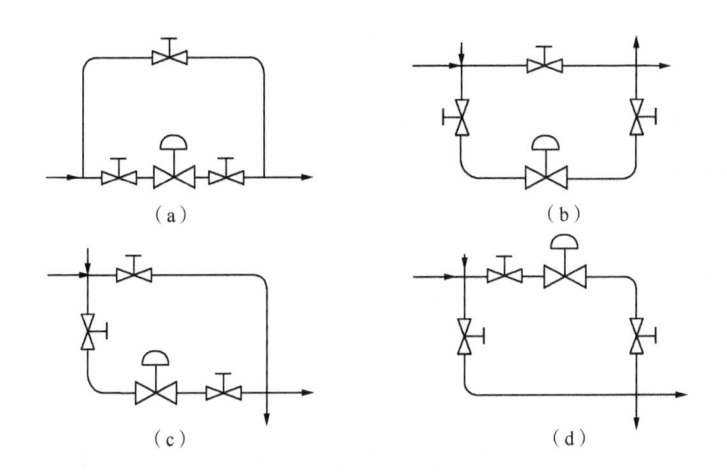

图 4.21　常用控制阀旁路组合形式

4.7.2　执行器的维护

执行器的正常工作与维护检修有很大关系。日常维护工作主要是观察阀的工作状态，使填料密封部分保持良好的润滑状态。定期检修能够及时发现问题并更换零件。维护检修时重点检查的部位有以下几个。

（1）阀体内壁。对于控制阀使用在高压差和强腐蚀性的场合，阀体内壁、隔膜阀的隔膜经常受到介质的冲击和腐蚀，必须重点检查耐压、耐腐蚀的情况。

（2）阀座。控制阀在工作时，因介质渗入，固定阀座用的螺纹内表面易受腐蚀而使阀座松弛，检查时应予以注意。

（3）阀芯。阀芯是控制阀工作时的活动部分，受介质的冲击最为严重。检修时要认真检查阀芯各部分是否腐蚀、磨损，特别是在高压差的情况下，阀芯因气蚀现象而磨损，更应予以注意。阀芯损坏严重时应进行更换，另外还应注意阀杆是否有类似现象，或与阀芯连接松动等。

（4）膜片和"O"形密封圈。检查执行机构的膜片和"O"形密封圈是否有老化或断裂损坏情况。

（5）密封填料。检查聚四氟乙烯填料是否老化，检查配合面是否损坏。

实训 5　执行器与电/气阀门定位器的认识与校验

1. 实训目标

（1）理解控制阀和电/气阀门定位器的主要结构及动作原理。
（2）掌握控制阀的一般校验方法。

2. 实训装置（准备）

（1）气动薄膜控制阀（ZMAP-16K 或 B）1 台。
（2）电/气阀门定位器 1 台。

(3) 标准压力表（不低于0.4级，0～160kPa）1个。
(4) QGD-100型气动定值器1台。
(5) 电流发生器1台。
(6) 标准电流表1台。

3. 实训内容

(1) 控制阀行程校验。
(2) 电/气阀门定位器与控制阀校验。

4. 实训步骤（要领）

(1) 执行器行程校验。实训装置连接如图4.22所示（若有百分表，实训装置连接可参照图4.19）。

① 用定值器输出来控制执行器，调定值器，观察执行器阀杆运动是否灵活连续，并判断气开、气关方式。

② 测量始点、终点偏差。将输入压力从20kPa增加到100kPa，使阀杆走完全行程，再在输入压力20kPa始点和输入压力100kPa终点，分别测量行程偏差，要求如下：

气开式：始点偏差不超过±2.5%，终点偏差不超过±4%。

气关式：始点偏差不超过±4%，终点偏差不超过±2.5%。

③ 测量全行程偏差。

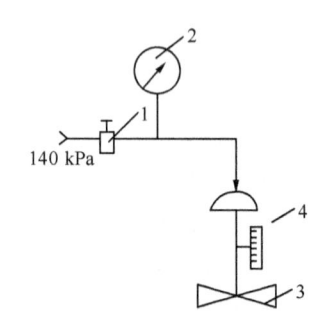

正行程校验：加输入信号使控制阀行程从0开始，然后依次使控制阀行程为25%、50%、75%、100%，在压力表上读取各点信号压力值，将结果填入表4.6中。

反行程校验：加输入信号使控制阀行程从100%开始，然后依次减少到75%、50%、25%、0五个输入信号，在压力表上读取各点信号压力值，将结果填入表4.6中。

1—气动定值器；2—精密压力表；
3—执行器；4—行程标尺

图4.22 控制阀行程校验连接图

表4.6 非线性偏差、变差记录表

理论行程	0	25%	50%	75%	100%
信号压力/kPa	20	40	60	80	100
实际正行程信号压力/kPa					
实际反行程信号压力/kPa					
非线性偏差/%					
变差/%					

(2) 电/气阀门定位器与气动执行器的联校。按图4.23进行连线，经指导教师检查无误后，进行下列操作。

① 电/气阀门定位器零点及量程的调整。

零点调整：给电/气阀门定位器输入4mA的信号，其输出气压信号应为20kPa，执行器

第 4 章 执 行 器

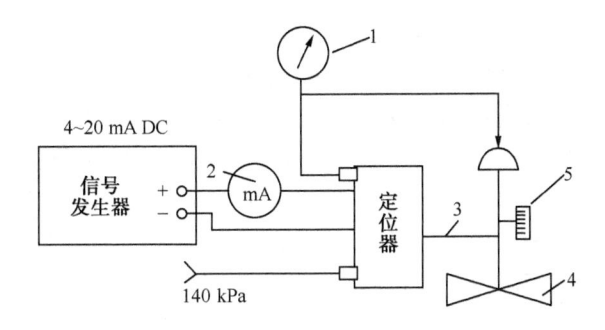

1—精密压力表；2—直流毫安表；3—反馈杆；4—执行器；5—行程标尺

图 4.23 执行器与电/气阀门定位器联校连接图

阀杆应刚好启动。否则，可调整电/气阀门定位器的零点调节螺钉来满足。

量程调整：给电/气阀门定位器输入 20mA 的信号，输出气压信号应为 100kPa，执行器阀杆应走完全行程。否则，调整量程调节螺钉。

零点和量程应反复调整，直到符合要求为止。

② 非线性误差及变差的校验。步骤同上面的执行器行程校验中的方法，只是信号由电流发生器提供。将结果填入表 4.7 中。

5. 数据处理

计算非线性偏差和变差，将结果填入表 4.6 和表 4.7 中。

表 4.7 联校时非线性偏差、变差记录表

理论行程	0	25%	50%	75%	100%
信号电流/mA	4	8	12	16	20
实际正行程信号电流/mA					
实际反行程信号电流/mA					
非线性偏差/%					
变差/%					

6. 拓展型实训（执行器的拆装练习）

（1）执行机构的拆卸。对照结构图，卸下上阀盖，并拧动下阀杆使之与阀杆连接螺母脱开。依次取下执行机构内的各部件，记住拆卸顺序及各部件的安装位置以便于重新安装。

在执行机构的拆装过程中，可观察到执行机构的作用形式，通过薄膜与上阀杆顶端圆盘的相对位置即可分辨出。若薄膜在上，则说明气压信号从膜头上方引入，气压信号增大使阀杆下移，弹簧被压缩，为正作用执行机构；反之若薄膜在下，则说明气压信号是从膜头下方引入，气压信号增大使阀杆上移，弹簧被拉伸，为反作用执行机构。

（2）阀的拆卸。卸去阀体下方各螺母，依次卸下阀体外壳，慢慢转动并抽出下阀杆（因填料会对阀杆有摩擦作用），观察各部件的结构。在阀的拆卸过程中可观察如下几点。

① 阀芯及阀座的结构类型。拆开后可辨别阀门是单座阀还是双座阀。

② 阀芯的正、反装形式。观察阀芯的正、反装形式后可结合执行机构的正、反作用来

判断执行器的气开、气关形式。

③ 阀的流量特性。根据阀芯的形状可判断阀的流量特性。

(3) 执行器的安装。将所拆卸的各部件复位并安装,在安装过程中要遵从装配规程,注意膜头及阀体部分要安装紧固,以防介质和压缩空气泄漏。安装后的执行器要进行膜头部分的气密性实训,即通入 0.25MPa 的压缩空气后,观察在 5min 内的薄膜气室压力降低值,查看其是否符合技术指标要求,也可以用肥皂水检查各接头处,查看是否有漏气现象。执行器的安装技能要求较高,下面给出安装过程中的关键手法,如图 4.24 所示。

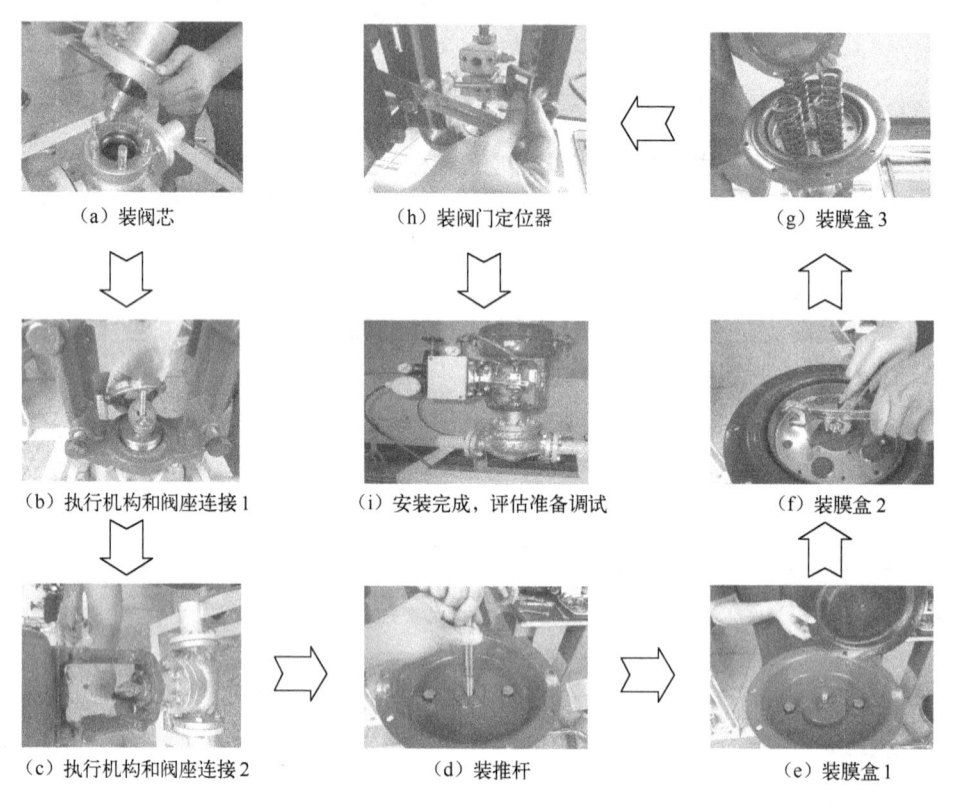

(a) 装阀芯
(h) 装阀门定位器
(g) 装膜盒 3
(b) 执行机构和阀座连接 1
(i) 安装完成,评估准备调试
(f) 装膜盒 2
(c) 执行机构和阀座连接 2
(d) 装推杆
(e) 装膜盒 1

图 4.24 执行器在安装过程中的隐性技能"显化"图

(4) 泄漏量的调整。执行器安装完毕,用手钳夹紧下阀杆并任意转动,可改变阀杆的有效长度,最终改变阀芯与阀座间的初始开度,进而改变执行器的泄漏量,这是泄漏量调整的基本方法。

7. 实训报告

(1) 写出型号 ZMAP-16B 的含义。
(2) 写出执行器行程校验步骤。
(3) 写出气动执行器单校和电/气阀门定位器联校的区别。
(4) 控制阀拆完重新装好后,改变控制阀膜头上的控制信号,发现阀杆不动作,试分析出现故障的原因。

第4章 执 行 器

本 章 小 结

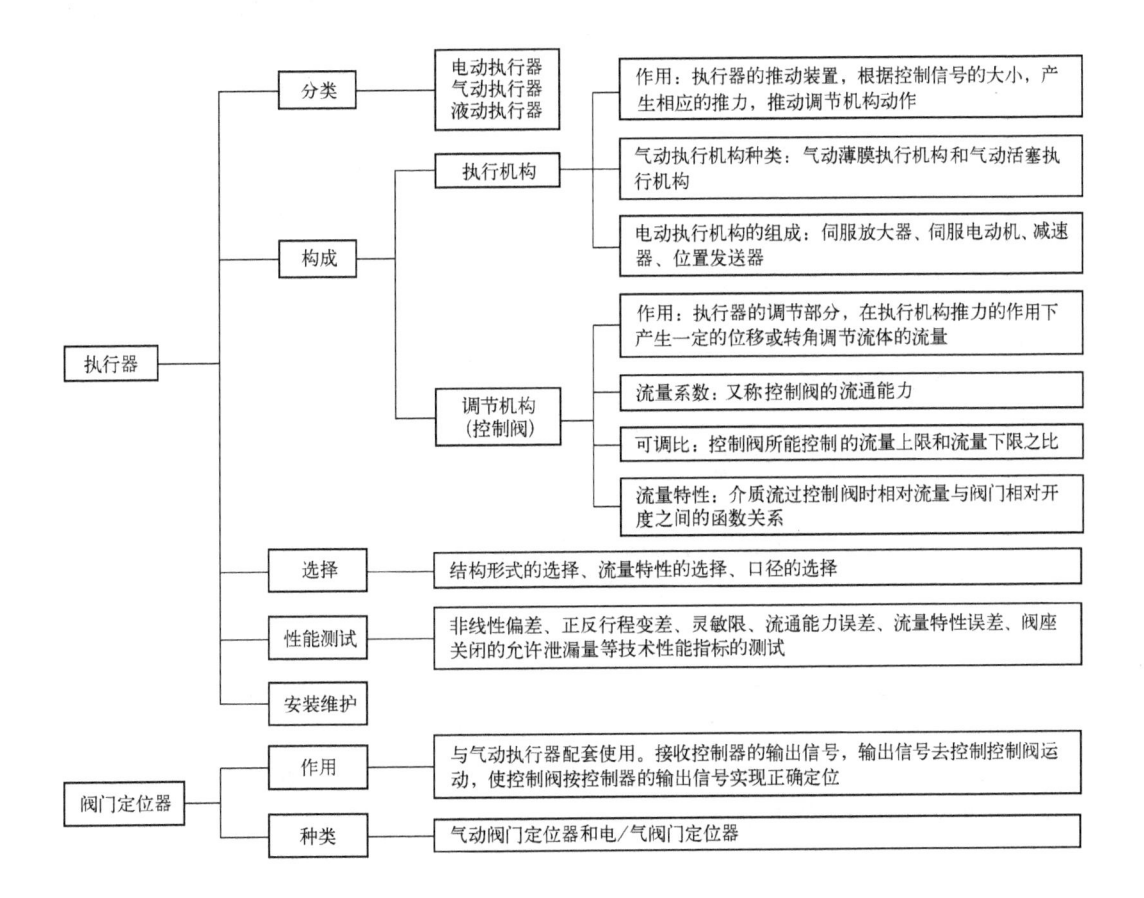

- 执行器
  - 分类
    - 电动执行器
    - 气动执行器
    - 液动执行器
  - 构成
    - 执行机构
      - 作用：执行器的推动装置，根据控制信号的大小，产生相应的推力，推动调节机构动作
      - 气动执行机构种类：气动薄膜执行机构和气动活塞执行机构
      - 电动执行机构的组成：伺服放大器、伺服电动机、减速器、位置发送器
    - 调节机构（控制阀）
      - 作用：执行器的调节部分，在执行机构推力的作用下产生一定的位移或转角调节流体的流量
      - 流量系数：又称控制阀的流通能力
      - 可调比：控制阀所能控制的流量上限和流量下限之比
      - 流量特性：介质流过控制阀时相对流量与阀门相对开度之间的函数关系
  - 选择：结构形式的选择、流量特性的选择、口径的选择
  - 性能测试：非线性偏差、正反行程变差、灵敏限、流通能力误差、流量特性误差、阀座关闭的允许泄漏量等技术性能指标的测试
  - 安装维护
- 阀门定位器
  - 作用：与气动执行器配套使用。接收控制器的输出信号，输出信号去控制控制阀运动，使控制阀按控制器的输出信号实现正确定位
  - 种类：气动阀门定位器和电/气阀门定位器

思考与练习题 4

1. 执行器在过程控制中起什么作用？常用的电动执行器与气动执行器有何特点？
2. 执行器由哪几部分组成？各部分的作用是什么？
3. 简述电动执行器的构成原理，伺服电动机的转向和位置与输入信号有什么关系？
4. 伺服放大器是如何控制电动机的正反转的？
5. 确定控制阀的气开、气关作用方式有哪些原则？试举例说明。
6. 直通单、双座控制阀有何特点，适用于哪些场合？
7. 什么是控制阀的可调比？串联或并联管道时会使实际可调比如何变化？
8. 什么是控制阀的流通能力？确定流通能力的目的是什么？
9. 什么是控制阀的流量特性？什么是控制阀的理想流量特性和工作流量特性？为什么说流量特性的选择是非常重要的？
10. 为什么要使用阀门定位器？它的作用是什么？

第5章

辅助仪表

知识目标
(1) 掌握安全栅和信号分配器的作用及使用方法。
(2) 了解变频器在过程控制系统中的应用方案。
(3) 掌握电源箱、电源分配器的使用方法。

技能目标
(1) 能运用安全栅和本安仪表构成安全火花防爆系统。
(2) 能完成实际控制系统供电和信号连接。

用过程控制仪表及装置构成自动化系统，除了需要使用变送器、控制器和执行器这些系统基本环节外，有时为了安全的需要、接线的需要或者节能的需要，常会用到一些辅助仪表，如安全栅、信号分配器、变频器和电源箱等。本章主要介绍安全栅、信号分配器、变频器、电源箱和信号分配器的工作原理及应用。

5.1 安 全 栅

安全栅是构成安全火花防爆系统的关键仪表，安装在控制室内，是控制室仪表和现场仪表之间的关联设备。其作用是：系统正常工作时保证信号的正常传输；系统故障时限制进入危险场所的能量，确保系统的安全火花性能。

目前常用的安全栅有：齐纳式安全栅和变压器隔离式安全栅。

5.1.1 齐纳式安全栅

1. 齐纳式安全栅的工作原理

齐纳式安全栅是基于齐纳二极管（又称稳压管）反向击穿特性工作的。由限压电路、限流电路和熔断器三部分组成。其原理电路如图 5.1 所示，图中 R 为限流电阻，VD_{Z1}、VD_{Z2} 为齐纳二极管，FU 为快速熔断器。

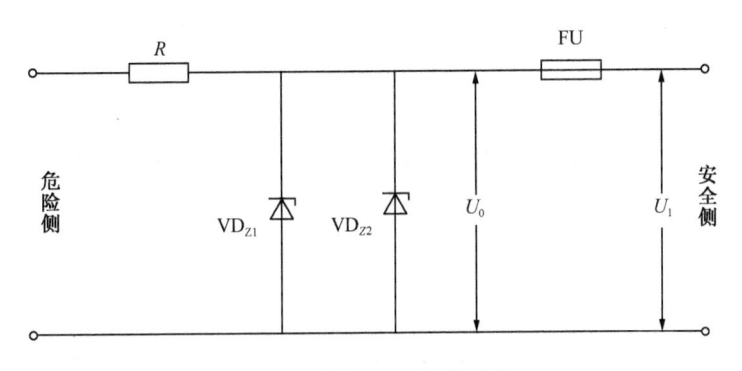

图 5.1　齐纳式安全栅原理图

系统正常工作时，安全侧电压 U_1 低于齐纳二极管的击穿电压 U_0，齐纳二极管截止，安全栅不影响正常的工作电流。但现场发生事故，如短路，利用电阻 R 进行限流，避免进入危险场所的电流过大；当安全侧电压 U_1 高于齐纳二极管的击穿电压 U_0 时，齐纳二极管击穿，进入危险场所的电压被限制在 U_0 上，同时安全侧电流急剧增大，快速熔断器 FU 很快熔断，从而将可能造成危险的高电压立即与现场断开，保证了现场的安全。关联两个齐纳二极管增加了安全栅的可靠性。

齐纳式安全栅优点是采用的器件非常少，体积小，价格便宜；缺点是齐纳式安全栅必须本安接地，且接地电阻必须小于 1Ω；危险侧本安仪表必须是隔离型的；齐纳式安全栅对供电电源电压响应非常大，电源电压的波动可能会引起齐纳二极管的电流泄漏，从而引起信号的误差或者发出错误电平，严重时会使快速熔断器烧断。

2. 齐纳式安全栅的应用

用齐纳式安全栅组成安全火花防爆系统时，一定要注意安全栅和仪表是否能够配套使用，安全栅或仪表有没有什么特殊的要求。下面以 NF 系列齐纳式安全栅为例说明它的应用。

（1）齐纳式安全栅和两线制变送器的应用。两线制变送器和齐纳式安全栅的应用如图 5.2 所示。

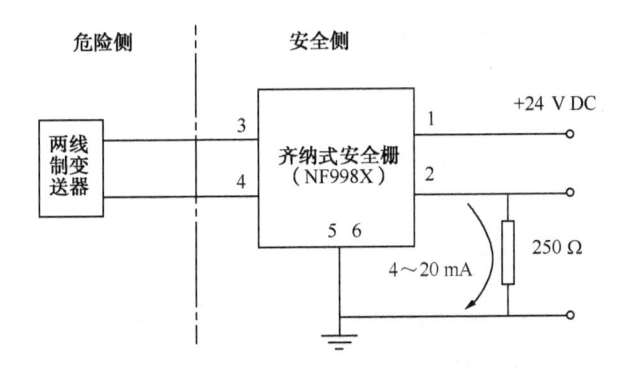

图 5.2　两线制变送器和齐纳式安全栅的应用

图 5.2 中 24V DC 电源一方面通过安全栅向两线制变送器供电，同时将两线制变送器产生的 4～20mA DC 的信号传送过来，由 250Ω 精确电阻转换为 1～5V DC 的电压信号送显

示仪表或控制器，当然变送器传送来的信号也可通过信号分配器，其输出的多路信号可分别送显示仪表和调节仪表。

（2）齐纳式安全栅和电/气转换器的应用。控制器的输出往往送给电/气转换器或电/气阀门定位器，由气动执行器实现对被控对象的调节。由于控制器的输出方式不同，安全栅有两种不同的连接方法，如图5.3和图5.4所示。

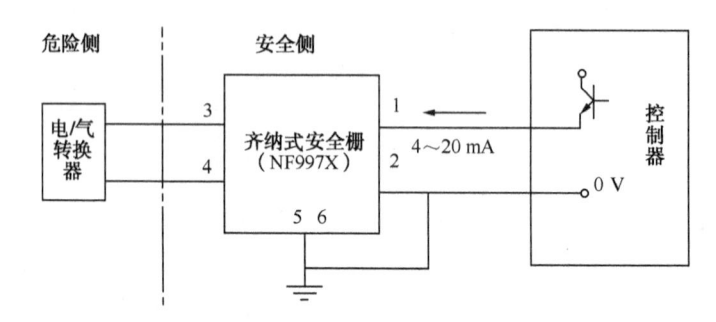

图5.3 齐纳式安全栅连接发射极输出的控制器和电/气转换器的接线

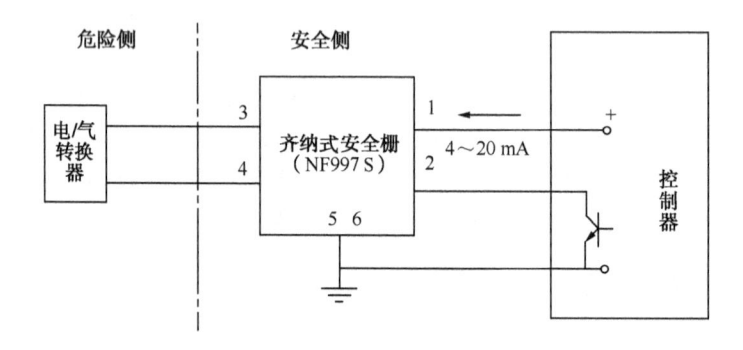

图5.4 齐纳式安全栅连接集电极输出的控制器和电/气转换器的接线

发射极输出型的控制器可以和安全栅共地，故可采用单通道保护的安全栅；而集电极输出型控制器的两个输出端都不接地，故需采用双通道齐纳式安全栅。

5.1.2 变压器隔离式安全栅

变压器隔离式安全栅利用变压器或电流互感器将供电电源、信号输入端和信号输出端进行电气隔离，同时通过电子电路（限能器）限制进入危险场所的能量。变压器隔离式安全栅分为检测端安全栅（输入式安全栅）和操作端安全栅（输出式安全栅）两种。

1. 变压器隔离式安全栅的工作原理

（1）检测端安全栅。检测端安全栅一方面为现场两线制变送器进行隔离供电；另一方面将现场变送器送来的 4～20mA DC 信号 1:1 地转换成与之隔离的 4～20mA DC 信号或 1～5V DC 信号送给安全侧指示仪表或调节仪表等。并且在故障条件下通过限能器（限压或限流）限制进入危险场所的能量，使电压不超过 30V DC，电流不超过 30mA DC。其构成原理如图5.5所示，由 DC/AC 转换器、整流滤波器、调制器、解调放大器、限能器、隔离变压

器 T_1 和电流互感器 T_2 等组成。

其中，DC/AC 转换器将 24V DC 供电电源变换成 8kHz 的交流方波电压，由隔离变压器 T_1 隔离后，经整流滤波为限能器和解调放大器提供工作电压，同时 8kHz 的交流方波电压经调制器整流滤波转换成为 24V DC 电压，并由限能器限压后为现场变送器提供工作电压。能量传输线如图 5.5 中实线所示。而现场变送器产生的 4～20mA DC 的测量信号经限能器限流后，由调制器转换成交流信号后由电流互感器 T_2 隔离并耦合至解调放大器，解调放大器又将其恢复成 4～20mA DC（或 1～5V DC）送给控制室显示仪表或调节仪表。信号传输线如图 5.5 中虚线所示。

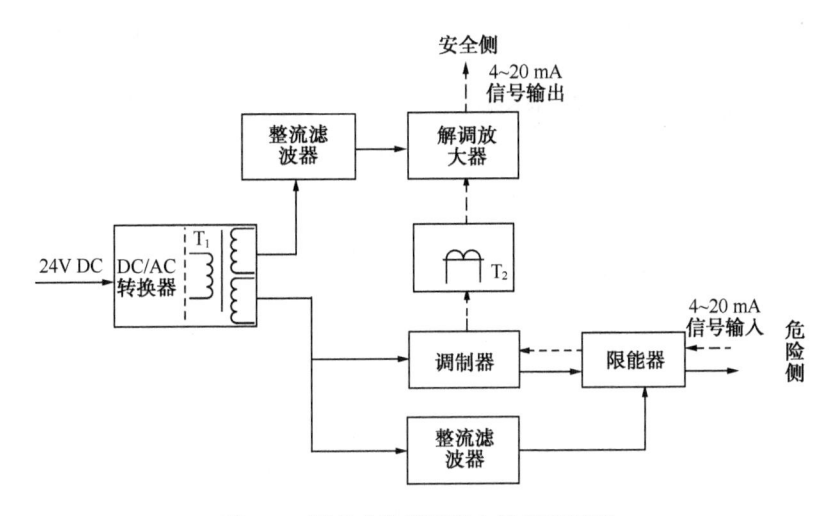

图 5.5　隔离式检测端安全栅原理框图

（2）操作端安全栅。操作端安全栅将控制室（安全侧）送来的 4～20mA DC 控制信号转换成与之隔离的、成正比（1:1）的电流信号送给现场执行器，同时对其进行限压和限流，防止危险能量进入危险场所。隔离式操作端安全栅原理框图如图 5.6 所示，由 DC/AC 转换器、整流滤波器、调制器、解调放大器、限能器、隔离变压器 T_1 和电流互感器 T_2 等组成。

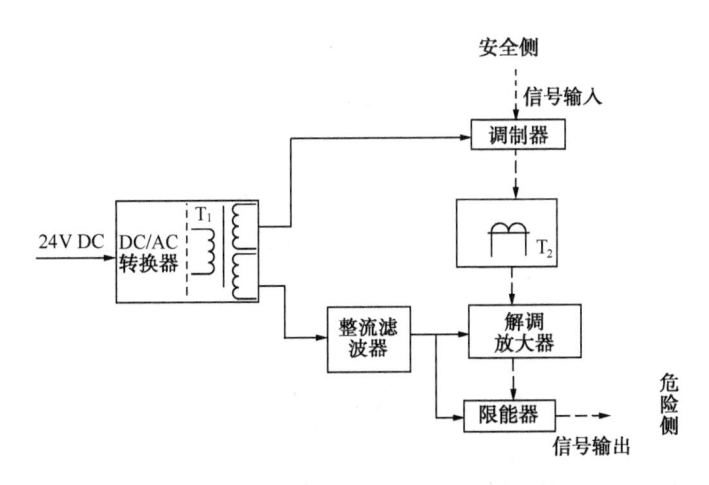

图 5.6　隔离式操作端安全栅原理框图

其中，DC/AC 转换器将 24V DC 供电电源转换成 8kHz 的交流方波电压，由隔离变压器 T_1 隔离后，一方面经整流滤波为限能器和解调放大器提供工作电压，另一方面 8kHz 的交流方波电压供给调制器将控制室送来的 4～20mA DC 的控制信号调制成交流信号，并由电流互感器 T_2 隔离并耦合至解调放大器，解调放大器将其恢复成 4～20mA DC 信号并由限能器限压限流后送给执行器。图 5.6 中实线为能量传输线，虚线为信号传输线。

2. 变压器隔离式安全栅的应用

如图 5.7 所示是利用变压器隔离式检测端安全栅 DFA-1100 和变压器隔离式操作端安全栅 DFA-1300 及 DDZ-Ⅲ型控制器 DTZ-2100 组成的安全火花型单回路调节系统。

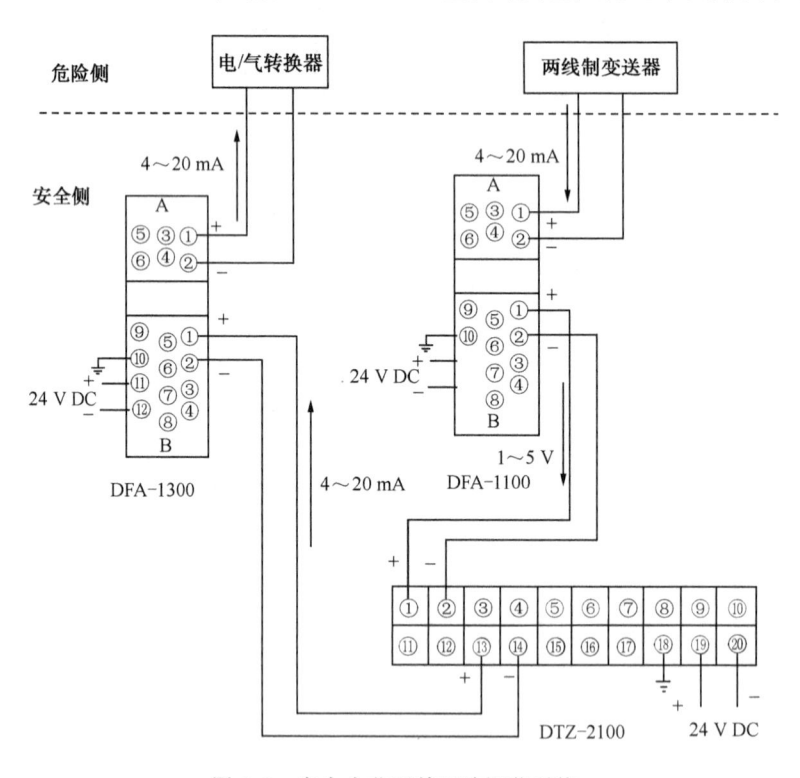

图 5.7 安全火花型单回路调节系统

由图可知，现场两线制变送器送来的 4～20mA DC 信号由检测端安全栅 DFA-1100 进行隔离、传递并转换成 1～5V DC 的信号，送到控制器按一定的控制规律运算后，得到的控制信号 4～20mA DC 被送到操作端安全栅 DFA-1300 进行隔离、传递，然后送给电/气转换器，再由气动执行器控制被控制对象。

5.2 信号分配器

信号分配器主要是将一路输入转换成两路或多路输出，实现信号的转换、分配和隔离等功能。但因具体使用要求不同而功能不尽相同。有的信号分配器还可对多路信号进行处理。

如图 5.8 所示是一种信号分配器原理图。它将 4～20mA DC 的输入信号经 250Ω 的精密电阻转换为两路以上 1～5V DC 信号输出。其中 A 端为输入，B 端和 C 端为输出，D 端作为输入信号和输出信号的公共负端。它最多处理 5 路输入信号，常用于盘装仪表的信号连接及配线。

有时会遇到一个信号向两个设备（如显示仪表和控制仪表）同时输送信号的情况，若这两种设备不共地，就有可能在两个设备之间产生干扰，甚至使仪表不能工作。针对此类情况必须使用隔离式信号分配器。如图 5.9 所示是隔离式信号分配器的一个应用例子，隔离式信号分配器 WS15242D 用 24V DC 供电，把来自两线制变送器的 4～20mA DC 信号转换成与之隔离的两路输出信号，一路为 4～20mA DC，另一路为 1～5V DC，分别送给控制器和显示仪表，且两路输出之间也是隔离的。这里电源和输入、输出之间也是相互隔离的。

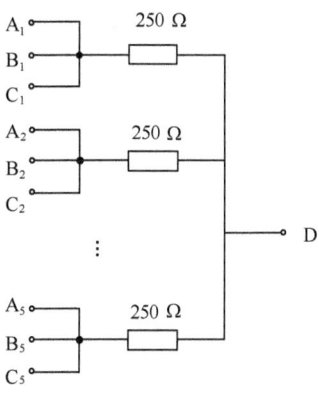

图 5.8　信号分配器原理图

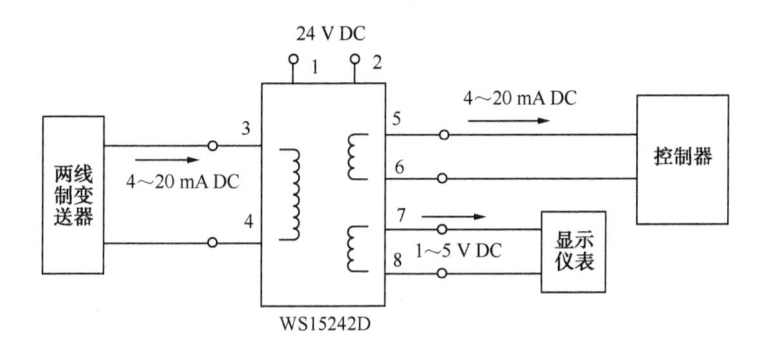

图 5.9　隔离式信号分配器的应用实例

5.3　变　频　器

变频器即变频调速器，它通过改变电动机电源的频率来调整电动机的转速。变频调速器是在 20 世纪 80 年代开始使用并迅速发展起来的，目前已应用到各个生产领域。在自动化领域，变频调速器可以作为系统的执行部件，接收来自控制器的控制信号，并根据控制信号的大小改变输出电源的频率来调节电动机转速，改变被控制对象；也可作为系统中的调节部件，单独完成系统的调节和控制作用。下面介绍变频调速器的组成及工作原理。变频调速器的结构框图如图 5.10 所示。

电源输入回路将输入的电源信号进行整流变成直流信号，然后由逆变电路根据主控电路发来的控制命令，将整流后的直流电源信号调制成某种频率的交流电源信号输出给电动机。输出频率可在 0～50Hz 之间变化。电源频率降低，电源电压也随之降低，使得电动机的瞬时功率下降，从而减少了电源消耗。

主控电路以 CPU 为核心，接收从键盘或输入控制端发来的给定频率值和控制信号以及从传感器送来的运行参数进行必要的运算，输出 SPWM 波的调制信号至逆变器的驱动电路，使逆变器按要求工作。同时把需要显示的信号送显示器，把用户通过功能预置所要求的状态信息送输出控制电路。

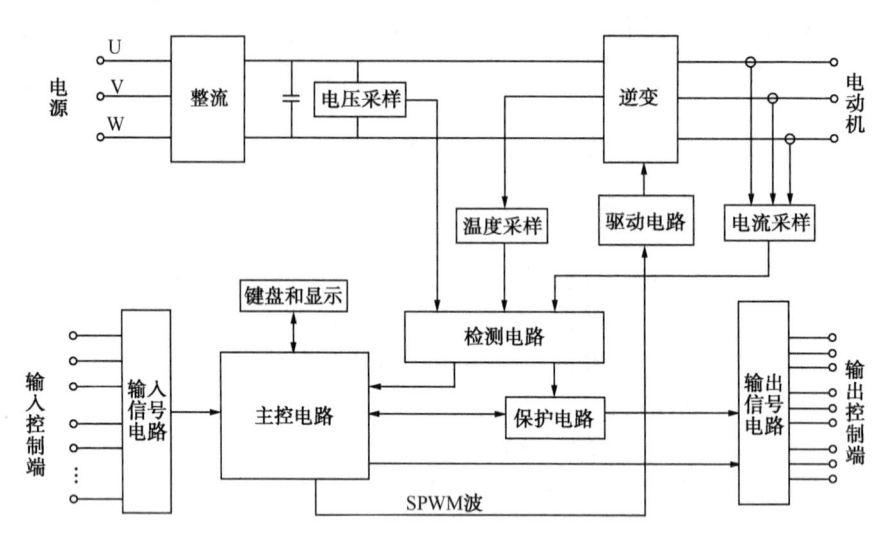

图 5.10　变频调速器的结构框图

下面以常见的锅炉燃烧时炉膛压力自动控制系统为例说明变频调速器的应用。大型锅炉运行时炉膛内的压力基本是一个常数，压力过高或者过低都会给锅炉的正常运行带来不良影响。常常需要调整鼓风量使锅炉能够处于最佳的运行状态。

炉膛压力控制系统根据炉膛压力检测信号与给定值进行比较，其偏差送控制器进行运算，得到的控制信号送执行器调整送风量，而此时风机电动机照常以额定的转数运转。采用变频调速器后，控制系统发生了变化。系统框图如图 5.11 所示。与传统的控制系统相比，变频调速器取代了原有的执行部件，它是通过改变风机电动机的转速来改变送风量的。由于变频调速器具有多种输入方式，能够很方便地与自动控制仪表相结合，因此在自动化领域的应用前景十分广阔。

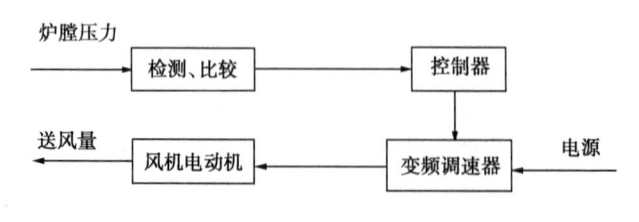

图 5.11　炉膛压力控制系统框图

5.4　电源箱和电源分配器

5.4.1　电源箱

电源箱是指为电动单元组合仪表集中供电的稳压电源装置，作用是将 220V 的交流电转换为 24V 的直流电。下面以 DFY 型电源箱为例说明其工作原理。

DFY 型电源箱有过压、欠压、过载和短路保护等功能。当接有备用电源时，若出现过压或欠压故障，DFY 会立即切断本电源的输出，并能把备用电源自动接上，保证仪表正常供电，同时有报警信号输出；当出现短路故障时，电源箱切断电源输出并发出报警，此时不会接上备用电源，待短路故障排除后，无须人工干预，自动恢复正常电压输出，对仪表系统继续供电。

该电源还有 24V 交流电压输出，可供记录仪电动机用电及其他需要 24V 交流电压的设备用电。

DFY 型电源箱的原理框图如图 5.12 所示，DFY 型电源箱主要由变压器、整流滤波电路、稳压电路和保护电路等组成。其中，采样电路、比较放大电路和调整元件构成稳压电路。

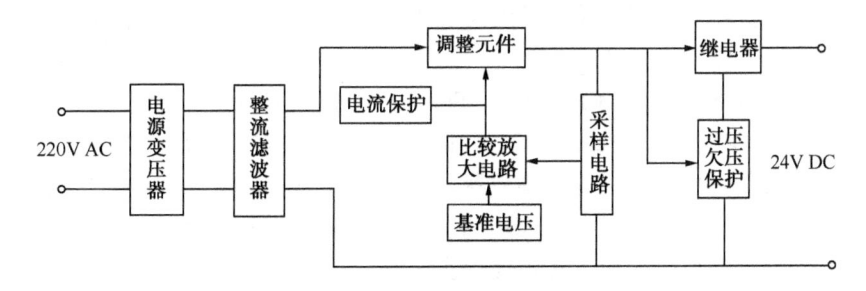

图 5.12　DFY 型电源箱的原理框图

工作原理是 220V AC 经变压器降压后由整流滤波电路将其转换为直流电。稳压电路通过采样电路取出输出电压的一部分和基准电压相比较，其差值放大后控制调整元件，使输出电压保持稳定。

5.4.2　电源分配器

电源分配器主要用于对各种盘装仪表和架装仪表供电，有交流和直流之分。如图 5.13 所示为 10 回路电源分配器原理图。如图 5.13（a）所示为交流型电源分配器，适用于两线

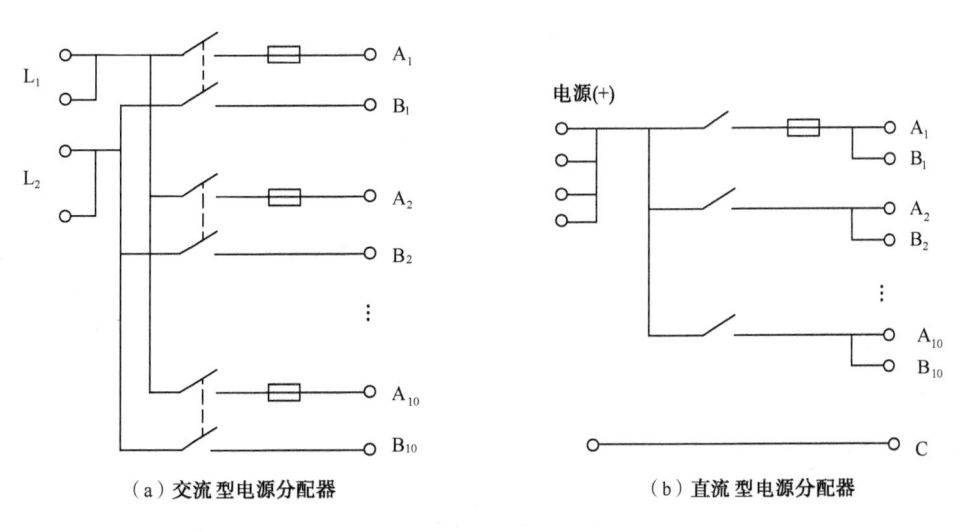

（a）交流型电源分配器　　（b）直流型电源分配器

图 5.13　电源分配器

供电的交、直流仪表；如图 5.13（b）所示为直流型电源分配器，适用于单线供电，公用零线不经开关的仪表供电。

5.4.3 现场总线仪表电源

普通的直流电源不能直接给现场总线仪表供电，因为直流连接会使数字通信信号通过直流电源而短路，为此，应在电源与现场总线之间接入一电感线圈。考虑到电感与终端器的电容可能形成振荡电路，因此要串联一个电阻，用电阻与电感串联形成无源电源阻抗器。无源电源阻抗器在使用过程中有一个很大的缺点，因为仪表的静态电流（直流）在 50Ω 电阻上将引起一个高热量消耗，更坏的情况是引起电源电压降落。有源电源阻抗器能较好地解决这些问题。

（1）现场总线仪表阻抗器（PSI302）。Smar 公司的 PSI302 是一台有源电源阻抗器，它是非隔离的，执行 FF 标准。PSI302 的工作如同一个非常稳定的电压调节器，并对交流信号进行阻抗控制，因而它也是一个阻抗调节器。除此之外，它结合了各种保护电路，如输入保护和输出保护，还有总线终端器。PSI302 的组成框图如图 5.14 所示。PSI302 不能直接使用在危险区域，若使用在危险区域，必须使用安全栅，以隔离安全区与危险区。

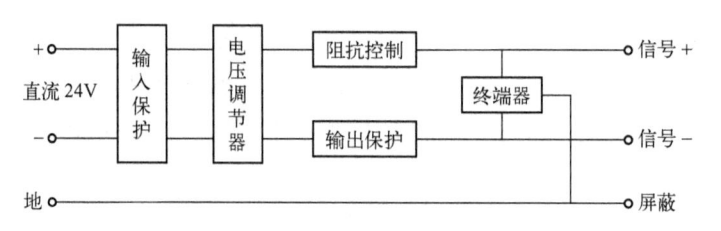

图 5.14 PSI302 的组成框图

（2）现场总线仪表电源（PS302）。Smar 公司的 PS302 是一个非本质安全的供电设备，它可以接收交流输入（90～260V，47～400Hz 或同等的直流），提供一个 24V 直流电压输出，输出电流最大为 1.5A，且具有短路、过流保护功能，适于与 PSI302 电源阻抗器配合给现场总线供电。

PS302 能给多达 5 个满负荷的 PSI302 供电。若输出发生过载、短路等，PS302 内部开关自动关断，从而保护电路安全。当输出正常条件恢复时，PS302 还能自动接通电源，恢复供电。现场总线仪表与 PS302 的连接如图 5.15 所示。PS302 冗余并联时，不需要任何附加元件。

（3）现场总线终端器（BT302）。在传输线路中，当传输介质在某点特征阻抗发生变化时，信号的一部分能量就会在此被反射，另一部分能量会透过此点，如图 5.16 所示。

电压反射系数：

$$R = \frac{Z_2 - Z_1}{Z_2 + Z_1} \tag{5-1}$$

电压透过系数：

$$I = 1 - \frac{Z_2 - Z_1}{Z_2 + Z_1} = \frac{2Z_1}{Z_2 + Z_1} \tag{5-2}$$

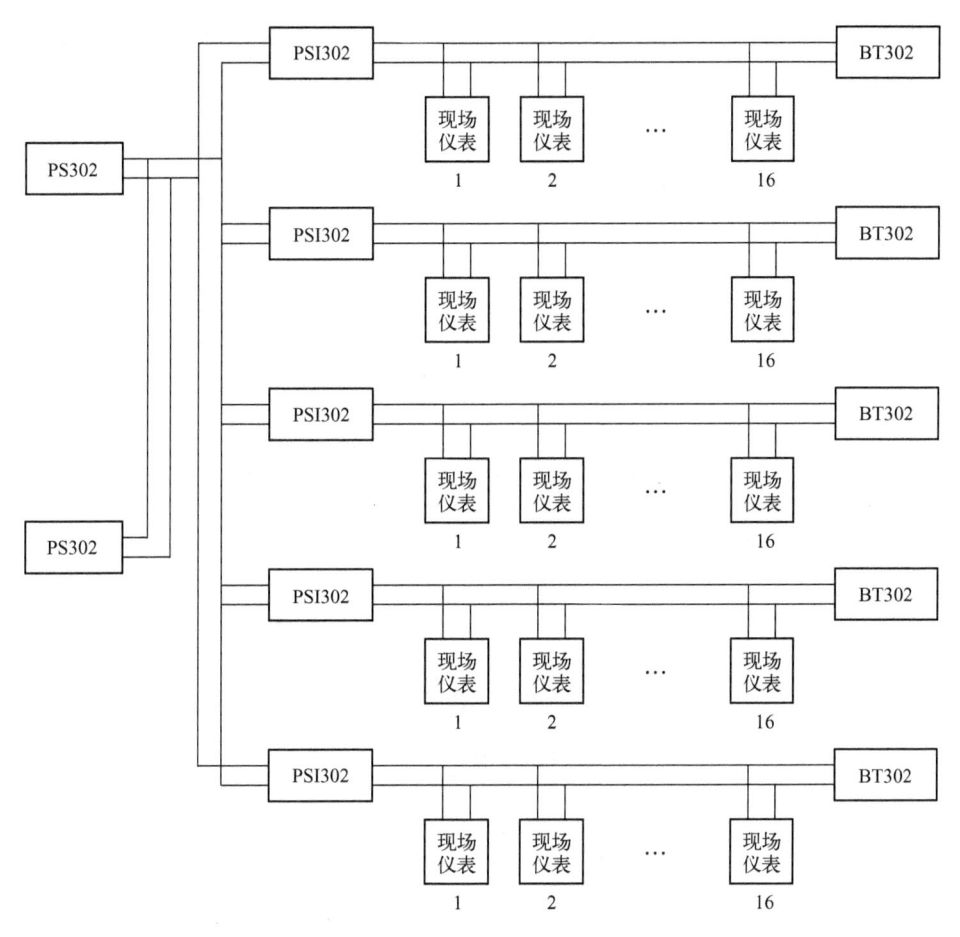

图 5.15 现场总线仪表与 PS302 的连接图

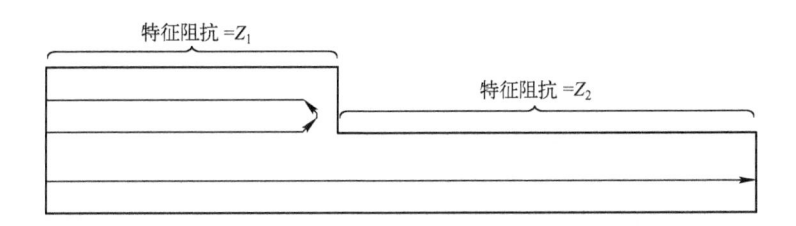

图 5.16 线路的反射

可见，若在某点前后，其 Z_1 与 Z_2 不相等，则电压反射系数 R 与 $Z_2 - Z_1$ 的差值成正比，这个反射信号的方向与信号传输方向正好相反，它将叠加在传输信号上，导致原始信号有较大的畸变，严重时甚至使整个网络通信瘫痪。

此外，在线路末端若任其自然终止，即 $Z_2 = \infty$，则电压透过系数为 0，反射系数为 1（即全部反射），反射信号会引起很大的干扰。因此，为防止终端反射，需要在线路末端接一个与传输电缆的特征阻抗相同的电阻，这个线路终端电阻称为终端器。

Smar 公司的 BT302 是一个为工业用户应用而设计的特殊终端器，它完全遵守 FF 标准，并符合本质安全防爆标准，可以使用在安全和危险区域。BT302 的构成极其简单，由一个

RC 电路组成，用 100Ω 的电阻和 1μF 的电容相串联。它使用高精度元件，从而避免温度变化引起的漂移。

本 章 小 结

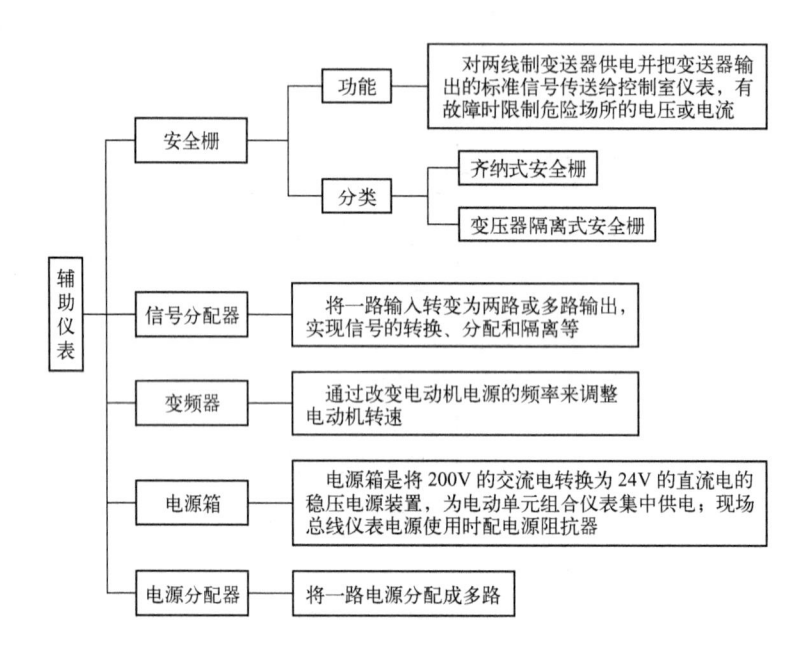

```
辅助仪表
├─ 安全栅
│   ├─ 功能：对两线制变送器供电并把变送器输出的标准信号传送给控制室仪表，有故障时限制危险场所的电压或电流
│   └─ 分类
│       ├─ 齐纳式安全栅
│       └─ 变压器隔离式安全栅
├─ 信号分配器：将一路输入转变为两路或多路输出，实现信号的转换、分配和隔离等
├─ 变频器：通过改变电动机电源的频率来调整电动机转速
├─ 电源箱：电源箱是将 200V 的交流电转换为 24V 的直流电的稳压电源装置，为电动单元组合仪表集中供电；现场总线仪表电源使用时配电源阻抗器
└─ 电源分配器：将一路电源分配成多路
```

思考与练习题 5

1. 安全栅有哪些作用？
2. 说明齐纳式安全栅的工作原理。
3. 说明检测端安全栅和操作端安全栅的构成及基本原理。
4. 电源箱中的稳压电路是如何工作的？
5. 说明电源分配器的作用及构成。
6. 说明信号分配器的作用及构成。
7. 说明电源阻抗器的作用及构成。

第6章

数字式控制器

知识目标
(1) 掌握数字式控制器的特点。
(2) 了解 SLPC 调节器的内部结构。
(3) 理解 SLPC 调节器的指令系统和控制功能指令。
(4) 掌握 SLPC 调节器的程序编制及操作方法。

技能目标
(1) 能正确操作 SLPC 调节器。
(2) 能运用 SLPC 调节器实现常规控制系统方案。

随着生产规模的扩大和自动化程度的提高,模拟仪表显示出功能单一、信息分散、监视操作不便等弱点。表现为:系统越大,使用的仪表越多,仪表盘过大,硬接线过多,读取信息和操作都不方便,系统可靠性低,维护困难。随着微电子技术的发展,微处理机的成本大大下降,功能日益丰富,可靠性显著提高,使计算机及各种数字式控制仪表在过程控制中的应用越来越广泛。本章主要介绍 SLPC 可编程调节器的结构、原理、控制运算模块、系统组态和应用等。

6.1 概 述

6.1.1 数字式控制器的分类

将包含有微处理机的过程控制仪表统称为数字式控制器。

数字式控制器可分为可编程逻辑控制器和可编程调节器。

可编程逻辑控制器简称可编程控制器(PLC),主要用于接点控制、联锁报警和顺序逻辑控制,部分中、高档机也有 PID 控制功能。

可编程调节器主要用于进行过程控制的 PID 运算。它主要有两种形式,一种是固定程序调节器,其功能一般较少并作为固定程序存储在控制器内,通过侧面板上的功能开关就可直接进行功能选择。程序是由生产厂根据用户要求编制的,用户不可更改。另一种是可编程调节器,它除 PID 功能外,还有许多辅助功能,一般比固定程序调节器功能更多,更完善。可编程调节器可从许多功能中选取所需的功能,由用户使用编程器编程,程序、数据可更改。

目前,我国从国外引进并已批量生产的数字式控制器主要有四川仪表总厂和上海调节器厂生产的 KMM 可编程调节器、西安仪表厂生产的 YS-80 系列 SLPC 可编程调节器、天津自动化仪表厂和兰州炼油厂仪表厂生产的 FC 系列中的 PMK 可编程调节器、大连仪表厂生产的 VI87MA 可编程调节器。

6.1.2 数字式控制器的特点

数字式控制器是以微处理机为运算、判断和控制的核心。它主要接收 1～5V DC 标准的连续模拟量信号,输出也是 1～5V DC 或 4～20mA DC 标准的连续模拟量信号,是以仪表外形出现的一种可由用户编写程序且能按照各种控制规律组成的数字式过程控制装置,所以也称可编程调节器。由于数字式控制器可通过专用的接口挂接在集散控制系统的数据总线上,成为集散控制系统的基层控制装置,所以也可以说,数字式控制器是集散控制系统基层的控制装置之一,其实质是一台微型工业过程控制计算机。因此,数字式控制器与模拟调节器有着本质的差别。

数字式控制器采用数字技术实现了控制技术、通信技术和计算机技术的综合控制。它具有模拟调节器不可比拟的优点,主要表现在以下几个方面。

(1) 性能价格比高。常规模拟调节器要增加功能全靠增加元件和线路,这会使可靠性降低,故附加功能有限。而数字式控制器将微处理机固化在仪表中,可通过编程实现各种不同的功能,并不需要增加硬件,做到一表多用,节省了其他仪表的投资。

(2) 使用方便。

① 数字式控制器采用模拟仪表的外形结构、操作方式和安装方法,沿袭模拟调节器的人机对话方式,易为人们接受和掌握。

② 数字式控制器的用户程序采用"面向过程语言"(简称 POL 语言)编制。即使不懂计算机语言的人,经过短期培训也能掌握。

③ 安装简便。在相同的控制规模下,使用数字仪表和使用模拟仪表相比,极大地减少了仪表数量,因而大大减少了仪表外部的硬接线。

(3) 灵活性强。

① 数字式控制器内部功能模块采用软接线,外部采用硬接线,并与模拟仪表兼容,为技术改造提供了极大的方便。

② 数字式控制器构成和变更控制系统十分灵活和方便。在不增加设备、不改变外部任何接线的情况下,仅需改变用户程序就能很容易地实现运算规律和控制方案的改变。

③ 数字式控制器可通过数据总线与一台小型 CRT 显示操作台连接,实现小规模系统的集中监视和操作;还可通过通信接口挂接到数据总线上,构成中、大规模的集散控制系统。

(4) 可靠性高。数字式控制器采取了以下可靠性措施。

① 使用的元器件数量相对较少,且均为可靠性高的集成电路;所使用的电子元器件都经过严格检查,元器件和整机都经过热冲击试验和温度老化处理。

② 自诊断和异常报警，除了对输入信号和偏差有上下限报警外，还可随时监视 A/D、D/A、数据寄存器、ROM 状态、RAM 中的数据保护、后备电源和 CPU 等。一旦上述某部件出现故障，数字式控制器能立即采取相应的保护措施，并显示故障状态或报警。

（5）通信功能。数字式控制器有数据通信功能，可通过专用的接口挂接在集散控制系统的数据总线上，成为集散系统的基层控制装置。

6.1.3 数字式控制器的构成原理

数字式控制器的结构组成方案有多种多样，但其工作原理大同小异。数字式控制器除了软件外，其基本组成可分为微处理机、过程通道、通信接口、编程器和其他辅助环节等几个部分，如图 6.1 所示。

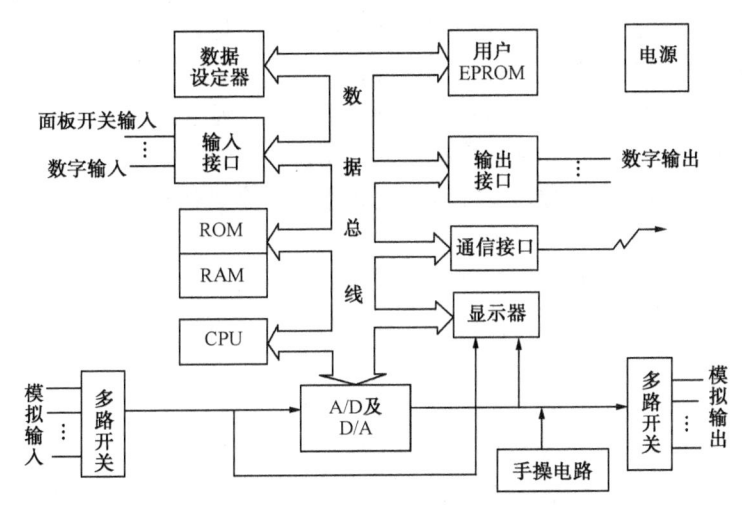

图 6.1 数字控制器原理框图

1. 微处理机

微处理机包括中央微处理器（CPU）及系统 ROM、RAM、用户 EPROM 等半导体存储器。

微处理机主要由微处理器（CPU）及存储器构成，是数字控制器的核心，所有运算、判断、数据传送、控制以及调节器自身的管理运算都在这里完成。调节器的过程管理程序、子程序库、用户程序等文件都存放在这里。

目前，大多数数字式控制器都采用 8 位微处理器。它通过数据总线、地址总线、控制总线与其他部件连接在一起完成各种操作。

数字式控制器中存储器的总容量一般在 10 KB 以上。目前数字控制器都采用半导体存储器，分为随机存储器（RAM）和只读存储器（ROM）两大类。

ROM 主要用于存放系统软件，包括管理程序、通信程序、人机接口程序、自诊断程序、模块子程序库等文件。用户只能调用供用户应用的程序，但不能对它修改。

RAM 用于存放中间运算结果、可变参数及调节器的一些状态信息。为了防止断电时

RAM 中的信息丢失，数字式控制器一般采用低功耗的 CMO SRAM 芯片，用镍铬电池做掉电后的后备电源。

为了存放由用户编制的用户程序，数字式控制器还配备了可擦写的只读存储器（EPROM），用户利用编程器将用户程序翻译成目标程序存放在 EPROM 中。

2. 过程通道

由于调节器的输入端与生产现场的检测变送装置相连接，输出端与执行器相连接，因此，调节器要配备相应的硬件电路完成信号的采集、变换、隔离等工作。这些硬件电路被称为过程通道，它是联系微处理机与外部生产过程的纽带和桥梁。过程通道分为输入通道和输出通道。

过程输入通道是现场传感器及其他装置向数字仪表传送数据及信息的通道。其主要功能是将传感器及现场仪表送来的信号变换成数字量以便于微处理机进行相应的运算。由于现场信息分成模拟量和数字量两类，因此输入通道又分为模拟输入通道和数字输入通道。

过程输出通道是指对执行装置进行控制操作的通道。通过过程输出通道将数字式控制器中微处理器输出的数字量变成相应的模拟量以控制执行器的动作。

由于输出通道接近受控对象，工作环境比较恶劣，控制对象的电磁干扰和机械干扰比较严重，因而，输出通道的可靠性和安全性都十分重要。除了对精度、速度和稳定性有相当高的要求外，还应具有输出保持功能、断电保持功能、手动/自动无扰动切换功能等特殊要求。

按照信号类型的不同，输出通道也分为模拟输出通道和数字输出通道两类。

3. 通信接口

数字式控制器可作为基层控制装置，它应与上位机进行通信，便于上位机对数字控制器进行设定值设定，对调节器参数、工作状态等进行监视和设定，因此配备了通信接口。

4. 其他

数字式控制器除上述几大组成部分外，还有显示报警、故障状态时的手动操作电路、电源等辅助环节。

6.2　SLPC 可编程调节器

SLPC 可编程调节器是 YEWSERIES 80 单回路数字控制仪表系列（简称 YS-80 系列）中最有代表性的可编程仪表。本节主要讲述 SLPC*E 型（功能增强型）可编程调节器。

6.2.1　SLPC 可编程调节器的性能

1. 主要技术指标

模拟量输入信号：1～5V DC 共 5 路。

模拟量输出信号：1～5V DC 共 2 路，负载电阻≥2kΩ。
模拟量输出信号：4～20mA DC 共 1 路。
状态量输入信号：接点或电压电平共 6 路。
状态量输出信号：晶体管接点（共用型）。
状态输入信号规格：接点信号 200Ω 以下为 ON，100kΩ 以上为 OFF。
电平信号：-1～$+1$V DC 为 ON，4.5～30 V DC 为 OFF。
比例度 δ：6.3%～999.9%。
积分时间：T_I：1～9999s。
微分时间：T_D：0～9999s。
控制功能：基本控制功能、串级控制功能、选择控制功能。
控制要素：标准 PID 控制要素、采样 PI 控制要素、批量 PID 控制要素。
程序功能：主程序 99 步，子程序 99 步，控制运算周期 0.1s 或 0.2s。
供电电源：交直流两用，无交直流电源转换开关。
100V 规格：20～130V DC，无极性；80～138V AC。
220V 规格：120～340V DC，无极性；138～264V AC。

2. 主要功能

(1) 信号及参数显示、设定功能。

① 面板显示、设定功能。面板可显示 PID 控制运算的测量值 PV、给定值 SV 及输出电流，给定值 SV 及手动方式时设定输出电流，显示并设定运行方式 C、A 或 M，由指示灯显示报警和故障信号。

② 侧面板显示、设定。右侧面板的键盘和数码显示器可选择显示许多种参数的数值。例如，各输入、输出信号，PID 控制运算的测量值、给定值，偏差和比例度，积分时间、微分时间，各种报警设定值，运算用的各种可变参数等。上述各种参数中，大部分还可用键盘进行设定和变更。在右侧面板还可进行 PID 控制正/反作用设定等。

(2) 运算控制功能。对若干个模拟量、状态量输入信号进行 46 种运算，运算结果以模拟量、状态量输出。

(3) 自整定功能。有的 SLPC 调节器具有自整定功能（STC）。它是利用微处理机技术，将熟练的操作人员、系统工程师的参数整定经验整理成多种调整规程，编成程序储存在 ROM 的"知识库"中。在调节器控制运行过程中，由调节器内的微处理机根据各项调节指标的实际状态反映出来的控制对象的特性及其动态变化，自动选择调用知识库中的调整规程，计算出 PID 调节时一些参数（比例度、积分时间、微分时间等）应取的最佳数值，向操作人员显示或进行自动变更，从而达到最佳控制效果。什么样的控制效果是最佳效果，应针对具体生产过程而定，例如，有的过程主要要求被调参数的超调量很小，有的则着重于要求被调参数衰减振荡的收敛较快。不同的生产过程对控制效果各项指标的要求可能各有侧重，STC 功能针对这些情况设计了四种控制目标形式，可由用户设定。这种自整定功能通常被称为"专家系统"。

(4) 通信功能。SLPC 既可在没有上位机系统的情况下独立工作，也可与上位机系统（YEWPACK 或 CENTUM 集散控制系统）连接，进行数据通信，在集散控制系统的操作站集中监视、管理下工作，成为集散控制系统的一个基层组成部分。

（5）自诊断功能。能实施周期性自诊断。当内部电路的重要器件发生故障，或运算出现异常，或过程参数发生异常等情况时，即可通过面板指示灯 FAIL 或 ALM，将异常信息告知操作人员，同时自动采取某些应急措施。如果要了解异常情况的具体内容，可通过侧面板的键盘操作在显示器显示。SLPC 还有一组自诊断标志寄存器 FL17～FL29，当发生某种异常情况时，其中相应的某个寄存器内的状态信号自动由 0 变为 1，可利用用户程序检出。

3. 运算控制功能的选定

SLPC 内的微处理机软件有系统软件（管理程序）与应用软件。应用软件包括过程控制软件包与用户程序。SLPC 具有生产过程控制需用的几十种运算控制功能，每一种运算功能都有一段相应的实现该功能的程序，也称为功能模块。这许多段程序作为资料化的标准程序组成过程控制软件包，在制造 SLPC 时已存储在 ROM 中以供调用。由用户编写的，按实际运算控制需要调用过程控制软件包中标准程序的程序就是用户程序。SLPC 的用户程序是指令语句式程序，用助记符式的组态语言编写。这种语言包括许多条指令语句，每条指令语句与过程控制软件包中的一个标准程序相对应。用户程序中用一条指令语句即可从程序控制软件包中调用一个相应的标准程序，执行一种相应的运算。用户根据过程控制方案所需要进行的运算，选用若干条指令语句，按适当次序组成一个完整的用户程序，通过编程器存入调节器的 EPROM 中。调节器就在每个控制周期（0.1～0.2s）内依次调用过程控制软件包中的若干个标准程序，执行用户程序规定的全部运算控制。

用户程序允许容纳的指令语句数最多 198 条，其中主程序 99 条，子程序 99 条。每个控制周期内用户程序的实际执行步数（包括子程序重复执行）最多 240 步。

如果需要改变 EPROM 中的程序，可用紫外线照射 EPROM，擦除原来固化在其中的程序，用编程器输入新的用户程序。

除了编制用户程序存入 EPROM 外，还需要在调节器正面板、侧面板进行一些必要的设定操作，例如设定运行方式、正/反作用、PID 参数及其他一些参数，才能完全确定这一台调节器的运算控制功能。

6.2.2 SLPC 可编程调节器的硬件结构

1. 外形结构

SLPC 调节器是盘装式仪表，其外形如图 6.2 所示。外形结构中与用户操作使用直接有关的是正面板、侧面板和接线端子板。

（1）正面板。正面板有两种形式：动圈表头指示型，如图 6.3（a）所示；荧光指示型，如图 6.3（b）所示。这两种形式的区别仅是 PV、SV 的指示方式不同。面板包括以下功能件。

① 测量值（PV）与给定值（SV）指示器：动圈表头指示型调节器采用动圈式双针指示表，两个指针分别指示 PV（红针）和 SV（蓝针）。荧光指示型调节器由绿色荧光柱指示 PV，高亮度绿色荧光游标指示 SV。

第 6 章 数字式控制器

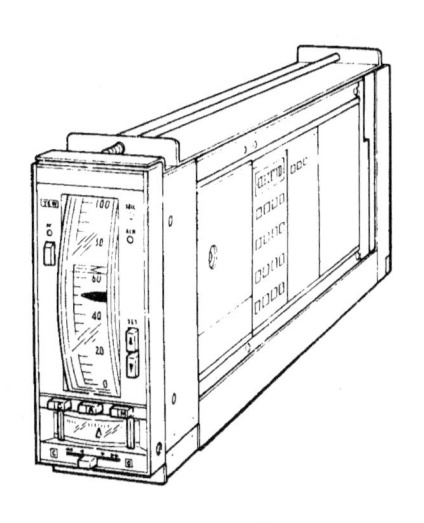

图 6.2 SLPC 调节器的外形

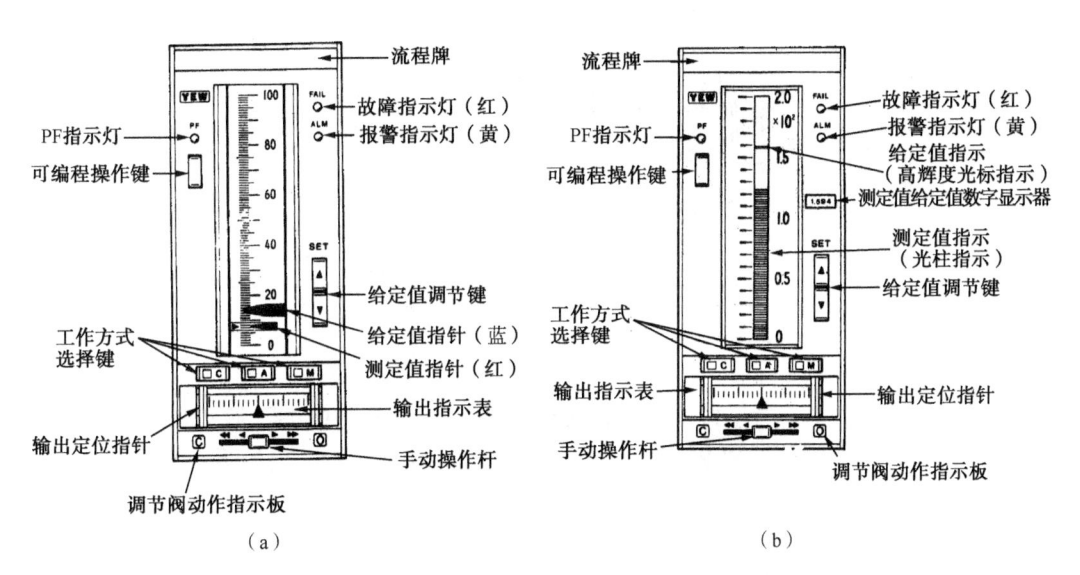

图 6.3 SLPC 调节器正面板

显示器，可用侧面板的 PV/SV 数字显示选择按键进行选择显示 PV 或 SV 的数值。

② 工作方式选择键：C、A、M 三个按键（带指示灯），分别对应串级给定自动控制方式（C）、本机给定自动控制方式（A）、手动操作方式（M）三种运行方式。

③ 内给定值调节键（SET 键）：有增、减两个按键，在调节器为 A、M 方式时调节给定值的大小。

④ 输出指示表：为动圈式表头，指示 4～20 mA DC 输出电流信号。

⑤ 手动操作杆：在调节器为 M 方式时，手动改变输出电流，向左拨减小，向右拨增大，不拨则自动处于中间位置，输出电流保持不变。

⑥ 故障指示灯 FAIL（红色）与报警指示灯 ALM（黄色）：当调节器发生某些故障（硬件发生故障、用户程序出错等）时 FAIL 灯亮，发生测量值超限等情况时 ALM 灯亮，在侧面板显示器显示故障或报警的具体内容。

⑦ 可编程操作键（PF键）及其指示灯（PF灯）：按PF键可产生一个供用户程序使用的状态信号。PF灯的亮或灭也由用户程序控制，向操作人员提供某种含义的识别标志。

(2) 侧面板。侧面板有键盘、数码显示器及开关等操作部件，如图6.4所示。

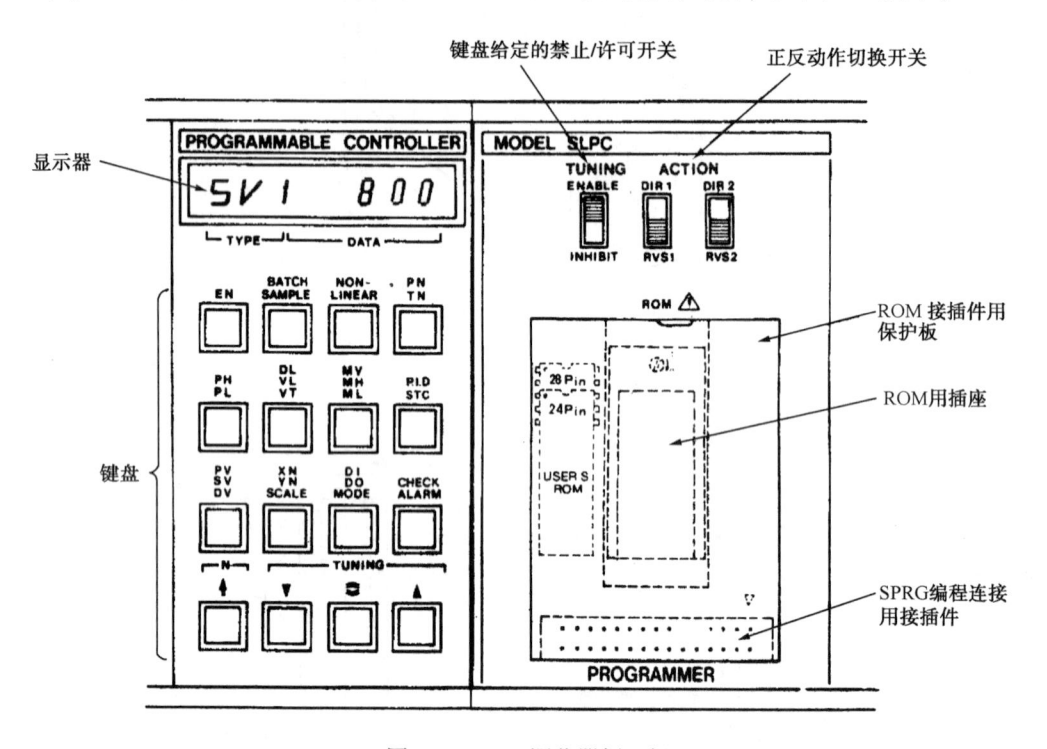

图6.4 SLPC调节器侧面板

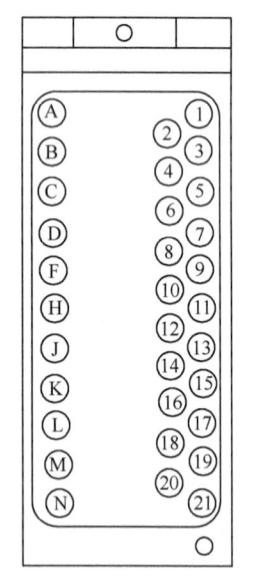

(3) 接线端子板。背面接线端子板的端子编号如图6.5所示。SLPC调节器端子功能如表6.1所示，电源另有端子或电源线。

6对状态信号输入/输出端子的每一对既可用做输入（DI），又可用做输出（DO），视需要而定，使用很灵活。每一对端子究竟用做输入还是输出，由编程时对常数$DIOn$（$n=01\sim06$，对应$1\sim6$状态信号端子对）的设定值决定。可分别设定为0或1，指定相应端子对用做输入或输出。如果编程时不做这种设定，则默认IN1、IN2、IN3用做输入，另3对端子OUT1、OUT2、OUT3用做输出。

2. 内部电路

SLPC调节器的内部电路简图如图6.6所示。从用户使用的需要考虑，简要说明其中故障输出和状态信号输出电路的结构，如图6.7所示。当某一对状态信号端子被指定用做输出时，输出的是NPN型晶体管接点信号，调节器两个输出端子分别连接着晶体管的集电极与发射极。因为是无电源输出，使用时应有外部直流电源，

图6.5 接线端子板

要注意正、负极性。如果外接感性负载，应在负载两端并联保护二极管，以防止在晶体管接点由导通变为截止时晶体管被高电压击穿。不能对交流负载直接开关，应设置中间继电器。

第6章　数字式控制器

表6.1　接线端子的功能

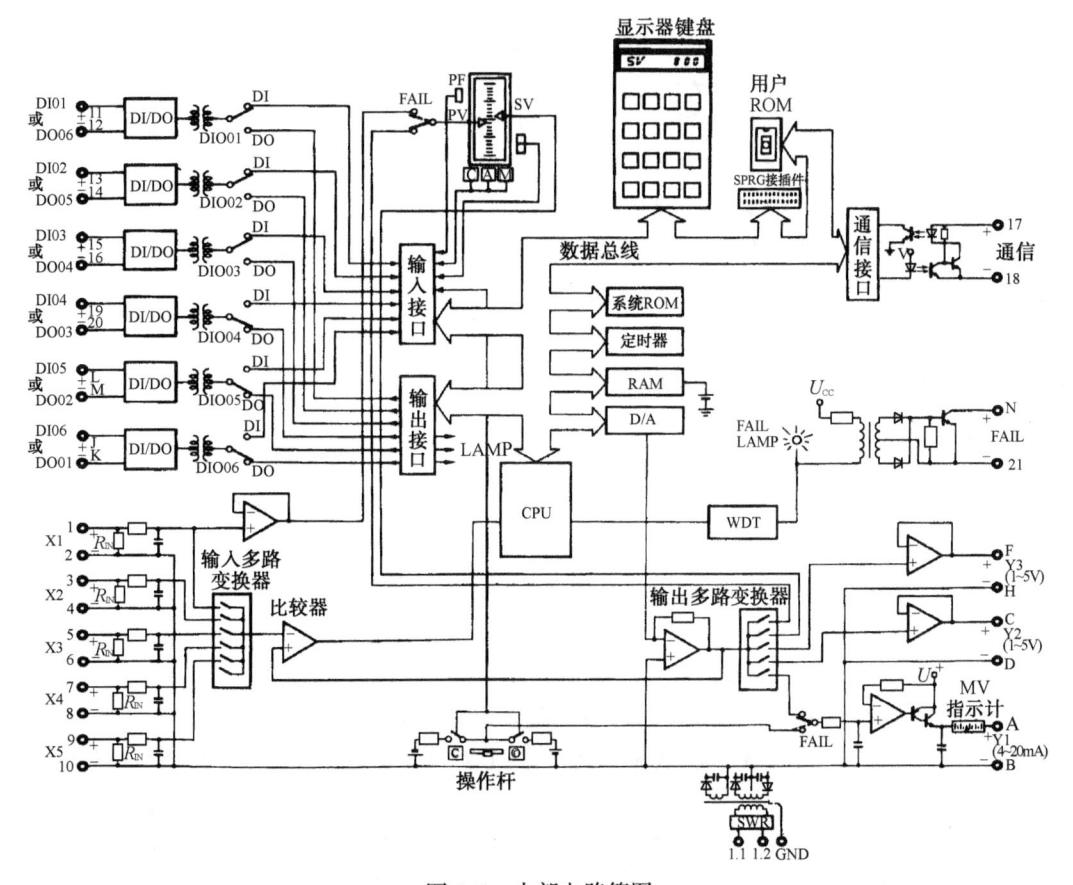

端子记号	信号名称	端子记号	信号名称
1 2	+ − 模拟输入1	17 18	+ − 通信
3 4	+ − 模拟输入2	19 20	+ − 状态信号4 (DI04,DO03)
5 6	+ − 模拟输入3	21	− 故障(−端子)
7 8	+ − 模拟输入4	A B	+ − 模拟输出1 (电流输出)
9 10	+ − 模拟输入5	C D	+ − 模拟输出2
11 12	+ − 状态信号1 (DI01,DO06)	F H	+ − 模拟输出3
13 14	+ − 状态信号2 (DI02,DO05)	J K	+ − 状态信号6 (DI06,DO01)
15 16	+ − 状态信号3 (DI03,DO04)	L M	+ − 状态信号5 (DI05,DO02)
		N	+ 故障(−端子)

图6.6　内部电路简图

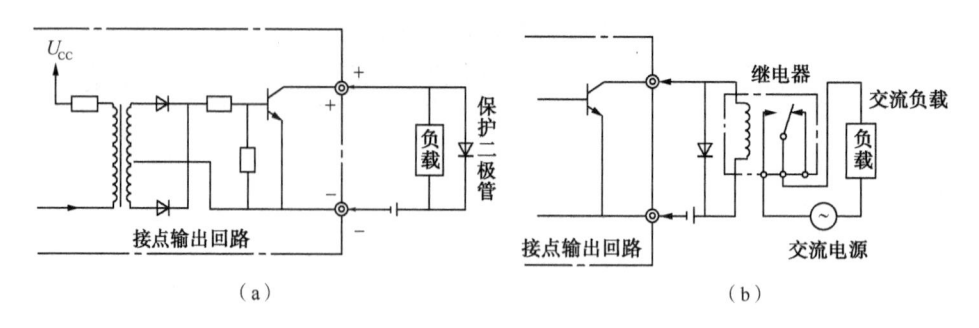

图6.7 状态输出电路及外部负载接法

6.2.3 SLPC可编程调节器的指令系统

1. 内部数据

SLPC调节器内部的运算是数字式运算，参加运算的数据及运算结果都分为连续数据、状态数据两类。

（1）数据类型。

① 连续数据：采用二进制16位数据，其中，1位符号，3位整数。因为实际位数有限，所谓连续数据是以1×2^{-12}即约0.00024（十进制）为最小变化单位的。内部运算精度也因此受到限制。数据范围为-7.999～+7.999（十进制）。内部运算中参加运算的数据以及任何一步运算结果，都必须在此范围内，否则便以极限值代替运算结果并发出报警。

② 状态数据：只有0和1两个数。

（2）内部数据与输入、输出信号的关系。

① 模拟信号与内部数据的关系：输入或输出的1～5V DC电压信号，输出的4～20mA DC电流信号，线性地对应内部连续数据0.000～1.000。

② 状态信号与内部数据的关系：输入状态信号ON对应内部状态数据1，OFF对应0。内部状态数据1若从某状态输出端子输出，则该端子的晶体管接点为通；状态数据0输出则接点为断。

2. 用户寄存器

SLPC内部有许多与应用软件密切相关的用户寄存器，用于寄存各种连续数据、状态数据。编写用户程序时必须正确使用这些寄存器。

（1）基本寄存器。基本寄存器主要有以下8种。

① 模拟量输入寄存器Xn（$n=1$～5），共5个寄存器，与5个模拟输入信号相对应。5个模拟输入信号经A/D转换成内部连续数据后存入X1～X5。

② 模拟量输出寄存器Yn（$n=1$～6），共6个寄存器。

Y1～Y3对应SLPC的3个模拟输出信号。Y1对应电流输出信号，Y2、Y3对应两个电压输出信号。

Y4～Y6作为与上位机系统通信的辅助模拟输出寄存器。如果SLPC调节器与上位机系统有通信连接，Y4～Y6内的数据可由SLPC的通信端子传输给上位机系统。

③ 状态量输入寄存器 DIn ($n=01\sim06$)，共 6 个寄存器，与 SLPC 的 6 个状态输入信号相对应。由状态输入信号决定寄存器内的状态数据，ON 为 1，OFF 则为 0。

④ 状态量输出寄存器 DOn ($n=01\sim16$)，共 16 个寄存器。

DO01～DO06 对应 SLPC 的 6 个接点输出信号。寄存器中的状态数据若是 1 则相应的输出端子为通，若是 0 则为断。

应该指出，虽然 DIn 和 DOn 各有 6 个，但编程时使用的 DIn、DOn 的总数不得超过 6 个，且 DIn、DOn 对应的状态输入、输出端子不得重复。SLPC 的状态输入、输出端子共有 6 对，每一对端子都可设定用做输入或输出，但同一对端子不可既用做输入又用做输出。究竟哪几对作为输入、哪几对作为输出，由编程时对参数 DIOn 的设定值决定。如果编程时没有进行 DIO01～DIO06 设定，那么 DIO01～DIO03 自动取初始值 0，DIO04～DIO06 取初始值 1。

DIO07～DIO16 用于内部状态数据寄存，它们没有对应的输入、输出端子。

⑤ 可变参数寄存器 Pn，P01～P16 16 个寄存器用于存放过程控制中需要设定的可变参数，可通过侧面板设定，Pn 的内容可在用户程序中进行读写，其中 P01、P02 的数值还可由上位机系统设定。

⑥ 常数寄存器 Kn ($n=01\sim16$)，共 16 个寄存器，用于运算中固定常数设定。其数值在编程时通过编程器设定，调节器运行中不能修改，只能读出。

⑦ 暂存寄存器 Tn ($n=01\sim16$)，共 16 个寄存器，用于暂存中间运算结果，便于编程。

⑧ 运算寄存器 Sn ($n=1\sim5$)，5 个寄存器为堆栈结构，S1 在最上层，S5 在最下层。数据只能从最上层的 S1 进出。当把数据装入 S1 时，各层中原来的数据依次压入下一层。控制功能、编程语言的每一条指令语句、用户程序的每一步，都与 S 堆栈有关。编程者必须清楚地了解：使用每条指令语句时 S 堆栈各层应存放什么数据，每条指令执行后 S 堆栈中的数据有怎样的变化。否则，不可能编写出正确的用户程序。

(2) 功能扩展寄存器。为了扩展控制功能，还设置了 A 类、B 类、FL 类功能扩展寄存器。每一类包括多个寄存器，如果不需要进行扩展，可对全部寄存器置于初始值。

① A 类寄存器 A01～A16 共 16 个寄存器。各寄存器名称、功能等参见表 6.2。这类寄存器主要用于扩展 PID 控制的功能，借助它们实现串级外给定、可变增益、输入/输出补偿等控制功能。

表 6.2　A 寄存器的功能

A 寄存器	代号	控制功能 BSC	控制功能 CSC	控制功能 SSC	名称	功　　能		初值
A1	CSV1	△	△	△	外部串级给定	串级给定方式时，以 A1 的内容为给定值（MODE2=1）	对 CNT1	-8.000
A2	DM1		△	△	输入补偿	在偏差上加上 A2 的内容，用于滞后时间补偿	对 CNT1	0.000
A3	AG1	△	△	△	可变增益	在比例项上乘以 A3 的内容，调整增益	对 CNT1	1.000
A4	FF1	△	△	△	前馈控制	在控制输出上加上 A4 的内容	对 CNT1	0.000
A5	CSV2		△	△	外部串级给定	选择控制时，以 A5 的内容为第二回路给定值（MODE3=1）	对 CNT2	-8.000
A6	DM2			△	输入补偿	同 A2	对 CNT2	0.000
A7	AG2			△	可变增益	同 A3	对 CNT2	1.000
A8	FF3			△	前馈控制	同 A4	对 CNT2	0.000

续表

A寄存器	代号	控制功能 BSC	控制功能 CSC	控制功能 SSC	名称	功能	初值
A9	TRK	△	△	△	输出跟踪	在串级给定或内给定且FL9=1时，输出A9的内容	-8.000
A10	EXT			△	选择外部信号	在选择控制时，A10的内容作为第三个受选信号	③
A11	SSW			△	选择条件开关	选择控制时，A11的内容参与规定选择功能	0.000
A12	SV1	△	△	△	给定值	存储CNT1的给定值	不置初值
A13	SV2		△	△	给定值	存储CNT2的给定值	不置初值
A14	MV	△	△	△	操作输出值	存储控制功能的操作输出值	不置初值
A15	PVM	△	△	△	指示测量值	存储在A15中的数值在测量值指示器上显示	不置初值
A16	SVM	△	△	△	指示给定值	存储在A16中的数值在给定值指示器上显示	不置初值

① BSC、CSC、SSC分别表示基本控制、串级控制、选择控制，CNT为控制要素，MODE为操作方式。
② 标有△符号表示该寄存器可用于该种控制功能。
③ 低选时初值为8.000，高选时为-8.000。
④ A类寄存器均可读、写。

② B类寄存器包括B0~B39（编号不连续），参见表6.3。这类寄存器使PID控制的各种参数，如比例度、积分时间、微分时间、报警设定值等，可由用户程序设定、变更，从而实现这些参数的自动修改。

表6.3　B寄存器的功能

B寄存器	代号	名称	对应内部数据0~1的参考范围	最大设定范围
B01	PB1	比例度	(0)~100.0%	6.0%~799.9%
B21	PB2			(6.3%~999.9%)
B02	TI1	积分时间	(0)~1000s	1~7999s
B22	TI2			(1~9999s)
B03	TD1	微分时间	0~1000s	0~7999s
B23	TD2			(0~9999s)
B04	GW1	非线性控制不灵敏区宽度	0~100.0%	0~100.0%
B24	GW2			
B05	GG1	非线性控制增益	0~1.000	0~1.000
B25	GG2			
B06	PH1	上限报警设定值	0~100.0%	-6.3%~106.3%
B26	PH2			
B07	PL1	下限报警设定值	0~100.0%	-6.3%~106.3%
B27	PL2			
B08	DL1	偏差报警设定值	0~100.0%	0~100.0%
B28	DL2			
B09	VL1	变化率报警变化幅度设定值	0~100.0%	0~100.0%
B29	VL2			

续表

B寄存器	代号	名称	对应内部数据 0~1 的参考范围	最大设定范围
B10	VT1	变化率报警变化时间设定值	0~1000s	1~7999s (1~9999s)
B30	VT2			
B11	MH1	操作信号上限限幅值	0~100.0%	-6.3%~106.3%
B31	MH2			
B12	ML1	操作信号下限限幅值	0~100.0%	-6.3%~106.3%
B32	ML2			
B13	ST1	采用PI控制 采用时间（周期）	0~1000s	0~7999s (0~9999s)
B33	ST2			
B14	SW1	采用PI控制 控制时间	0~1000s	0~7999s (0~9999s)
B34	SW2			
B15	BD1	批量PID控制偏差设定值	0~100.0%	0~100.0%
—	—			
B16	BB1	批量PID控制偏置值	0~100.0%	0~100.0%
—	—			
B17	BL1	批量PID控制锁定宽度	0~100.0%	0~100.0%
—	—			
B18	PX1	可变型设定值滤波系数 α	0~1.000	0~1.000
B38	PX2			
B19	PY1	可变型设定值滤波系数 β	0~1.000	0~1.000
B39	PY2			

① 最大设定范围中（ ）内的时间是可从SLPC侧面板设定的范围。

③ FL类寄存器包括FL01～FL32（编号不连续），参见表6.4。其中，FL01～FL08用于存放各种报警的标志；FL09～FL31用于由用户程序设定调节器的工作方式，从而实现运行方式自动切换；FL19～FL29用于存放自诊断结果的标志。

表6.4 FL寄存器的功能

FL寄存器	代号	控制功能 BSC	控制功能 CSC	控制功能 SSC	名称	信号 0	信号 1	说明	初始值
FL1	PH1	○	○	○	测量值上限报警	正常	异常	侧面板设定范围 -6.3%~+106.3%，滞后2%	—
FL2	PL1	○	○	○	测量值下限报警	正常	异常	侧面板设定范围 -6.3%~+106.3%，滞后2%	—
FL3	DL1	○	○	○	偏差报警 对CNT1	正常	异常	侧面板设定范围 0~100%，滞后2%	—
FL4	VL1	○	○	○	测量值变化率报警	正常	异常	侧面板变化率设定范围 0~100%，设定时间 1~7999s	—

续表

FL寄存器	代号	控制功能 BSC	控制功能 CSC	控制功能 SSC	名称	信号 0	信号 1	说明	初始值
FL5	PH2	—	○	○	测量值上限报警	正常	异常	与 PHI 相同	—
FL6	PL2	—	○	○	测量值下限报警	正常	异常	与 PLI 相同	—
FL7	DL2	—	○	○	偏差报警	正常	异常	与 DL1 相同（对 CNT2）	—
FL8	VL2	—	○	○	测量值变化率报警	正常	异常	与 VL1 相同	—
FL9	TRK	·	·	·	输出跟踪	自动	跟踪	在执行 C、A 方式时，MV 输出是 A9 之值（PL=91 时）	0
FL10	C/A	·	·	·	C/A 方式切换	A	C	利用 0、1 信号，可以实现 C/A 切换（但只限 FL=11 时）	正面板设定
FL11	A/M	·	·	·	A/M 方式切换	M	C 或 A	利用 0、1 信号，可以实现 C、A/M 切换	正面板设定
FL12	O/C	—	·	—	内部串级开关切换	串级	CNT2单独	在 CNT2 单独时，正面板 PF 灯闪烁	侧面板设定
FL18	STC	·	·	·	STC 启动/停止	不停止	停止	根据组合而定	0
FL30	STC	·	·	·	STC 方式指定 1	—	—	根据组合而定	—
FL31	STC	·	·	·	STC 方式指定	—	—	根据组合而定	—
FL13	C/C	·	·	·	设定；模拟计算机	模拟	计算机	串级设定信号的选择：模拟或计算机（MODE2）	—
FL14	DDC	○	○	○	DDC 后备	—	DDC		—
FL15	FAIL	○	○	○	通信停止	正常	停止	一旦出现通信异常，则（0）状态变（1）状态	—
FL17		○	○	○	与 SLMS 通信	停止	有效	与可编程序脉冲宽度输出调节器 SLMS 之间的通信	—
FL19		○	○	○	运算超出范围	正常	异常	运算结果超过 ±7.99	—
FL20		○	○	○	输入超出范围	正常	异常	在 X1～X5 中，至少有一个超出范围而异常	—
FL22		○	○	○	停电保护电池异常	正常	异常	电池接触不良或电压下降	—
FL23		○	○	○	电流输出开路	正常	异常	4～20mA 电流输出的开路	—
FL24		○	○	○	RAM 异常	正常	异常	由于电源、电池的异常，RMA 内的数据丢失	—
FL25		○	○	○	X1 输入超出范围	正常	异常		—
FL26		○	○	○	X2 输入超出范围	正常	异常	在用户程序中，仅以使用的输入作为诊断对象	—
FL27		○	○	○	X3 输入超出范围	正常	异常		—
FL28		○	○	○	X4 输入超出范围	正常	异常		—
FL29		○	○	○	X5 输入超出范围	正常	异常		—
FL32	MTR	—	·	·	指标表切换	CNT1	CNT2	将 CNT1 或 CNT2 的 PV、SV 显示在正面盘的指示表上，同时将 SET 键设定对象也切换	0

① 控制功能中○号表示只能用 LD 指令读取；·表示可用 LD 和 SI 指令读、写。

3. 功能模块

SLPC 的过程控制软件包中有几十种标准程序（或称功能模块），供用户在编程时调用。每种功能模块对应编程语言中的一条指令语句。选用若干条指令按照一定规则依次排列，即可组成一个用户程序。指令概况参见表 6.5。

表 6.5 运算控制模块

分类	指令符号	指令功能	运算寄存器内容① 指令执行前 S1	S2	S3	指令执行后 S1	S2	S3	说明
数据传输	LD Xn	从 Xn 读入	A	B	C	Xn	A	B	Xn→S1，S 各层原数据依次下压②
	ST Yn	向 Yn 存储	A	B	C	A	B	C	S1→Yn，S 堆栈内容不变③
	CHG	S 交换	A	B	C	B	A	C	S1 与 S2 内容交换，其余各层不变
	ROT	S 旋转	A	B	C	B	C	D	S1→S2，其余各层依次上升一层
基本运算	+	加法	A	B	C	B+A	C	D	S1←（S2+S1）
	−	减法	A	B	C	B−A	C	D	S1←（S2−S1）
	×	乘法	A	B	C	B×A	C	D	S1←（S2×S1）
	÷	除法	A	B	C	B÷A	C	D	S←1（S2÷S1）
	√	开平方运算	A	B	C	$\sqrt{A}$	B	C	S1←$\sqrt{S1}$
	$\sqrt{E}$	小信号切除点可变型开平方运算	小信号切除点设定值	A	B	小信号切除状态的$\sqrt{A}$	B	C	S1←小信号切除状态的$\sqrt{S2}$
	ABS	绝对值	A	B	C	|A|	B	C	S1←|S1|
	HSL	高值选择	A	B	C	A 与 B 中较大值	C	D	比较 S1 与 S2 的内容，大值存入 S1
	LSL	低值选择	A	B	C	A 与 B 中较小值	C	D	将小值存入 S1
	HLM	高限幅	上限设定值	输入值	A	被控制在上限值以下的输入	A	B	输入值在上限设定值以下时，将输入值存入 S1；如果在上限设定值以上，则将设定值存入 S1
	LLM	低限幅	下限设定值	输入值	A	被低限的输入	A	B	进行下限限幅
带编号的运算	FX1，2	10 段折线函数	输入值	A	B	经过折线变换的输入值	A	B	对输入做 10 等份的 10 段折线函数运算
	FX3，4	任意折线函数	输入值	A	B	经过折线变换的输入值	A	B	对输入做 10 段任意折线函数运算
	LAG1 ~8	一阶滞后	时间常数	输入值	A	经过滞后运算的输入值	A	B	对输入进行一阶滞后运算，并将所得结果存 S1

续表

分类	指令符号	指令功能	运算寄存器内容①						说明
			指令执行前			指令执行后			
			S1	S2	S3	S1	S2	S3	
带编号的运算	LED1,2	一阶超前	时间常数	输入值	A	经过超前运算的输入值	A	B	对输入值进行一阶超前运算,并将所得结果存入S1
	DED1~3	纯滞后	纯滞后时间	输入值	A	回溯纯滞后时间的输入值	A	B	S1存入回溯到被设定的纯滞后时间的值
	VEL1~3	变化率运算	纯滞后时间的设定值	输入值	A	从现在值中减去过去值	A	B	从现在值中减去过去值,将结果存入S1
	VLM1~6	变化率限幅	下降变化率限幅值	上升变化率限幅值	输入	对变化速度进行限制的输入值	A	B	将输入值的变化速度限制在设定范围以内
	MAV1~3	移动平均运算	运算时间设定	输入值	A	平均运算值	A	B	从被设定的过去的时间到现在的平均值存入S1
	CCD1~8	状态变化检出	0/1	A	B	0/1	A	B	S1从0向1变化则S1=1,S1不变或1→0则S1=0
	TIM1~4	计时器	0/1	A	B	经过时间	A	B	S1为0时复位,S1为1则定时器接通或正在计时
	PGM1	程序设定	复位信号	启动/保持信号	初始值	程序输出值	结束标志	A	程序输出值按设定规律随时间变化
	PIC1~4	脉冲输入计数	计数/复位信号	输入脉冲(0/1)	A	计数输出值	A	B	计算输入脉冲数
	CPO1,2	积算脉冲输出	积算率	输入值	A	输入值	A	B	积算脉冲输出,1000×S1×S2(个/h)
	HAL1~4	上限报警	滞后宽度	报警设定值	输入值	报警信号(0/1)	输入值	A	带滞后宽度的上限报警,无警则S1为0,有警则为1
	LAL1~4	下限报警	滞后宽度	报警设定值	输入值	报警信号(0/1)	输入值	A	带滞后宽度的下限报警
条件判断	AND	逻辑与	A	B	C	A∩B	C	D	(S2∩S1)→S1
	OR	逻辑或	A	B	C	A∪B	C	D	(S2∪S1)→S1
	NOT	逻辑非	A	B	C	$\overline{A}$	B	C	$\overline{S1}$→S1
	EOR	逻辑异或	A	B	C	A⊕B	C	D	(S2⊕S1)→S1
	GO mn	向mn步转移	A	B	C	A	B	C	程序转移到后面的第mn步
	GIF mn	条件转移	0/1	A	B	A	B	C	S1为0时,转下一步;S1为1时,转mn步
	GO SUB mn	向子程序mn跳转	A	B	C	A	B	C	输入第mn号子程序

续表

分类	指令	指令功能	运算寄存器内容①						说 明
			指令执行前			指令执行后			
			S1	S2	S3	S1	S2	S3	
条件判断	GIF SUB mn	向子程序 mn 跳转的条件转移	0/1	A	B	A	B	C	S1 为 0 时，转下一步；S1 为 1 时，转向子程序 mn
	SUB mn	子程序	A	B	C	A	B	C	第 mn 号子程序的起始
	RTN	返回	A	B	C	A	B	C	从子程序返回
	CMP	比较	A	B	C	0/1	B	C	比较 S1、S2 的内容，S2 < S1 时为 0，S2 ≥ S1 时为 1
	SW	信号切换	0/1	A	B	A 或 B	C	D	S1 为 0 时，S3→S1；S1 为 1 时，S2→S1
	END	程序终结	A	B	C	A	B	C	
控制功能	BSC	基本控制	PV	A	B	控制输出	A	B	
	CSC	串级控制	PV2	PV1	A	控制输出	A	B	
	SSC	选择控制	PV2	PV1	A	控制输出	A	B	

① 在还未为本指令准备运算数据时 S 寄存器 S1～S5 各层内容假设为 A、B、C、D、E。
② 数据读入指令 LD 还可读取其他寄存器，如 Y_n、P_n、K_n、T_n、A_n、B_n、FL_n、DI_n、DO_n、KY_n 等。
③ 数据输出指令 ST 还可把 S1 数据存入其他寄存器，如 P_n、T_n、A_n、B_n、FL_n、DO_n、FP_n 等。

（1）用户程序结构和运算寄存器的动作。一个完整的用户程序由输入、运算处理、输出、结束四部分组成。下面是一个很简单的用户程序。

步序号	指 令
1	LD X1
2	LD X2
3	−
4	ST Y1
5	END

假设程序执行前 S1～S5 内数据为 A、B、C、D、E，这些数据与程序无关。

第一步：LD X1（读取模拟输入信号 1）。

从端子 1～2 输入的模拟输入信号 U_{i1}（1～5V DC）经 A/D 转换为内部数据，已存入输入寄存器 X1 内。执行 LD X1 指令后，X1 内数据进入运算寄存器 S1（X1 内数据仍保持），而 S 堆栈各层原来的数据依次下移，S5 中原来的数据丢失。

第二步：LD X2（读取模拟输入信号 2）。

从端子 3～4 输入的模拟输入信号 U_{i2} 经 A/D 转换为内部数据，已存入 X2。执行 LD X2 指令后，X2 数据读入 S1，而 S 堆栈各层原来的数据依次下移。此时，S2 = X1，S1 = X2。

第三步：−（减法运算）。

执行减法运算后，S1 内数据是执行前 S2 数据与 S1 数据之差，即 S1 = X1 − X2。原 S3～S5 内数据依次上移一层，S5 内数据不变。

第四步：ST Y1（电流输出）。

执行后 S1 内数据送入输出寄存器 Y1，输出端子 A - B 输出与数据（X1 - X2）对应的直流电流信号。S1 ～ S5 内的数据不变。

第五步：END（程序结束）。

一个控制运算周期内的运算至此结束，到下一周期再从头执行用户程序规定的运算，每经过一个周期，运算结果随输入信号改变一次。

程序各步 S 堆栈内数据变化情况如图 6.8 所示。

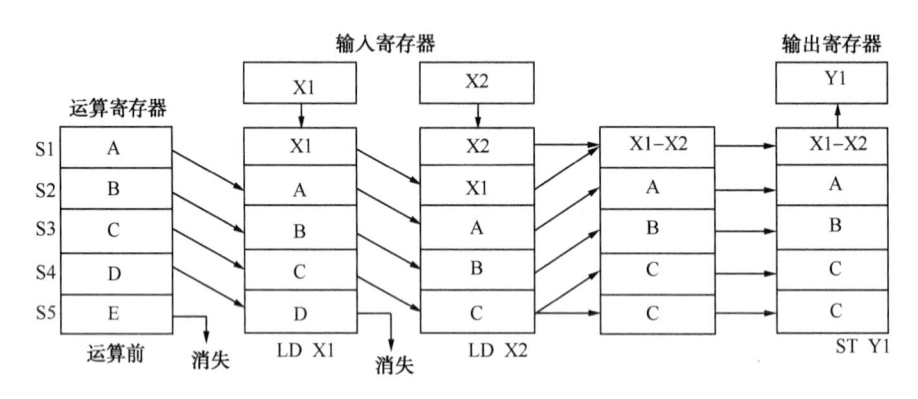

图 6.8 运算寄存器的运算原理

从上述用户程序例子可以看出，程序的每一步即每条指令都与 S 堆栈有关。编制程序时，每一步都要考虑此前 S 堆栈的内容，此后其内容有何变化。每个运算指令，参加运算的几个数据应分别存放在 S 堆栈的哪一层都是有规定的。编程人员应充分重视 S 堆栈的作用。必要时，应在编程过程中详细列出每一条指令执行前、后 S 堆栈各层的内容。

（2）功能模块。SLPC 的过程控制软件包中有五类功能模块。现对部分模块做简要介绍。

① 数据传输模块。

- 数据读入（LD）：把其他寄存器（X、Y、DI、DO、P、K、T、A、B、FL 等）的数据读入 S1，S 堆栈中原数据逐层下压，S5 的原数据丢失，被读寄存器的数据不变。
- 数据输出（ST）：把 S1 中数据送到其他寄存器（Y、DO、T、A、B、FL 等）中，S 堆栈中数据不变。
- S 寄存器交换（CHG）：将 S1 与 S2 的数据交换，S3 ～ S5 中的数据不变。
- S 寄存器旋转（ROT）：S1 数据进入 S5，S2 ～ S5 数据依次上移一层。

② 基本运算模块。

- 四则运算（+、-、×、÷）：执行运算前，被加（减、乘、除）数应在 S2，加（减、乘、除）数应在 S1。运算后结果存入 S1。参加运算的两个数都丢失，原 S3 ～ S5 中数据依次上移一层，S5 的数据不变。
- 开平方运算（SQT 或 $\sqrt{\ }$）：S1 中的数据开平方后存入 S1，S2 ～ S5 的数据不变。其小信号切除点固定为 1%，即当输入小于 1% 时，运算结果是 0.000。
- 小信号切除点可变型开平方运算（E 或 $\sqrt{E}$）：与 $\sqrt{\ }$ 的区别是小信号切除点可设定。将 S1 内数据作为小信号切除点，对 S2 中的数据进行开平方运算，结果存入 S1，S3 ～ S5 中的数据依次上移，S5 的数据不变。

- 绝对值运算（ABS）：将 S1 中的数据取绝对值，运算结果送 S1，S2～S5 的数据不变。
- 选择运算（HSL 高选，LSL 低选）：对 S1、S2 中的数据进行比较，若是高选，选择较大的数存入 S1，若是低选，则较小的数存入 S1，没有被选上的数据自行消失，S2～S5 的数据依次上移，S5 的内容不变。
- 限幅运算（HLM 高限幅，LLM 低限幅）：将限幅设定值存入 S1，接收限幅运算的输入值存入 S2。运算后 S1 中是被限幅了的输入值，若是上（下）限限幅，当输入值不大（小）于限幅设定值时，S1 中是输入值，当输入值大（小）于限幅设定值时，S1 中是限幅设定值。

③ 带编号的运算模块。前述的数据传输、基本运算模块，同一种运算在用户程序中的使用次数不受限制。而带编号的运算模块则受限制。在这类运算模块中，同一种模块规定若干个编号，每个编号在用户程序中，只允许使用一次。

- 10 段折线函数（FX1、FX2）：将 S1 的数据经过 10 段折线函数运算后结果存入 S1 中。运算关系由两组对应的数据（X1、X2、X11）与（Y1、Y2、Y11）决定。（X1，Y1），（X2，Y2）…（X11，Y11）共 11 个点在 XY 坐标系中作为一条 10 段折线的 11 个折点。这条折线决定 FX1 或 FX2 的运算关系，对于输入值 X 的每个具体数值，都有折线上的一个输出值 Y 与其对应。
- 任意折线函数（FX3、FX4）：与 FX1、FX2 的区别是 X 轴不一定 10 等分，而可以任意地分为 10 段。利用 10 段折线函数，可对输入值进行各种非线性修正运算。即使是难以用数学关系式表示的非线性关系，也可用折线近似地表示。
- 积算脉冲输出（CPOn（n = 1，2））：运算前将被积算的输入值（范围 0.000～4.000）存入 S2 内，将积算率（范围 0.100～7.999）存入 S1 内。运算后从调节器状态信号输出端子（CPO1 对应 DO1，CPO2 对应 DO2）输出脉冲信号。

积算脉冲输出 = 积算率（S1）×输入值（S2）×1000 个/h，输出脉冲最大为 5 个/s。

- 一阶超前（LEDn（n = 1，2））：传递函数为 $Y = \frac{Ts}{Ts+1} X$；运算前应把输入值存于 S2，时间常数 T 存于 S1，运算后结果存入 S1 中。
- 一阶滞后（LAGn（n = 1～8））：传递函数为 $Y = \frac{1}{Ts+1} X$；将输入值存放在 S2，时间常数存放在 S1，运算后结果存入 S1，时间常数 T 可使用可变参数 Pn 或常数 Kn。内部数据 0.000～1.000 对应 0～100s。最大可为 800s（对应内部数据 7.999）。例如，要求设定 T = 15s，应在 S1 内存放数据 0.150。
- 纯滞后（DEDn（n = 1～3））：传递函数为 $Y = e^{-\tau s} X$；运算前应把输入值存于 S2，纯滞后时间 τ 存于 S1。运算关系是：输出值与输入值变化情况相同，仅在时间上推迟时间 τ，即现在的输出值是时间 τ 前的输入值。内部数据 0.000～1.000 对应纯滞后时间 0～1000s，最大 7999s（对应数据 7.999）。例如，要设定纯滞后时间为 36s，则应在 S1 内存放数据 0.036。

④ 条件判断模块。
- 逻辑运算：

AND　　　逻辑与　　　S2∩S1→S1

OR	逻辑或	S2∪S1→S1
NOT	逻辑非	$\overline{S1}$→S1
EOR	逻辑异或	S1⊕S2→S1

参加运算的数据及运算结果都是状态数据。

- 转移（GO mn）：执行此指令，程序由该指令所在步无条件地转移到其后的第 mn 步执行。
- 条件转移（GIF mn）：程序步转移是有条件的，是否转移取决于指令执行前 S1 的状态数据。如果 S1 是 1 就转移到第 mn 步；否则顺序执行下一步指令。
- 比较（CMP）：比较 S1 和 S2 内数据的大小。当 S2≥S1 时运算结果为 1，S2＜S1 时运算结果为 0。运算结果存入 S1 中，S2 的数据不变。
- 信号切换（SW）：它相当于一个单刀双掷开关，运行前将两个输入信号分别存入 S2、S3 寄存器，在 S1 寄存器中放入切换信号。若 S1 的内容为 0，则 S3→S1；若 S1 的内容为 1，则 S2→S1，S2～S5 的内容不变。
- 运算终结（END）：用户程序的最后一步必须用这一指令。

6.2.4　SLPC 可编程调节器的控制功能指令

SLPC 有三大控制功能：基本控制、串级控制、选择控制。它们分别由若干个控制要素构成。在一个用户程序中，三种控制功能只允许使用其中的一种，且只可使用一次。同时可使用其他各种运算功能。

1. 控制要素

控制要素记为 CNTn（$n=1\sim5$），共有五个。在编程时通过编程器设定它们的数值来规定具体的控制运算规律。

CNT1、CNT2：可看做两个 PID 运算器。在编程时作为两个常数设定它们的数值，以规定具体运算规律。

$$\text{CNT1} = \begin{cases} 1 & \text{标准 PID 运算} \\ 2 & \text{采样 PI 运算} \\ 3 & \text{批量 PID 运算} \end{cases}$$

$$\text{CNT2} = \begin{cases} 1 & \text{标准 PID 运算} \\ 2 & \text{采样 PI 运算} \end{cases}$$

如果编程时不做设定，则取初始值 1，为标准 PID 运算，这是最常用的 PID 运算。

CNT3 可看做一个选择器。在编程时作为常数设定其数值为 0 或 1，若不做设定则取初始值 0。设定值规定选择规律。

$$\text{CNT3} = \begin{cases} 0 & \text{低值选择} \\ 1 & \text{高值选择} \end{cases}$$

（1）标准 PID 控制运算。若编程时设定 CNT1 或 CNT2 为 1，则其运算规律为标准 PID 控制运算。这种控制运算采用微分先行的算法，即微分运算只对测量值 PV，而不对偏差 E（PV－SV）进行。标准 PID 控制运算又以 P 运算对象不同而有两种具体运算式。

① 定值控制运算式（I－PD 型）（CNT5＝0）。该运算的比例运算对测量值 PV，而不是

对偏差 E 进行，只有积分运算是对偏差 E。定值控制时，给定值 SV 由手动设定，如果改变则往往是较急剧的变化，而 PV 的变化不至于像 SV 那样急剧，此时偏差 E 的变化也是比较急剧的。比例运算对 PV，可在 SV 急剧变化的情况下避免 PID 运算的输出急剧变化、产生冲击。这种运算较适宜于定值控制。运算式如下：

$$MV = \frac{100}{\delta}\left(PV + \frac{1}{T_I s} \cdot E + \frac{T_D s}{1 + \frac{T_D}{K_D}s} \cdot PV\right)AG$$

式中，δ——比例度；T_I——积分时间；T_D——微分时间；K_D——微分增益；AG——可变增益，可在程序中改变，初始值是 1。

② 追值控制运算式(PI – D 型)(CNT5 = 1)。与 I – PD 型的区别是比例运算对偏差 E 追值控制时，给定值 SV 经常在变化，偏差 E 随之变化。这种运算可加快对 SV 变化的响应。运算式如下：

$$MV = \frac{100}{\delta}\left(PV + \frac{1}{T_I s} \cdot E + \frac{T_D s}{1 + \frac{T_D}{K_D}s} \cdot PV \cdot AG\right)$$

上述两种运算式究竟选用哪一种，由 CNT5 的设定值确定，CNT5 设定为 0 则选用 I – PD 型，设定为 1 则选用 PI – D 型。CNT1 和 CNT2 选用同一种运算式。

(2) 采样 PI 控制运算。若 CNT1、CNT2 设定为 2，运算规律为采样 PI 控制运算。CNT1、CNT2 分别设定，不一定用同一种运算。

采样 PI 控制适用于滞后时间比较长的生产过程。这种控制的特点是"调一调，等一等，看一看，再调一调"。在整个控制过程中，断续地进行 PI 运算，即 PI 运算→输出保持→PI 运算→输出保持。在 SLPC 的侧面板用 BATCH/SAMPLE 键设定采样时间 ST 和控制时间 SW (设定范围都是 0～9999s)，应使 ST > SW。在每一段采样时间 ST 内，只有开始一段时间 SW 进行 PI 运算，此后输出保持，直到进入第二个采样时间，再重复上述过程。

ST 和 SW 的大致选择标准如下。

$$ST: \tau + T \times (2 \sim 3)$$
$$SW: ST/10$$

式中，τ——对象的纯滞后时间；T——滞后时间常数。

侧面板设定的 ST1、SW1 对 CNT1，ST2、SW2 对 CNT2。

(3) 批量 PID 控制运算。若设定 CNT1 为 3，则选用批量 PID 运算规律。它适用于初始偏差很大的断续生产过程，自动地选择先手动、后自动的控制，使被调参数较快而无超调地达到给定值。

2. 基本控制功能 BSC

(1) BSC 的基本功能。BSC 由一个控制要素 CNT1 构成，相当于模拟仪表中的一台控制器，如图 6.9 所示。可用来构成各种单回路控制系统，运算前应把测量值 PV 放在 S1 中，给定值 SV 可以由本机设定或外部给定。由 CNT1 进行 PID 运算，运算结果 MV 放在 S1 中。正、反作用及 PID 参数在调节器侧面板设定。除了上述最基本的功能，BSC 还包含许多围绕 PID 运算的功能。

【例1】 流量控制系统如图 6.10 所示。如果使用 SLPC 调节器，可由其承担差压信号的开平方运算和流量指示控制，后者即使用基本控制 BSC。

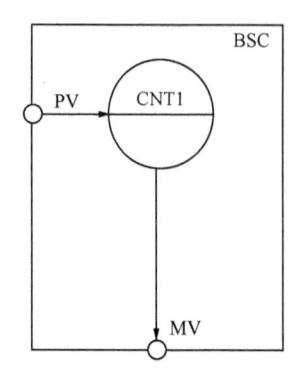

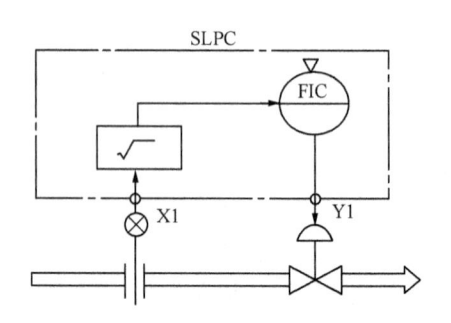

图 6.9 BSC 构成简图　　　　　图 6.10 使用 SLPC 的流量控制系统

可编写 SLPC 的用户程序如表 6.6 所示。

表 6.6　流量控制系统的用户程序

步序	程序	S1	S2	S3	说明
1	LD X1	X1	A	B	读取流量信号
2	√	$\sqrt{X1}$	A	B	开平方运算
3	BSC	MV	A	B	进行基本控制运算
4	ST Y1	MV	A	B	将操作量送到 Y1
5	END	MV	A	B	程序结束

注意各步指令执行前后 S 堆栈中的数据情况，还要在程序中设定 CNT1 为 1（标准 PID 运算）。如不做设定，取初始值也是 1。

（2）BSC 的三种运行方式。

M 方式为手动操作方式，由正面板的手动操作杆设定输出电流。

A 方式为自动方式，CNT1 控制运算的给定值由正面板的 SET 键设定。

C 方式为串级给定自动方式，CNT1 的给定值不能由 SET 键设定，另有两个可能的来源：以功能扩展寄存器 A1 中的数据作为给定值，该数据可以是直接来自某个模拟输入信号，也可以是内部运算的结果；另一个来源是由上位机系统给定。

运行方式的设定有面板设定和用户程序设定两种设定方式，后者优先于前者，即在用户程序设定时面板设定无效。

面板设定由参数 MODE2 的设定值与面板 M、C、A 三个键的操作共同决定运行方式，如表 6.7 所示。

表 6.7　运行方式的面板设定

MODE2	M/A/C 键	运行方式
0	M	手动方式
	C	无效（按 C 键也不会进入 C 方式）
	A	自动（本机给定）

续表

MODE2	M/A/C 键	运 行 方 式
1	M	手动方式
	C	自动（串级给定或以 A1 内数据为给定）
	A	自动（本机给定）
2	M	手动方式
	C	自动（上位机给定）
	A	自动（本机给定）

上述 MODE2 参数是 MODE 参数中的一个。MODE 参数包括一组参数 MODE1～MODE5，用于规定 SLPC 停电后恢复供电时的启动方式及 BSC、CSC、SSC 的运行方式等，它们都在 SLPC 侧面板用键盘设定。

而程序设定用 SLPC 的 FL 类功能扩展寄存器中的 FL10、FL11、FL13 进行运行方式设定，在用户程序中用 ST 指令给这三个寄存器置 0 或 1，以决定运行方式（见表 6.8）。

表 6.8　FL11、FL10、FL13 内数据与运行方式

FL11	FL10	FL13	运 行 方 式	
0	×	×	M（手动）	
1	0	×	A（自动，本机给定）	
	1	0	C	自动，A1 内数据为给定
	1	1		自动，上位机给定

（3）BSC 的扩展功能。如果在使用 BSC 时不使用各类功能扩展寄存器，则是使用 BSC 的基本功能。即使只用其基本功能，也有相当丰富的运算控制功能。有几种 PID 运算规律与运算式可供选用，在侧面板可设定非线性控制及各种报警，过程控制软件包中除控制功能模块外的各种运算都可同时使用。如果再使用 A 类、B 类、FL 类功能扩展寄存器，BSC 还能够实现丰富的扩展功能。SLPC 的三类几十个功能扩展寄存器各有用途，其中大部分可供 BSC 使用。

3. 串级控制功能 CSC

（1）CSC 的基本功能。CSC 主要由 CNT1 和 CNT2 构成，CNT1 与 CNT2 两个 PI 运算串接起来，相当于两台模拟调节器，以 CNT1 为主调节器，CNT2 为副调节器，CNT1 的输出 MV1 作为 CNT2 的给定值，执行串级控制。CNT2 也可以直接接收另一给定信号 SV2，实现副回路单独控制（见图 6.11）。运算前把测量值 PV1、PV2 分别放在 S2、S1 中，CSC 的运算结果 MV（即 CNT2 的运算结果 MV2）放在 S1 中。CNT1、CNT2 的正、反作用及 PID 参数在 SLPC 的侧面板设定。

仪表工作在串级控制状态时，正面板上测量和给定指针一般只指示 CNT1 的状态，而操作输出值指针指示 CNT2 的输出 MV2。必要时可通过编程来变换 CNT1 和 CNT2 的显示关系。但在任何情况下，仪表的侧面板都可以显示和修改主、副回路的全部参数。

【例 2】加热炉温度串级控制系统如图 6.12 所示。若使用 SLPC 调节器，则由 CSC 承担

串级 PID 运算。

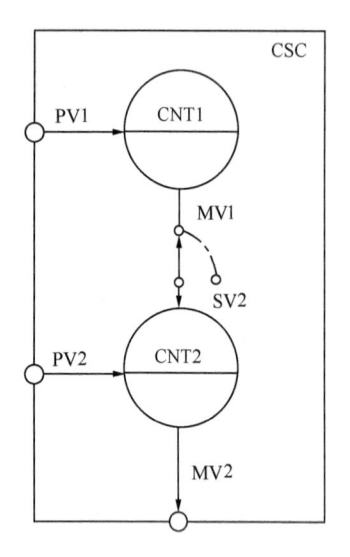

图 6.11 CSC 构成简图

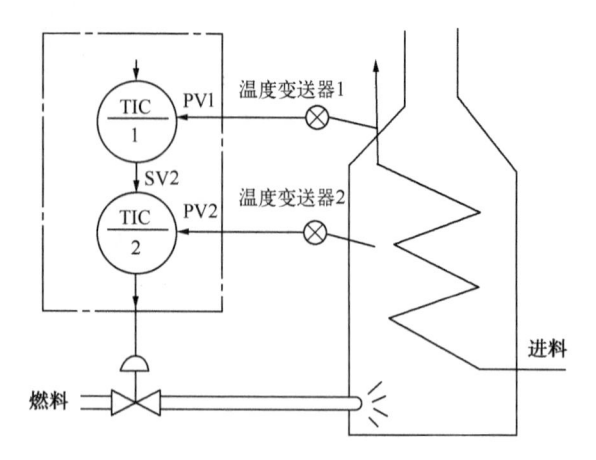

图 6.12 加热炉温度控制系统

可编写用户程序如表 6.9 所示。

表 6.9 加热炉温度串级控制的用户程序

步 序	程 序	S1	S2	说　　明
1	LD X1	X1		读取 PV1
2	LD X2	X2		读取 PV1
3	CSC	MV	X1	CSC 控制运算
4	ST Y1	MV		MV 输出到电流输出端 Y1
5	END	MV		程序结束

同样也要设定 CNT1、CNT2 的数值，如果都用标准 PID 运算，则都设定为 1。

（2）CSC 的三种运行方式。

M 方式：手动设定输出电流。

A 方式：CNT1 为本机给定，自动控制。

C 方式：CNT2 以寄存器 A01 内数据为给定值或由上位机系统给定，自动控制。

运行方式的设定方法与 BSC 相同。

但 CSC 有串级闭合和串级开环两种主、副调节器结合状态，与 M、A、C 三种方式组合有六种运行情况。所谓"串级闭合"，就是 CNT1 的输出作为 CNT2 的给定值，即通常意义下的串级控制；而"串级开环"则指主、副调节器断开，由 CNT2 单独控制，其给定值在侧面板手动设定，与 CNT1 无关。内部串级的闭合或开环，有两种设定方法：侧面板设定由参数 MODE3 的设定值决定，设定为 0 时串级闭合，设定为 1 时则串级开环。

用户程序设定由寄存器 FL12 内数据决定。在用户程序中用 ST 指令给 FL12 置数，数据为 0 则是串级闭合，为 1 则是串级开环。这种设定优先于侧面板设定。

在自动（A 或 C）或手动（M）方式，以及在串级闭合或开环状况，CNT1、CNT2 的动作状态如表 6.10 所示。

表6.10 串级控制功能的运行方式

MODE3	运行方式	主回路（CNT1）			副回路（CNT2）		
		给定值	测量值	操作输出	给定值	测量值	操作输出
0	C	A1的信号	在正面板显示	自动控制（A）	CNT1的输出（串级闭合）	在侧面板显示	A
	A	用SET键给定		自动控制			A
	M	用SET键给定		跟踪CNT2的测量值			M
1	C	A1的信号		跟踪CNT2的测量值	用侧面板上的SV2给定（开环）		A
	A	用SET键给定					A
	M	用SET键给定					M

（3）CSC的扩展。如果在使用CSC时不使用各类功能扩展寄存器，即仅使用CSC的基本功能，此时CSC也有相当丰富的运算控制功能。CNT1、CNT2都有几种PID运算规律与运算式可供选用，过程控制软件包中除控制功能模块以外的各种运算可同时使用。而如果再使用功能扩展寄存器，CSC还能够实现丰富的扩展功能。凡是BSC可使用的功能扩展寄存器，CSC都可使用，因为CSC有CNT1。另外还有一些功能扩展寄存器，BSC不能使用，CSC却因有CNT2而可以使用。

4. 选择控制SSC

SSC主要由CNT1、CNT2、CNT3构成，如图6.13所示。CNT1、CNT2两个PID运算器处于并列地位，相当于两台控制器并联，它们的运算结果分别是MV1、MV2。选择器CNT3从MV1、MV2或A10寄存器送来的外部信号MV3中按高选或低选的原则选择一个作为SSC的输出MV。运算前，CNT1、CNT2的测量值PV1、PV2分别放在S2、S1中，给定值SV1、SV2可以是本机给定或外给定。SSC运算结果在S1中。

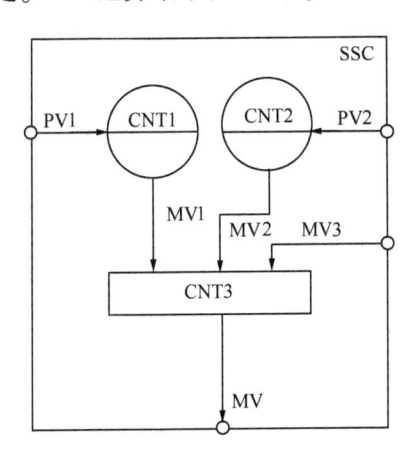

图6.13 SSC构成简图

【例3】蒸馏塔底流量液位选择控制系统如图6.14所示。正常情况（液位不低于下限值）时，流量调节器FC的输出小于液位调节器LC的输出，由于选择器是低值选择，所以由FC控制流量保持一定。当由于塔的进料量减少等原因造成液位下降，以致接近下限值时，正作用的LC输出减小到小于FC的输出，于是切换为由LC控制，减小流出量，使液位不至于过低。这一切换由自动选择器（低选）自动进行。液位恢复正常后又自动切换为 FC 控制。如果使用 SLPC 调节器，利用 SSC 功能，FC 由 CNT2 承担，LC 由 CNT1 承担，自动低选由 CNT3 承担。SLPC 同时还可实现对差压信号的开平方运算。

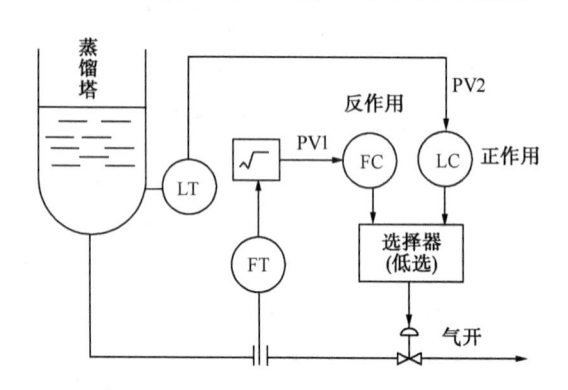

图 6.14 蒸馏塔底流量液位选择控制系统

CNT1、CNT2 设定为 1，即标准 PID 运算；CNT3 设定为 0，低选。蒸馏塔底流量液位选择控制系统的用户程序如表 6.11 所示。

表 6.11 蒸馏塔底流量液位选择控制系统的用户程序

步　序	程　序	S1	S2	说　明
1	LD　X1	X1		读取流量信号
2	√	$\sqrt{X1}$		开方求取流量信号
3	LD　X2	X2	$\sqrt{X1}$	读取液位信号
4	SSC	MV		选择控制
5	ST　Y1	MV		输出电流信号
6	END	MV		结束

6.2.5　SLPC 可编程调节器的程序输入方法

SPRG 编程器是 YS-80 系列中的一种辅助设备，用于对该系列中的 SLPC 可编程调节器等可编程仪表进行参数初始化、用户程序输入、试运行、程序固化到用户 ROM 等工作。

1. 编程器

（1）外部结构。SPRG 编程器的外形如图 6.15 所示，SPRG 编程器有以下的外部结构部件。

① 电源开关（POWER）：有些编程器不带此开关。

② 工作方式切换开关：在 PROGRAM 位置，输入或读取程序；在 TEST RUN 位置，试运行。

③ 显示器字母、数字显示：用于显示编程器工作状态及程序步序号、指令、参数符号、数据等。

④ 键盘：用于进行编程器工作状态选择及参数初始化、程序输入或读取、常数设定、程序固化等操作。

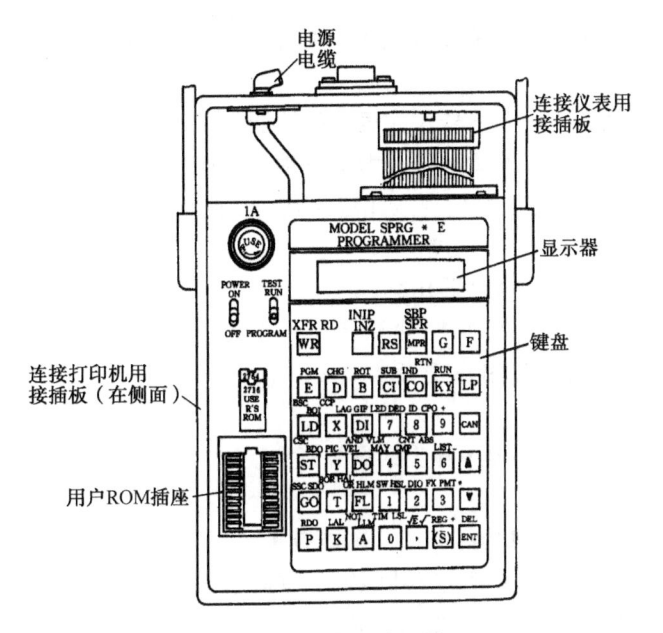

图 6.15　SPRG 编程器

⑤ 用户 ROM 插座（USER'S ROM）：需读取或输入用户程序的 EPROM 插在此处。

⑥ 通信电缆：在编程器工作时，必须把该电缆端部的插头插入 SLPC 侧面的编程器连接端口插座。

⑦ 打印机连接插座：用于连接打印机，打印记录程序和数据。

⑧ 电源电缆（带插头）及熔丝（FUSE）。

（2）键盘。键盘的分布如图 6.16 所示，键盘上共有 41 个按键，可分为单功能键、双功能键和三功能键。

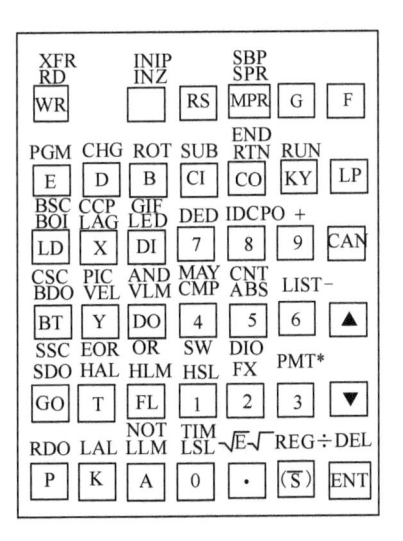

图 6.16　SPRG 编程器的键盘

单功能键：具有键上所标符号所代表的功能。

双功能键：键上所标符号代表一种功能。在键上方另一个蓝色符号代表第二种功能。例如，"9"键是一个双功能键，如果仅按此键，则输入数字9；如果先按F键再按此键，则输入加法运算的符号"+"。

三功能键：这类键标有三个符号，代表三种功能。在键上所标符号是一种，标在键上方的蓝色符号为第二种，键上方的黄色符号为第三种。例如"1"键就是一个三功能键。如果仅按此键，则输入数字1；先按F键再按此键，则输入高值选择运算符号HSL；先按G键再按此键，则输入信号切换运算符号SW。

按照键的功能种类，可分为以下几类。

① 数字键：用以设定0～9等10个数字及小数点。

② 寄存器键：用以指定各用户寄存器（X、Y、DI、DO、P、K、T、A、B、FL、KY、LP等）。

③ 运算指令键：用以输入程序各步的运算指令。

④ 控制键介绍如下。

F——蓝色换挡键，可与双功能键或三功能键配合使用，若先按一下F键，再按某双功能键或三功能键，则指定双功能键或三功能键上方蓝色符号所代表的功能。

G——黄色换挡键，与三功能键配合使用。若先按G键再按某三功能键，即指定三功能键上方黄色符号所代表的功能。

凡使用双功能键或三功能键，必须注意是否需与F键、G键配合使用。

MPR——输入或读取用户程序的主程序。

SPR——输入或读取仿真程序。

SBP——输入或读取用户程序的子程序。

CNT——调节单元键。

RS——复位键。在PROGRAM（程序输入或读取）方式下，按此键则返回主程序起点等待；在TEST RUN（试运行）方式下，按此键仪表内部复位后，执行用户程序。

INZ——程序清除键，在输入新的程序前清除编程器RAM中原来的程序、常数，并使某些常数（CNT、DIO等）初始化。

INIP——参数清除键，清除与SPRG连接的SLPC的RAM中由侧面板键盘设定的各种参数，使其均取初始值。

RD——程序读入键，将插于SPRG的用户EPROM中的内容读入SPRG的RAM中。

WR——程序写入键，按此键则把SPRG的RAM中的内容（用户程序、常数）写入并固化在插入SPRG的用户EPROM中。

XFR——程序调入键，将插入SLPC的用户EPROM的内容读入SPRG的RAM中。

ENT——数据输入键，在进行Kn、CNTn、DIOn等常数设定时，每设定了一个常数的数据后必须按ENT键，所设定的数据才有效。

DEL——程序删除键，删除当前显示的程序步，显示前一个程序步。用于修改已输入的程序。

RUN——试运行键。

▲——进步键。每按一次，显示后一个程序步。

▼——退步键。每按一次，显示前一个程序步。

这两个键用于检查程序。

2. 准备操作

（1）把空白的用户 EPROM 插入编程器的用户 ROM 插座。

（2）用编程器的通信电缆与 SLPC 调节器连接，如图 6.17 所示。

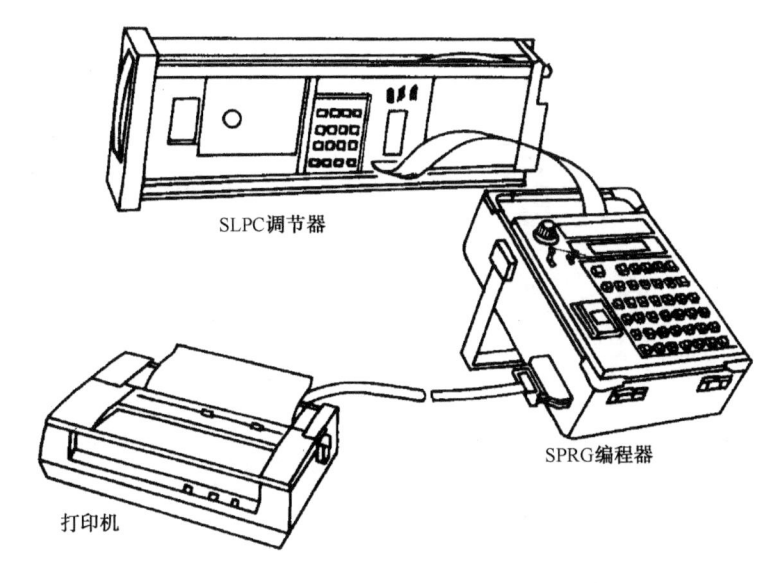

图 6.17　编程器与调节器、打印机的连接

（3）编程器工作方式切换开关打在 PROGRAM 位置。

（4）先后接通编程器及 SLPC 调节器的工作电源（此时编程器的显示器显示 MAIN PROGRAM）。应注意编程器、调节器的电源规格。

（5）使用 INZ 键清除编程器 RAM 中的内容，并使各常数初始化（此时应先显示 INIT PROGRAM，片刻后恢复显示 MAIN PROGRAM）。

（6）如果需要，可使用 INIP 键清除 SLPC 的 RAM 中由侧面板输入的各参数，使其初始化（此时应先显示 INIT PARAMETER，片刻后恢复显示 MAIN PROGRAM）。

3. 程序输入操作

用操作运算指令键、寄存器键、数字键进行程序输入。设定常数时还需要使用 ENT 键。

【例 4】 用编程器输入如下程序。

```
1    LD    X1
2    √
3    LD    K04
4    CPO1
5    BSC
6    ST    Y1
7    END
K04   0.300
CNT1   1
```

编程器键盘操作步骤如表6.12所示。

表6.12 程序输入操作步骤

程　　序	键盘操作 需用键	键盘操作 实际按键	显示器显示内容
1 LD X1	LD X 1	LD X 1	1 LD 1 LD X 1 LD X1
2 √	√	F ·	2 SQT
3 LD K04	LD K 0 4	LD K 0 4	3 LD 3 LD K 3 LD K0 3 LD K04
4 CPO1	CPO 1	F 8 1	4 CPO 4 CPO1
5 BSC	BSC	G LD	5 BSC
6 ST Y1	ST Y 1	ST Y 1	6 ST 6 ST Y 6 ST Y1
7 END	END	G CO	7 END

输入数据时，每设定一个常数后都必须按 ENT 键，所设的数据才有效。CNT1 已取初始值1，不必进行输入操作。可用 CNT 键检查证实。

4. 已输入的程序和常数的检查、修改

（1）检查。

程序检查：按 MPR 键，让程序返回出发点，显示 MAIN PROGRAM。然后按进步键▲，从第一步开始依次显示每个程序步的内容。需要时也可使用退步键▼。

常数检查：用键盘输入某个常数的符号，即可显示该常数符号及其设定值。

（2）修改。

程序步插入：需要在已输入的程序中插入一条指令时，可先显示前一步程序，然后输入要插入的指令，即插在前面所显示的程序步之后。后面原有程序的步号会自动递加。

程序步删除：当显示某步指令时，使用 DEL 键即可清除，改为显示前一步指令。

程序步改写：显示欲改写的程序步，先清除它，再插入所希望的指令。

常数修改：显示欲修改的常数，重新用数字键输入新的设定值，然后操作 ENT 键即可。

5. 程序固化到用户 EPROM 中

当确认已输入的程序（包括常数）正确无误后，如果要将其固化到插入编程器上的用户 EPROM 中，可按 WR 键。该用户 EPROM 即可用于 SLPC 调节器。

6.2.6 SLPC 可编程调节器的投运与维护

1. 投运准备操作

（1）把已写有用户程序的用户 EPROM 插入 SLPC 侧面板的相应插座，并旋紧插座旁的紧固螺钉。

（2）完成调节器接线端子与外部的接线。

（3）调节器侧面板设定操作。接通电源，一定在手动方式下。如果暂时不希望用调节器输出电流操纵现场执行器，可先把电流输出端子短路，以后再拆除。按压机芯前部下端的锁挡，抽出机芯，进行若干设定操作。

① PID 调节的正/反作用设定。如果程序中使用的是基本控制 BSC，只需用 DIR1/RVS1 开关对 CNT1 设定正/反作用，DIR2/RVS2 开关位置可任意。

如果程序中使用串级控制 CSC 或选择控制 SSC，则要用 DIR1/RVS1 开关和 DIR2/RVS2 开关分别设定 CNT1 和 CNT2 的正/反作用。

② 键盘参数设定。如果控制功能的运行方式设定采用面板设定法，应使用 MODE 键设定有关的 MODE 参数值。用 PID 键设定 CNT1 和 CNT2 的比例度、积分时间、微分时间。若使用 BSC，则不必对 CNT2 设定。如果还不知道这些参数的适当数值，需要进行参数整定，可先设定为参数整定前准备选取的试探值。

如果程序中使用可变参数 P_n，则使用 PN 键设定它们的应选取的数值。

除上述几种参数的设定外，视需要进行其他参数的设定。

设定参数时，TUNING 开关应置于允许位置 ENABLE。

③ 荧光指示型 SLPC 调节器用 DIP 开关的 SW1 和 SW2 组，分别设定面板 PV/SV 数字显示器的零位、满度显示值为希望的值。

2. 投运与参数整定

（1）单回路调节系统（用 BSC）。如果已经知道应取的 PID 参数值，在侧面板设定好后直接投运。先在 M 方式下，在面板设定 SV 为目标值。手动操作控制现场执行器，使 PV 逐渐接近 SV，直到基本相等且系统较稳定，即可按面板 A 键切换到 A 方式。如果要求串级外给定，则在内外给定值基本相等且系统较稳定的情况下，按面板 C 键进一步转入 C 方式。

如果预先不知道 PID 参数的应选取的值，需要进行参数整定。整定方法与模拟调节器相似，可用临界比例度法、衰减曲线法、反应曲线法、经验法等。

（2）串级调节系统（用 CSC）。

① 投运。如果已经知道主、副调节器（CNT1 与 CNT2）应取的 PID 参数值，设定好后即可投运。

一步投运法：设定 MODE3 为 0，使串级闭合。在手动方式下设定 SV1 为目标值。手动操作控制现场执行器，从侧面板数码显示器观察副调节器 CNT2 的给定值 SV2 和测量值 PV2，直到它们基本相等，即 CNT2 的偏差 DV2 接近为零，且较稳定。此时可切换到自动方式，完成投运。在串级闭合的手动方式下，CNT1 仍在进行 PID 运算，CNT2 则停止 PID 运算，其 SV2 仍是 CNT1 的输出，共输出跟踪手动输出。一步投运法适用于副参数 PV2 允许波动较大的场合。

两步投运法：采用先副后主的顺序。先设定 MODE3 为 0，使串级闭合，手动操作使系统达到一个安全的、较稳定的状态，并且副调节器 CNT2 的 PV2 与 SV2 接近相等（侧面板观察 DV2 接近为零）。然后设定 MODE3 为 1，使串级开环，按面板 A 键转入自动，由 CNT2 单独控制，其 SV2 在侧面板设定。把主调节器 CNT1 的 SV1 设定为目标值，缓慢地改变 SV2 以改变调节器输出电流，直到使 PV1 与 SV1 接近相等且系统较稳定。此时可设定 MODE3 为 0，改为串级闭合，完成投运。

② 参数整定。如果需要进行参数整定，可采用与模拟调节器串级调节系统两步整定法或一步整定法相似的方法。

两步整定法可在串级闭合的情况下采取与模拟仪表系统相似的整定方法，也可利用 SLPC 调节器的功能特点采取先串级开环再串级闭合的方法。都是两步整定，后一种效果一般较好，简述如下。

进行适当的手动操作后，先使 CSC 取串级开环方式，切换到自动 A，由副调节器 CNT2 单独控制，SV2 在侧面板设定。对 CNT2 用 4:1 衰减法求得比例度 δ_{2s} 和衰减振荡周期 T_{2s}，把副调节器比例度设定在 δ_{2s}，然后使 CSC 取串级闭合方式，对 CNT1 用 4:1 衰减法优选得主调节器的比例度 δ_{1s} 及周期 T_{1s}。按公式计算主调节器 CNT1、副调节器 CNT2 应取的 PID 参数值如下。

主调节器：若用比例积分调节，PB1 $= 1.2\delta_{1s}$，$T_{I1} = 0.5T_{1s}$；若用比例积分微分调节，则 PB1 $= 0.8\delta_{1s}$，$T_{I1} = 0.3T_{1s}$，$T_{D1} = 0.1T_{1s}$。

副调节器：PB2 $= 1.2\delta_{2s}$，一般不用积分、微分。

按"先副后主"、"先比例、次积分、后微分"的顺序，将主、副调节器 CNT1、CNT2 的 PID 参数设定为上述计算值。继续观察调节过程，可再进行一些必要的调整，直到达到较满意的控制效果。

一步整定法可把副调节器 CNT2 的比例度按经验直接确定。CSC 取串级闭合方式。

主调节器 CNT1 的参数按单回路调节系统整定。在整定过程中，如果产生共振效应，只要增大主调节器的比例度、积分时间或增大副调节器的比例度，都可消除共振效应。

3. 维护

可编程调节器的内部结构复杂，如果发生硬件故障，尤其是微机系统的故障，维修难度较高，专业性很强，应送专业部门修理。对于现场仪表检修人员来讲，重点工作是平时的保养、维护及发生故障时的应急处理。

为保证可编程调节器正常工作，环境条件应符合规定要求，输入信号规格、输出负载均应严格遵照规定。如果暂不使用，应放置在环境条件符合要求的场所，并使其经常处于通电状态（电流输出端子宜短接）。可编程调节器应按使用说明书的要求进行保养和定期检查、调校。

故障处理的先决条件是正确的故障判断，可编程调节器的自诊断功能为迅速、正确地进行故障判断提供了相当有利的条件。如果 SLPC 在运行中发生故障，其面板的故障指示灯 FAIL 亮，提醒操作人员，并自动采取某些应急措施，如转为手动、输出保持。操作人员可使用侧面板的 CHECK 键，从显示的故障代码即可知发生了什么故障，以便采取相应的措施。此时如果要让调节器停止参与控制，可把备用的手动操作器的专用插头插入调节器面板下端的插孔，用手动操作器代替调节器向执行器输出操作电流，以作为过渡。

自诊断功能还能检查出一些不属于 SLPC 自身故障的外部异常情况，帮助操作与维修人员进行外部故障判断。

当然，自诊断功能只针对一些主要的或常见的内部、外部异常情况。其他种种可能发生的异常情况的判断、处理，仍有赖于操作与维修人员的专业技术能力和工作经验。

6.3 XMA5000 系列通用 PID 调节器

XMA5000 系列通用 PID 调节器适用于温度、压力、液位、流量等各种工业过程参数的测量、显示和精确控制，其外形如图 6.18 所示。

图 6.18 XMA5000 系列通用 PID 调节器的外形

6.3.1 XMA5000 系列通用 PID 调节器的功能

（1）万能信号输入。只需做相应的按键设置和硬件跳线设置，即可在以下所有输入信号之间任意切换，即设即用。

热电阻：Pt100、Pt100.0、Cu50、Cu100、Pt10。

热电偶：K、E、S、B、T、R、N。

标准信号：0～10mA、4～20mA、0～5V、1～5V。

霍尔传感器：mV 输入信号，0～5V 以内任意信号按键即设即用。

远传压力表：30～350Ω，信号误差现场按键修正。其他用户特殊定制输入信号。

（2）多种给定方式。

本机给定方式（LSP）：可通过面板上的增减键直接修改给定值，也可以加密码锁定不让修改。

时间程序给定（TSP）：时间程序给定曲线如图 6.19 所示。

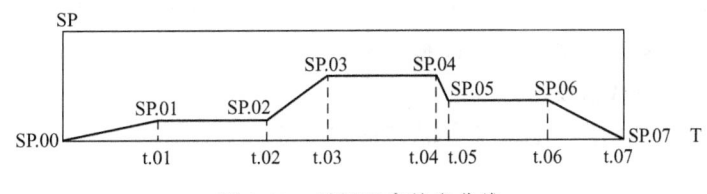

图 6.19 时间程序给定曲线

每段程序最长 6000min；曲线最多可设 16 段；外部模拟给定（远程给定）（RSP）；10mA/4～20mA/0～5V/1～5V 通用。

（3）多种控制输出方式。0～10mA、4～20mA、0～5V、1～5V 控制输出；时间比例控制继电器输出（1A/220VAC 阻性负载）；时间比例控制 5～30VSSR 控制信号输出；时间比例控制双向可控硅输出（3A，600V）；单相双路可控硅过零或移相触发控制输出（可触发 3～1000A 可控硅）；三相六路可控硅过零或移相触发控制输出（可触发 3～1000A 可控硅）；外挂三相 SCR 触发器。

（4）专家自整定算法。独特的 PID 参数专家自整定算法，将先进的控制理论和丰富的工程经验结合，使得调节器可适应各种现场，对一阶惯性负载、二阶惯性负载、三阶惯性负载、一阶惯性加纯滞后负载、二阶惯性加纯滞后负载、三阶惯性加纯滞后负载这 6 种有代表性的典型负载的全参数测试表明，PID 参数专家自整定的成功率达 95% 以上。

可带 RS485/RS232/MODEM 隔离通信接口或串行标准打印接口；单片机智能化设计；零点、满度自动跟踪，长期运行无漂移，全部参数按键可设定；FBBUS - ASCII 码协议与 MODBUS - RTU 协议可选（MODBUS - RTU 协议仅用于 Modbus 选项，接线方式与 RS485 相同）。

6.3.2　XMA5000 系列通用 PID 调节器的面板操作

XMA5000 系列通用 PID 调节器的接线如图 6.20 所示。

（1）显示说明。

主显示器（PV）：上电复位时，显示表型"HnR"；正常工作时，显示测量值 PV；参数设定操作时，显示被设定参数名或被设定参数当前值；信号断线时，显示"brot"；信号超量程时，显示"HoFL"。

副显示屏：上电复位时，显示表型"F9bt"（福光百特）；自动工作状态下，显示控制输出值 MV；用增减键调整给定值 SP 时，显示 SP 值；当停止增减 SP 操作 2s 后，恢复显示控制输出值 MV。手动工作状态下，显示控制输出值 MV；参数设定操作时，显示被设定参数名。启动时间程序设定后，自动工作状态下，显示 SP 值；手动工作状态下，显示控制输出值 MV，自动设定期间，交替显示"RdPt"和输出值 MV。

LED 指示灯：HIGH——报警 2（上限）动作时，灯亮；LOW——报警 1（下限）动作时，灯亮；MAN——自动工作状态，灯灭，手动工作状态，灯亮；OUT——时间比例输出 ON 时，灯亮。

（2）按键说明。

SET 键：自动或手动工作状态下，按 SET 键进入参数设定状态；参数设定状态下，按 SET 键确认参数设定操作。

▲键和▼键：自动工作状态下，按▲键和▼键可修改给定值（SP），在副显示窗显示；手动工作状态下，按▲键和▼键可修改控制输出值（MV）；参数设定时，▲键和▼键用于参数设定菜单选择和参数值设定。

A/M 键：手动工作状态和自动工作状态的切换键。

（3）操作说明。

给定值设置：单设定点（本机设定点）的 SP 设定操作。自动工作状态下，按▲键和▼

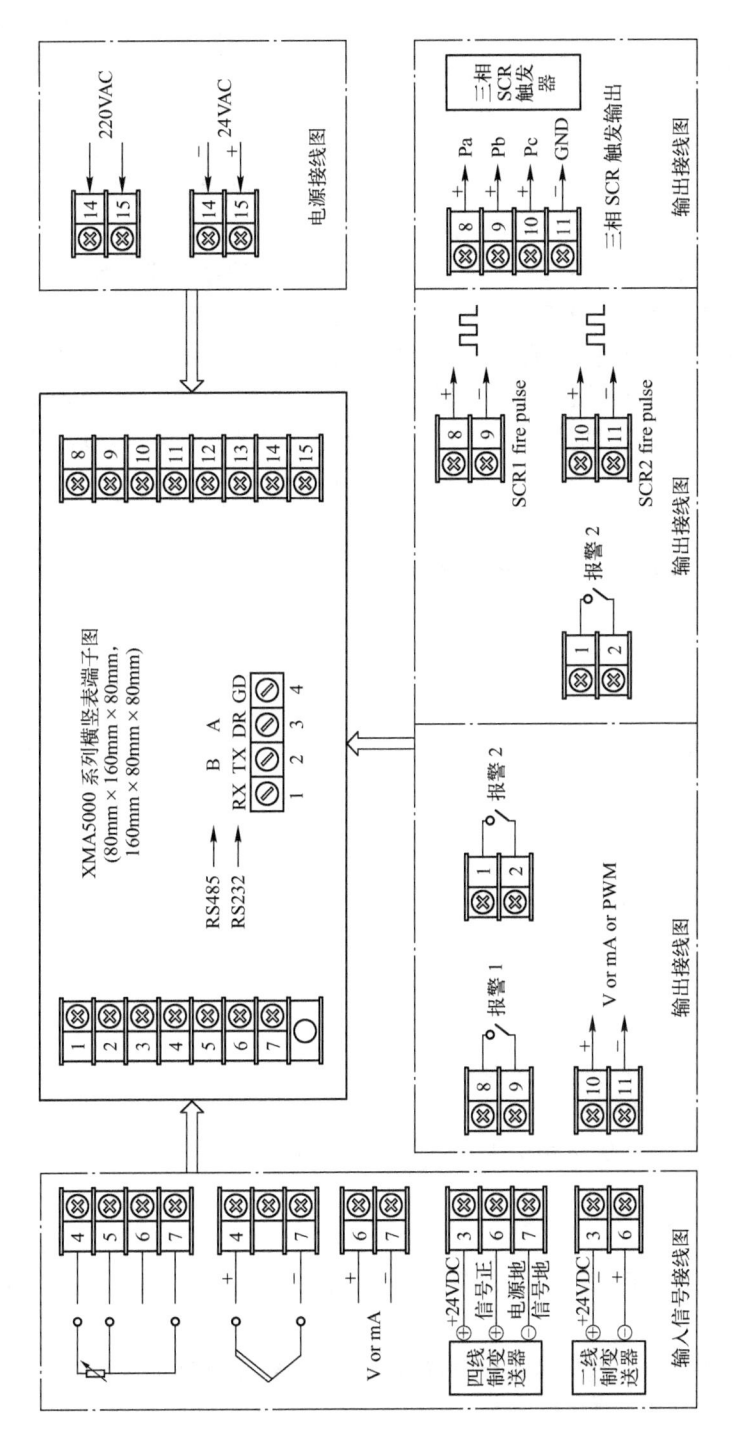

图 6.20 XMA5000 系列通用 PID 调节器接线图

键可修改给定值（SP），在副显示窗显示；上电复位后将调出停电前的 SP 值作为上电后的初始 SP 值。

时间程序给定 t.SP：在时间程序给定工作状态下，SP 将按预先设定好的程序运行，▲键和▼键操作无效，上电复位时，具有 SP 跟踪 PV 功能，即从时间程序曲线中最接近当前 PV 值点开始程序运行；时间程序控制程序启动，在本机定值给定状态下，同时按 SET 和▲键，将切换到时间程序控制运行，并保持切换前后 SP 和 MV 不变；时间程序控制停止，在时间程序给定控制状态下，同时按 SET 和▼键，将切换到在本机单值给定运行并保持切换前后 SP 和 MV 不变；时间程序给定和单值给定控制的切换是双向无扰的。

手动输出操作：不论本机单值给定工作态，还是时间程序给定工作态，按 A/M 键均进入手动工作态，可通过▲键和▼键直接修改 MV 值在副屏显示。在手动工作态下，按 A/M 键均回到原来自动工作态，手动/自动状态的切换是控制输出 MV 双向无扰的。本机单值给定时，手动转自动时具有 SP 跟踪 PV 功能，即置 SP = 当前 PV 值。t.SP 给定时，手动转自动时具有 SP 跟踪 PV 功能，即从时间程序曲线中最接近当前 PV 值点开始运行。

实训 6　SLPC 可编程调节器的结构与使用方法

1. 实训目标

（1）熟悉 SLPC 的各部分功能。
（2）学会 SLPC 的基本操作。

2. 实训装置（准备）

（1）SLPC*E 可编程调节器 1 台。
（2）螺钉旋具、镊子各 1 把。

3. 实训内容

（1）认识正面板、侧面板各功能部件。
（2）认识参数整定板的名称和功能。
（3）进行量程为 -100.0 ～ 400.0 时的操作。

4. 实训步骤（要领）

教师先讲解正面板、侧面板各部件功能；再讲解整定板的名称和功能；最后进行操作前准备。

准备工作是把调节器安装在仪表控制板后的状态下或者将调节器从仪表控制板上拆下来放在专用设备上进行（带表箱）。

（1）将手指扣入仪表正下方，顶起锁挡后将机芯拉出。由于中间锁挡的作用，机芯只能拉出到可以看见仪表侧面整定板的程度（见图 6.21）。

（2）要将机芯从表箱中取出时，应按如图 6.22 所示的要领，一边将中间锁挡压下，一边将机芯全部抽出。

图6.21 拉出机芯　　图6.22 取出机芯

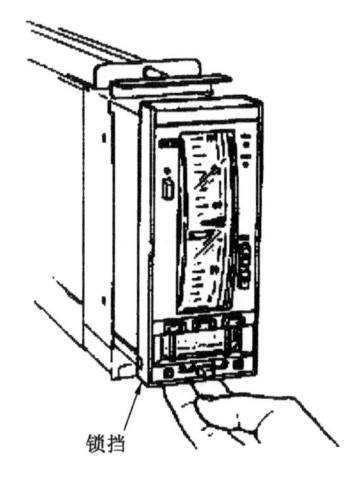

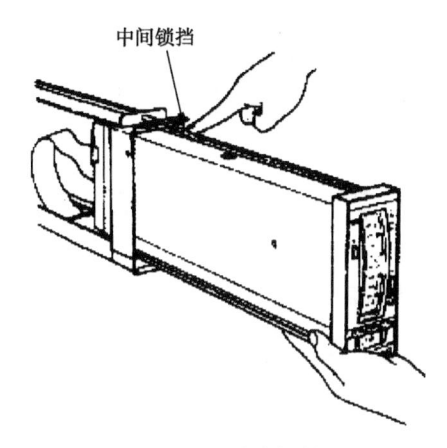

（3）将机芯与表箱分离时，如图6.23所示，将取出的机芯拔出接插件。
（4）安装部件的确认。检查熔丝、数据保护用电池及功能ROM是否安装在规定位置上。
（5）运转准备。
① 控制阀动作与显示板的位置一致。显示板用手指或镊子拉出，如图6.24所示。
C：CLOSE（控制阀关闭的方向）。
O：OPEN（控制阀打开的方向）。

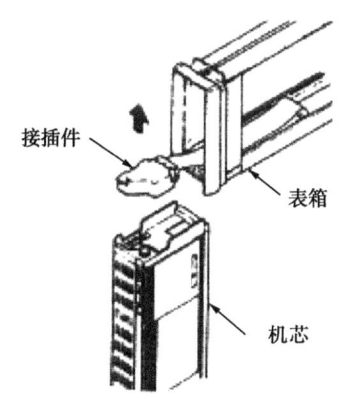

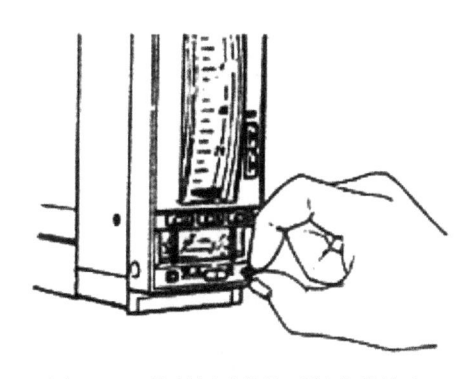

图6.23 机芯表箱的分离　　图6.24 控制阀动作指示标志的给定

② 整定板的给定。将整定板上的DIR/RIV设定开关，给定在规定动作的位置上，如图6.25所示。

接通电源，并将TUNING开关给定在ENABLE位置时，即可从键盘上进行参数给定。
③ MODE给定。用键盘调出MODE，然后按▲键进行给定。
④ SCALE给定。按最大值、最小值和小数点的顺序，制作工程量表示测定值和给定值的刻度板。

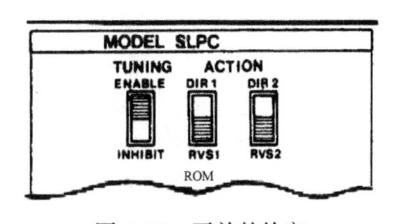

图6.25 开关的给定

（6）进行量程为 -100.0 ～ 400.0 时的操作。

5. 实训报告

（1）写出使用 SLPC 可编程调节器的正面板、侧面板的设定方法。
（2）写出设定量程 -100.0 ～ 400.0 时的键操作方法。

实训 7　SLPC 可编程调节器编程与仿真程序运行

1. 实训目标

（1）熟悉 SLPC 的基本操作。
（2）掌握 SLPC 的编程及仿真程序运行。

2. 实训装置（准备）

（1）SLPC 可编程调节器 1 台。
（2）螺钉旋具、镊子各 1 把。

3. 实训原理

用户程序输入编程器的 RAM 后，如果希望初步检验其可行性，可以另外编写一个模拟被控对象的仿真程序（不超过 20 步），也输入编程器的 RAM 中，然后让主程序以仿真程序为被控对象，构成控制系统，进行控制运行，观察控制情况，以初步评估用户程序的合理性，这就是"试运行"。

假设主程序（用户程序）如下：

```
1    LD    X1
2    BSC
3    ST    Y1
4    END
```

若被控对象近似为一个一阶滞后环节，传递函数为 $\dfrac{K}{Ts+1}$，K 为增益，T 为一阶滞后时间常数，编写一段实现该传递函数运算关系的程序为仿真程序，与主程序构成仿真控制系统，如图 6.26 所示。

主程序的输出信号 Y1 作为仿真程序的输入信号，在仿真程序中以指令 LD Y1 实现该信号的传递。仿真程序的输出信号 Y2 作为主程序的输入信号 X1，即 PID 运算的测量值 PV。这个信号的传递不允许在程序中进行，而必须用导线传送，即以两根导线在 SLPC 调节器的 Y2 输出端（C 和 D）与 X1 输入端子（1 和 2）之间连接（C—1，D—2）。SLPC 的电流输出端子 A 与 B 之间应以导线短接，以免电流输出过载。

仿真程序中可变参数 P09 是过程模型的增益 K，P10 是一阶滞后时间常数 T，均在 SLPC 侧面板设定。例如，若要求 $K=0.8$，可设定 P09 为 80.0（%）；若 $T=15s$，可设定 P10 为 15.0（%）。如果 K、T 用常数，例如用 K01、K02，则在仿真程序中设定 K01 = 0.800，K02 = 0.150。

第6章 数字式控制器

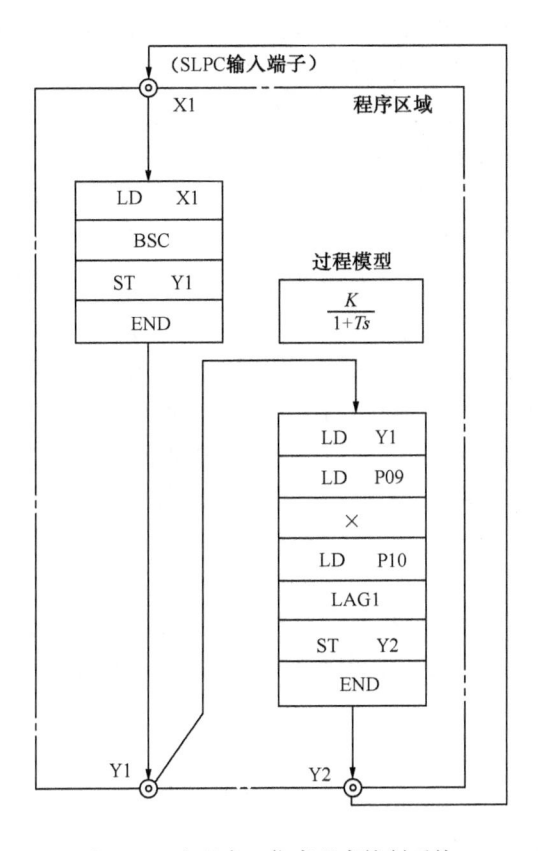

```
                    (SLPC输入端子)
              X1                程序区域
              ↓
         ┌─────────┐
         │ LD   X1 │
         │ BSC     │        过程模型
         │ ST   Y1 │       ┌──────┐
         │ END     │       │  K   │
         └─────────┘       │ ─── │
                           │ 1+Ts │
                           └──────┘

                         ┌─────────┐
                         │ LD   Y1 │
                         │ LD   P09│
                         │   ×     │
                         │ LD   P10│
                         │ LAG1    │
                         │ ST   Y2 │
                         │ END     │
                         └─────────┘
              Y1            Y2
```

图 6.26 主程序、仿真程序控制系统

4. 实训步骤

（1）按试运行的要求进行 SLPC 调节器接线端子的接线。

（2）进行程序输入的准备操作。

（3）程序输入。主程序输入如前所述。输入仿真程序应先操作 SPR 键，其他操作与主程序输入相同。程序输入操作步骤如表 6.13 所示。

表 6.13 程序输入操作步骤

	键 操 作	显 示 内 容
主程序输入	LD X 1 BSC ST Y 1 END	1 LD X1 2 BSC 3 ST Y1 4 END
仿真程序输入	SPR LD Y 1 LD P 0 9 * LD P 1 0 LAD 1 ST Y 2 END	SIMUL PROGRAM 1 LD Y1 2 LD P9 3 * 4 LD P10 5 LAG1 6 ST Y2 7 END

(4) 编程器转入试运行工作状态。将编程器的工作方式切换开关扳到 TEST RUN 位置，然后操作 RUN 键，调节器进入试运行的 M 方式。

(5) 调节器侧面板操作。① 设定 PID 运算的正/反作用。本例中应设定 CNT1 为反作用，把侧面板的 DIR1/RVS1 开关置于 RVS1 位置。② 参数设定先把 TUNING 开关置于 ENABLE 位置，然后操作键盘设定有关参数。本例中至少应对 P09、P10 和 CNT1 的比例度 PB1、积分时间 T_{I1}、微分时间 T_{D1} 以及 MODE2（可取初始值 0）等参数进行设定。

(6) 调节器面板操作。在调节器面板进行 SV 设定、运行方式切换、手动输出设定等操作。本例中，可先在 M 方式下设定 SV 为适当的值，手动操作输出电流使 PV 接近 SV，按 A 键切换到 A 方式，观察调节情况，可加适当干扰（改变 SV），观察 PV 变化情况，必要时用记录仪记录调节过渡过程的曲线。试运行时允许修改侧面板设定的参数。

(7) 试运行结束，把编程器的工作方式切换开关扳到 PROGRAM 位置，即停止试运行。根据试运行的情况，如果认为需要修改程序时，在修改后可再进行试运行。

5. 实训报告

(1) 掌握编程器与调节器的连接，画出调节器仿真运行时的连接示意图。
(2) 编制用户程序及仿真程序并写出程序及数据输入方法。

本 章 小 结

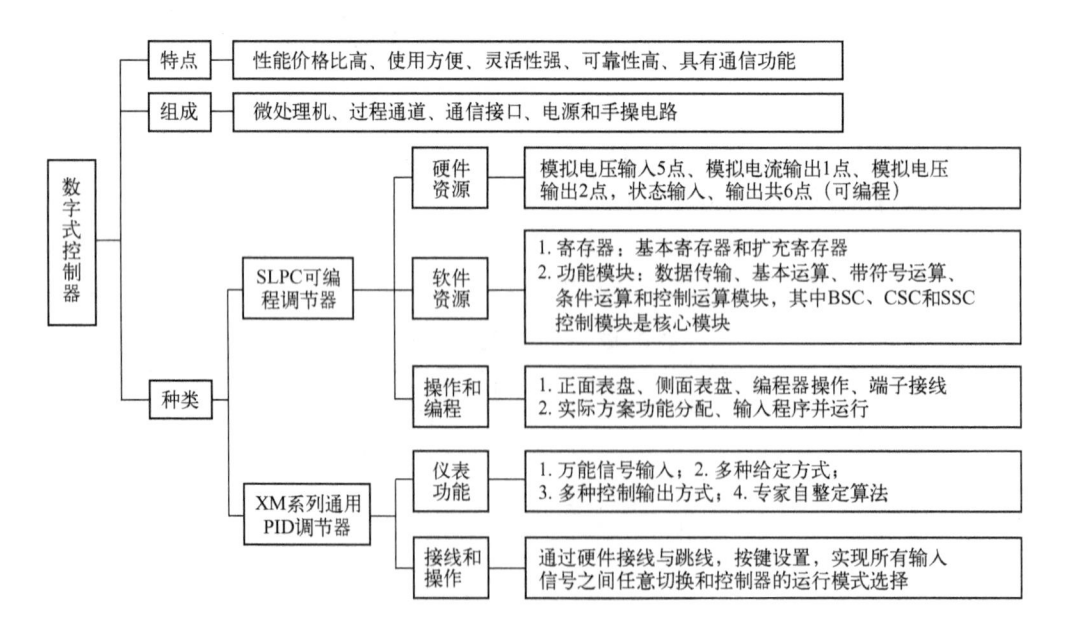

```
                    ┌─ 特点 ── 性能价格比高、使用方便、灵活性强、可靠性高、具有通信功能
                    │
                    ├─ 组成 ── 微处理机、过程通道、通信接口、电源和手操电路
                    │
                    │           ┌─ 硬件资源 ── 模拟电压输入5点、模拟电流输出1点、模拟电压
                    │           │              输出2点、状态输入、输出共6点（可编程）
数字式              │           │
控制器 ─┤           │           ├─ 软件资源 ── 1.寄存器：基本寄存器和扩充寄存器
        │  SLPC可编 │           │              2.功能模块：数据传输、基本运算、带符号运算、
        │  程调节器 ─┤           │              条件运算和控制运算模块，其中BSC、CSC和SSC
        │           │           │              控制模块是核心模块
        │           │           │
        │           │           └─ 操作和编程 ── 1.正面表盘、侧面表盘、编程器操作、端子接线
        └─ 种类 ─┤                               2.实际方案功能分配、输入程序并运行
                 │
                 │           ┌─ 仪表功能 ── 1.万能信号输入；2.多种给定方式；
                 │           │              3.多种控制输出方式；4.专家自整定算法
                 │  XM系列通用 │
                 └  PID调节器 ─┤
                             └─ 接线和操作 ── 通过硬件接线与跳线，按键设置，实现所有输入
                                            信号之间任意切换和控制器的运行模式选择
```

思考与练习题 6

1. SLPC*E 正面板由哪些部分组成？简要说明它们的功能。

2. 使用 SLPC 的状态输出端子，在接线时应注意哪些？

3. 简述 SLPC*E 输入、输出信号的种类、数量和规格。

4. 什么是 SLPC*E 的用户程序？它起什么作用？

5. SLPC*E 有哪些寄存器？分别说明它们的用途。

6. 什么是功能模块？SLPC*E 有哪几类功能模块？哪些功能模块在用户程序中的使用次数有限制？

7. 什么是控制要素？SLPC*E 有几个控制要素？它们各用于指定什么控制运算规律？

8. I-PD 型算式和 PI-D 型算式有何区别？

9. BSC 有哪几种运行方式？如何设定？

10. A 寄存器、B 寄存器和 FL 寄存器有何功能？在 BSC 中可利用它们实现哪些扩展功能？

11. 以下两段程序的运算内容和结果是否相同？

```
1  LD   X1           1  LD   X1
2  LD   X2           2  LD   X2
3   +                3  LD   P01
4  LD   P01          4   +
5   -                5   -
```

12. 分析下面的用户程序，写出每一步程序执行后 S 寄存器中数据的变化。

```
1   LD    X1
2   LD    X2
3   LD    P01
4   √E
5   CSC
6   ST    Y1
7   LD    X1
8   LD    K01
9   LD    K02
10  HAL1
11  ST    D01
12  END
```

13. 如果要输入题 12 的用户程序，试说明键盘操作步骤。

第7章

集散控制系统

知识目标
(1) 了解 DCS 的结构特点。
(2) 掌握 MACS 系统现场控制站和操作员站的硬件组成及其功能。
(3) 掌握 MACS 系统的常用控制算法模块。
(4) 掌握 DCS 控制系统的组态方法。
(5) 了解 OPC 技术在 DCS 系统中的应用特点。

技能目标
(1) 能使用 DCS 操作员站的键盘和轨迹球,实现装置的流程图、历史报表、日志、报警浏览。
(2) 能使用操作员站的工程师区或工程师站完成控制回路组态、流程图生成,系统报警、数据日志、报表生成,实时曲线、历史曲线生成等。

随着计算机技术、控制技术和通信技术的发展,出现了一种新型控制装置即集散控制系统。从集散控制系统层次化的结构来看,其最基本的功能就是传统控制仪表的功能,由于集散控制系统融合了计算机技术和通信技术,因此,集散控制系统还具有过程管理、生产管理和经营管理功能。本章主要从过程控制的角度介绍集散控制系统,重点介绍完成实时控制的现场控制站和生成控制回路算法及完成监控任务的操作员站。

7.1 概 述

7.1.1 集散控制系统的基本概念

分散控制系统 (Distributed Control System, DCS) 又称集中分散控制系统,简称集散控制系统,是一种集计算机技术、控制技术、通信技术和 CRT 技术为一体的新型控制系统。集散控制系统通过控制站对工艺过程各部分进行分散控制,通过操作站对整个工艺过程进行集中监视、操作和管理。它采用了分层多级、合作自治的结构形式,体现了其控制分散、危险分散，而操作、管理集中的基本设计思想。目前在石油、化工、冶金、电力、制药等行业获得广泛应用。

7.1.2 集散控制系统的特点

1. 集散控制系统采用层次化体系结构

集散控制系统的体系结构分为四个层次，如图 7.1 所示。

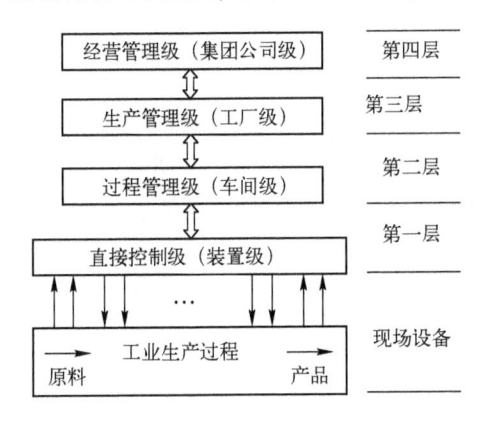

图 7.1 集散控制系统体系结构

（1）直接控制级。直接控制级直接与现场各类设备（如变送器、执行器等）相连，对所连接的装置实施监测和控制；同时它还向上传递装置的特性数据和采集到的实时数据，并接收上一层发来的管理信息。

（2）过程管理级。这一级主要有操作站、工程师站和监控计算机。过程管理级监视各站的所有信息，功能包括集中显示和操作、控制回路组态、参数修改和优化过程处理等。

（3）生产管理级。生产管理级也称为产品管理级。这一级上的管理计算机根据各单元产品的特点以及库存、销售等情况，实现生产的总体协调和控制。

（4）经营管理级。这是集散控制系统的最高级，与办公自动化系统相连接，可实施全集团公司的综合性经营管理和决策。

2. 集散控制系统具有多样化控制功能

集散控制系统的现场控制站，一般都有多种运算控制算法或其他数学和逻辑功能，如 PID 控制、前馈控制、自适应控制、四则运算和逻辑运算等，还有顺序控制和各种联锁保护、报警功能。根据控制对象的不同要求，把这些功能有机地组合起来，能方便地满足系统的要求。

3. 集散控制系统操作简便，系统扩展灵活

集散控制系统具有功能强大且操作灵活方便的人机接口，操作员通过 CRT 和功能键可以对过程进行集中监视和操作，通过打印机可以打印各种报表及需要的信息。DCS 的部件设计采用积木式的结构，可以以模板、模板箱甚至控制柜（站）等为单位，逐步增加。用

户可以方便地从单台控制站扩展成小规模系统，或将小规模系统扩展成中规模或大规模系统。可根据控制对象生成所需的自动控制系统。

4. 集散控制系统的可靠性高，维护方便

集散控制系统的控制分散，因而局部故障的影响面小，并且在设计制造时已考虑到元器件的选择，采用冗余技术、故障诊断、故障隔离等措施，大大提高了系统的可靠性。DCS积木式模板的功能单一，便于装配和维修更换；系统配置有故障自诊断程序和再启动等功能，故障检查和维护方便。

5. 集散控制系统采用局部网络通信技术

通过高速数据通信总线，把检测、操作、监视和管理等部分有机地连接成一个整体，进行集中显示和操作，使系统操作和组态更为方便。集散控制系统配备有不同模式的通信接口，可方便地与其他计算机连用，组成工厂自动化综合控制和管理系统。随着 DCS 向开放式系统发展，符合开放式系统标准的各制造厂商的产品可以相互连接与通信，并进行数据交换，第三方的应用软件也能应用于系统中，从而使 DCS 进入更高的阶段。

7.1.3　集散控制系统的发展趋势

随着集散控制系统的发展及其在工业控制领域越来越多的应用，集散控制系统充分表现出比模拟控制仪表优越的性能。但是，目前使用广泛的传统的集散控制系统，用于对工业生产过程实施监视、控制的过程监控站仍然是集中式的；现场信号的检测、传输和控制与常规模拟仪表相同，即通过传感器或变送器检测到的信号，转换成 4～20mA 信号以模拟方式传输到集散控制系统，这种方式精度低、动态补偿能力差、无自诊断功能。同时，各集散控制系统制造厂商开发和使用各自的专用平台，使得不同集散控制系统制造厂商的产品之间相互不兼容，互换性能差。

随着新技术的不断应用，以及用户对集散控制系统使用的更高要求，集散控制系统领域有许多新进展，主要表现在以下几方面。

1. 向开放式系统发展

对于传统的集散控制系统，不同制造厂商的产品不兼容。基于 PC 的集散控制系统成为解决这一问题的开端。PC 具有丰富的软硬件资源，强大的软件开发能力，尤其是 OPC（OLE for Process Control）标准的制定，大大简化了 I/O 驱动程序的开发，降低了系统的开发成本，并使得操作界面的性能得到提高。目前，国内已有基于 PC 操作站的集散控制系统产品，可以集成不同类型的集散控制系统、PLC、智能仪表、数据采集与控制软件等。在这种集散控制系统中，用户可以根据自己的实际情况自由地选择不同制造厂商的产品。

2. 采用智能仪表，使控制功能下移

在集散控制系统中，广泛采用智能现场仪表、远程 I/O 和现场总线等智能仪表，进一步使现场测控功能下移，实现真正的分散控制。

3. 集散控制系统与 PLC 功能相互融合

传统的集散控制系统主要用于连续过程控制，而 PLC 则常用于逻辑控制、顺序控制。在实际应用时，常常会有较大的、复杂的过程控制既需要连续过程控制功能，也需要逻辑和顺序控制功能。有些集散控制系统的控制器既可以实现连续过程控制，也可以实现逻辑、顺序和批量控制；有些集散控制系统提供专门的实现逻辑或批量控制的控制器和相应软件；也有的集散控制系统可以应用软件编程来取代逻辑控制硬件，这样使得集散控制系统和 PLC 的区别和界限变得比较模糊。

4. 现场总线集成于集散控制系统

现场总线的出现促进了现场设备向数字化和网络化发展，并且使现场仪表的控制功能更加强大。现场总线集成于集散控制系统是现阶段控制网络的发展趋势。现场总线集成于集散控制系统可有以下三种方式。

（1）现场总线与集散控制系统 I/O 总线上的集成。如 Fisher-Rosemount 公司的集散控制系统 Delta V 采用的即是此方案。

（2）现场总线与集散控制系统网络层的集成。如 Smar 公司的 302 系列现场总线产品，可以实现在集散控制系统网络层集成其现场总线功能。

（3）现场总线通过网关与集散控制系统并行集成。这种方式通过网关连接在一个工厂中并行运行的集散控制系统和现场总线系统。如 SUPCON 的现场总线系统，利用 HART 协议网桥连接系统操作站和现场仪表，实现现场总线设备管理系统操作站与 HART 协议现场仪表之间的通信功能。

集散控制系统将采用智能化仪表和现场总线技术，从而彻底实现分散控制；OPC 标准的出现将解决控制系统的共享问题，使不同系统间的集成更加方便；基于 PC 的解决方案将使控制系统更具开放性；Internet 在控制系统中的应用，将使数据访问更加方便。总之，集散控制系统将通过不断采用新技术向标准化、开放化和通用化的方向发展。

7.2　DCS 的硬件结构

从 DCS 的层次结构考察硬件构成，最低级是与生产过程相连的直接控制级，如图 7.1 所示。在不同的 DCS 中，直接控制级所采用的装置结构形式大致相同，但名称各异，如过程控制单元、现场控制站、过程监测站、基本控制器、过程接口单元等，在这里统称现场控制站（FCS）。

这一级实现了 DCS 的分散控制功能，所采用的装置又称分散控制装置，由安装在控制机柜内的标准化模件组装而成。生产过程的各种参数由传感器接收并转换送给现场控制站作为控制和监测的依据，而各种操作通过现场控制站送到各执行机构。有关信号的模拟量和数字量的转换、各类基本控制算法也在现场控制站中完成。

DCS 的各级都以计算机为核心，其中生产管理级、经营管理级都是由功能强大的计算机来实现的，没有更多的硬件构成，这里不再详细介绍。过程管理级由工程师站、操作员站、管理计算机和显示装置组成，直接完成对过程控制级的集中监视和管理，通常称为操作员站（OPS）。

DCS 的硬件和软件，都是按模块化结构设计的，所以 DCS 的开发实际上就是将系统提供的各种基本模块按实际的需要组合为一个系统，这个过程称为系统的组态。采用组态的方式构建系统可以极大限度地减少许多重复的工作，为 DCS 的推广应用提供了技术保证。DCS 的硬件组态就是根据实际系统的规模对计算机及其网络系统进行配置，选择适当的工程师站、操作员站和现场控制站。

本节以和利时公司典型的中小型集散控制系统 MACS 为例，阐述现场控制站和操作员站的硬件构成，如图 7.2 所示。

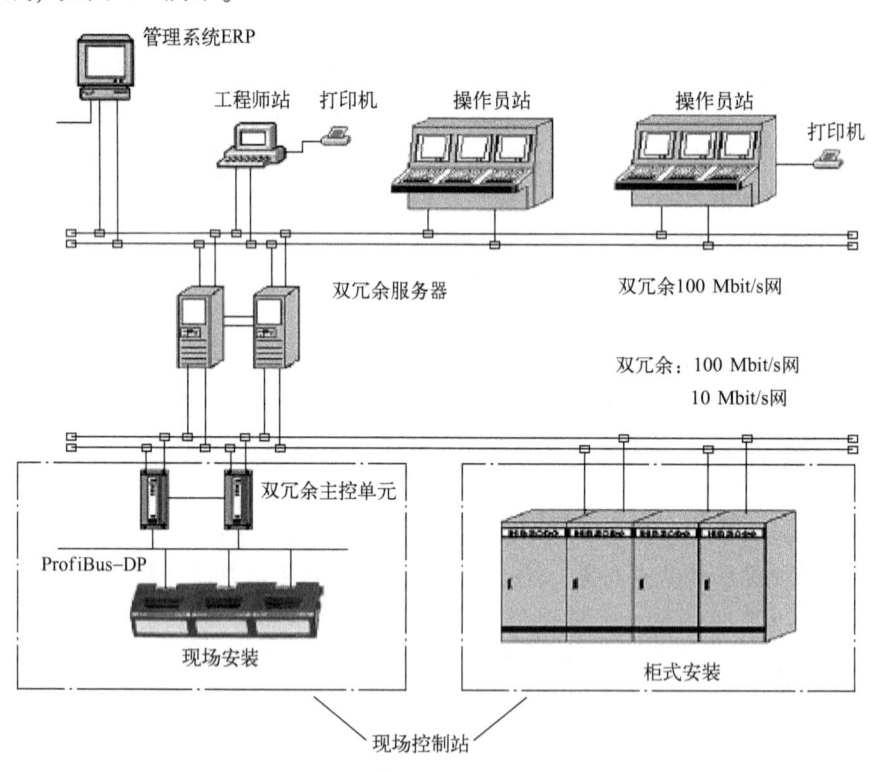

图 7.2 MACS 系统结构

7.2.1 现场控制站（FCS）

1. 现场控制站的功能

现场控制站是 MACS 系统实现数据采集和过程控制的重要站点，一般安装在靠近现场的地方，以消除长距离传输存在的干扰。主要完成数据采集、工程单位变换、控制和联锁算法、控制输出、通过系统网络将数据和诊断结果传送到系统服务器等功能。

2. 现场控制站的构成

现场控制站由主控单元、智能 I/O 单元、电源单元和专用机柜四部分组成，其内部采用分布式结构,与系统网络相连接的是现场控制站的主控单元,可采用冗余配置。主控单元通过控制网络（CNET）与各个智能 I/O 单元实现连接。现场控制站的内部结构如图 7.3 所示。

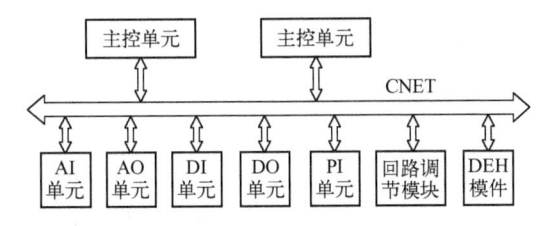

图 7.3 现场控制站的内部结构图

（1）专用机柜。机柜常配有密封门、冷却风扇等,用来安装现场控制站的各种功能模块。

（2）主控单元。主控单元为单元式模块化结构,它具备较强的数据处理能力和网络通信能力,是 MACS 系统现场控制站的核心单元。FM811 是能够支持冗余的双网结构（以太网）的主控单元,通过以太网与 MACS 系统的服务器相连,FM811 有 ProfiBus-DP 现场总线接口,与 MACS 系统的智能 I/O 单元通信,自身为冗余设计,由以下几部分组成:机壳、无源底板、CPU 卡、100Mbit/s 以太网卡（三块）、FB193 多功能卡、电源模块、FB121DP 主站卡、FB194 状态显示卡。其背面结构图如图 7.4 所示。

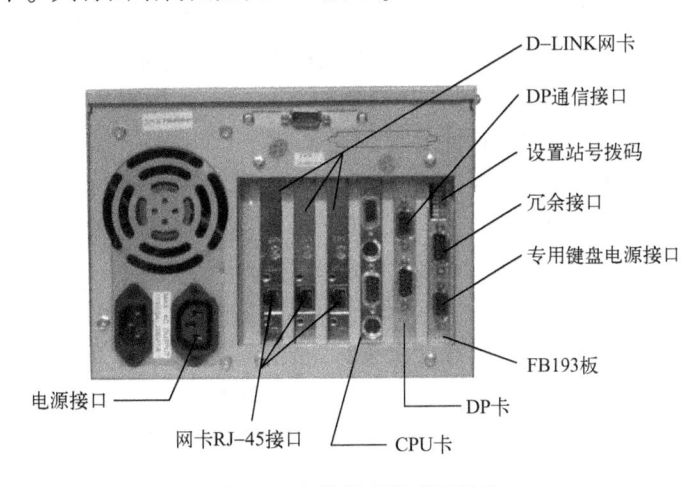

图 7.4 主控单元的背面结构

使用时应注意:①当因故拆卸其中一台主控单元时,应首先切断该主控单元的电源,再拔出双机冗余线及其他通信电缆;②当已有一台主控单元处于运行状态,再安装一台备份的主控单元时,应按以下方法进行:先将主控单元固定在机柜上并设置好拨码开关,然后接好冗余电缆和其他通信线,最后再接入电源。

（3）智能 I/O 单元。

① AI 单元。该单元是模拟信号输入单元,是 MACS 现场控制站的智能 I/O 单元的一种。它采用智能的模块化结构,可以对 8 路模拟信号进行高精度转换,并通过通信接口（ProfiBus-DP）与主控单元交换数据。AI 单元主要有三种形式模块:FM148 的输入每一通道可接

入电压型或电流型信号，8路输入均有输入过压保护，FM148还为现场两线制仪表提供电源输入；FM143为8路热电阻模拟量输入模块，可以对8路Cu50型及Pt100型热电阻模拟信号进行高精度转换；FM147模块是8路热电偶信号输入单元，可以对8路模拟信号进行高精度转换。

② AO单元。该单元是模拟信号输出单元，本单元通过现场总线（ProfiBus-DP）与主控单元相连，由单元内的CPU对其进行处理，然后通过现场总线（ProfiBus-DP）与主控单元通信。其中，FM151模块是8路4～20mA/0～20mA/0～5V模拟信号输出单元。

③ DI单元。该单元是开关信号输入单元，FM161是16路触点型开关量输入模块，是构成MACS系统的智能I/O单元的一种。它采用智能的模块化结构，模块的工作电源为+24V DC，现场触点的查询电压为+24V DC，现场信号经隔离、整理后由模块内的CPU对其进行处理，然后通过现场总线（ProfiBus-DP）与主控单元通信。

④ DO单元。该单元是开关信号输出单元。FM171是16路24 V DC继电器开关量输出模块，而FM172是8路晶体管开关量输出模块；它们都是构成MACS现场总线控制系统的多种过程智能I/O单元的基本型号。通过现场总线（ProfiBus-DP）与主控单元相连。由模块内的CPU对其进行处理，然后通过现场总线（ProfiBus-DP）与主控单元通信。

⑤ PI单元。该单元是脉冲量输入单元。FM162能实时采集来自现场的8路隔离型电压信号的脉冲量，实现计数或测频功能，FM162的8路测频和计数功能可根据用户的不同需求由上位机通过设置用户参数实现。用户参数由一个字节组成，字节的8位分别代表8个通道的工作方式，0表示测频工作方式，1表示计数工作方式，每一通道可设置为测频功能，也可设置为计数功能。允许同一块FM162既有测频通道又有计数通道。

⑥ 回路调节模块。FM181模块是一种回路调节模块。采用智能的模块化结构，利用现场单一的+24V电源，可以完成单回路的控制功能。

⑦ DEH模件。FM146模块是MACS系统智能I/O单元的一种。在DEH中主要完成伺服阀控制信号的伺服放大、手动/自动控制的切换、LVDT信号的调制解调、LVDT自动调零调幅、自检报警，产生防伺服阀和油动机卡涩的振荡信号等功能。

（4）电源单元。FM191电源模块是一种开关电源，体积小，质量小，变换效率高，它为MACS系统现场控制站的智能I/O单元提供+24V电源。模块具有完善的保护电路。输入部分模块采用可熔断熔丝进行过电流保护，当输入端电流大于3A且持续时间较长（毫秒级）时，熔丝熔断，以保护后级电路及元器件。模块还采用防雷击保护管进行过电压保护。使用防雷击器件进行瞬间过电压保护，主要防止雷电等瞬间高电压的引入损坏电路。输出部分使用自恢复熔丝防止输出过电流损坏输出级元器件，使用压敏电阻进行输出过压保护。

7.2.2 操作员站（OPS）

操作员站显示并记录来自各控制单元的过程数据，是操作人员与生产过程的操作接口。通过人机接口，实现适当的信息处理和集中的生产过程操作。

1. 操作员站的结构组成

操作员站主要包括主机系统、显示设备、输入设备、信息存储设备和打印机输出设备。

(1) 主机系统。主机系统主要实现集中监视、对现场直接操作、系统生成和诊断等功能，在同一系统中可连接多台操作员站。采用多个操作员站可提高操作性，实现功能的分担和后备作用。有的 DCS 配备一个工程师站，用来生成目标系统的参数等。多数系统的工程师站和操作员站合在一起，仅用一个工程师键盘，起到工程师站的作用。目前大多采用 Pentium Ⅲ CPU、256MB RAM 及以上配置。

(2) 显示设备。采用 19 英寸（1 英寸 = 2.54cm）以上的彩色 CRT 监视器作为操作员监视屏幕。每个操作员站可以连接 1 台彩色监视器，也可以接入 2 台监视器（最多可接入 3 台）。多个监视器共用一个专用键盘和一个轨迹球，当用轨迹球激活屏幕右上角的显示器小图标（从左到右分别代表 CRT1、CRT2、CRT3）时，灯的状态要随之改变。每个屏幕的会话过程是连续的，即当操作员在 CRT1 会话过程中切换到 CRT2 进行会话后又切回 CRT1，此时 CRT1 的会话应继续切换前的会话，反之也一样。具体切换过程如图 7.5 所示。

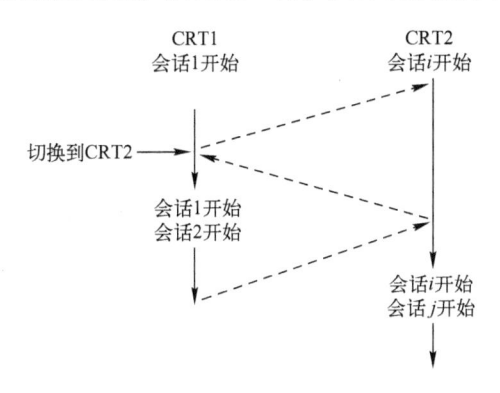

图 7.5　CRT 切换原理

(3) 输入设备。输入设备主要有操作员专用键盘和轨迹球。

专用键盘的外观如图 7.6 所示。专用键盘分为初始功能键和辅助功能键。所谓初始功能键，是指系统运行的任何时刻，按下该键都会引起屏幕基画面的画面显示发生切换，即切换了本操作台上的显示功能。所谓辅助功能键，则只能配合初始功能键使用，必须在特定画面显示时使用，才会产生相应的作用。系统将拒绝不配套的辅助功能键的使用，并给予适当的提示。每个对话基本功能都由一个初始功能键进入，不管键盘处于何种状态，初始功能键都有效。对每一个对话基本功能的每一步，都有若干相应的过程辅助功能键或轨迹球操作允许使用，此时如按下不允许使用的过程辅助功能键，系统将显示错误提示："非法键或权限不够"。

专用功能键部分分为 11 个区。

① 趋势区："综合变量"、"开关量"、"报表记录"各按键分别用于进入模拟量点或开关量点及统计计算类型点的趋势显示画面。

② 日志区：各按键用于进入不同的日志显示窗口。

③ 列表区：各按键用于进入各种列表显示窗口。

④ 表格区：各按键用于进入不同的事件表格。

⑤ 事故追忆和事件顺序（SOE）区：各按键用于进入开关量点、模拟量点的事故追忆和 SOE 趋势显示画面。

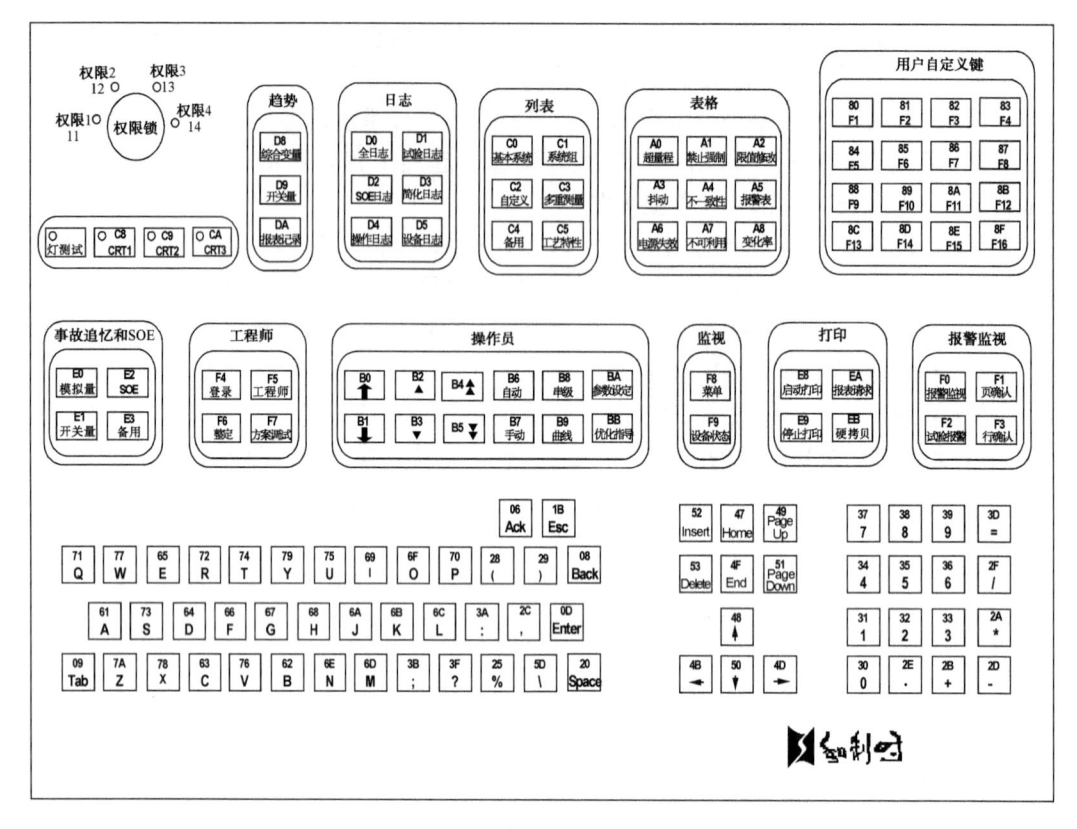

图 7.6 专用键盘的外观

⑥ 工程师区：各按键用于进入工程师的功能操作界面。

⑦ 操作员区：这组键专用于操作员调用控制调节窗口（如 PID 控制器、手动操作器、开关手动操作器、顺控设备、调节门和磨煤机操作面板），实现操作画面和运行方式的切换、设定值和输出值的调整等。

⑧ 监视区："菜单"按键用于进入工艺流程画面的主菜单，"设备状态"按键用于进入整个系统的状态画面。

⑨ 打印区：各按键用于进入打印对话界面。

⑩ 报警监视区："报警监视"、"试验报警"按键用于分别进入普通报警监视画面及具有试验属性的报警画面，另外两个按键用于报警确认。

⑪ 用户自定义区：有 16 个用户自定义键，用户可以通过组态自定义各键代表的图形。

字母数字键部分的键码功能同普通键盘的键码。

"灯测试"键：用于测试键盘上的灯状态。

"CRT1"、"CRT2"、"CRT3"键：用于最多三个显示屏之间的切换，这三个键是互斥的。键的上方有一个指示灯，点亮时表示该 CRT 处于当前会话状态。当该工作站只接入一个屏幕时，"CRT2"和"CRT3"键不起作用，操作员按下"CRT2"和"CRT3"键时在警告信息区发出警告信息。

权限锁：通过权限锁可以定义操作员站的操作权限。四个位置的标志按顺时针方向依次为"权限1"、"权限2"、"权限3"、"权限4"。权限锁的每一个位置均有一个状态灯，当钥匙位置定位在该位置时点亮,由键盘电路实现。具体每一个权限针对哪几个现场控制站进行操作需在数据库控制表中组态,也可以在线更改。

扬声器功能:发出至少五种不同的声音。一种用于错误操作提示音响(中频、2s后自动清除,声音为一长两短),四种报警音响分别对应四种级别的报警(一级报警音响为两短,二级报警音响为一长一短,三级报警音响为短长短,四级报警音响为两短,但与一级报警音响的频率不同)。

轨迹球:可以用来选择基本功能或功能菜单,如果是基本功能键则画面切换到相应的基本功能显示;如果是功能菜单则打开一个菜单窗口,操作员可进一步选择该窗口中的基本功能,切换画面显示。一旦选择到基本功能,菜单窗口自动关闭。

用途主要包括几个方面:基本画面工艺系统选择;流程图、模拟图选择;第二分画面屏幕按钮选择;重要信息提示显示及关闭;窗口画面的关闭。

(4) 信息存储设备。有 ROM、RAM、软盘、硬盘及磁带机等。

(5) 打印输出设备。一般要配置两台打印机,分别用于打印生产记录报表、报警列表和复制流程画面。可连接一台彩色硬拷贝机或一台打印机。

2. 操作员站功能

(1) 显示功能。操作站的 CRT 是 DCS 和现场操作运行人员的主要界面,它有强大、丰富的显示功能。

① 模拟参数显示。可以用模拟方式(棒图)、数字方式和趋势曲线方式显示过程量、设定值和控制输出量;对非控制变量也可用模拟或数字方式显示其数值和变化过程。

② 系统状态显示。以字符、模拟方式或图形颜色等方式显示工艺设备有关的开关状态(运行、停止、故障等)、控制回路的状态(手动、自动、串级等)以及顺序控制的执行状态。

③ 多种画面显示。可显示的画面如下:
- 总体画面图用于显示系统的工艺结构和重要状态信息。
- 分组画面用于显示一组的详细状态。
- 控制回路画面用于一个控制回路的详细数据显示。

如图 7.7 所示为一个 PID 控制回路仪表图。该 PID 控制器提供的具体功能有:手动、自动、串级及跟踪运行方式的切换,设定值、手动输出值的调整,PID 参数的整定等。

画面左侧的三个棒图分别代表设定值(S)、过程值(P)和输出值(O)。设定值(S)棒的高度为当前值相对量程的百分数,如果 PID 运行于串级状态,则设定棒显示串级输入值,在其他运行状态下显示内部给定值;过程值(P)棒的高度表示过程输入值;输出值(O)棒的高度表示输出值。当输出方式为位置式时,输出值的取值范围为 0～100;为增量式时,输出值的取值范围为 −100～100。

画面右下区域的三个方框中显示的内容依次为设定量(S)、过程量(P)及输出量(O)的当前值,各数值颜色与

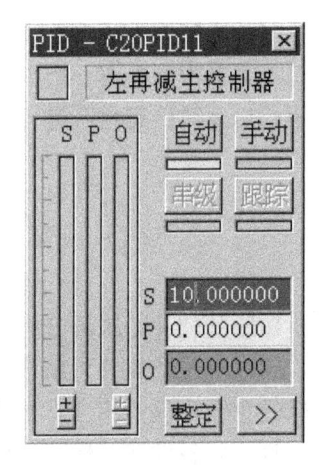

图 7.7 PID 操作画面

棒颜色相对应。

当 PID 控制器运行于手动、自动或跟踪方式时，设定值为内部给定值；当运行于串级方式时，显示为串级输入值；当 PID 控制器运行于手动方式时，输出值由手动给出；运行于自动和串级方式时，由算法结果给出；运行于跟踪方式时，为跟踪量点值。

当偏差报警到来时，左上角灯点亮（呈红色）；报警消失时，恢复正常颜色；当 PID 控制器的某个运行方式下的状态灯呈绿色时，表示控制器处于某方式，图 7.7 中表示控制器处于自动方式；若在离线组态时定义了串级输入点名，串级允许项为可选项；否则其值置为不允许，为不可选项。

- 流程图画面是用模拟图表示工艺过程和控制系统；每幅图最多可显示 512 个模拟量和开关量，流程图由背景图和动态信息两部分组成，动态信息部分包括模拟量和开关量，图中可设置热点以调用另一幅画面。
- 报警画面用来显示报警信息和报警列表记录。
- 设备状态画面用来显示 DCS 的组成结构、网络状态和工作站状态。

此外还可显示各类变量目录画面、系统组态画面、工程师维护画面等。

（2）报警功能。对操作员站、现场控制站和打印机等进行诊断，发生异常时提供多种形式的报警功能，如利用画面灯光和模拟音响等方式实现报警。

（3）操作功能。DCS 的操作功能依靠操作员站实现，这些功能包括以下三个方面。

① 对系统中控制回路进行操作管理，包括设定值和 PID 控制器参数设定、控制回路切换（手动、自动、串级）和手动控制回路输出等。

② 控制报警越限值，设定和改变过程参数的上下限报警值及报警方式。

③ 紧急操作处理，操作员站提供对系统的有关操作功能，以便在紧急状态时进行操作处理。

（4）报表打印功能。DCS 的报表打印功能不但减轻了运行人员手工定时抄写报表的负担，而且生成的报表外形美观，内容丰富，极大地方便了生产过程的运行和管理。DCS 的报表打印功能一般都包括：定时打印各种报表；DCS 运行状态信息打印；操作信息打印，随时打印操作员的各种操作，以备需要时检查；故障状态打印，在生产过程发生故障时，自动打印故障前后一段时间的有关参数，作为故障分析的依据。

（5）组态和编程功能。系统的组态以及有关的程序编制也是在操作员站完成的，这些工作包括数据库的生成、历史记录的创建、流程画面的生成、记录报表的生成、各种控制回路的组态以及对已有组态进行修改等。

7.3 DCS 的软件系统

DCS 的软件系统可分为系统软件、应用软件、通信软件和组态软件四类，如图 7.8 所示。DCS 的系统软件为用户提供高可靠性实时运行平台和功能强大的开发工具，DCS 的组态软件为用户提供相当丰富的功能软件模块和功能软件包，控制工程师利用 DCS 提供的组态软件，将各种功能模块进行适当的"组装连接"（即组态），十分方便地生成满足控制系统要求的各种应用软件。

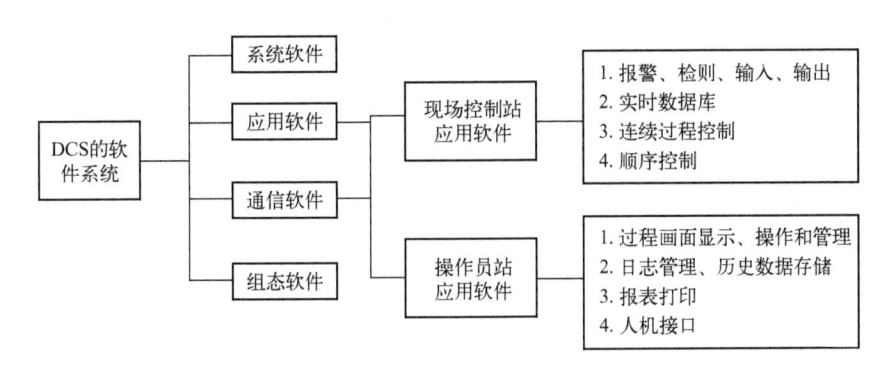

图 7.8　DCS 的软件系统

7.3.1　现场控制站软件系统

现场控制站的软件系统可分为执行代码部分和数据部分，数据采集、输入输出和有关的系统控制软件的程序执行代码部分固化在现场控制单元的 EPROM 中，而相关的实时数据则存放在 RAM 中，在系统复位或开机时，这些数据的初始值通过网络装入。

执行代码有周期性和随机性两部分，如周期性的数据采集、转换处理、越限检查、控制算法、网络通信和状态检测等，这些周期性执行部分是由硬件时钟定时激活的；另一部分是随机执行部分，如系统故障信号处理、事件顺序信号处理和实时网络数据的接收等，是由硬件中断激活的。

1. 实时数据库

现场控制单元的 RAM 是一个实时数据库，是现场控制站的核心，在这里进行数据共享，各执行代码都与它交换数据，用来存储现场采集的数据、控制输出以及某些计算的中间结果和控制算法结构等方面的信息。

2. 输入、输出软件

现场控制单元直接与现场设备进行数据交换，完整的输入、输出软件包括以下几部分。

（1）开关量输入模块。成组读入开关量输入数据，并进行故障检测、报警和联锁。

（2）模拟量输入模块。对模拟量信号进行 A/D 转换，并根据需要进行信号的各种处理，如数字滤波处理等，以及各种转换，如单位变换、开方运算等。

（3）模拟量输出模块。输出 4～20mA DC 或者 1～5V DC 模拟信号。

（4）开关量输出模块。输出各种规格的开关量信号。

3. 控制软件模块

DCS 的控制功能由组态软件生成后，再由控制站实施完成。MACS 系统提供的控制算法模块如表 7.1 所示。

表7.1 控制算法模块

算法	模块图	功 能	说 明
加法	点名 I1 I2 I3 I4 加法 AV I5 I6 I7 I8	$AV(K) = G1*I1(K) + G2*I2(K) + \cdots + G8*I8(K)$	(1) 2≤输入端个数≤8且悬空的端子不参与运算; (2) G1,G2,…,G8 分别为输入 I1,I2,…,I8 的系数; (3) 输入端(I),输出端(AV)
减法	点名 I1 I2 I3 I4 减法 AV I5 I6 I7 I8	$AV(K) = G1*I1(K) - G2*I2(K) - \cdots - G8*I8(K)$	(1) 输入端(I),输出端(AV); (2) 2≤输入端个数≤8且悬空的端子不参与运算; (3) G1,G2,…,G8 分别为输入 I1,I2,…,I8 的系数
乘法	点名 I1 I2 I3 I4 乘法 AV I5 I6 I7 I8	$AV(K) = (G1*I1(K) + B1)*(G2*I2(K) + B2)*\cdots*(G8*I8(K) + B8)$	(1) 输入端(I),输出端(AV); (2) 2≤输入端个数≤8且悬空的端子不参与运算; (3) G1,G2,…,G8 分别为输入 I1,I2,…,I8 的系数; (4) B1,B2,…,B8 分别为输入 I1,I2,…,I8 的偏置系数
除法	点名 I1 I2 I3 I4 除法 AV I5 I6 I7 I8	当 $Gn*In(K) + Bn \neq 0$ 时($n=2$ 或 3,…,8), $AV(K) = (G1*I1(K) + B1)/(G2*I2(K) + B2)/(G3*I3(K) + B3)/\cdots/(G8*I8(K) + B8)$ 否则 $AV(K) = AV(K-1)$	(1) 输入端(I),输出端(AV); (2) 2≤输入端个数≤8且悬空的端子不参与运算; (3) G1,G2,…,G8 分别为输入 I1,I2,…,I8 的系数; (4) B1,B2,…,B8 分别为输入 I1,I2,…,I8 的偏置系数
开平方	点名 IN 开平方 AV	如果 $IN(K) >= ZC$,则 $AV(K) = GN*(IN(K)**0.5)$; 否则,$AV(K) = 0$	输入端(IN),输出端(AV),GN 为系数,** 为幂函数的符号
积分器	点名 SV 积分器 AV PV	根据设定值与反馈值之差进行调节 $AV(K) = AV(K-1) \pm \Delta U(K)$ $\Delta U(K) = KI \times TS \times (SV(K) - PV(K))/TI$	设定值(SV),过程值(PV) 输出端(AV),积分增益(KI) 积分时间(TI),输入死区(DI) 输出上限(OT),输出下限(OB) 输出变化率(OR) 动作方式(AD) 0:反作用,1:正作用

续表

算法	模块图	功能	说明
微分	点名 —IN 微分 AV—	该算法可表示为： $AV(S) = \dfrac{KG*S}{1+TC*S}IN(S)$ 其差分方程为： $AV(K) = [KG*IN(K) - KG*IN(K-1) + TC*AV(K-1)]/(TS+TC)$	输入端(IN)，输出端(AV) 比例增益(KG)，时间常数(TC)
伺服放大	点名 —I1 伺服放大 DV— —I2 RV—	取代硬伺服放大器，实现 DCS 与电动执行器直接相连 如果 I1(K) − I2(K) > DI，则 DV = 1，RV = 0； 如果 I1(K) − I2(K) < −DI，则 DV = 0，RV = 1； 如果 −DI ≤ I1(K) − I2(K) ≤ DI，则 DV = 0，RV = 0	输入端(I1)，输入端(I2) 输出端 DV，反向输出端 RV 输入死区(DI)，DI ≥ 0
比例积分微分控制器	点名 —CS AV— —PV —IC —OC PID —TS —TP	$\dfrac{U(S)}{E(S)} = \dfrac{1}{1+(TD/KD)S} * \dfrac{1}{BD}\left(1+\dfrac{Si}{TiS}+TDS\right)$ Si 表示是否要采取积分分离措施，以消除残差。当 |E(n)| > SV 时，Si = 0，为 PD 控制。 当 |E(n)| <= SV 时，Si = 1，为 PID 控制。 从输入补偿端 IC 进入的值用来对偏差进行加补偿。即如果 IC 端有输入信号，则 E(n)要加上 IC 端的值(纯滞后控制) 从输出补偿端 OC 进入的值用来对控制量 U(n) 进行加补偿。即如果 OC 端有输入信号，则 U(n) 要加上 OC 端的值(前馈控制)	过程值输入(PV)；串级输入(CS) 输入补偿(IC)；输出补偿(OC) 跟踪量点(TP)；跟踪开关(TS) 输出端(AV)；比例带(BD) 积分时间(Ti)；微分增益(KD) 微分时间(TD)
手动操作器	点名 —IN AV— —FM —PA 手动操作器 —TS —TP	该算法在自动方式下的计算公式为： AV(K) = IN(K) + BS 手动方式时按手动增减键，有： AV(K) = AV(K−1) ± MR × (MU − MD) 按快速手动增减键，有： AV(K) = AV(K−1) ± OR 跟踪方式时，AV(K)等于跟踪量点的值 如果 AV(K) > OT，AV(K) = OT 如果 AV(K) < OB，AV(K) = OB 当由手动切换到其他运行方式时，以输出变化率 OR 滑向目标值	输入端(IN)；强制手动开关(FM)，程控自动开关(PA)；跟踪开关(TS)；跟踪量点(TP)输出端(AV) 输出偏置(BS)；输出变化率(OR)；输出上限(OT)；输出下限(OB)；量程上限(MU)；量程下限(MD) 工作方式(RM)；手动变化率(MR)
无扰切换	点名 —I1 AV— —I2 无扰切换 —SW	选择开关 SW(K) = 0 时：AV(K) = I1(K)； SW(K) = 1 时：AV(K) = I2(K) 在切换发生时 AV 以变化率 OR 逐渐向选定的输出值靠近，即 AV(K) = AV(K−1) + OR * (I2(K) − I1(K))，直到 AV(K) = I2(K) 或 AV(K) = AV(K−1) + OR * (I1(K) − I2(K))，直到 AV(K) = I1(K) 如果代表选择开关的点名为空，则 AV(K) = I1(K)	输入端1(I1) 输入端2(I2) 选择开关(SW) 输出端(AV) 输出变化率(OR)
一阶惯性	点名 —IN AV— 一阶惯性	该算法可以表示为： $AV(S) = (KG*IN(S))/(TC*S+1)$ 其差分方程为： $AV(K) = [KG*TS*IN(K) + TC*AV(K-1)]/(TS+TC)$	输入(IN) 输出端(AV) 比例增益(KG) 时间常数(TC)

续表

算法	模块图	功能	说明
二阶惯性	点名 —IN　　AV— 二阶惯性	该算法可以表示为： $AV(S) = (KG * IN(S))/((TF * S + 1)(TS * S + 1))$ 其差分方程为： $AV(K) = a * IN(K) + b * AV(K-1) + c * AV(k-2)$ $a = k * TS' * TS'/((TS' + TF)(TS' + TS))$ $b = (TS'(TF + TS) + 2TF * TS)/((TS' + TF)(TS' + TS))$ $c = -TF * TS/((TS' + TF)(TS' + TS))$	输入(IN) 输出端(AV) 比例增益(KG) 时间常数1(TF) 时间常数2(TS) 运算周期(TS'),单位为s
开关报警	点名 —IN　　AV— 开关报警	如果 AD=0,则当 IN(K)=0 时 {报警状态 AM=1,且 DV(K)=1;发开关报警包;} 如果 AD=1,则当 IN(K)=1 时 {报警状态 AM=1,且 DV(K)=1;发开关报警包;} 否则{DV(K)=0;AM=0;}	输入(IN) 输出端(DV) 报警定义(AD) 报警级别(AT)
幅值报警	点名 —IN　　AV— 幅值报警	如果 IN(K)>=HH,则{DV(K)=1;本算法的报警状态 AM=1;} 如果 AH<=IN(K)<HH,则{DV(K)=1;报警状态 AM=2;} 如果 IN(K)<=LL,则{DV(K)=1;报警状态 AM=4;} 如果 LL<IN(K)<=AL,则{DV(K)=1;报警状态 AM=3;} 否则{DV(K)=0;AM=0;} 当发生报警时,如果输入在报警死区里,则不改变报警状态。只有当输入超出报警死区范围时,才改变报警状态	输入(IN) 输出端(DV) 报警上上限(HH) 报警上限(AH) 报警下限(AL) 报警下下限(LL) 报警死区(DI) 报警级别(AT)
偏差报警	点名 —I1　　DV— —I2 偏差报警	如果 I1(K) − I2(K) >= HL 或者 I1(K) − I2(K) <= −LL, {DV(K)=1;报警状态位 AM=1;发偏差包;} 否则{DV(K)=0;报警状态位 AM=0;}	输入端1(I1),输入端2(I2) 报警输出端(DV) 正偏差限(HL);HL≥0 负偏差限(LL);LL≥0 报警级别(AT)
幅值限制	点名 —IN　　AV— 幅值限制	如果 LL <= IN(K) <= HL,则 AV(K)=IN(K); 否则{如果 IN(K) > HL,AV(K)=HL;如果 IN(K) < LL,AV(K)=LL;}	输入端(IN),输出端(AV) 上限值(HL) 下限值(LL);且有 LL≤HL
变化限制	点名 —IN　　AV— 变化限制 —SW	SW=0 时为跟踪方式。AV(K)=IN(K), V1(K)=CB,SW=1 时,为设定方式。 V1(K)=V1(K)−1 当 IN(K) − AV(K−1) > 0 时, 如果 |IN(K) − AV(K−1)| ≥ IR * TS, AV(K)=AV(K−1)+IR*TS 否则,AV(K)=IN(K)。 当 IN(K) − AV(K−1) ≤ 0 时, 如果 |IN(K) − AV(K−1)| ≥ DR * TS, AV(K)=AV(K−1)−DR*TS, 否则,AV(K)=IN(K)	输入端(IN),方式开关(SW) 输出端(AV) 计算基准值(CB);CB>0 增速率(IR);IR≥0 减速率(DR);DR≥0 计数器(V1)

续表

算法	模块图	功能	说明
比较器	点名 I1 — 比较器 — DV I2	如果 CS 为 ==，则当 I1 == I2 时 DV = 1；否则 DV = 0 如果 CS 为 ! =，则当 I1 ≠ I2 时 DV = 1；否则 DV = 0 如果 CS 为 ≥，则当 I1 ≥ I2 时 DV = 1；否则 DV = 0 如果 CS 为 ≤，则当 I1 ≤ I2 时 DV = 1；否则 DV = 0 如果 CS 为 >，则当 I1 > I2 时 DV = 1；否则 DV = 0 如果 CS 为 <，则当 I1 < I2 时 DV = 1；否则 DV = 0	输入端1(I1)，输入端2(I2) 输出端(DV) 比较运算符(CS)可选:(恒等==；不等! =；不小于≥；不大于≤；大于>；小于<)
高选	点名 I1 — 高选 — AV I2	如果 I1(K) >= I2(K)，则 AV(K) = I1(K)，否则 AV(K) = I2(K)	输入端1(I1)，输入端2(I2) 输出端(AV)
低选	点名 I1 — 低选 — AV I2	如果 I1(K) <= I2(K)，则 AV(K) = I1(K)，否则 AV(K) = I2(K)	输入端1(I1)，输入端2(I2) 输出端(AV)
最大	点名 I1 I2 I3 I4 — 最大 — AV I5 I6 I7 I8	AV(K) = MAX{I1(K),I2(K),I3(K),I4(K),I5(K),I6(K),I7(K),I8(K)}	2≤输入端个数≤8 且悬空的端子不参与运算 输出端(AV)
最小	点名 I1 I2 I3 I4 — 最小 — AV I5 I6 I7 I8	AV(K) = MIN{I1(K),I2(K),I3(K),I4(K),I5(K),I6(K),I7(K),I8(K)}	2≤输入端个数≤8 且悬空的端子不参与运算 输出端(AV)

表 7.1 中列出了控制算法库中工程常用的算法模块，为了有效地实现对各类工业对象的控制，控制算法库中还有：逻辑模块，如"与"、"或"和"非"等；智能控制模块，如"模糊控制"和"灰色预测"等；火电计算模块，如"自定义模拟量越限时间累积器"、"开关状态时间累积器"和"三取中"等；其他算法模块，如"时间判定"、"事件驱动"和"模拟存储"等。

7.3.2 操作员站软件系统

DCS 中的工程师站或操作员站必须完成系统的开发、生成、测试和运行等任务，这就需要相应的系统软件支持，这些软件包括操作系统、编程语言及各种工具软件等。

1. 操作系统

DCS 采用实时多任务操作系统，其显著特点是实时性和并行处理性。所谓实时性是指高速处理信号的能力，这是工业控制所要求的；而并行处理性是指能够同时处理多种信息，它也是 DCS 中多种传感器信息、控制系统信息需要同时处理的要求。此外，用于 DCS 的操作系统还应具有如下功能：按优先级占有处理机的任务调度方式、事件驱动、多级中断服务、任务之间的同步和信息交换、资源共享、设备管理、文件管理和网络通信等。

2. 操作员站上运行的应用软件

一套完善的 DCS 系统，其操作员站上运行的应用软件应完成如下功能：实时数据库、网络管理、日志生成、历史数据库管理、图形管理、历史数据趋势管理、记录报表生成与打印、人机接口控制、控制回路调节、参数列表、串行通信和各种组态等。

7.3.3 DCS 控制回路组态

DCS 控制回路组态就是利用 DCS 系统提供各种控制算法模块，依靠软件组态构成各种各样的实际控制系统。要实现一个满足实际需要的控制系统，首先要进行实际系统分析，对实际控制系统按照组态的要求进行分析，找出其输入量、输出量以及需要用到的模块，确定各模块间的关系；然后生成需要的控制方案，利用 DCS 提供的组态软件，从模块库中取出需要的模块，按照组态软件规定的方式，把它们连接成符合实际需要的控制系统，并赋予各模块需要的参数。

目前各种不同的 DCS 提供的组态方法各不相同，MACS 系统提供了顺序功能表（SFC）、结构化文本（ST）、功能块图（FBD）、梯形图（LD）、计算公式（FM）和用户自定义功能块（UDFB）等六种方案语言，而工程新建的方案页只能是用户自定义功能块（UDFB），只可选择 ST 或 FBD 方案语言。下面给出两种常用组态方式。

1. 利用功能块图（FBD）组态

在工程师操作键盘上，通过鼠标或键盘等操作，调用各种独立的标准运算模块，用线条连接成多种多样的控制回路。例如，操作器控制算法组态和输入参数界面分别如图 7.9、图 7.10 所示。

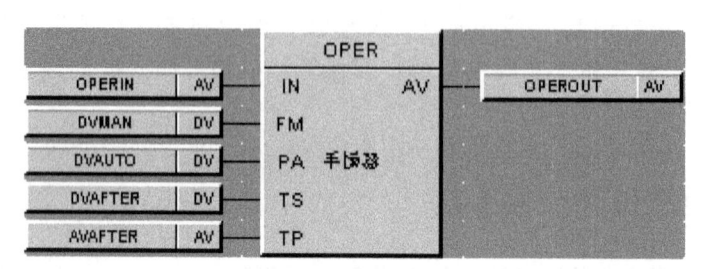

图 7.9 操作器组态

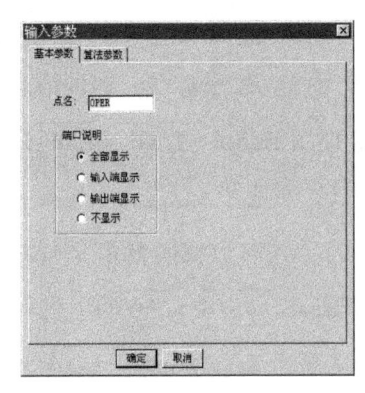

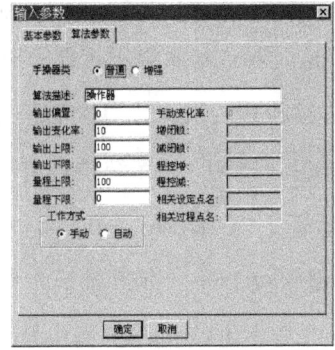

图 7.10 操作器参数输入界面

说明：图 7.9 中 FM 为操作器的强制手动开关；PA 为操作器的程控自动开关；TS 为操作器的跟踪开关；TP 为操作器的跟踪量点。

（1）DVAFTER = 1 为跟踪状态，OPEROUT 依每周期变化 10 的速率滑向 AVAFTER。

（2）DVAFTER = 0，DVMAN = 1 为手动状态，OPEROUT 直接受在线操作器调节画面中增减键控制。

（3）DVAFTER = 0，DVAUTO = 1 为自动状态，OPEROUT 依每周期变化 10 的速率滑向 OPERIN。

（4）若该算法块中未输入强制手动开关、程控自动开关和跟踪开关，则手动/自动/跟踪方式可通过在线操作器调节画面中的"手动"、"自动"、"跟踪"按钮进行切换。

2. 利用顺序功能表（SFC）组态

如图 7.11 所示为一个水箱水位控制系统。系统有两台水泵 P_1、P_2，一个水箱，两个液位传感器。系统要求：当水位低于 L_2 时，两台水泵同时启动尽快地恢复正常水位。当水位高于 L_2 低于 L_1 时，只启动一台水泵。为了均衡地使用水泵，每当只有一台水泵需要运行时，要求两台水泵轮流工作。当水位超过 L_1 时，两台水泵均停止运行。

假设水箱水位为 LD01（数据库点）；L_1 为 1500mm，L_2 为 1200mm；P_1、P_2 为 1 时泵启动，为 0 时泵停止。

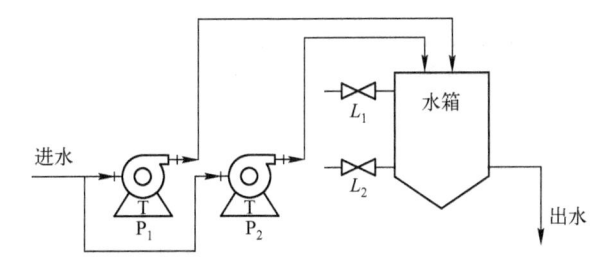

图 7.11 水箱水位控制系统

SFC 组态方案如图 7.12 所示。方案中，步 0 为起始步，此时水位高于 L_1，不执行任何动作。一旦水位低于 L_1（Trans1 LD01 < 1500），步 0 转移到步 1，执行动作，使泵 P_1 运行。这时水位变化有两种可能：一是水位继续下降低于 L_2（Trans2 LD01 < 1200），这时应

使两台水泵同时运行,对应步 2;另一种可能性是水位上升,直到高于 L_1（Trans3 $\_LD01>1500$）,这时两台水泵都不工作,对应步 3。在 SFC 中,这种情况由选择序列来完成。这时候方案继续执行,当水位再次高于 L_2 时（Trans4 $\_LD01>1200$）或水位再次降低于 L_1（Trans5 $\_LD01<1500$）,系统轮流启动 P_2,对应步 4。这时水位变化有两种可能:一是水位继续下降低于 L_2（Trans6 $\_LD01<1200$）,这时应使两台水泵同时运行,这对应步 5;另一种可能性是水位上升,直到高于 L_1（Trans8 $\_LD01>1500$）,这时两台水泵都不工作,对应起始步 0。方案继续执行,当水位再次高于 L_2（Trans7 $\_LD01>1200$）或水位再次降低于 L_1（Trans1 $\_LD01<1500$）时,系统轮流启动 P_1,对应步 1。本方案不考虑水泵的异常情况,假设本方案所涉及的各个部件均一直处于正常工作状态。

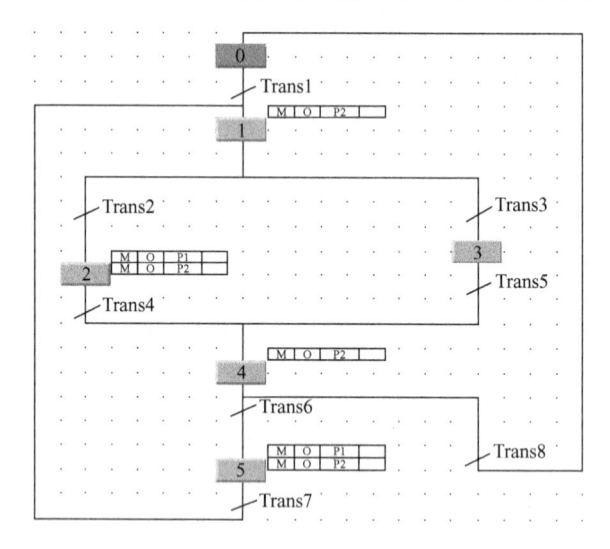

图 7.12 SFC 组态图

不难看出,SFC 能清楚地揭示系统实际的操作顺序,它不仅简化了设计过程,更重要的是加速了故障的诊断过程。控制系统实时运行工作时,可以通过终端屏幕来显示当时动作的步和转移的状态。维修人员能清楚地知道现在程序工作在哪一步,一旦发生程序中断,很快就能找出故障。同时,SFC 方案也很直观,易于理解。

7.3.4 流程图生成

DCS 是一种综合控制系统,具有丰富的控制系统和检测系统画面显示功能。利用工业流程画面技术不仅实现模拟屏的显示功能,而且使多种仪表的显示功能集成于一个显示器。这样,采用若干台显示器即可显示整个工业过程的上百幅流程画面,达到纵览工业设备运行全貌的目的,而且可以逐层深入,细致入微地观察各个设备的细节。DCS 的流程画面技术支持各种棒图、历史图和趋势图等。

工业流程画面的显示内容分为两种,一种是反映生产工艺过程的背景图形（如各种容器的轮廓、各种管道、阀门等）和各种坐标及提示符等。这些图素一次显示出来，只要画面不切换，它是不改变的。另一种是随着实时数据的变化周期刷新的图形，如各种数据显示、棒图等。此外，在各个流程画面上一般还设置一些激励点，它们作为热键使用，用来快速打开对应的窗口。

MACS 系统图形组态软件采用类似 Windows Painbrush 软件的矢量绘图方法，为用户提供了方便的绘图工具和多种动态显示方式，通过图形操作员可以对现场运行情况一目了然，从而方便地监控现场运行。

7.3.5 历史数据库及报表生成

1. 历史数据库的生成

DCS 支持历史数据存储和趋势显示功能，历史数据库的建立有多种方式，而较为先进的方式是采用生成方式。MACS 系统中建立历史数据库的方法是，在工程师站定义应用系统中各种趋势表、事故追忆表、简化历史库表，用户还可以按自己的需要定义表格内容。与实时数据库生成一样，历史数据库的生成是离线进行的。在线运行时，用户还可对个别参数进行适当修改。

历史数据包括模拟量、开关量和计算量，它们可分为如下三类。

（1）短时数据——采样时间短、保留时间短的数据。

（2）中时数据——采样时间中等、保留时间中等（例如 24h 或 48h）的数据。

（3）长时数据——采样时间长、保留时间长（例如长达一个月）的数据。

2. 报表生成

DCS 操作员站的报表打印功能通过组态软件中的报表生成部分进行组态，不同的 DCS 在报表打印功能方面存在较大的差异。某些 DCS 具有很强的报表打印功能，但某些 DCS 仅仅提供基本的报表打印功能。一般来说，DCS 支持如下两类报表的打印功能。

（1）周期性报表打印。这种报表打印功能用来代替操作员的手工报表，打印生产过程中的操作记录和一般统计记录。

（2）触发性报表打印。这类报表打印由某些特定事件触发，一旦事件发生，即打印事件发生前后的一段时间内的相关数据。

在 MACS 系统中报表生成软件和 Excel 报表工具共同为用户提供了强大的报表组态系统，组态过程采用"所见即所得"的方式。用户在报表生成系统中，可利用 Windows NT 提供的各种输入方式，在既定的单元格中录入说明性文字，定义需打印动态数据的点，再根据需要修改表格格式，即完成了一幅报表的编辑。

报表生成系统与数据库生成系统有关，在进入报表编辑之前必须完成系统库的生成，报表中定义的动态点必须在相应系统库中定义过。另一方面，它又与控制方案生成系统有关，定时打印报表需要用功能块来驱动。报表生成过程是指用户进入报表生成系统后编辑、组态报表，再进行编译生成报表文件的过程。用户可根据需要将报表文件下装到各打印站。

7.3.6 OPC 技术

用于过程控制的 OPC（OLE for Process Control，简写为 OPC）技术，是一项面向工业过程控制的数据交换软件技术。该项技术是从微软的 OLE（对象链接和嵌入）技术发展而来的，建立在 OLE 规范之上，为过程控制领域应用提供一种标准的数据访问机制。

工业控制领域用到大量的现场设备，在 OPC 出现以前，自动化软件开发商需要开发大量的驱动程序来连接这些设备。即使硬件供应商在硬件上做了一些小小的改动，应用程序就可能需要重写；同时，硬件供应商只能以 DLL 或 DDE 服务器方式提供最新的硬件驱动程序，对于最终用户来说，就意味着繁重的编程任务。而且，DLL 和 DDE 是平台相关的，与具体的操作系统有密切的关系，同时，由于 DDE 和 DLL 并不是为过程控制领域而设计的，设备通知、事件以及历史数据等过程控制领域常见的通信要求，实现起来非常困难。

随着 OPC 技术的出现，这个问题开始得到解决。OPC 规范包括 OPC 服务器（OPC Server）和 OPC 客户（OPC Client）两个部分，其实质是在硬件供应商和软件开发商之间建立一套完整的"规则"。只要遵循这套规则，数据交互对两者来说都是透明的，硬件供应商无须考虑应用程序的多种需求和传输协议，便能够提供一个功能齐备的应用接口。软件开发商也无须了解硬件的实质和操作过程。

从软件的角度来说，OPC 可以看成是一个"软件总线"的标准。它还针对过程控制的需要定义了在此通道中进行传输的数据的交换格式。OPC 标准中的软件体系结构为客户/服务器（C/S）模式，即将软件分为 OPC 服务器和 OPC 客户。OPC 服务器软件应提供必要的 OPC 数据访问标准接口；OPC 客户软件应通过该标准接口来访问 OPC 数据。

按照 OPC 规范，硬件供应商只需提供一套符合 OPC 服务器规范的程序组，无须考虑工程人员需求，而软件开发商无须重写大量的设备驱动程序，只需要一套具备 OPC 客户能力的软件，就可以与所有符合 OPC 服务器规范的程序组连接，获取需要的数据。而工程人员在设备选型上有了更多的选择。只要是符合 OPC 规范的驱动程序和自动化软件，就可以协同工作。要解决的是工业过程控制领域内来自不同厂商的硬件和软件部件协同工作的问题。

到目前为止，OPC 标准包含了三个规范，分别是：实时数据存取（OPC DA）规范、报警与事件（OPC AE）规范和历史数据存取（OPC HDA）规范。其中，实时数据存取（OPC DA）最为成熟；报警与事件（OPC AE）规范和历史数据存取（OPC HDA）规范相对较新，多是来自于主要软件开发商的企业标准。

目前的 OPC 软件产品分为两类：OPC 服务器端软件和 OPC 客户端应用软件。OPC 服务器端软件和整个 DCS 系统的结构关系如图 7.13 所示。可以看出，OPC 服务器端软件的运行环境与监控软件基本一致。首先两者都长时间不间断地运行于控制网的某个操作节点上，具有相似的硬件环境和运行方式，其次两者的运行都需要读入系统状态信息，并且运用相同的网络通信模块，因此，可以认为 OPC 服务器端软件和监控软件是运行于同一层次上的软件。

OPC 服务器端软件作为一个标准的 OPC 服务器，具有其特定的数据服务功能。它提供了访问 DCS 系统实时数据的标准 OPC 接口，并定义了相应的 OPC 数据格式。同时，由于该软件仅仅是一个 OPC 服务器，因此在运行时没有任何操作界面，数据服务均在后台执行。

从功能上说，OPC 服务器就是将从控制网上取得的实时数据转化为 OPC 格式，并用标准 OPC 接口的方式提供给用户（即 OPC 客户）。如图 7.14 所示为数据流示意图。

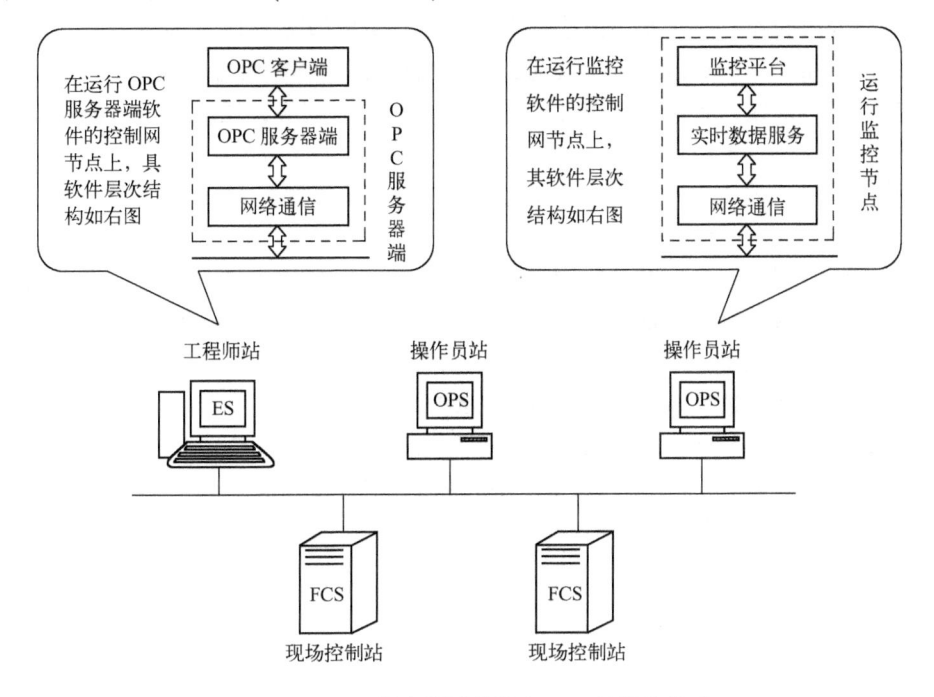

图 7.13 OPC 服务器端软件和 DCS 的结构关系

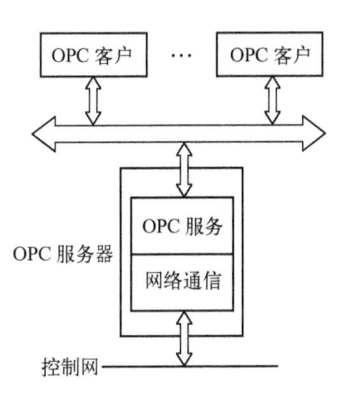

图 7.14 数据流示意图

OPC 客户端应用软件一般是按用户的要求编制的，因此难以从整个软件的结构来说明其开发设计的思路。但在调用 OPC 功能、建立与 OPC 服务器的通信等方面基本上采用相同的方法。

7.4　DCS 应用系统组态方法

本节以和利时公司的 MACS 系统应用为例，说明 DCS 应用系统组态的一般方法。MACS 系统给用户提供的是一个通用的系统组态和运行控制平台，应用系统需要通过工程师站软件组态产生，即把通用系统提供的模块化的功能单元按一定的逻辑组合起来，形成一个能完成特定要求的应用系统。系统组态后将产生应用系统的数据库、控制运算程序、历史数据库、监控流程图以及各类生产管理报表。应用系统组态可采用如图 7.15 所示的流程。

（1）前期准备工作。进入系统组态前，应首先确定测点清单、控制运算方案、系统硬件配置，包括系统的规模、各站 I/O 单元的配置及测点的分配等，还要提出对流程图、报表、历史数据库、追忆库等的设计要求。

（2）建立目标工程。在正式进行应用工程的组态前，必须针对该应用工程定义一个工程名，该目标工程建立后，便建立起了该工程的数据目录。

（3）系统设备组态。应用系统的硬件配置通过系统配置组态软件完成。采用图形方式，系统网络上连接的每一种设备都与一种基本图形对应。在进行系统设备组态之前必须在数据库总控中创建相应的工程。

（4）数据库组态。数据库组态就是定义和编辑系统各站的点信息，这是形成整个应用系统的基础。在 MACS 系统中有两类点，一类是实际的物理测点，存在于现场控制站和通信站中，点中包含了测点类型、物理地址、信号处理和显示方式等信息；另一类是虚拟量点，同实际物理测点相比，差别仅在于没有与物理位置相关的信息，可在控制算法组态和图形组态中使用。

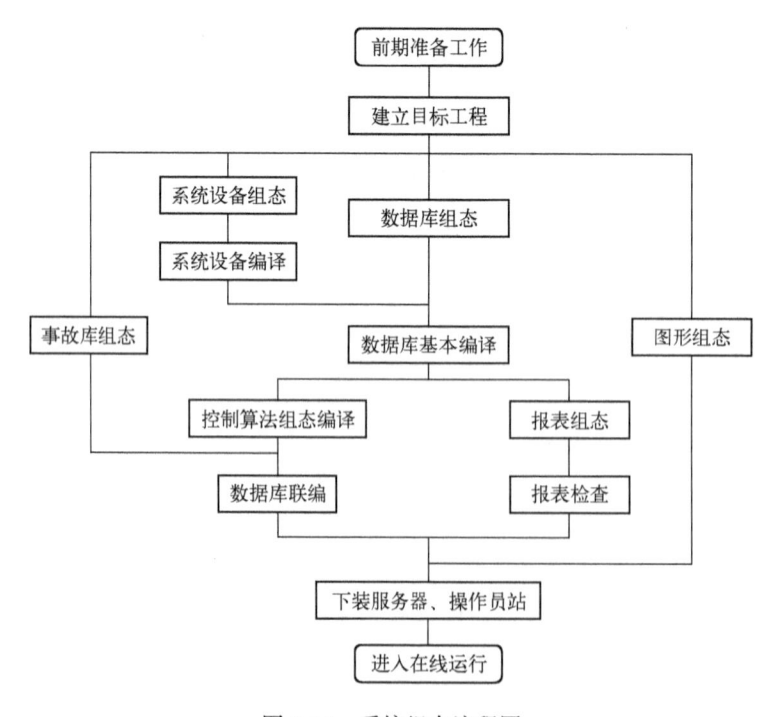

图 7.15 系统组态流程图

（5）控制算法组态。在完成数据库组态后就可以进行控制算法组态。MACS 系统提供了符合 IEC 1131-3 标准的五种工具：SFC、ST、FBD、LD 和 FM。

（6）图形、报表组态。图形组态包括背景图定义和动态点定义，其中动态点动态显示其实时值或历史变化情况，因而要求动态点必须同已定义点相对应。通过把图形文件连入系统，就可实现图形的显示和切换。

（7）编译生成。系统联编功能连接形成系统库，成为操作员站、现场控制站上的在线运行软件的基础。系统库包括实时库和参数库两个组成部分，系统把所有点中变化的数据项放在实时库中，而把所有点中不经常变化的数据项放在参数库中。服务器中包含了所有的数据库信息，而现场控制站上只包含该站相关的点和方案页信息，这是在系统生成后由系统管理中的下装功能自动完成的。

（8）系统下装。应用系统生成完毕后，应用系统的系统库、图形和报表文件通过网络下装到服务器和操作员站。服务器到现场控制站的下装是在现场控制站启动时自动进行的。现场控制站启动时如果发现本地的数据库版本号与服务器不一致，便会向服务器请求下装数据库和方案页。

7.4.1 水箱液位装置流程及控制要求

某水箱液位装置如图 7.16 所示，贮水箱里的水经手动阀 F1-1 通过磁力泵加压，经电动调节阀和手动阀 F1-7 到中水箱，中水箱里的水经手动阀 F1-10 流到下水箱，下水箱里的水经手动阀 F1-11 最终又回流到贮水箱。一般要求手动阀 F1-10 的开度稍大于手动阀 F1-11 的开度；启动泵时，应打开相应的水路（打开手动阀 F1-1、F1-2、F1-7）；当中水箱和下水箱液位超过警戒液位时，通过溢流管回流到贮水箱。控制要求：下水箱液位尽可能稳定，调节时间短。

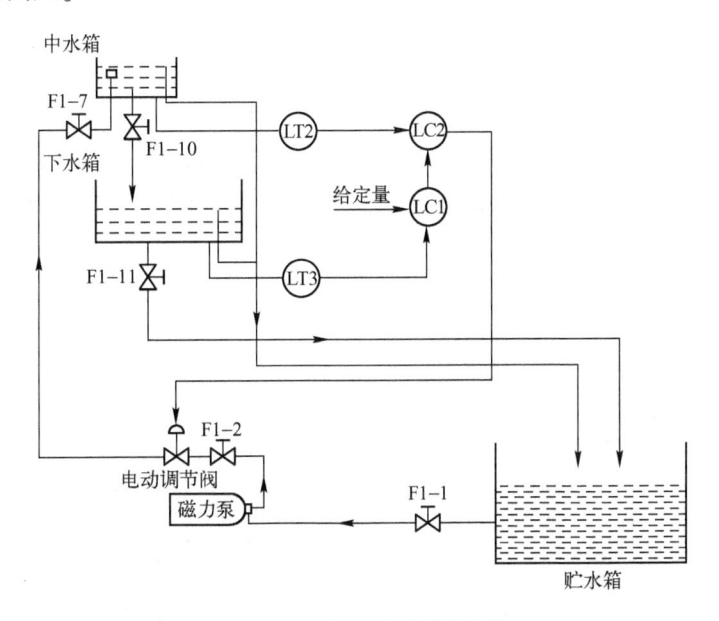

图 7.16 水箱液位系统流程图

7.4.2 系统控制方案

下水箱液位受中水箱出水量的影响，而出水量又受中水箱液位的影响。当中水箱液位波动较大且频繁时，由于下水箱滞后较大，采用单回路控制既不能及早发现扰动，又不能及时反映调节效果，为此，把下水箱液位控制器的输出，作为中水箱液位控制器的设定值，使中水箱液位控制器随着下水箱液位控制器的需要而动作，这样就构成了如图 7.17 所示的串级控制系统。

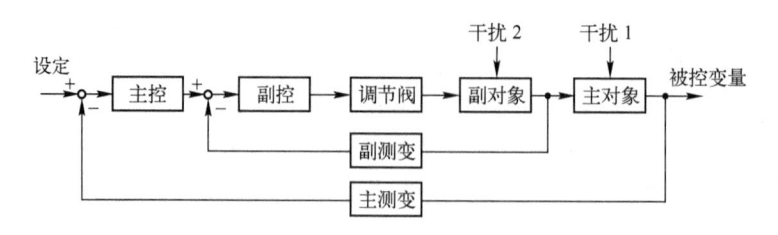

图 7.17　串级控制系统框图

7.4.3　系统组态方法

1. 工程分析

水箱液位串级控制系统需要两个输入信号端子和一个输出端子，因此选用 FM148A 模拟量输入模块和 FM151 模拟量输出模块。FM148A 的 2 通道采集一阶液位，FM148A 的 3 通道采集二阶液位，调节输出信号由模拟量输出模块 FM151 的 1 通道送出，去控制电动调节阀的开度。DCS 的系统结构如图 7.2 所示。

2. 建立工程

（1）单击"开始"→"程序"→"HS2000MACS 组态软件"→"数据库组态工具"命令，如图 7.18 所示，进入"数据库总控组态软件"界面，如图 7.19 所示。

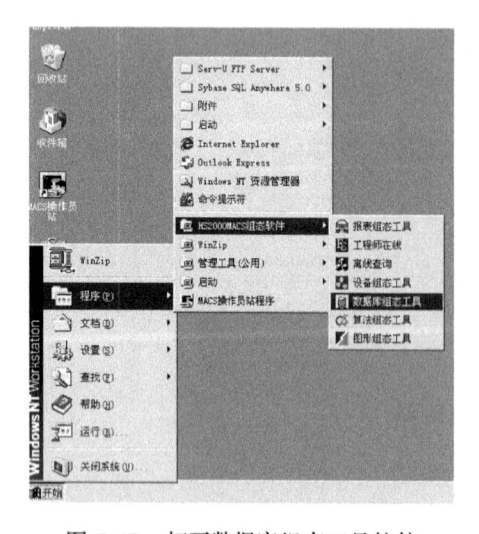

图 7.18　打开数据库组态工具软件

图 7.19　"数据库总控组态软件"界面

（2）在"数据库总控组态软件"界面的工具栏中单击"新建工程"按钮，弹出如图 7.20 所示"添加工程"对话框，输入工程名后，单击"确定"按钮。工程建立后就可以在

"C:\hs2000macs 组态软件"目录下看到新建的工程名。

3. 编辑数据库

(1) 选择"编辑"→"编辑数据库"命令,在弹出的对话框中输入用户名和密码,如图 7.21 所示,单击"确定"按钮,进入数据库编辑界面。

图 7.20 "添加工程"对话框

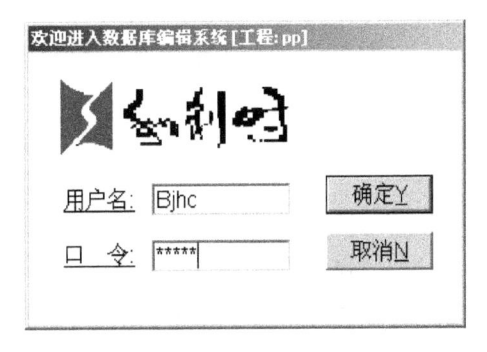

图 7.21 用户名和密码输入界面

(2) 选择"系统"→"数据操作"命令,单击"确定"按钮,弹出如图 7.22 所示窗口。因为水箱液位串级控制系统用到两个模块、三个通道,所以只需要编辑三个点号。

(a)

(b)

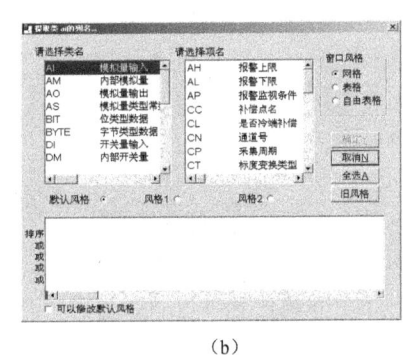

图 7.22 数据库编辑

(3) 单击"数据操作"命令后,选择"模拟量输入",在右边的"请选择项名"列表框中选择用户必须要设置的项名,如表 7.2 所示,单击"确定"按钮并添加记录。

表 7.2 模拟量输入项

记录	通道号	采样周期	单位变换	设备号	量程下限	量程上限	输出格式	点名	信号	站号
1	2	1	单位变换	2	0	200	××××××	1t2	1~5V	10
2	3	1	单位变换	2	0	200	××××××	1t3	1~5V	10

(4) 选择"AO 模拟量输出",按表 7.3 所示,选择项名,单击"确定"按钮后并添加记录。

表7.3 模拟量输出项

当前值	通道号	采样周期	单位变换	设备号	量程下限	量程上限	输出格式	点名	站号
0	1	1	4～20mA/1～5V	4	0	100	×××××	01	10

（5）设备号即设备地址，输入通道为2（FM148），输出通道为4（FM143），单击"更新数据库"按钮即可保存。

（6）单击"数据库编译"→"基本编译"，若显示"数据库编译成功"，则数据库组态完毕。

4. 系统设备组态

（1）选择"开始"→"程序"→"HS2000MACS组态软件"→"设备组态工具"命令，打开"设备组态工具"界面，定义系统设备。

（2）选择"打开新建的工程"。

（3）选择"编辑"→"系统设备"，打开"系统设备组态"对话框。

（4）选择"MACS设备组态"，右击选择"添加节点"。

（5）在现场控制站、操作员站、服务站中选择"现场控制站"。

（6）选择"现场控制站"，右击并选择"添加设备"，分别添加主控单元和以太网卡。

（7）重复步骤（4）～（6），分别添加操作员站、服务站，如图7.23所示。

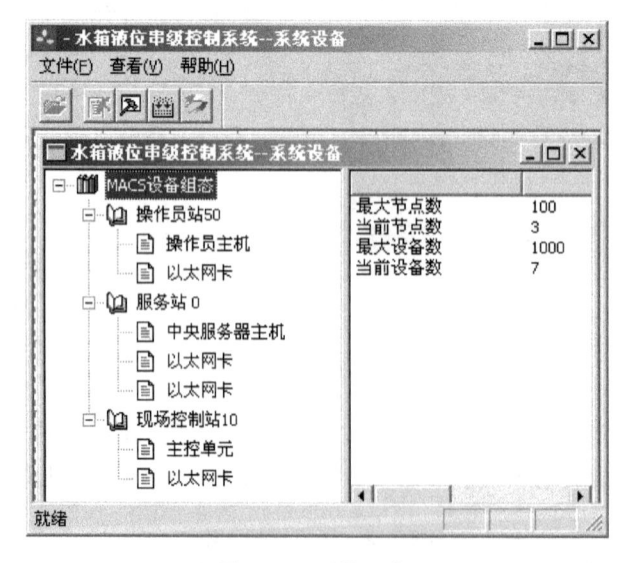

图7.23 系统设备

（8）操作员站以太网卡属性设置。右击"以太网卡"选择"属性"，将它的IP地址改为"128.0.0.2"；服务站以太网卡属性设置，右击"以太网卡"选择"属性"，将它的IP地址分别改为"128.0.0.1"和"168.0.0.1"。系统设备设置完毕。

（9）单击按钮，弹出"检查类型"对话框，选择"单以太网结构"，单击"确定"按钮。

5. I/O 设备组态

（1）单击"开始"→"程序"→"HS2000MACS 组态软件"→"设备组态工具"命令，打开"设备组态工具"界面，定义系统设备和 I/O 设备。

（2）选择"编辑"→"I/O 设备"，打开"I/O 设备组态"对话框。

（3）选择"查看/自定义链路"菜单，选择"DP 链路"，关联主卡选择"hsfm121.hsg"。

（4）选择"查看/自定义设备"菜单，在 DP 链路下添加新的设备，引入你所用的设备，FM148 选用"hsfm145.hsg"，FM151 选用"hsfm151.hsg"。

（5）选择"现场控制站"，右击并添加 DP 链路，如图 7.24 所示。

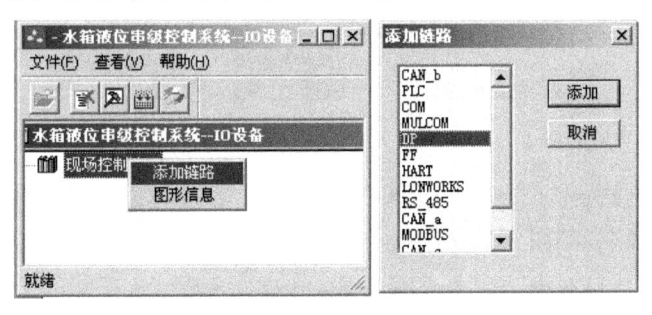

图 7.24 I/O 设备

（6）选择"DP"，右击并添加新的设备 FM145、FM151，如图 7.25 所示。

（7）选择"FM145"，更改属性并将地址设置为 2，选用通道的信号量程为 0～5V；选择"FM151"，更改属性并将地址设置为 4，选用通道的信号量程为 4～20mA。组态结果如图 7.26 所示。

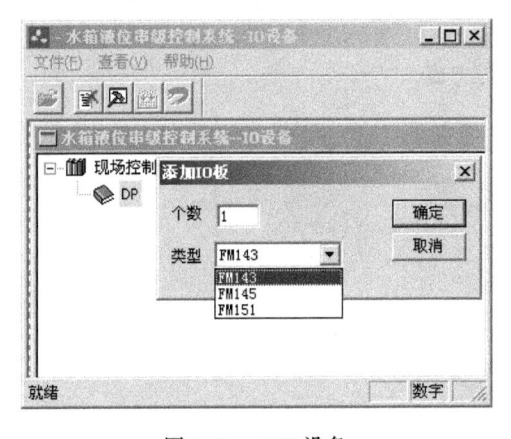

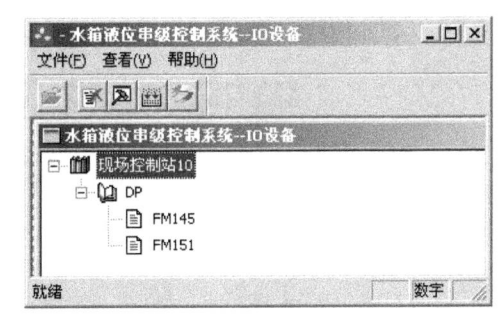

图 7.25 I/O 设备

图 7.26 I/O 设备

（8）单击按钮，显示编译成功界面，如图 7.27 所示。

（9）将组态数据保存到数据库，设备组态完毕。

6. 算法组态

（1）按"开始"→"程序"→"HS2000MACS 组态软件"→"算法组态工具"命令，

打开"算法组态工具"界面。

(2) 选择"文件"→"新建工程"命令，打开新建的工程文件。

(3) 选择"文件"→"新建站"命令，在新建的工程下新建站为"服务器"和"控制站10"，如图7.28所示。

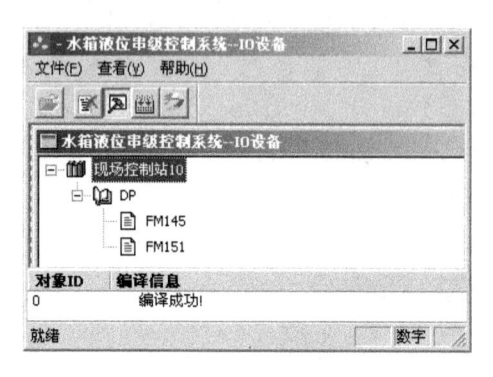

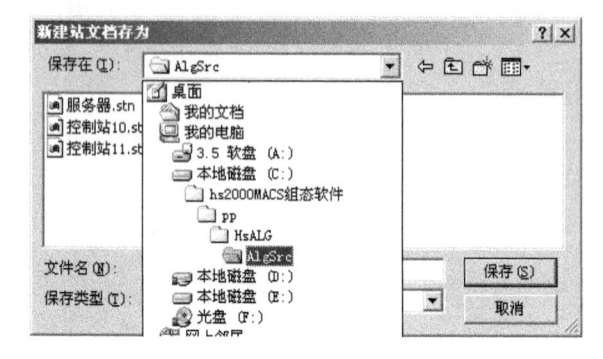

图7.27　I/O设备　　　　　　　　　　　　图7.28　新建站

(4) 选择"控制站10"，右击并选择"新建方案"，在弹出的"新建方案"对话框中输入方案的名称"串级"，如图7.29所示。

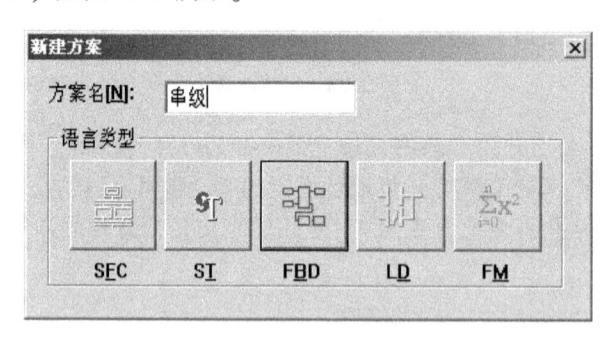

图7.29　新建方案

(5) 选择FBD的编程方式，方案文档存储界面如图7.30所示。

图7.30　方案文档存储界面

(6) 选择"功能模块"→"控制算法"→"PID模块"，属性设置如图7.31 (a)、(b)、(c) 所示。

(a)

(b)

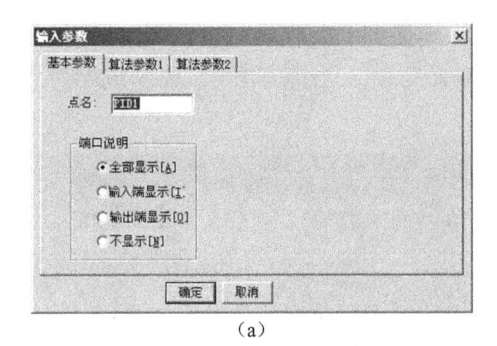

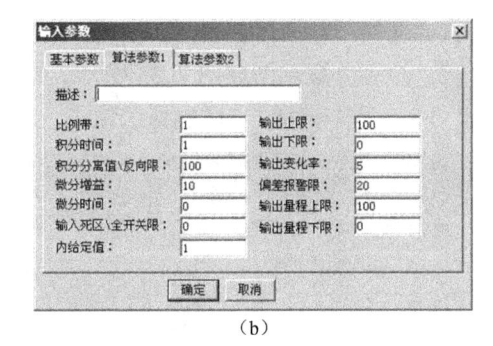

(c)

图 7.31　PID 属性设置

(7) 将 PID 功能模块放在合适的位置上，如图 7.32 所示。

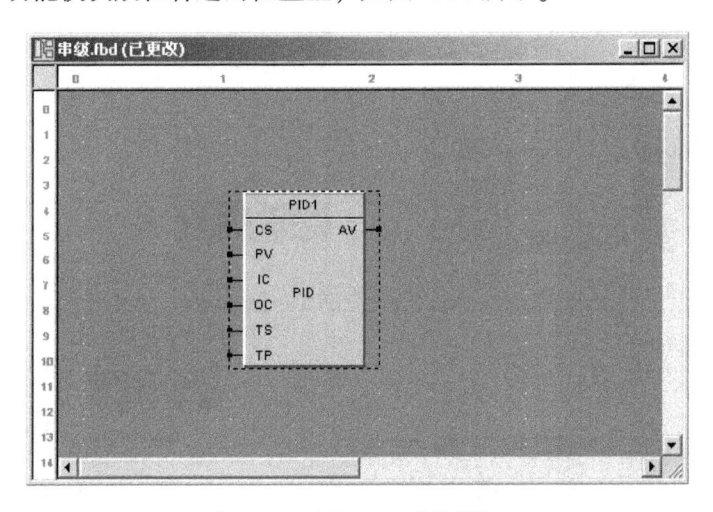

图 7.32　放置 PID 功能模块

(8) 重复步骤 (6) ～ (8)，将 PID2 放在相应的位置上。

(9) 选择"功能模块"→"四则运算"→"乘法"，将乘法功能模块放在相应的位置上。

(10) 选择"输入输出端子"→"输入端子"，连接到 PID 模块的 PV 端。

(11) 选择 "输入输出端子" → "输出端子"，连接到 PID 模块的 AV 端。

(12) 控制方案总图如图 7.33 所示。单击 "编译" → "当前方案"，编译成功后再单击 "编译" → "基本编译"，退出算法组态。

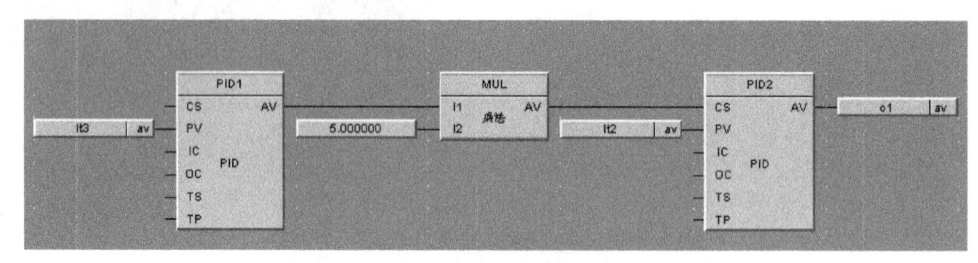

图 7.33 控制方案总图

7. 图形组态

(1) 按 "开始" → "程序" → "HS2000MACS 组态软件" → "图形组态工具" 命令，打开 "图形组态工具" 界面。

(2) 选择 "文件" → "打开项目"，打开新建的工程文件。

(3) 选择 "文件" → "打开文件"，在工具栏中单击 "打开文件夹" 按钮，系统有一个自带的图形文件 $main，打开系统自带的图形，选择合适的图形，右击并选择 "交互特性"，由切换底图的特性切换为菜单.hsg 的图形。

(4) 新建一个液位串级控制的图形文件，利用绘图工具绘制的图形如图 7.34 所示。

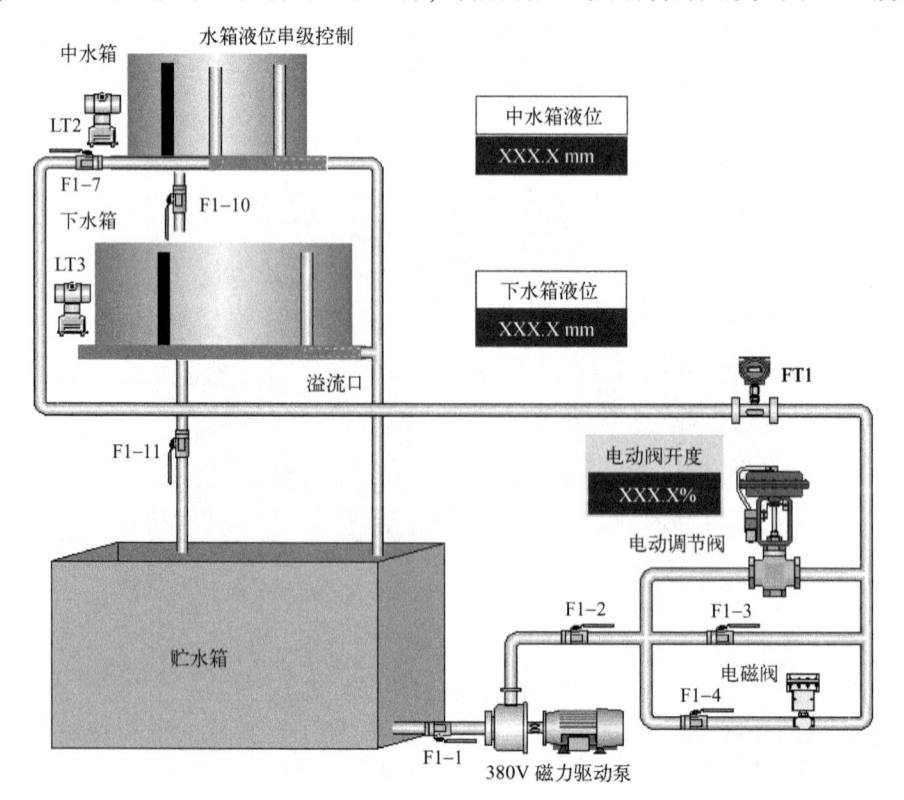

图 7.34 图形组态效果图

(5) 单击中水箱液位的文字特性"×××.×",右击并选择"动态特性",打开"动态特性定义"对话框,如图 7.35 所示。

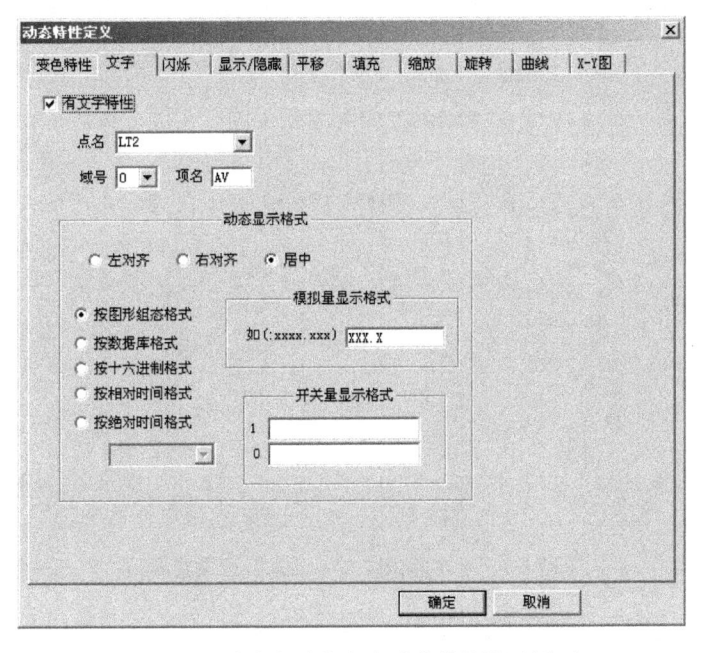

图 7.35　中水箱液位文字动态特性设置界面

(6) 单击中水箱液位的文字特性"×××.×",右击并选择"交互动态特性",打开界面如图 7.36 所示。

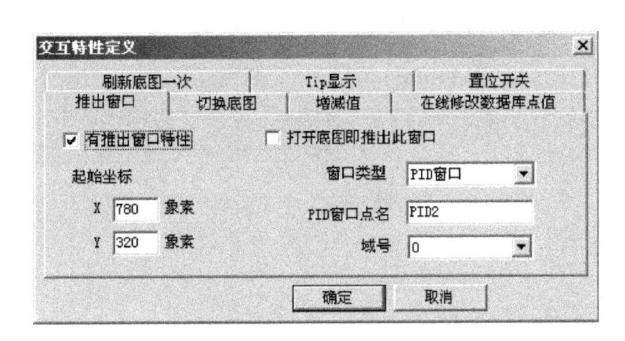

图 7.36　中水箱液位文字交互动态特性设置界面

(7) 单击下水箱液位的文字特性"×××.×",右击并选择"动态特性",打开界面如图 7.37 所示。

(8) 单击下水箱液位的文字特性"×××.×",右击并选择"交互动态特性",打开界面如图 7.38 所示。

(9) 单击电动阀开度的文字特性"×××.×",右击并选择"动态特性",在打开对话框的"文字"选项卡中选择"有文字特性",点名为"O1",域号为"0",项名为"AV",其他选择默认。

(10) 保存文件,图形组态完毕。

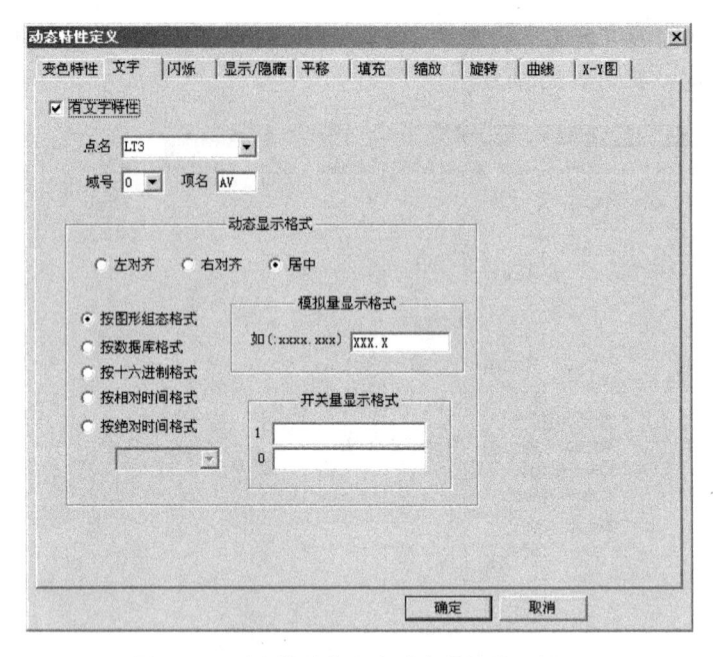

图 7.37　下水箱液位文字动态特性设置界面

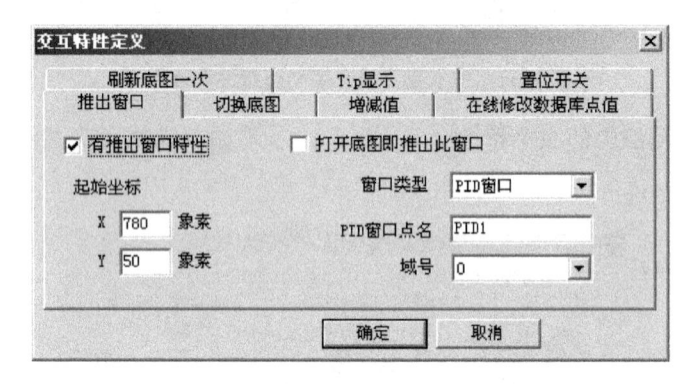

图 7.38　下水箱液位文字交互特性设置界面

8. 编译下载

系统组态完毕之后，必须通过编译命令将组态保存信息转换为现场控制站和操作员站能识别的信息，再通过下载命令将组态送到控制站执行。

实训 8　DCS 系统的认识与操作

1. 实训目标

（1）熟悉 DCS 的组成。
（2）熟悉 MACS 运行界面。

(3) 熟悉中水箱单容液位定值控制系统的控制原理。
(4) 熟悉 P、I、D 参数对过渡过程的影响。

2. 实训装置

本装置包括实训系统、控制屏及和利时公司生产的 MACS 系统。

(1) 实训系统。实训系统结构图和框图如图 7.39 所示。被控量为中水箱（也可采用上水箱或下水箱）的液位高度，实训要求中水箱的液位稳定在给定值。将压力传感器 LT2 检测到的中水箱液位信号作为反馈信号，在与给定量比较后差值通过调节器控制电动调节阀的开度，以达到控制中水箱液位的目的。为了实现系统在阶跃给定和阶跃扰动作用下的无静差控制，系统的调节器应为 PI 或 PID 控制。

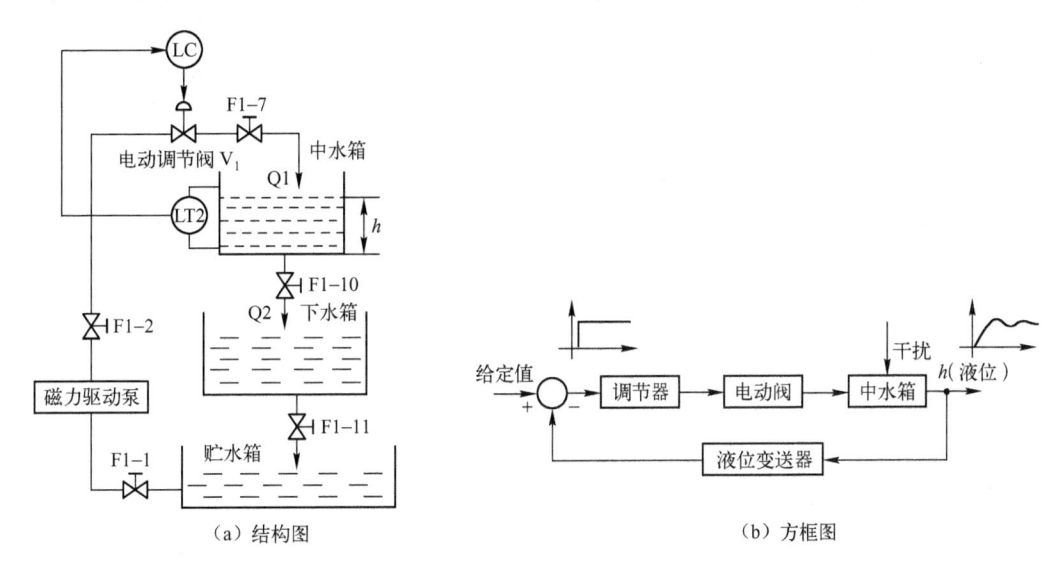

图 7.39 中水箱单容液位定值控制系统

(2) 控制屏。控制屏由 SA-01 电源控制屏、SA-02 I/O 信号接口面板及 FM148A 挂件、FM151A 挂件等组成。

电源控制屏提供 380 V 的三相电源、220 V 的交流电源、24 V 的直流电源，作为其他设备的供电电源。

SA-02 I/O 信号接口面板的作用主要是通过航空插头（一端与对象系统连接）将各传感器检测信号及执行器控制信号同面板上自锁紧插孔相连。

(3) MACS 系统。MACS 系统包括 1 台操作员站兼工程师站、1 台服务器、1 台 FM811 MACS 主控单元和 3 个挂件，即 FM148 现场总线远程 I/O 模块挂件、FM143 现场总线远程 I/O 模块挂件和 FM151 现场总线远程 I/O 模块挂件，其中 FM811 MACS 主控单元为单元式模块化结构，它具备较强的数据处理能力和网络通信能力，是 MACS 系统现场控制站的核心单元。FM148 为 8 路模拟量输入模块，FM151 为 8 路模拟量输出模块。

(4) 实训工具。数据交换器 2 个，网线 4 根，PC/PPI 通信电缆 1 根；300mm 扳手和 200mm 扳手各 1 把，螺钉旋具 1 把。

中水箱单容液位定值控制系统接线如图 7.40 所示。

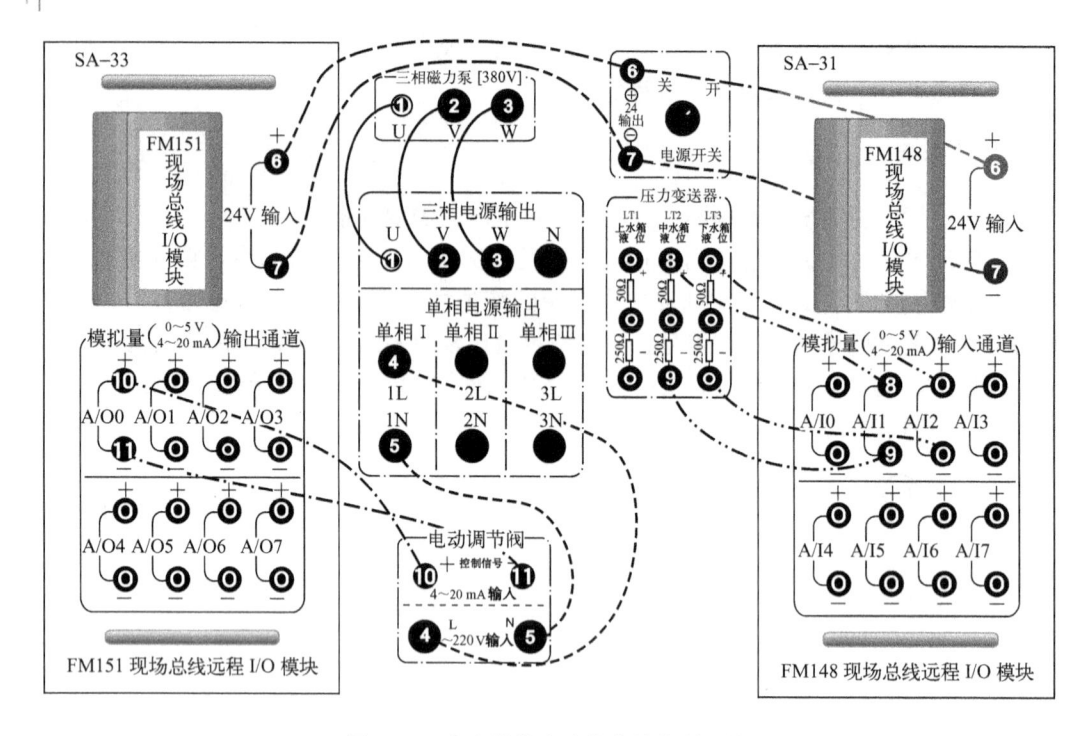

图7.40 中水箱单容液位定值控制系统

3. 实训内容

（1）掌握计算机控制系统的启动方法。

（2）熟悉 MACS 系统。

（3）以中水箱单容液位定值控制系统为例，掌握单回路控制系统的信号输入、控制方案以及信号输出等。

4. 实训步骤（教师示范）

（1）启动实训装置。

① 打开两台计算机和工控机的电源，打开泵的进水阀和中水箱进水通路，关闭其他阀门。

② 按照顺序打开控制屏电源，打开服务器 SERV – U 程序。

③ 在操作员计算机上打开"数据库总控组态软件"，在空白的菜单下选择要做的实训工程，选择"编辑"→"域组号组态"，打开界面如图7.41所示，选择要做的实训工程"单回路控制系统"，单击" ==> "按钮添加到右边的列表框中，单击"确认"按钮。

④ 打开"数据库总控组态软件"界面，如图7.42所示，选择要做的工程"单回路控制系统"。

⑤ 选择工具栏中的"完全编译"，稍后显示编译成功界面，如图7.43所示。

⑥ 关闭"数据库总控组态软件"，在服务器端启动"服务器进程管理"软件，如图7.44所示。

第 7 章　集散控制系统

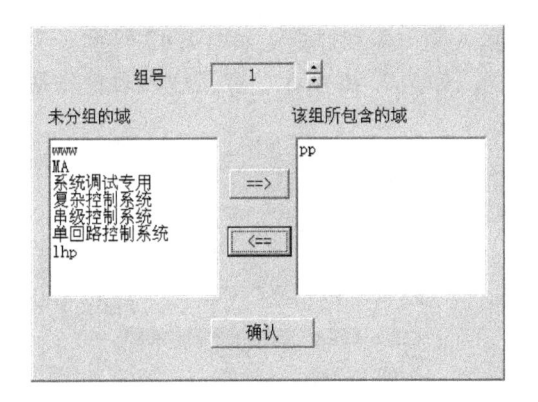

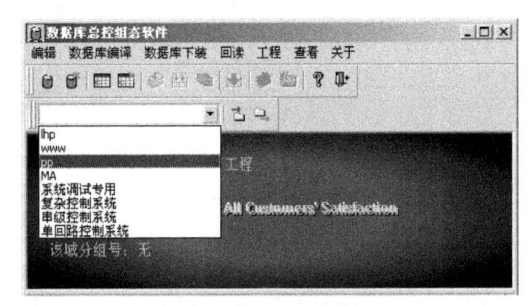

图 7.41　选择域

图 7.42　选择工程

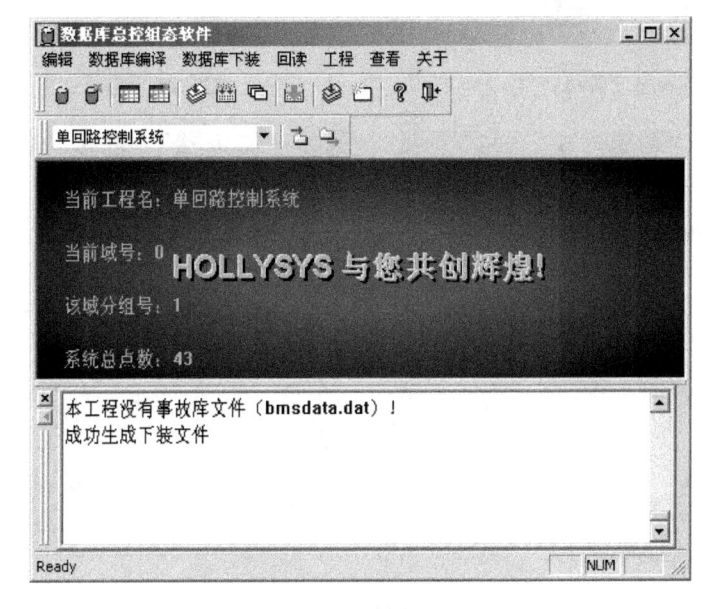

图 7.43　编译工程

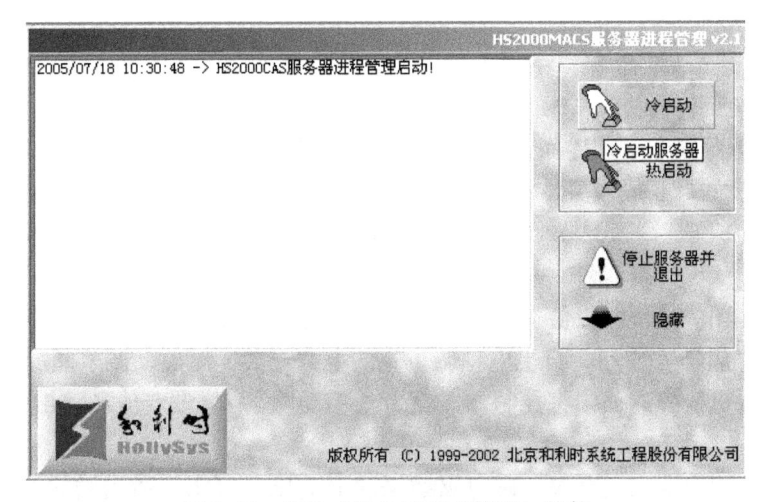

图 7.44　启动"服务器进程管理"软件

⑦ 在操作员站打开工程师界面后在线下装，输入用户名和口令，如图7.45所示。

⑧ 单击工具栏中的"P"选择要做的实训工程，如图7.46所示，在工程列表框中拖动滑块选择"单回路控制系统"，单击"确定"按钮。

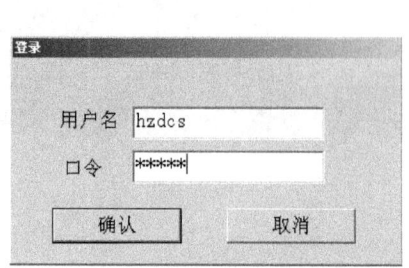

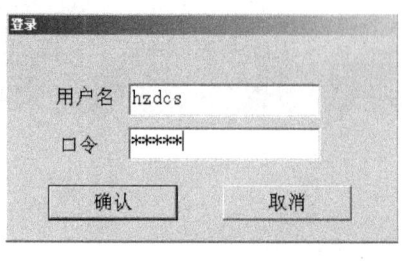

图7.45 输入用户名和口令　　　　图7.46 选择工程

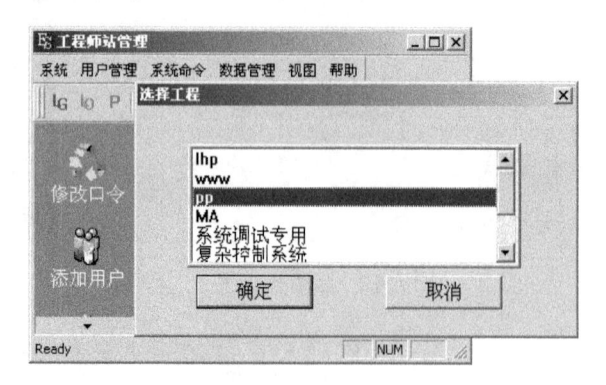

⑨ 选择菜单"系统命令"→"下装"，选择"服务器"，双击"128.0.0.1"，选择"下一步"，如图7.47所示，直到安装成功。

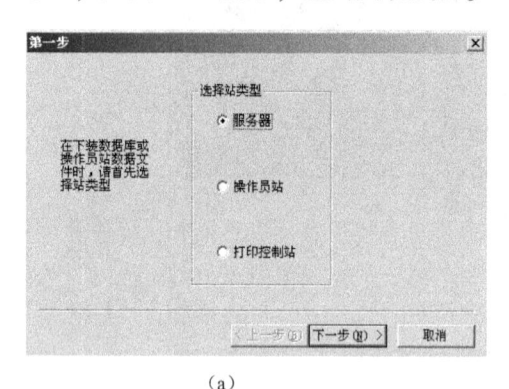

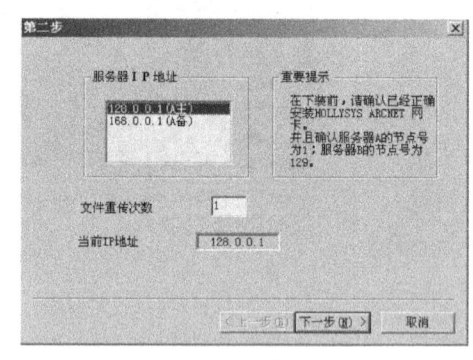

图7.47 安装服务器

⑩ 选择菜单"系统命令"→"安装"，选择"操作员站"，双击"128.0.0.2"，选择"下一步"，直到安装成功。

⑪ 关闭工程师在线安装界面，在服务器端重新启动服务器程序。

⑫ 在操作员站打开操作员站在线软件，在工程师功能中选择"登录"，输入用户名和口令。服务器启动成功后就可进入单回路控制系统中的中水箱单容液位定值控制系统进行实训。

(2) 在流程图的液位测量值上单击，弹出PID窗口，可进行相关参数的设置。

(3) 按下"启动"按钮，合上电动调节阀的电源开关，给电动调节阀加上电压。

(4) 在上位机监控界面中将控制方式设为"手动"，并将设定值和输出值设置为一个合适的值。

(5) 合上三相电源空气开关，磁力驱动泵加上电压后打水，适当增加/减少输出量，使中水箱的液位基本等于设定值。

(6) 用经验法或动态特性参数法整定调节器参数，选择 PI 控制规律，并按整定后的 PI 参数进行调节器参数设置。

(7) 待液位稳定于给定值后，将调节器切换到"自动"控制状态，待液位平衡后，通过以下几种方式加干扰。

① 突增（或突减）仪表设定值的大小，使其有一个正（或负）阶跃增量的变化。

② 将电动调节阀的旁路阀开至适当开度。

③ 将中水箱出水阀开至适当开度。

以上几种干扰均要求扰动量为控制量的 5%～15%，干扰过大可能造成水箱中的水溢出或系统不稳定。加入干扰后，水箱的液位便离开原平衡状态，经过一段调节时间后，水箱液位稳定至新的设定值（采用上面三种干扰方法仍稳定在原设定值），记录此时的设定值、输出值和仪表参数，液位的响应过程曲线将如图 7.48 所示。

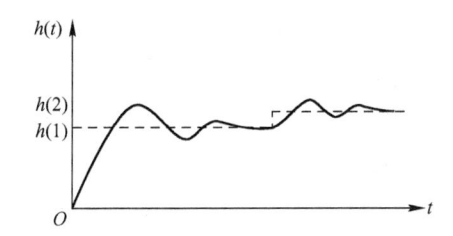

图 7.48　中水箱单容液位控制的阶跃响应曲线

(8) 分别适量改变调节器的 P 及 I 参数，重复步骤 (7)，用计算机记录不同参数时系统的阶跃响应曲线。

(9) 分别用 P、PI、PID 三种控制规律重复步骤 (4)～(8)，用计算机记录不同控制规律下系统的阶跃响应曲线。

5. 思考与分析

(1) 计算机是通过什么方式接收现场变送器的输出信号的？计算机的控制信号是通过什么方式去控制电动调节阀的？

(2) 计算机控制系统与常规仪表控制系统有什么区别？

实训 9　水箱液位串级控制系统的组态

1. 实训目标

(1) 熟悉 DCS 的组成。
(2) 掌握 MACS 组态软件的使用方法。
(3) 掌握水箱液位串级控制系统的组态方法。

2. 实训装置（准备）

(1) 实训对象及控制屏、计算机 2 台、万用表 1 台。

（2）FM148A 挂件 1 个、FM151A 挂件 1 个、主控单元 1 个、数据交换器 2 个、网线 4 根。

（3）PC/PPI 通信电缆 1 根。

（4）螺钉旋具 1 把。

水箱液位串级控制系统的接线如图 7.49 所示。

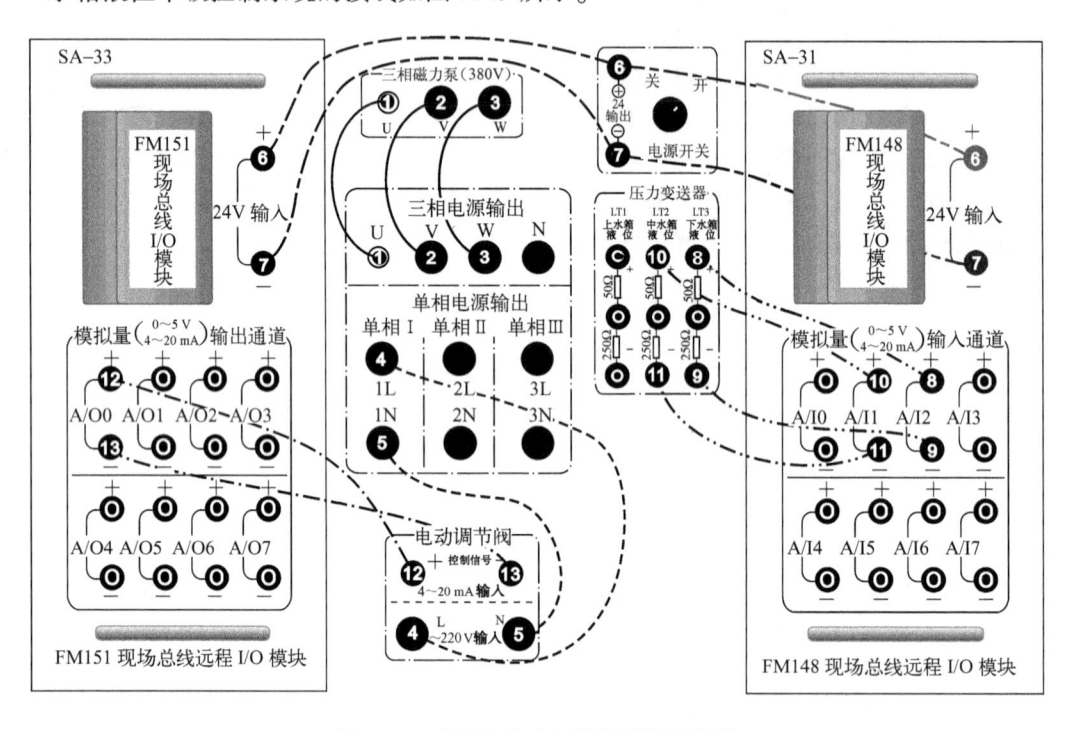

图 7.49　水箱液位串级控制系统接线图

3. 实训内容

（1）水箱液位串级控制系统数据库组态。
（2）水箱液位串级控制系统设备组态。
（3）水箱液位串级控制系统算法组态。
（4）水箱液位串级控制系统画面组态。

4. 实训步骤

请参照第 7.4.3 节中系统组态的方法。

5. 实训报告

（1）画出水箱液位串级控制系统的结构框图。
（2）写出 DCS 系统生成的步骤。
（3）从操作站复制出 PID 参数的设置值和生成的流程图。
（4）综合分析水箱液位串级控制系统的组态效果。

本 章 小 结

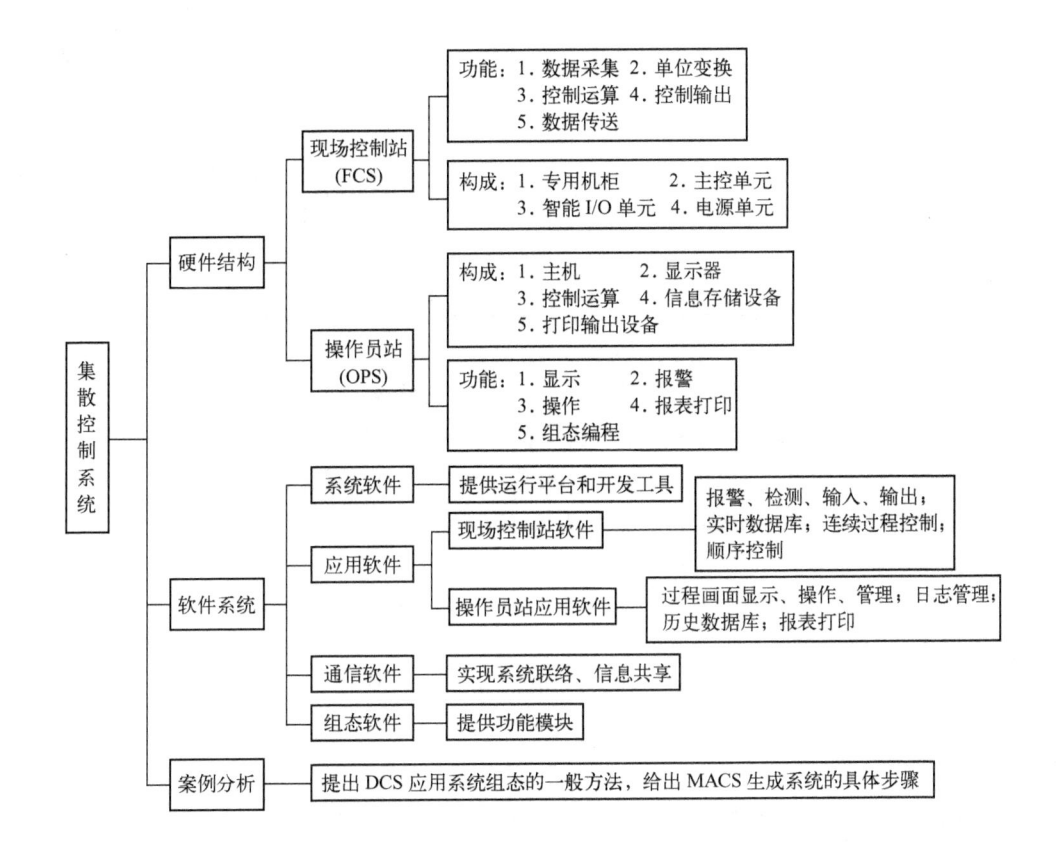

```
集散控制系统
├─ 硬件结构
│   ├─ 现场控制站(FCS)
│   │   ├─ 功能：1.数据采集 2.单位变换 3.控制运算 4.控制输出 5.数据传送
│   │   └─ 构成：1.专用机柜 2.主控单元 3.智能I/O单元 4.电源单元
│   └─ 操作员站(OPS)
│       ├─ 构成：1.主机 2.显示器 3.控制运算 4.信息存储设备 5.打印输出设备
│       └─ 功能：1.显示 2.报警 3.操作 4.报表打印 5.组态编程
├─ 软件系统
│   ├─ 系统软件 —— 提供运行平台和开发工具
│   ├─ 应用软件
│   │   ├─ 现场控制站软件 —— 报警、检测、输入、输出；实时数据库；连续过程控制；顺序控制
│   │   └─ 操作员站应用软件 —— 过程画面显示、操作、管理；日志管理；历史数据库；报表打印
│   ├─ 通信软件 —— 实现系统联络、信息共享
│   └─ 组态软件 —— 提供功能模块
└─ 案例分析 —— 提出DCS应用系统组态的一般方法，给出MACS生成系统的具体步骤
```

思 考 与 练 习 题 7

1. 简述 DCS 的特点及其发展趋势。
2. DCS 的硬件体系主要包括哪几部分？
3. DCS 的现场控制站一般应具备哪些功能？
4. DCS 操作员站的典型功能一般包括哪些方面？
5. DCS 软件系统包括哪些部分？各部分的主要功能是什么？
6. 什么是 OPC 技术？OPC 技术应用在工控领域起到哪些作用？
7. 简述 MACS 的网络结构及其特点。
8. DCS 的应用系统组态过程主要包括哪几个步骤？

第8章 智能式现场仪表

知识目标
(1) 了解 HART 协议技术和现场总线技术的原理及特点。
(2) 理解 EJA、ST3000、LSⅢ-PA 智能式差压变送器的组成原理和性能特点。
(3) 掌握 EJA、ST3000、LSⅢ-PA 智能式差压变送器的使用方法。
(4) 理解 TT302 智能式温度变送器的组成原理和性能特点。
(5) 掌握 TT302 智能式温度变送器的使用方法。
(6) 掌握 DVC5010 智能式阀门定位器和现场控制阀的配套使用方法。

技能目标
(1) 能操作"智能终端"设置 EJA、ST3000 差压变送器位号、单位、零点和量程。
(2) 能运用"过程管理器"设置 LSⅢ-PA 差压变送器,并能用"三键"对 LSⅢ-PA 差压变送器进行现场操作。
(3) 能写出 DVC5010 智能式阀门定位器在现场控制阀上的安装、校准方法。

随着计算机技术、通信技术、集成电路技术的发展,现场总线技术正在迅猛发展和扩大,它给用户一个直观简单的使用界面和标准的"功能块",用户可以使用图形化的语言来构筑自己的系统。基于现场总线技术的智能式现场仪表由于具有数字化、智能化、小型化等特点,能够满足目前 DCS 和现场总线系统等自动控制系统高精度、数字通信、自诊断等要求,正在逐渐替代处于工业自动控制系统现场的模拟变送器和执行器。本章主要介绍几种目前技术比较成熟的智能式差压变送器、智能式温度变送器和智能式阀门定位器。

8.1 现场总线技术

8.1.1 现场总线技术的产生和发展

自 1983 年 Honeywell 公司推出智能化现场仪表 ST-3000 100 系列变送器后,世界各厂家都相继推出各有特色的智能仪表。为解决开放性资源的共享问题,从用户到厂商都强烈要求形成统一标准,促进现场总线技术的发展。目前,有影响的现场总线技术有:基金会现场总线、LonWorks、ProfiBus、CAN、HART等,除HART外均为全数字化现场总线协议。从现场总线技术的形成来看,它是控制、计算机、通信、网络等技术发展的必然结果,而智能仪表为现场总线技术的应用奠定了基础。

全数字化意味着取消模拟信号的传送方式,要求每一个现场设备都具有智能及数字通信能力,使得操作人员或其他设备(传感器、执行器等)能向现场发送指令(如设定值、量程、报警值等),同时也能实时地得到现场设备各方面的情况(如测量值、环境参数、设备运行情况及设备校准、自诊断情况、报警信息、故障数据等)。此外,原来由主控制器完成的控制运算也分散到了各个现场设备上,大大提高了系统的可靠性和灵活性。现场总线技术的关键在于系统的开放性,强调对标准的共识与遵从,打破了传统生产厂家各自标准独立的局面,保证了来自不同厂家的产品可以集成到同一个现场总线系统中,并且可以通过网关与其他系统共享资源。

目前,一方面现场总线标准正处在完善和发展阶段,另一方面传统的基于4~20mA的模拟设备还在广泛应用于工业控制各个领域。因此,立即全数字化是不现实的。为满足从模拟到全数字化的过渡,HART协议应运而生。它采用频移键控(FSK)技术在4~20mA模拟信号上叠加不同的频率信号来传送数字信号。由于4~20mA模拟信号标准将在今后相当长的时间内存在,因此学习基于HART协议技术的现场仪表和基于现场总线技术的智能仪表都具有重要意义。

8.1.2 HART协议

1. HART协议简介

可寻址远程传感器高速通道(Highway Addressable Remote Transducer,HART)的开放通信协议,是美国Rosemount公司于1985年推出的一种用于现场智能仪表和控制室设备之间的通信协议。HART装置提供具有相对低的带宽和适度响应时间的通信,经过20多年的发展,HART技术已经十分成熟,并已成为全球智能仪表的工业标准。

HART协议采用基于Bell202标准的FSK频移键控信号,在低频的4~20mA模拟信号上叠加幅度为0.5mA的音频数字信号进行双向数字通信,数据传输速率为1.2Mb/s。由于FSK信号的平均值为0,不影响传送给控制系统模拟信号的大小,保证了与现有模拟系统的兼容性。在HART协议通信中,主要的变量和控制信息由4~20mA信号传送,在需要的情况下,另外的测量、过程参数、设备组态、校准、诊断信息通过HART协议访问。

HART通信采用的是半双工的通信方式。HART协议参考ISO/OSI(开放系统互连)模型,采用了它的简化三层模型结构,即第一层物理层,第二层数据链路层和第七层应用层。

第一层:物理层。规定了信号的传输方法、传输介质,为了实现模拟通信和数字通信同时进行而又互不干扰,HART协议采用频移键控技术(FSK),即在4~20mA模拟信号上叠加一个频率信号,频率信号采用Bell202国际标准,数字信号的传输速率设定为1200b/s,1200Hz代表逻辑"1",2200Hz代表逻辑"0",信号幅值0.5mA,如图8.1所示。

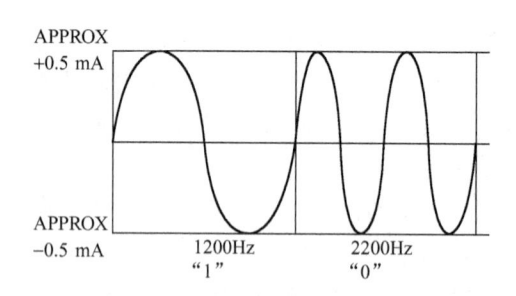

图 8.1 基于 Bell202 标准的 FSK 频移键控信号

通信介质的选择视传输距离长短而定。通常采用双绞线、同轴电缆作为传输介质，最大传输距离可达到 1500m。线路总阻抗应在 230～1100W 之间。

第二层：数据链路层。规定了 HART 帧的格式，实现建立、维护、终止链路通信功能。HART 协议根据冗余检错码信息，采用自动重复请求发送机制，消除由于线路噪声或其他干扰引起的数据通信出错，实现通信数据无差错传送。

现场仪表要执行 HART 指令，操作数必须合乎指定的大小。每个独立的字符包括 1 个起始位、8 个数据位、1 个奇偶校验位和 1 个停止位。由于数据的有无和长短并不恒定，所以 HART 数据的长度也是不一样的，最长的 HART 数据包含 25KB。

第七层：应用层。为 HART 命令集，用于实现 HART 指令。命令分为三类，即通用命令、普通命令和专用命令。

2. HART 协议远程通信硬件

现场仪表的 HART 协议部分主要完成数字信号到模拟电流信号的转换，并实现对主要变量和测量、过程参数、设备组态、校准及诊断信息的访问。如图 8.2 所示是 HART 协议通信模块结构框图。

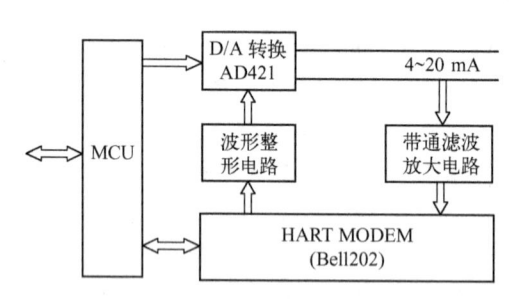

图 8.2 HART 协议通信模块结构框图

HART 通信部分主要由 D/A 转换和 HART MODEM 及其附属电路来实现。其中，D/A 转换作用是直接将数字信号转换成 4～20mA 电流输出，以输出主要的变量。HART MODEM 及其附属电路的作用是对叠加在 4～20mA 环路上的信号进行带通滤波放大后，HART 通信单元如果检测到 FSK 频移键控信号，则由 HART MODEM 将 1200Hz 的信号解调为"1"，2200Hz 信号解调为"0"的数字信号，再通过串口通信被送到 MCU，MCU 接收命令帧，进行相应的数据处理。然后，MCU 产生要发回的应答帧，应答帧的数字信号由 MODEM 调制成相应的 1200Hz 和 2200Hz 的 FSK 频移键控信号，波形整形后，经 AD421 叠加在环路上发出。

D/A 转换器采用 AD421，它是美国 ADI 公司推出的一种单片高性能数模转换器，由环路供电，16 位数字信号以串行方式输入，可以将数字信号直接转换成 4～20mA 电流输出。

HART MODEM 采用 Smar 公司的 HT2012，是符合 Bell202 标准的半双工调制解调器，实现 HART 协议规定的数字通信的编码或译码。它一方面与 MCU 的异步串行通信口进行串行通信，另一方面将输入不归零的数字信号调制成 FSK 信号，再经 AD421 叠加在 4～20mA 的回路上输出，或者将回路信号经带通滤波、放大整形后取出 FSK 信号解调为数字信号，从而实现 HART 通信。

由于 HART 数字通信的要求，有 0.5mA 的正弦波电流信号叠加在 4mA 电流上，因此整个硬件电路必须保证在 3.5mA 以下还能正常工作，因此实现系统的低功耗设计非常重要。

3. HART 通信软件

HART 通信程序也即 HART 协议数据链路层和应用层的软件实现，是整个现场仪表软件设计的关键。在 HART 通信过程中，主机（上位机）发送命令帧，现场仪表通过串行口中断接收到命令帧后，由 MCU 进行相应的数据处理，产生应答帧，由 MCU 触发发送中断，发出应答帧，从而完成一次命令交换。

（1）在加上电源或复位后，主程序要对通信部分进行初始化，主要包括波特率设定、串口工作方式设定、清除通信缓冲区、开中断等。

（2）在初始化完成后，通信部分就一直处在准备接收状态下，一旦上位机有命令发来，HT2012 的载波检测口变为低电平，触发中断，启动接收，程序就进入接收部分。然后完成主机命令的解释并根据命令去执行相应的操作，最后按一定的格式生成应答帧并送入通信缓冲区，启动发送，完成后关闭 SCI。

（3）在发送应答帧之后，再次进入等待状态，等待下一条上位机命令。

HART 协议因具有结构简单、工作可靠、通用性强的特点，使得它成为全球应用最广的现场通信协议，已成为工业上实际的标准。

8.1.3 现场总线协议

现场总线是用于过程控制现场仪表与控制室之间的一个标准的、开放的、双向的多站数字通信系统。随着计算机技术、通信技术、集成电路技术的发展，以全数字式现场总线（FieldBus）为代表的互连规范，正在迅猛发展和扩大。由于采用现场总线将使控制系统的结构简单，系统安装费用减少并且易于维护；用户可以自由选择不同厂商、不同品牌的现场设备达到最佳的系统集成等一系列的优点，现场总线技术正越来越受到人们的重视。近十几年由于现场总线的国际标准未能建立，现场总线发展的种类较多，有 40 余种：如德国西门子公司的 ProfiBus，法国的 FIP，英国的 ERA，挪威的 FINT，Echelon 公司的 LonWorks，PhenixContact 公司的 InterBus，RoberBosch 公司的 CAN，丹麦 ProcessData 公司的 P-net，PeterHans 公司的 F-Mux，以及 ASI（ActraturSensorInterface），MODBus，SDS，Arcnet，基金会现场总线 FF：FieldBusFoundation，WorldFIP，BitBus，美国的 DeviceNet 与 ControlNet 等。

工业常用的现场总线的种类有：基金会现场总线 FF，LonWorks，ProfiBus 和 CAN 等。

1. FF 总线

现场总线基金会（FieldBus Foundation，FF）是国际公认的、唯一不附属于企业的非商业化国际标准化组织。其宗旨是制定单一的国际现场总线标准。FF 协议的前身是以美国 Fisher-Rosemount 公司为首，联合 Foxboro、Yokogawa、ABB、西门子等 80 家公司制定的 ISP 协议，还有以 Honeywell 公司为首，联合欧洲等地的 150 家公司制定的 World FIP 协议。迫于用户的压力，支持 ISP 和 World FIP 的两大集团于 1994 年 9 月握手言和并成立了 FF。FF 以 ISO/OSI 模型为基础，以其物理层、数据链路层和应用层为 FF 通信模型的相应层次，并在此基础上增加了用户层。基金会现场总线分为低速现场总线和高速现场总线两种。低速现场总线 H1 的传输速率为 31.25kb/s，高速现场总线 HSE 的传输速率为 100Mb/s，H1 支持总线供电和本质安全特性。无中继器时的最大通信距离为 1900m，有中继器时可延长到 9500m。非总线供电时，最多可直接连接 32 个节点；在总线供电时，可直接连接最多 13 个节点；在有本质安全要求时，可直接连接 6 个节点，如加中继器最多可连接 240 个节点。通信介质可为双绞线、光缆或无线电。

FF 采用可变长帧结构，每帧有 0～251 个有效字节。Semiconductor、National、Siemens、Yokogawa 等公司可以提供 FF 的通信芯片。

全世界已有 120 多家用户和制造商成为 FF 的成员。FF 董事会囊括了世界上几乎所有的主要自动化设备供应商，FF 成员所生产的自动化设备占全世界市场 90% 以上的份额。FF 强调中立与公正，所有的成员均可参加规范的制定和评估，所有的技术成果由 FF 拥有和控制，由中立的第三方负责产品的注册和测试等。因而，FF 具有一定的权威性、公正性和广泛性。

2. LonWorks

局部操作网络（Local Operating Network，LonWorks）是由美国 Echelon 公司研制，于 1990 年正式公布的现场总线网络。采用了 ISO/OSI 模型中完整的七层协议，采用面向对象的设计方法，通过网络变量把网络通信设计简化为参数设置。网络的传输介质可以是双绞线、同轴电缆、光纤、射频线、红外线、电力线等，在传输距离小于 130m 时，最高传输速率为 1.25Mb/s。最远传输距离为 27km，通信速率为 78kb/s，节点总数可达 32000 个。LonWorks 总线的信号传输采用可变长帧结构，每帧的有效字节数可取 0～288，其所采用的 LonTalk 通信协议被封装在神经元芯片（Neuron）中。该技术包括一个称为 LNS 网络操作系统的管理平台，对 LonWorks 控制网络提供全面的管理和服务：安装、配置、监测、诊断等。LonWorks 网又可通过各种连接设备接入 IP 数据网络和因特网，与 IT 应用实现无缝的结合。

3. ProfiBus

ProfiBus 自 1984 年开始研制现场总线产品，现已成为欧洲首屈一指的开放式现场总线系统，在欧洲市场占有率大于 40%，广泛应用于加工自动化、楼宇自动化、过程自动化、发电与输配电等领域。1996 年 6 月，ProfiBus 被采纳为欧洲标准 EN 50170 第二卷。PNO 为其用户组织，核心公司有：西门子公司，E+H 公司，Samson 公司，Softing 公司等。

ProfiBus 技术特性：ProfiBus 以 ISO 7498 为基础，以开放式系统互连网络（Open System

Interconnection，OSI）作为参考模型，定义了物理传输特性、总线存取协议和应用功能。ProfiBus 家族包括 ProfiBus-DP、ProfiBus-PA 和 ProfiBus-FMS。ProfiBus-DP（Decentralized Periphery）是一种高速且便宜的通信连接，用于自动控制系统和设备级分散的 I/O 之间进行通信。ProfiBus-FMS（FieldBus Message Specification）用来解决车间级通用性通信任务。与 LLI（Lower Layer Interface）构成应用层，FMS 包括了应用协议并向用户提供了可广泛选用的强有力的通信服务，LLI 协调了不同的通信关系，并向 FMS 提供不依赖设备访问的数据链路层。ProfiBus-PA（Process Automation）是专为过程自动化而设计的，它可使传感器和执行器连接在一根公用的总线上。根据 IEC 61158-2 国际标准，ProfiBus-PA 可用双绞线供电技术进行数据通信，数据传输采用扩展的 ProfiBus-DP 协议和描述现场设备的 PA 规定。当使用电缆耦合器时，ProfiBus-PA 装置能很方便地连接到 ProfiBus-DP 网络上。

4. CAN

控制器局域网（Controller Area Network，CAN）由物理层、链路层和应用层构成。它是由 RoberBosch 公司于 1986 年为解决现代汽车中众多测量控制部件之间的数据交换而开发的一种串行数据通信总线。现已被列入 ISO 国际标准，称为 ISO 11898。CAN 的主要技术特点如下。

（1）CAN 网络上的节点不分主从，任意节点均可在任意时刻主动地向网络上其他节点发送信息，其通信方式灵活，利用这一特点可以方便地构成多机备份系统。

（2）CAN 网络上的节点信息具有不同的优先级，可满足对实时性的不同要求，高优先级的数据最多可在 134ms 内得到传输。

（3）CAN 采用非破坏性总线仲裁技术，当多个节点同时向总线发送信息时，优先级较低的节点会主动退出发送，而最高优先级的节点可不受影响地继续传输数据，从而节省了总线冲突的仲裁时间。

（4）CAN 只需通过报文滤波即可实现点对点、一点对多点及全局广播等几种方式传送与接收数据，无须专门的"调度"。

（5）CAN 的直接通信距离最远可达 10km（传输速率为 5kb/s 以下）；通信速率最高可达 1Mb/s（此时通信距离最长为 40m）。

（6）CAN 上的节点数主要取决于总线驱动电路，目前可达 110 个；报文标志符可达 2032 种（CAN2.0A），而扩展标准（CAN2.0B）的报文标志符几乎不受限制。

总之，现场总线技术最本质的三大特点是：信号传输数字化、控制功能分散化、开放性与互操作性。

8.2 智能式差压变送器

8.2.1 EJA 智能式差压变送器

1994 年日本横河电机公司推出了 EJA 智能式差压变送器，其外形如图 8.3 所示。1998 年年初又在此基础上推出了改进型 EJA×××A 系列智能式差压变送器。两个系列的结构原理是一样的，只是后者的性能比前者有了较大的提高。

1. 构成原理

EJA智能式差压变送器工作原理框图如图8.4所示。它由单晶硅谐振式传感器和智能电/气转换部件两个主要部分组成。单晶硅谐振式传感器上的两个H形振动梁分别将差压、压力信号转换为频率信号，并采用频率差分技术将两频率差数字信号直接输出到脉冲计数器计数，计数到的两频率差值传递到微处理器内进行数据处理。特性修正存储器的功能是存储单晶硅谐振式传感器在制造过程中的机械特性和物理特性，通过修正以满足传感器特性要求的一致性。

图8.3　EJA智能式差压变送器

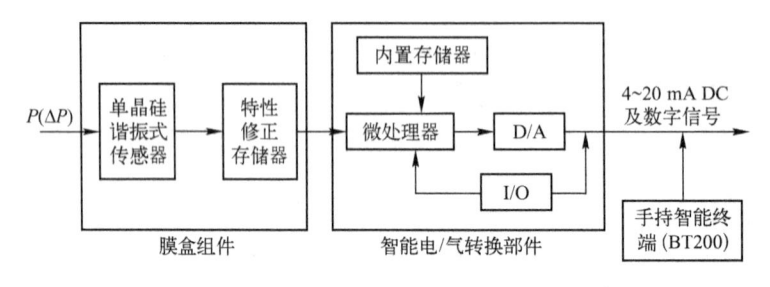

图8.4　EJA智能式差压变送器工作原理框图

智能电/气转换部件采用大规模集成电路，并将放大器制成专用集成化小型电路ASIC，从而减少了零部件，提高了放大器自身的可靠性，其体积也可以做得很小。智能电/气转换部件的功能如下。

(1) 将传感器送来的信号，经微处理器（CPU）处理和D/A电路转换成一个对应于设定测量范围的4～20mA模拟信号输出。

(2) 内置存储器存放单晶硅谐振式传感器在制造过程中的机械特性和物理特性，包括环境温度特性、静压特性、传感器输入/输出特性及用户信息（位号、测量范围、阻尼时间常数、输出方式、工程单位等）。经CPU对它们进行运算处理和补偿后，可使变送器获得优良的温度特性、静压特性及输入/输出特性。

(3) 通过输入/输出接口（I/O接口）与外部设备（如手持智能终端BT200或HART275和DCS中带通信功能的I/O卡），以数字通信的方式传递数据。由于叠加在模拟信号上的数字信号的平均值为0，因此数字频率信号对4～20mA DC模拟信号不产生任何扰动影响。

EJA有两个通信协议，一个是横河公司的Brain通信协议，频率为2.4 kHz；另一个是HART通信协议，频率为1.2 kHz。两个协议是不兼容的，叠加在4～20mA DC模拟信号上，只能是Brain或HART数字信号中的一种。

2. 检查和调整

(1) 安装接线。如图8.5所示为变送器的接线端子，电源线接在"SUPPLY"的4号"+"、"-"端子上，因为它是两线制，所以电源线也是信号线。"CHECK"端子1是接线用的，可以接内阻小于10W的电流表或其他校验仪表，也可以不接。2为接地端子，变送器外部也有接地端子3，两端子可任选一个接地，接地电阻≤100W。如果要连接智能终端，可将智能终端的两根通信线挂接在变送器的电源端子或其他中间端子上，但不能直接挂接在供电电源上。

(2) 检查。变送器运行是否正常，可以用以下两种方法进行检查。

使用智能终端BT200检查的方法是：

① 将BT200的通信线连接在变送器回路中，并打开电源。

② 按"ENTER"键，智能终端上即能显示仪表型号、位号及自检情况。

③ 再按"F1"键，便显示仪表百分比输出、工程单位输出、放大器温度，并且7s刷新一次。

④ 其他如变送器的测量范围、膜盒部件、规格型号都可以在BT200上检查。

如果BT200连到变送器后显示"Communication error"，则表示通信线路有故障，无法通信。

如果变送器有故障，则显示"Self Check Error（自检错误）"，此时要按功能键"F2"以进一步检查故障在哪一部分。

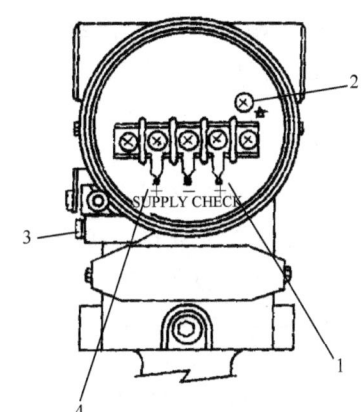

1—检查端子；2—接地端子；
3—接地螺钉；4—电源端子

图 8.5 接线端子图

使用内藏显示器检查。如果线路发生故障，则内藏显示器上无显示。如果变送器发生故障，则显示器上显示故障代码，如"E07"等。然后根据说明书上代码所对应的故障，逐个加以解决。

(3) 零点调整。对变送器的零点调整有两种方法。

使用变送器壳体上的调零螺钉。在变送器的外壳上有调零螺钉，如零位不对，可以用它来进行调整。但是有时仪表工为防止不相关的人乱调零点，用智能终端BT200将外调螺钉设在"禁止"状态，这时不能用外调螺钉调整。所以在调整之前，先要将外调螺钉设在允许状态。

使用智能终端BT200进行调整，调整方法见BT200的操作使用。

(4) 量程调整。对变送器的量程调整也有两种方法：一是通过智能终端，二是通过外调螺钉。关于前一种方法，在后面的智能终端的操作部分中有介绍；对无智能终端，用外调螺钉调量程的方法介绍如下。

① 打开电源，并预热5min。

② 向变送器内通0 kPa的压力。

③ 用钝头细棒按下内藏显示器面板上的量程设置按钮，内藏显示器显示"LSET（下限设定）"。

④ 调节外部调零螺钉，至输出信号为0（4mA DC）。

⑤ 按下量程设置按钮，内藏显示器显示"HSET"（上限设定）。

⑥ 接通测量范围上限压力。

⑦ 调节外部调零螺钉，直至输出信号为100%（20mA DC）。

⑧ 按下量程设置按钮，使变送器由调整状态回到正常测量状态。

211

3. HART275 智能终端的基本操作

(1) 简要说明。智能式差压变送器具有智能通信功能，所以它的测量范围设定、调整、自诊断可以在智能终端上进行，也可以在执行相同通信协议的 DCS 上进行。EJA 智能式差压变送器带 Brain 规程数字通信时，其智能终端为 BT200，带 HART 协议数字通信时，可以和 Rosemount 公司的手持终端 HART275 通信。现介绍 HART275 的通信方法。

HART275 智能终端外形如图 8.6 所示。它由显示单元和键盘组成。采用智能终端可在控制室、现场及回路的任何一点处与变送器通信。连接点与电源之间必须具有一个至少 250W 的电阻与变送器并联，连接是不分正负极的。

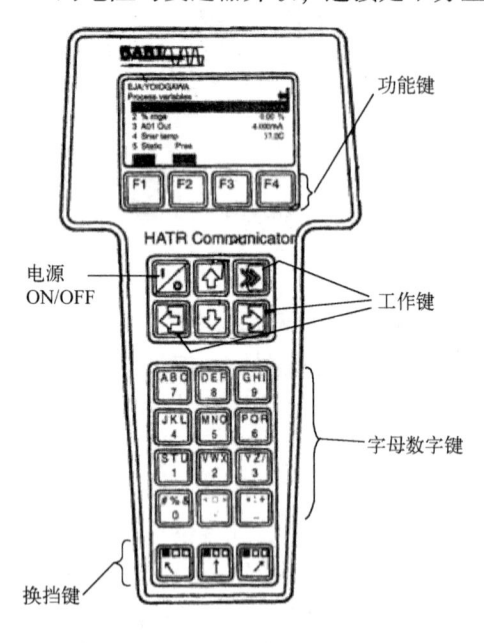

(2) 操作键的使用方法。如图 8.6 所示，HART275 智能终端有以下操作键。

功能键 F1、F2、F3、F4，用于确认显示于屏幕底部的操作命令。

移位键五个，其功能是移动光标到所需的菜单项。

电源开/关键（ON/OFF）一个，其功能是开关电源。

第二功能键（SHIFT）三个，当按 [←] 或 [↑] 或 [↗] 时，与字母/数字键相组合，可输入字母/数字键上对应位置的字母。

字母/数字键，当不按第二功能键时，输入数字；当按下第二功能键时，输入字母。

下面举例说明操作键的用法：

输入 15 时，按 [STU/1] [MNO/5]；输入 SO 时，按 [←] [STU/1] [←] [MNO/5]。

图 8.6 HART275 智能终端外形

(3) 参数设置。

① 位号设置（Tag）。打开 HART 智能终端的电源，显示画面如图 8.7（a）所示。选择 [1 Device Setup] → [3 Basic Setup] → [1 Tag]，出现设定 Tag 的画面，如图 8.7（b）～（d）所示。

② 在设定画面上输入数据。

【例1】将 Tag（位号）从 [YOKOGAWA] 变为 [FIC-1A]。

在如图 8.7 所示的设定画面中，可按以下操作步骤输入数据，如图 8.8 所示。

输入数据后，按 [ENTER]（F4）键，将数据存储在 HART 智能终端中，位号显示画面如图 8.9 所示。

③ 设置测量单位。

【例2】将测量单位从 mmH2O 变更为 inH2O。

按热键（Hot Key），调出 [量程值] 设定画面，如图 8.10 所示，设置压力单位，选择

[Press Unit] → [ENTER] (F4) → [3 Unit inH2O] → [SEND] (F2) → [SEND] 显示消失，单位更改成功。

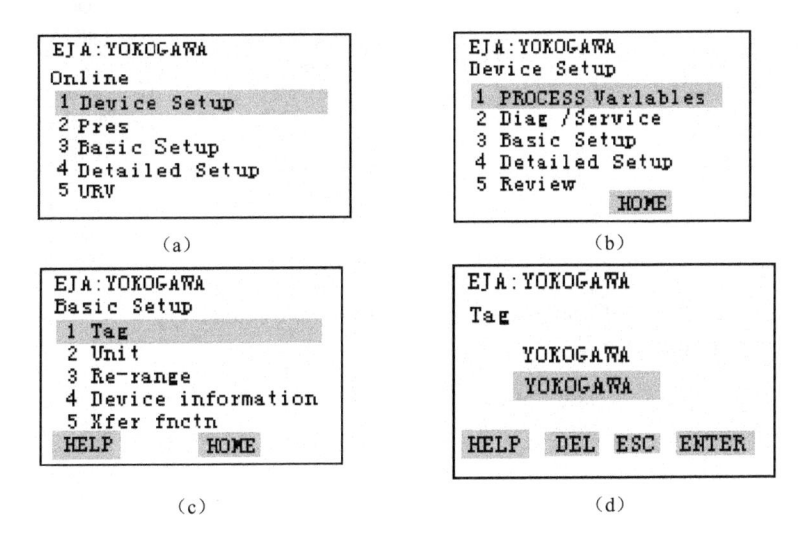

图 8.7 位号设置画面

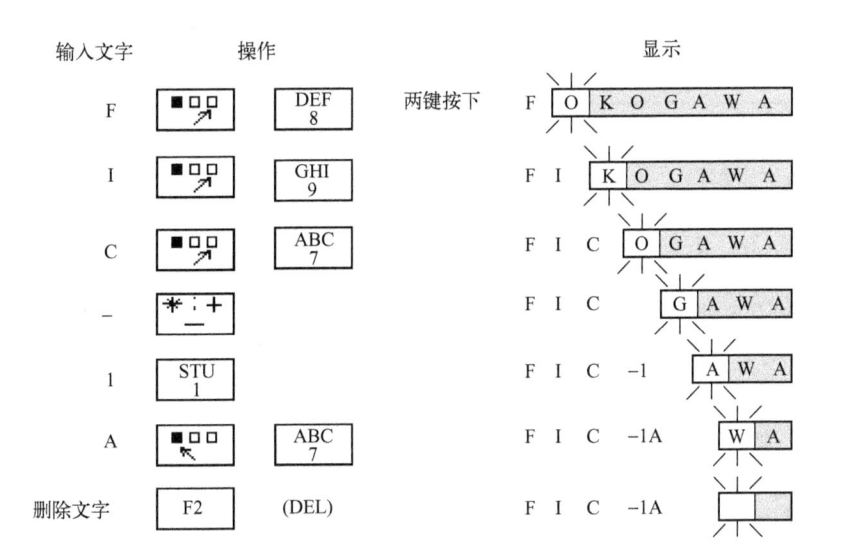

图 8.8 输入数据操作步骤

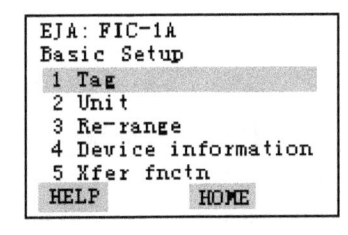

图 8.9 位号显示画面

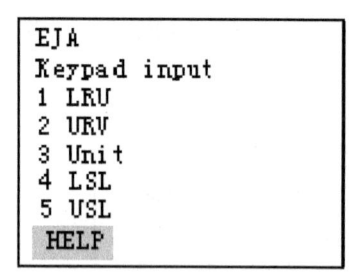

```
EJA                          EJA
Keypad input                 Keypad input
1 LRV                        1 LRV      0.00 mmH2O
2 URV                        2 URV      3000 mmH2O
3 Unit                       3 Unit          inH2O
4 LSL                        4 LSL     -3500mmH2O
5 USL                        5 USL      3500mmH2O
HELP                         HELP           SEND
```

图 8.10　设置测量单位

④ 量程设置。

【例 3】将量程从 0～2500mmH2O 调整为 500～3500mmH2O。

调出量程值设置画面如图 8.11 所示。

选择［4 LRV］，输入下限值 500，按 F4 键确认。选［5 URV］，设置上限值，键入 3500，按 F4 键确认。按［SEND］（F2）键，发送数据，［SEND］显示消失，更改量程成功。

⑤ 输出模式（线性/开方）设置。

【例 4】现将输出模式由线性（出厂默认）变为开方。

选择［1. Device Setup］→［2. Basic Setup］→［3. Xfer fnctn］，进入如图 8.12 所示的画面。

```
EJA                          EJA:
Online                       Transfer function
 1 Device Setup              Linear
 2 Pres                      sq root
 3 AO1 Out
 4 LRV                            Esc   ENTER
 5 URV
```

图 8.11　量程值设置画面　　　图 8.12　输出模式设置

选择［sq root］，按［ENTER］（F4）键，按［SEND］（F2）键，将数据发送至变送器，［SEND］显示消失，设置成功。

⑥ 内藏显示器的显示模式。

【例 5】从［Linear］变更为［Sq root］。

选择［1. Device Setup］→［4. Detailed Setup］→［4. Display Condition］→［2. Display fnctn］，调出如图 8.13 所示的画面。

```
EJA:
 Display fnctn
 Linear
  Linear
  Square Root
          ESC  ENTER
```

图 8.13　显示模式设置画面

选择［Square Root］，按［ENTER］（F4）键确认，按［SEND］（F2）键，发送数据。

⑦ 内藏显示器的显示设置。显示方式设置，选择［1. Device Setup］→［4. Detailed Setup］→［4. Display Condition］→［2. Display Mode］；选择［User Set］，按［ENTER］（F4）键确认，按［SEND］（F2）键，发送数据。

设置用户自定义单位，选择［1. Device Setup］→［4. Detailed Setup］→［4. Display Condition］→［3. Engr disp range Display］→［Engr Unit］。

工程单位上、下限设置，选择［1. Device Setup］→［4. Detailed Setup］→［4. Display Condition］→［3. Engr disp range］→［2. Engr disp LRV］→［3. Engr disp URV］。

输入上、下限值，按［ENTER］（F4）键确认，按［SEND］（F2）键，发送数据。

⑧ 设置静压单位。将静压单位由"mmH2O"变为"kPa"，选择［1. Device Setup］→［4. Detailed Setup］→［1. Sensors］→［3. Static Pres Sensor］→［2. Static Pres Unit］，选择［kPa］，按［ENTER］（F4）键，按［SEND］（F2）键，传送数据。

⑨ 输出测试设置。该功能用于输出一恒流源 3.2mA（-5%）～21.6mA（110%）以检查回路。

【例6】输出 12mA（50%），以检查恒流源。

设置步骤：选择［1. Device Setup］→［2. Diag/ Service］→［2. Loop Test］，进入如图 8.14 所示画面。设置控制模式为手动模式，按［OK］（F4）键。选择［Other］，按［ENTER］（F4）键。输入［12］，按［ENTER］（F4）键，输出 12mA 恒流，按［OK］（F4）键。要结束回路测试，选择［END］，按［ENTER］（F4）键，再按［OK］（F4）键。

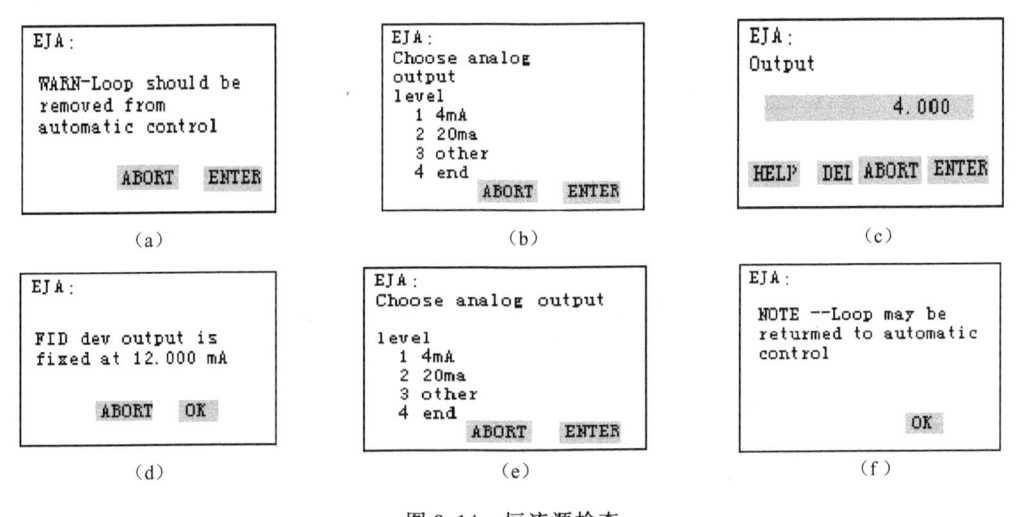

图 8.14 恒流源检查

4. 故障处理

变送器的故障分为两部分，一部分是过程系统的故障，另一部分是变送器本身的故障，这里指的是后一部分。

（1）用 HART275 检查故障。
（2）用内藏显示器检查故障。

8.2.2 ST3000 智能式差压变送器

ST3000 智能式差压变送器是由美国 Honeywell 公司开发的，其外形如图 8.15 所示。它是利用单片机与微位移式差压敏感元件相结合而产生的智能式差压变送器,实现了多功能的检测和非电量到电量的转换。它是带微处理器的智能式差压变送器,具有优良的性能和出色的稳定性。它能测量气体、液体和蒸气的流量、压力和液位。对于被测量的差压输出4～20mA模拟量信号和数字量信号。它也能通过DE协议实现SFC(智能现场通信器)与Honeywell公司DCS(如TDC3000)和数据库的双向通信,从而方便进行自诊断、测量范围重新设置和自动调零。

图8.15 ST3000智能式差压变送器

1. ST3000智能式差压变送器

(1) 工作原理。该变送器由敏感部件和转换部件两部分组成,其原理框图如图8.16所示。

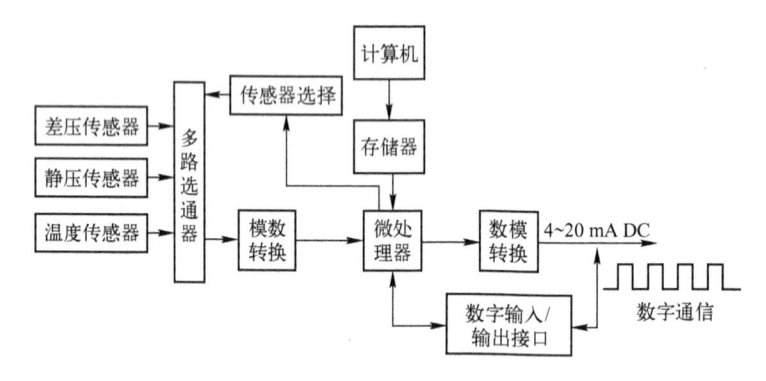

图8.16 ST3000智能式差压变送器原理框图

被测压力(差压)作用到传感器上,其阻值即发生相应变化。阻值变化通过电桥转换成电信号,再经过模数转换送入微处理器。同时,将环境温度和静压通过另外两个辅助传感器(温度传感器和静压传感器)转换为电信号,再经模数转换送入微处理器。经微处理器运算后送至数模转换器,作为变送器输出4～20mA DC标准信号或相应数字信号。

ST3000变送器和通常的扩散硅压力变送器相比有较大的不同,主要是敏感元件为复合芯片,并装有微处理器及引入了软件补偿。在制造变送器的过程中,将每一台变送器的压力、温度、静压特性存入变送器的EPROM中,工作时则通过微处理器对被测信号进行处理。

(2) 敏感元件。敏感元件使用无弹性后效的单晶硅材料,采用硅平面微细加工工艺和离子注入技术,形成压敏电阻。这种复合型的硅压敏电阻芯片为正方形,厚为0.254mm,边长为3.43～3.75mm,压敏电阻放置在圆形膜的边缘。相邻电阻取向不同,因而受压后的阻值变化相反。电阻值的变化由电桥检出,由于单晶硅的许多方向都对压力敏感,因而在不同的静压下相同的差压值不能保证输出相同的信号,为此需要对静压进行修正。静压敏感电阻设置在紧靠玻璃支撑管的地方。由于硅片与玻璃的压缩系数不同,因此静压敏感电阻可感受到静压信号。信号仍由电桥检出,温度敏感元件为普通的热敏电阻。

(3) 转换部分。转换部分的作用是在微处理器的控制下采集传感器送来的复合信号并对其进行补偿、运算,再经A/D转换器转换成相应的4～20mA DC信号输出。采样的典型速率为：在 20s 内，差压采集 120 次、静压采集 12 次、温度采集 1 次。微处理器根据差压、静压和温度这三个信号，查询记录此复合芯片特性的存储器，再经运算后得出一个高精确度的信号。

在转换部件内还有一个存储器，它是变送器的数据库，存有变送器的量程、测量单位、编号、阻尼时间、输出方式等，凡是可由 S-SFC 设定的数据都存放在此数据库内。

2. S-SFC 智能现场通信器

S-SFC 智能现场通信器用于现场和试验室对智能仪表进行组态（线性化或开方、阻尼时间、压力单位、量程）、校正、自诊断、检查输入压力、输出信号及恒流输出设定和打印等。

（1）工作原理。S-SFC 智能现场通信器可以连接在变送器和电源之间连线的任意位置上，进行简单的双向通信。

其通信步骤如下：

① S-SFC 输出 [WAKE-UP] 脉冲。

② 变送器接收 [WAKE-UP] 脉冲，即从模拟输出状态转换到通信状态。

S-SFC 发出指令，变送器接收指令。变送器输出相应的回答，S-SFC 接收该回答。变送器输出相应的回答后，即自动恢复到模拟输出状态。

（2）主要功能。使用 S-SFC 智能现场通信器可在现场或实验室实现下述功能。

① 组态（可对下列项目进行选择、设定、显示和变更）。

- 量程。
- 输出形式：有线性、百分比、开方、正作用或反作用等。
- 阻尼时间：可在 0 ~ 32s 之间确定。
- 测量单位：有 10 种。

② 量程调整：不需加标准信号就可变更量程。

③ 自诊断：组态、检查；通信检查；变送器检查；生产过程检查。

④ 校验调整：可对零点及上限进行调整。

⑤ 显示：变送器内存储器数据及 SFC 内存储器数据的显示。

⑥ 可作为 4 ~ 20mA DC 电流源。

（3）部件及键盘说明（S-SFC Ⅱ 型）。

① 部件说明。

- 卷纸室：装有一卷热敏打印纸。
- 打印机：作为任选件提供，每行打印 24 个字符，打印出智能现场仪表数据和通信数据，与 SFC 组成一体机。
- 显示：用两行显示智能现场仪表的信息和数据（每行 16 个字符）。
- 电源开关：打开电源开关时，S-SFC Ⅱ 自动进行自诊断。
- 通信电缆插座：用来插入通信电缆套，要求使用厂家提供的专用电缆。
- 电池充电器插座：用来插入蓄电池充电器插头。

② 键盘说明。

- 键操作基本原理：按数字键或功能键，显示器上没有响应时表示输入没有成功。

- 色标类别按各个键具有的功能，将键分成五种色标。

  绿色键：主要用于与智能现场仪表联络并显示智能现场仪表参数。

  橙色键：主要用于实现与智能现场仪表通信及选择读出菜单。

  橄榄色键：用于输入数字。

  棕黄色键：主要用于诊断和检验。

  白色键：主要用于键盘控制和辅助操作。

- 多功能键的操作。

若要输入键右上角的字符，应先按 ALPHA 键，使显示器出现光标，然后按下希望输入的符号键。

若要输入键中心的功能、数字或符号，确认好显示器上的光标位置，直接按需要的键。

若要输入键上方的功能，则先按 SHIFT 键，使显示器上出现 SHIFT 字样，再按所需功能键。

- 各个键的功能。

[DEREAD] ID：开始与智能现场仪表通信，在显示窗上出现智能现场仪表的 TAG（标号），在此可读、写或修改 TAG 号。

[DEREAD]：开始数字通信。

[CONF] B CONF：为校正智能现场仪表启动组态功能或重新设定智能现场仪表的参数。

[DAMP] C DAMP：显示或修改阻尼时间。

[UNIT] D UNIT：显示或修改用于表达流率的工程单位。

[LRVE] 0% LRVE0%：显示智能现场仪表输出范围的下限值。在该智能现场仪表中，此值固定为 0。下限值表示智能现场仪表输出为 0（或模拟输出为 4mA DC）时的流率。

[URVF] URVF100%：显示智能现场仪表输出范围的上限值。上限值表示智能现场仪表输出为 100%（或模拟输出为 20mA DC）时的流率。

[DECONF MENU ITEM] MENU ITEM：显示并选择相同层次和相同功能中的不同项目。

DECONF：显示并选择作为数字信号输出的变量。

[SET] G SET：在智能现场仪表的操作中不用此键。

[NEXT] H NEXT：在组态功能期间向前滚动显示内容。

[PREV] L PREV：在组态功能期间向后滚动显示内容。

[OUTPUT] J OUTPUT：显示从智能现场仪表传送到主控制系统的一个百分比值。

INPUT：显示由智能现场仪表测量的瞬时流率，作为实际值。

[CORRECT] K CORRECT：使智能现场仪表调零，调零可以在用 INPUT 键读一数值时进行。

RESET：将智能现场仪表内部参数恢复到制造厂设定值。

ENTER：将"YES"输入到荧光屏显示。显示器向上或向下移动一个级或者将 S-SFC Ⅱ 输入的数据写入到智能现场仪表数据库中。

NON-VOL：将 S-SFCⅡ输入的数据写入到智能现场仪表的非易失存储器（EEPROM）中。

[9] PRINT 9：输入数字 9。

PRINT：打印智能现场仪表的内部数据。这种打印操作称为配置打印。

[8] FEED 8：输入数字 8。

FEED：使打印纸前进一行，并显示下一行字样。

[PRINT FEED] 显示这个字样时，每按一次键打印纸就前进一行，按 CLR 键消除此功能。

[SWVER] 3：输入数字3。

SWVER：显示智能现场仪表和 SFC 的软件译本。

[ACTPR] O ACTPR：打印出智能现场仪表对每个键操作的响应。

[SCRPAD] SCRPAD：将一备忘录写到智能现场仪表数据库中。

[TIME] TIME：显示当时的年、月、日和时分。

A-DE：模拟和数字通信之间的转换。

[STAT]：显示智能现场仪表自诊断的结果。

F/S DIR：在智能现场仪表操作中不用此键。

[SPAN] SPAN：显示当前示值范围。

URL：无效。

[ALPHA] ALPHA：先按此键，输入一个字母字符，显示光标并允许输入键右上角的数字。

[SHIFT] SHIFT：先按此键，输入键上方标注的功能，显示 SHIFT 并允许输入这些功能。

[CLR] CLR：清除显示窗口的内容，并将 S-SFC Ⅱ 置于输入等待状态后再按此键，向荧光屏显示回答"NO"。

3. 回路连接

回路连接的构成如图 8.17 所示。

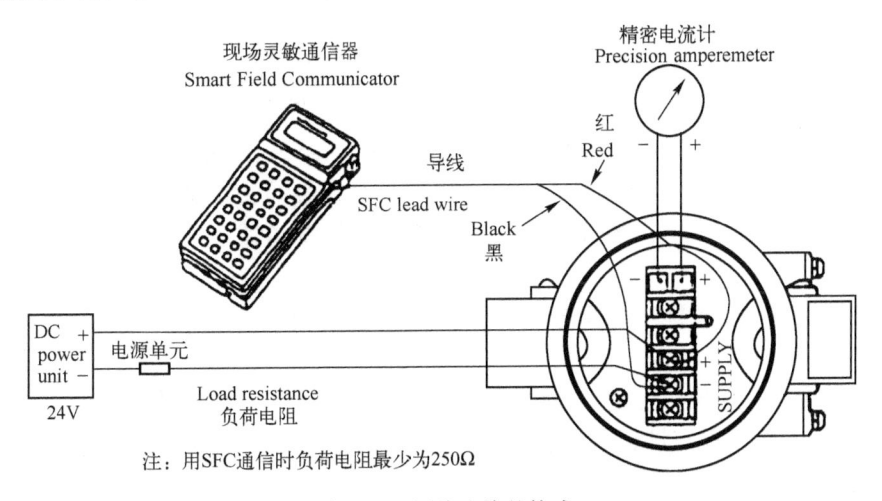

图 8.17 回路连接的构成

4. 回路自诊断方法简介

ST3000 具有自诊断功能，使用 SFC 可以通过自诊断功能检查变送器通信、回路和操作状态。具体诊断信息的说明如表 8.1 所示。

表8.1　ST3000 故障诊断信息说明表

类　别	诊断信息	说　　明
非临界误差	CORRECT RESET# EXCESS ZERO CORR# EXCESS SPAN CORR# M.B OVERLOAD OR ETERBODYFAULT# NO DAC TEMP COM# SENSOR OVER TEMP# STATUS UNKNOWN#	需重新进行校正 零校准量过大 量程校准量过大 输入压力过大或变送器有故障 已丢失电子模件的温度补偿数据 传感器温度过高 现行状态未知
临界误差*	CHAR PROM FAULT ELECTONIC FAULT METERDODY FAULT SUSPECT INPUT	传感器特性化 PROM 有故障 电子系统有故障 变送器仪表有故障 输入错误
通信错误	FAILED COMN HI RES/LOW VOLT ILLEGAL RESPONSE INVAUD REQUEST LOW LOOP RES NO XMTR RESPONSE	通信不能执行 回路负荷电阻过大/电源电压过低 SFC 和变送器不能正常通信 请求不能进行的功能 LKD 回路电阻值太小 变送器不做应答
操作故障	ENTRTY > SENRANGE EXCESSIVE OUTPUT KEYNOT ALLOWED 　> RANGE	输入范围过大 恒稳电流设定值超过允许范围 击错键 用 SFC 进行算术运算的结果超出显示范围

*：此时 ID、OUTPUT 和 STATUS 功能仍然有效，临界状态信息显示 3s，然后显示 PRESS STATUS。

5. 特点

（1）精度高。工作在模拟方式下其精度为 ±0.1%，工作在数字方式下其精度为 ±0.075%。许多产品的精度高达 ±0.05%。

（2）高重复性。由于完美的温度、压力补偿，致使全智能压力变送器有很高的重复性，而不像传统变送器那样受昼夜温差变化（及冬夏温差变化）引起的过大误差影响，而这种影响远高于传统变送器的参考精度 ±0.25%，高达 ±0.025%，甚至更高。

（3）高可靠性。ST3000 全智能压力变送器的高可靠性是传统变送器的 8 倍。其平均无故障时间可达 100 多年。这样的惊人数字是智能式差压变送器集成了当代高新科技成果的证明。

（4）宽迁移率。全智能压力变送器的迁移率可达 +1900%、-2000%，而普通压力变送器为 +500%、-600%。

（5）宽域温度、静压力补偿。在机器人生产线上，对每一台变送器的全工作温度（88 个补偿点）、压力范围逐点进行测试，并将全部数据存于各自的 EPROM 中，以便大幅度地改善全智能压力变送器的性能。

（6）宽量程比。宽范围的量程比使得变送器本身的实用性、适用性得以提高，给用户及设计者带来很大方便，减少备品备件的库存量。在测量流量变化大的场合，用一台全智能差压变送器可以代替两台传统变送器解决流量的测量问题。美国 Honeywell 公司的全智能差压变送器 STD120、STD12F 其量程比高达 400:1。

（7）完善的自诊断功能。全智能差压变送器可以通过 SFC（智能现场通信器）完成自诊断功能，可提供 27 种诊断信息，共有三个级别的诊断：变送器级、回路级、系统级。在 SFC 智能现场通信器上可显示 13 种工程单位。

（8）双向通信。通过 SFC 可以对变送器编程、检查、校验和重新组态。如果能将智能差压变送器与 DCS 联合使用，可在万能操作站上观察到全部特征参数，并可以在 TDC3000 的键盘上编程、校验和组态等。

传统的变送器在调校时，应拆离现场进行离线校验，这既影响生产又是很烦琐的工作。许多变送器分别安装在高塔顶、深井处或高压区、高温区、核辐射区、危险爆炸的场合、剧毒区，甚至一些人们很难到达的地点等，这样就会增加人们在校验现场仪表时的生命危险，有时很难开展工作。智能式差压变送器可以在线且不必将变送器从现场拆下，在仪表室就可以方便、安全地对变送器进行校验、调整和重新组态等。

8.2.3 LSⅢ-PA 智能式差压变送器

LSⅢ-PA 智能式差压变送器是由兰州炼油厂仪表厂引进西门子公司技术开发的，其外形如图 8.18 所示。一个圆盖用螺钉固定在变送器的前面和后面，前盖安装有一个观察玻璃窗以便在数字表头上直接读取所测得的数值，电气接线盒的入口既可以安装在左侧，也可以安装在右侧，方便现场接线；既可以使用三个输入键本地编程，也可以通过 ProfiBus 接口远程编程；对于特殊应用场合的参数可通过 ProfiBus-PA 接口获取；符合本安和隔爆类型要求的变送器，可以安装在有潜在爆炸危险的区域内。该变送器通过 EC 认证，符合欧洲 CENELEC 标准。

1. LSⅢ-PA 智能式差压变送器工作原理

LSⅢ-PA 智能式差压变送器采用模块化设计方法，其结构由差压测量装置和电子装置部分组成。

（1）差压测量装置。LSⅢ-PA 智能式差压变送器测量装置结构如图 8.19 所示。差压通过密封膜片和填充液作用于硅压力传感器。如果超出测量极限，过载膜片将受压发生形变，直至一个密封膜片支撑在测量元件的腔体上，以保护硅压力传感器。测量膜片由于受到所施加的差压而变形，于是分布在膜片中的四个电桥压电电阻的阻值将发生变化，从而使得电阻桥路的输出电压与差压成比例地变化。

图 8.18　LSⅢ-PA 差压变送器外形

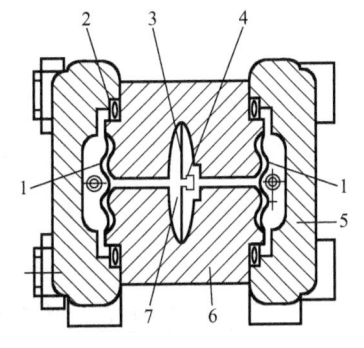

1—密封膜片；2—O 形圈；3—过载膜片；4—硅压力传感器；
5—过程法兰；6—测量元件本体；7—填充液

图 8.19　差压测量装置结构

(2) 电子装置部分。电子装置部分工作原理如图 8.20 所示。输入差压 ΔP 可以由传感器转换为电子信号，并由仪表放大器进行放大，在 A/D 转换器中转换为数字信号。数字信号将在微处理器内进行计算，其线性度和温度响应将通过电气隔离接口在 ProfiBus-PA 上进行校正、传送，测量元件、电子装置的数据及参数数据都保存在两片非易失性存储器 EEPROM 中。第一片存储器与测量元件耦合连接，第二片存储器与电子装置连接。因此，对电子装置和测量元件的更换非常容易。

2. LSⅢ-PA 智能式差压变送器的使用方法

图 8.20 中的三个输入键可用于直接在现场对变送器进行本地编程，ProfiBus 接口可进行远程编程，例如进行参数设定，在数字表头上观察测量结果、出错信息和操作模式等。具体参数如表 8.2 所示。

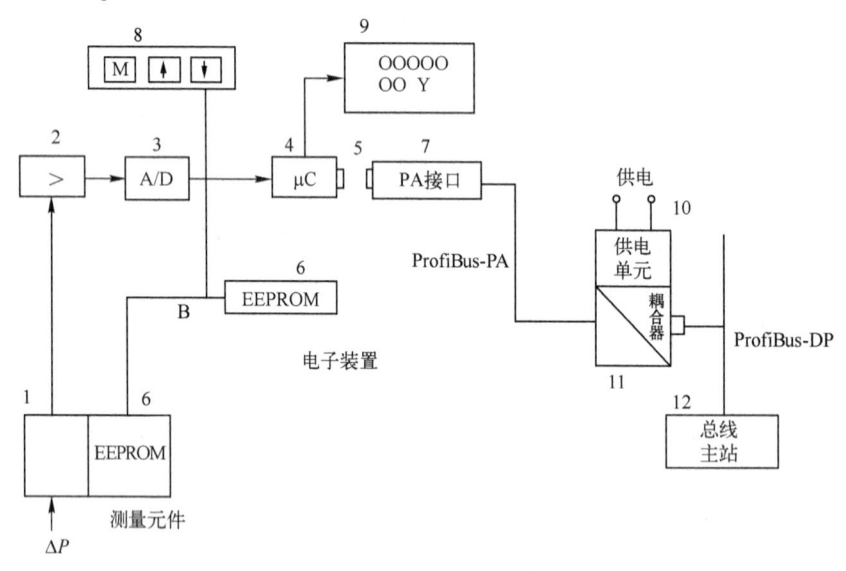

1—测量元件传感器；2—仪表放大器；3—A/D 转换器；4—微处理器；5—电气隔离；6—非易失性存储器；7—ProfiBus-PA 接口；8—三个输入键；9—数字表头；10—电源；11—DP/PA 耦合器；12—总线主站

图 8.20 LSⅢ-PA 智能式差压变送器电气原理图

表 8.2 变送器参数化方法

参数化方法	输 入 键	ProfiBus 接口	参数化方法	输 入 键	ProfiBus 接口
电气阻尼	●	●	小数点位置	●	●
调零	●	●	总线地址	●	●
按键或功能失效	●	●	特性曲线调整	●	●
测量值显示	●	●	特性曲线输入		●
显示的物理单位	●	●	可自由编程的 LCD		●
诊断 ·事件计数器　·从属指示器　·维护定时器　·仿真功能　·零点校正显示　·极限变送器　·过载报警					

注：●表示可以。

由于带有状态值和诊断值的测量结果在 ProfiBus-PA 上进行循环数据传送，对参数化和出错信息的输出进行非循环数据传输，因此，需要借助于 SIMATIC PDM（过程设备管理器）

工具，使用用户接口，通过软件程序组态生产现场的变送器，可以简单地设置、修改过程数据并检查数据是否可靠。此外，还可以在线监控选定的过程值、报警及设备状态信息。

SIMATIC PDM 的核心功能：

(1) 设置和修改设备参数。

(2) 设定点比较及实际参数分配。

(3) 条目可靠性检查。

(4) 仿真。

(5) 诊断。

(6) 管理。

(7) 调试功能，如过程设备电路测试数据。

(8) 通过 Life List，无须组态知识即可诊断参数分配和现场设备。

8.3 智能式温度变送器

8.3.1 智能式温度变送器的特点

智能式温度变送器有采用 HART 协议通信方式的，也有采用现场总线通信方式的。前者技术比较成熟，产品的种类也比较多；后者的产品近几年才问世，国内尚处于研究开发阶段。通常，智能式温度变送器均具有以下特点。

(1) 通用性强。智能式温度变送器可以与各种热电阻或热电偶配合使用，并可接收其他传感器输出的电阻或毫伏信号，并且量程可调范围很宽，量程比大。

(2) 使用方便灵活。通过上位机或手持终端可以对智能式温度变送器所接受的传感器的类型、规格以及量程进行任意组态，并可对变送器的零点和满度值进行远距离调整。

(3) 具有各种补偿功能。实现对不同分度号热电偶、热电阻的非线性补偿，热电偶冷端温度补偿，热电阻的引线补偿，零点、量程的自校正等，并且补偿精度高。

(4) 具有控制功能。可以实现现场就地控制。

(5) 具有通信功能。可以与其他各种智能化的现场控制设备以及上层管理控制计算机实现双向信息交换。

(6) 具有自诊断功能。定时对变送器的零点和满度值进行自校正，以避免产生漂移；对输入信号和输出信号回路断线报警，对被测参数超限报警，对变送器内部各芯片进行监测，在工作异常时给出报警信号等。

本节以 Smar 公司的 TT302 智能式温度变送器为例进行介绍。

8.3.2 TT302 智能式温度变送器

1. 概述

TT302 智能式温度变送器是 Smar 公司生产制造的符合 FF 通信协议的第一代现场总线智

能仪表，其外形如图 8.21 所示。它主要通过热电阻（RTD）或热电偶测量温度，也可以使用其他具有电阻或毫伏输出的传感器，例如：高温计、负载传感器、电阻位置指示器等。由于采用数字技术，它能够使用多种传感器，量程范围宽，可进行单值或差值测量，现场与控制室之间接口简单，并可大大减少安装、运行及维护的费用。TT302 具有两个通道，也就是说有两个测量点，这样可以降低每条通道的费用。

TT302 是 Smar 公司推出的现场总线系统的一部分。现场总线是一个完整的系统，它能够把控制功能分散到现场设备中。利用现场总线系统能够将多个现场设备互连的特点，可以构建规模较大的控制系统。功能模块概念的引入使用户可以很容易地浏览和操作一个复杂的控制系统。另一个优点是提高了灵活性，控制命令不需要重新接线或改变任何硬件即可完成。

图 8.21 TT302 温度变送器外形

它们都可以在网络中作为主站使用，也可以通过磁性编程工具进行本地调整，这样在一般应用条件下，就不再需要组态器或控制台了。

2. TT302 智能式温度变送器的硬件构成

TT302 智能式温度变送器的硬件构成原理框图如图 8.22 所示，在结构上它由输入板、主电路板和液晶显示器组成。

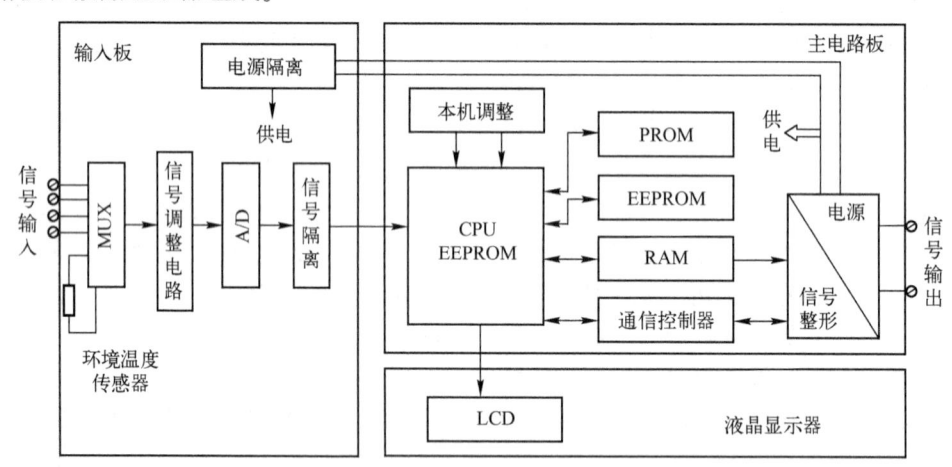

图 8.22 TT302 智能式温度变送器硬件构成原理框图

（1）输入板。输入板包括多路转换器、信号调整电路、A/D 转换器和隔离部分，其作用是将输入信号转换为二进制的数字信号，再传送给 CPU，并实现输入板与主电路板的隔离。

由于 TT302 智能式温度变送器可以接收多种输入信号，各种信号将与不同的端子连接，因此由多路转换器根据输入信号的类型，将相应端子连接到信号调整电路，由信号调整电路进行放大，再由 A/D 转换器将其转换为相应的数字量。

隔离部分包括信号隔离和电源隔离。信号隔离采用光电隔离，用于 A/D 转换器与 CPU 之间的控制信号和数字信号的隔离；电源隔离采用高频变压器隔离，供电直流电源先调制为高频交流电源，通过高频变压器后整流滤波转换为直流电压，再给输入板上各电路供电。隔离的目的是为了避免控制系统可能多点接地形成地环电流而引入干扰，保证系统的正常工作。

输入板上的环境温度传感器用于热电偶的冷端温度补偿。

（2）主电路板。主电路板包括微处理器系统、通信控制器、信号整形电路、本机调整部分和电源部分。

微处理器系统由 CPU 和存储器组成。CPU 控制整个仪表各组成部分的协调工作，完成数据传递、运算、处理、通信等功能。存储器有 PROM、RAM 和 EEPROM，PROM 用于存放系统程序；RAM 用于暂时存放运算数据；CPU 芯片外的 EEPROM 用于存放组态参数，即功能模块的参数。在 CPU 内部还有一片 EEPROM，作为 RAM 备份使用，保存标定、组态和辨识等重要数据，以保证变送器停电后来电能继续按原来设定状态进行工作。

通信控制器和信号整形电路与 CPU 一起共同完成数据的通信。通信控制器实现物理层的功能，完成信息帧的编码和解码、帧校验、数据的发送与接收。信号整形电路对发送和接收的信号进行滤波和预处理等。

本机调整部分由两个磁性开关即干簧管组成，用于进行变送器就地组态和调整。其方法是在仪表的外部利用磁棒的接近或离开触发磁性开关动作，进行变送器的组态和调整，而不必打开仪表的端盖。

TT302 温度变送器是由现场总线电源通过通信电缆供电的，供电电压为 9～32 V DC。电源部分将供电电压转换为变送器内部各芯片所需电压，为其供电。变送器输出的数字信号也是通过通信电缆传送的，因此通信电缆同时传送变送器所需的电源和输出信号，这与两线制模拟式变送器类似。

（3）液晶显示器。液晶显示器是一个微功耗的显示器，用于接收从 CPU 来的数据并显示，可以显示 4 位半数字和 5 位字母。

3. TT302 温度变送器的软件构成

TT302 温度变送器的软件由系统程序和功能模块两部分构成。系统程序使变送器各部分电路能正常工作并实现规定功能，同时完成各组成部分之间的管理。功能模块提供了各种功能，用户可以按要求的功能，选择所需要的功能模块。变送器提供的功能模块主要有以下几种。

（1）资源 RES。该功能模块包含与资源相关的硬件数据。

（2）转换功能 TRD。将输入/输出变量转换成相应的工程数据。

（3）显示转换 DSP。用于组态液晶显示屏上的过程变量。

（4）组态转换 DIAG。提供在线测量功能模块执行时间，检查功能模块与其他程序之间的连接。

（5）模拟输入 AI。此功能模块从转换功能模块获得输入数据，然后对数据进行处理后传送给其他功能模块，AI 模块具有量程转换、过滤、平方根及去掉尾数等功能。

（6）PID 控制功能。此功能模块包含多种功能，如设定值及变化率范围调整、测量值滤波及报警、前馈、输出跟踪等。

（7）增强的 PID 功能 EPID。它除了具有 PID 控制功能模块所有的标准功能之外，还包括无扰动或强制手动/自动切换等功能。

（8）输入选择器 ISEL。该功能模块具有四路模拟输入，可供输入参数选择，或参照一定标准选择，如最好、最大、最小、中等或平均。

（9）运算功能 ARTH。该功能模块提供预设公式，可进行各种计算。

(10) 信号特征描述 CHAR。该功能模块用同一曲线可描述两种信号特征,用反向函数可描述回读变量特征。

(11) 分层 SPLT。该功能模块主要用于分层及时序。它收到来自 PID 功能模块的输出,根据所选算法进行处理,产生两路模拟输出。

(12) 模拟警报 AALM。该功能模块具有动态或静态报警限位、优先级选择、暂时性报警限位、扩展阶跃设定点和报警限位或报警检查延迟等功能,可以避免错误报警、重复报警。

(13) 设定点斜坡发生器 SPG。该功能模块按事先确定的时间函数产生设定点,主要用于温度控制、批处理等。

(14) 计时器 TIME。该功能模块包含四个由组合逻辑产生的离散输入,被选定的计时器可对输入信号进行测量、延迟、扩展等。

(15) 超前/滞后 LLAG。该功能模块提供动态变量补偿,通常用于前馈控制。

(16) 常量 CT。它提供模拟及离散输出常数。

(17) 输出选择/动态限位 OSDL。该功能模块有两种算法:输出选择,实现对离散输入信号的输出选择;动态限位,专门用于燃烧控制的双交叉限位。

操作人员可以通过上位管理计算机或挂接在现场总线通信电缆上的手持式组态器,对变送器进行远程组态,调用或删除功能模块;对于带有液晶显示的变送器,也可以使用磁性编程工具对变送器进行本地调整。

4. TT302 温度变送器的应用

TT302 可以与多种传感器配合使用,并为使用热电偶(TC)或热电阻(RTD)测量温度进行了特殊设计。与热电偶配合时,因热电偶测温须进行冷端温度补偿,故 TT302 的传感器接线端子处设有一个温度传感器,要求电偶冷端与 TT302 的接线端子之间采用补偿导线,就可自动地实现冷端温度补偿;与热电阻配合时,为消除引线电阻对测量精度的影响,热电阻与 TT302 之间应采用三线制或四线制连接,如图 8.23 所示。

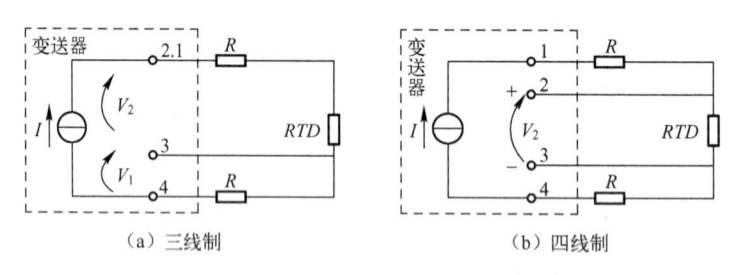

(a) 三线制　　　　　　　　　(b) 四线制

图 8.23　热电阻与 TT302 的连接

采用三线制接法,端子 3 是一个高阻抗输入端,没有电流通过第 3 条线,因此在它上面也无电压降。电压 V_2 和 V_1 的公式为

$$V_2 = (RTD + R) \times I \tag{8-1}$$

$$V_1 = R \times I \tag{8-2}$$

$$V_2 - V_1 = (RTD + R) \times I - R \times I = RTD \times I \tag{8-3}$$

由式(8-3)可以看出,此时 TT302 的测量输入设置为 V_2 和 V_1 的差,与导线电阻 R 无关,因为导线电阻上的电压被抵消掉了,V_2 和 V_1 的差仅与 RTD 的电阻值有关。

如果采用四线制接法，端子 2 和端子 3 是高阻抗输入端，因此无电流流经此端。由于 V_2 取自 RTD 两端，即

$$V_2 = RTD \times I \tag{8-4}$$

此时 TT302 的测量输入设置为 V_2，故 V_2 与 R 无关，仅与 RTD 有关。

5. TT302 温度变送器的校验

在某些情况下，显示器所显示的读数和转换块的读数所加的信号不同，其可能的原因是：用户的电阻或电压标准与制造厂的标准不同，变送器由于过电压或者长时间的漂移而偏离原始的特性曲线。量程校验 TRIM 可以使读数与所加信号相匹配。

因为变送器输入有一个自动零点校验特性，所以可以不做零点校验。为了进行量程校验，首先要将标准电阻 RTD 或标准热电偶 TC 或标准 mV 发生器连接至变送器，这些标准信号源精度应大于 0.02%。运行 SYSCON 软件并选择 TT302 后，就打开了 TT302 窗口，如图 8.24 所示。两个转换块 TRDTY 都是可组态的。

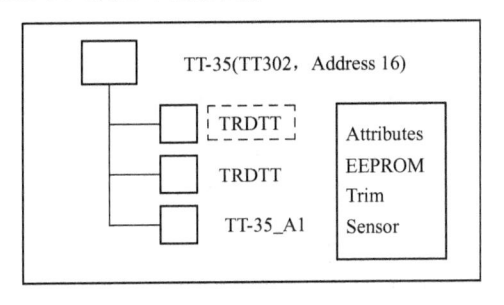

图 8.24　TT302 窗口

选择 Trim 后就打开了 Trim 量程校验对话框，如图 8.25 所示，窗口中有两个数值显示框分别用于显示期望值和 TT302 的测量值。窗口中还有 5 个按钮，分别是 Close（关闭）、Send（发送）、Retrieve（检索）、Factory（工厂）和 Help（帮助）。

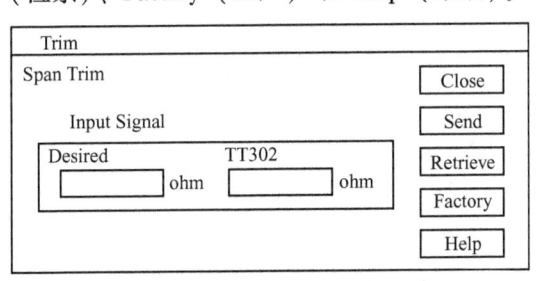

图 8.25　量程校验对话框

从标准信号源中读出数据并用键盘键入到希望值的方框中，按【Send】按钮后，TT302 的测量值变成了新的测量值。若测量值与希望值相等或相差无几，就说明校验已成功。注意，在进行量程校验时是不允许用零值的。

当选择【Close】按钮后，量程校验对话框会关闭，同时出现一个新的对话框，如图 8.26 所示，该窗口询问是否将量程检验数值从 RAM 存储到 EEPROM 中。如果检验是正确的，就要存储它，单击【Yes】按钮，反之单击【No】按钮。如果想返回量程检验对话框，可选择【Cancel】按钮。

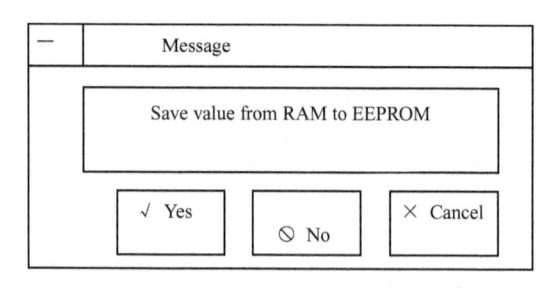

图 8.26　存储量程校验对话框

8.4　智能式电动执行机构和智能式阀门定位器

8.4.1　智能式电动执行机构

智能式电动执行机构的构成原理与第 4 章介绍的模拟式电动执行机构相同，但是智能式电动执行机构采取了新颖的结构部件。伺服放大器采用了微处理器系统，所有控制功能均可通过编程实现，而且还具有数字通信接口，从而具有 HART 协议或现场总线通信功能，成为现场总线控制系统中的一个节点。有的伺服放大器还采用了变频技术，可以更有效地控制伺服电动机的动作。减速器采用新颖的传动结构，运行平稳、传动效率高、无爬行、摩擦小。位置发送器采用了新技术和新方法，有的采用霍尔效应传感器，直接感应阀杆的纵向或旋转动作，实现了非接触式定位检测；也有的采用特殊的电位器，电位器中装有球轴承和特种导电塑料材质做成的电阻薄片；还有的采用磁阻效应的非接触式旋转角度传感器。

智能式电动执行机构通常都有液晶显示器和手动操作按钮，用于显示执行机构的各种状态信息和输入组态数据及手动操作。因此，与模拟式电动执行机构相比，智能式电动执行机构具有以下的一些优点。

（1）定位精度高，并具有瞬时启停特性及自动调整死区、自动修正能力，长期运行仍能保证可靠地关闭和良好的运行状态等。

（2）推杆行程的非接触式检测。

（3）更快的响应速度，无爬行、超调和振荡现象。

（4）具有通信功能，可通过上位机或执行机构上的按钮进行调试和参数设定。

（5）具有故障诊断和处理功能，能自动判别输入信号开路、电动机过热或堵转、阀门卡死通信故障、程序出错等，并能自动地切换到阀门安全位置；当供电电源断电后，能自动地换到备用电池上，使位置信号保存下来。

8.4.2　智能式阀门定位器

1. 智能式阀门定位器的特点

在石油、化工装置自动化控制系统中，控制阀的选用对精度而言至关重要，它的使用情况影响到产品质量，并关系到装置安全生产，智能式阀门定位器相比普通定位器有许多优点。

（1）实时信息控制，提高安全性。操作人员可以依靠阀门工作信息有根据地对过程控制进行管理，确保及时控制；可以从现场接线盒、端子板或控制室使用手动操作器、PC 或系统工作站选取信息，将人员危险发生的几率减到最小，并且不必亲临现场，提高安全性；可以把阀门泄漏检测仪或限位开关接到智能式阀门定位器的辅助端子上，免得额外增加现场布线，若发生超限该仪表将会报警。

（2）结构可靠，加快开工准备过程。结构经久耐用，全密封结构阻隔了震动、高温和腐蚀性环境对它的影响，独立的防风雨现场接线盒把现场导线接点和仪表其他部分隔离开；操作人员通过远程方式识别每台仪表，检验它的校准情况，查阅对比以前存储的维修记录及其他更多信息，达到尽快启动回路的目的。

（3）自诊断与控制能力。智能式阀门定位器可进行下列诊断：①关键阀门使用跟踪参数；②仪表健康状态参数；③预定格式阀门性能阶跃维护测试。关键阀门使用跟踪参数可监控阀杆的总行程（行程累积）及阀杆行程转向（周期）的次数。如果仪表的内存、处理器或检测器有任何问题，则仪表的健康状态参数报警。一旦有问题发生，可确定该仪表将如何对该问题做出反应。例如，若压力检测器有故障时，仪表是否应当关闭？也可选择哪一个元件出故障将引起仪表关闭（问题是否严重，足以引起关闭）。这些参数提示将以报警形式报告。监控性报警可以提供有关有问题的仪表、阀门或过程的瞬间指示。

（4）标准控制与诊断。智能式定位器包含标准的控制与诊断。标准控制包括 AO 与 PID 功能模块。标准诊断包括下列诊断测试：①动态误差带；②驱动信号；③输出信号。动态误差带、驱动信号及输出信号是动态扫描测试。这些测试是在被控制的速度下转变传送器块（伺服机构）的设定点并绘出阀门的操作以确定阀门的动态性能。例如，动态误差带测试是滞后与死区加"回转"。滞后与死区是静态的质量，由于阀门是在运动着的，就带来了动态误差和"回转"误差。动态扫描测试给出了较好的提示，即阀门在过程条件下将如何操作，那将是动态的而不是静态的。

本节以 Fisher-Rosemount 公司生产的 FIELDVUE DVC5010 智能式阀门定位器为例，介绍智能式阀门定位器的结构特点和使用方法。

2. FIELDVUE DVC5010 智能式阀门定位器

（1）结构特点。

① 装有高集成度的微处理器智能式现场仪表，既可以安装在直行程执行机构上，又可以安装在旋转式执行机构上。

② 主要组成部分：由压电阀、模拟数字印制电路板、LCD（液晶显示）、供输入组态数据及手动操作的按键、行程检测系统、壳体和接线盒等部分组成。

③ 由替换的功能模板提供两线制 4～20mA 的阀位反馈信号；通过数字信号指示两个行程极限，两个限定值可独立设置最大值和最小值，用数字显示；在自动运行过程中，当阀位没有达到给定值时能进行报警，微处理器有故障时也能报警，报警时信号中断。这种定位器耗气量极小、安装简单、调试方便、调节品质佳、抗震性强、免维修、不受环境影响。只要按动功能键，就可以调节阀门定位器的动作速度、流量特性、行程和分程控制，并有 LCD 显示。

（2）组态说明。在组态方式下，可根据现场需要进行如下的设置。

① 输入电流范围 0～20mA 或 4～20mA；给定上升或下降特性。
② 定位速度的限定。
③ 分程控制，可调的初值和终值。
④ 阶跃响应，自适应或整定。
⑤ 作用方向，输出压力随设定值增大的上升、下降特性。
⑥ 输出压力范围，初始值和终值。
⑦ 位置限定，最小值和最大值（报警值）。
⑧ 自动关闭功能。
⑨ 根据所需的阀特性，可对行程进行纠正并做如下选择：直线，等百分比 1:25，等百分比 1:50，其他特性。

(3) DVC5010 智能式阀门定位器的装配。
① 在费希尔公司滑杆执行机构上的安装如图 8.27 所示。具体步骤介绍如下。

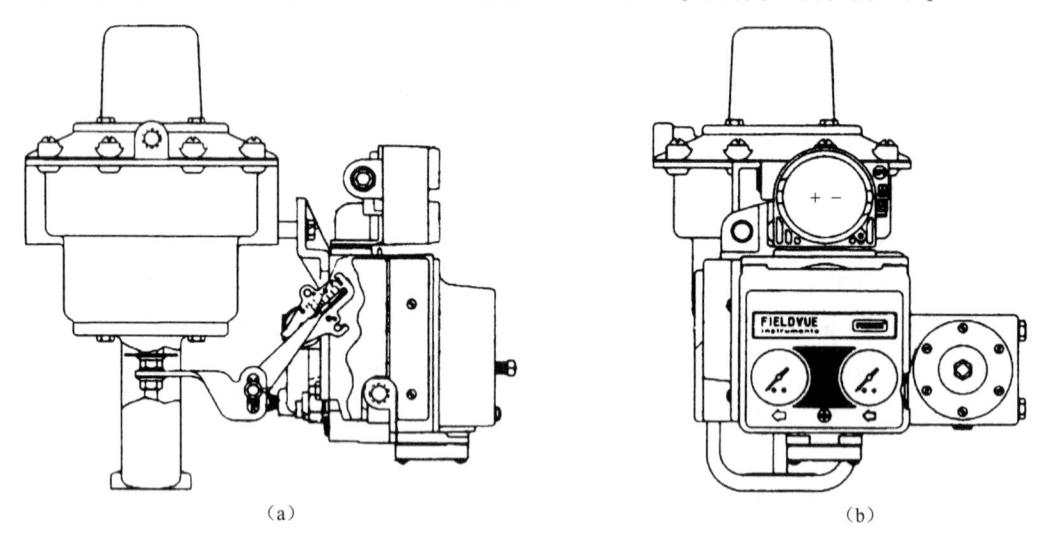

(a)　　　　　　　　　　　　　(b)

图 8.27　DVC5010 智能式阀门定位器在执行机构上的安装

把控制阀与工艺管线压力隔开，释放阀体两侧压力并排放阀两侧工艺介质。关断通往执行机构的所有压力管线，释放执行机构的全部压力。采取锁定步骤，确保在设备上工作时上述措施继续有效。

- 对于 513 和 513R 型尺寸为 20 的执行机构，松开阀行程指示器盘下面的下锁定螺母，在锁定螺母之间插入连接器臂，然后顶住连接器臂拧紧下锁定螺母。对于 513 和 513R 型尺寸为 32 的执行机构，用螺钉把横柱和连接器臂连至阀杆连接器。
- 用螺钉把装配托架连至智能式阀门定位器壳体。
- 插入带垫片的螺钉，穿过装配支架的槽和孔。安装衬垫并拧紧螺钉。
- 对 513R 型执行机构，用定位销钉贯穿反馈臂上标记为"A"的孔或对 513 型执行机构标记为"B"的槽，使反馈臂在智能式阀门定位器上定位。
- 在调整臂的销柱上涂润滑剂，把销柱置入反馈臂狭槽内，夹紧弹簧把销柱顶向阀行程标记的一侧。
- 在调整臂上安装外置防松垫片，把调整臂定位在连接器臂的槽内并松动地安装垫片和螺钉。
- 在连接器臂的槽内滑动调整臂销柱直至销柱对准所要求的阀行程标记数，然后拧紧螺钉。
- 取出定位销钉并把它放回模块基座上邻近 I/P 组件的地方。
- 用两个螺钉连好遮护板。

② 过滤减压阀的装配。过滤减压阀有以下三种装配方式。
- 一体装配的减压阀，润滑 O 形环并把它插入智能式阀门定位器上气源连接口周围凹槽。67AF 型过滤减压阀装在智能式阀门定位器的侧面，这是装配过滤减压阀的标准方法。
- 阀架式装配的减压阀，用两个螺钉把过滤减压阀装到执行机构阀架上预先钻好并攻螺纹的螺孔上。把 1/4 英寸的内六角管塞旋入过滤减压阀上不用的出口。
- 膜头式装配的减压阀，使用与过滤减压阀一同提供的单独的 67AF 型过滤减压阀膜头式装配支架。把装配支架固定在 67AF 型减压阀上，然后把这个组件装到执行机构膜头上。把 1/4 英寸内六角管塞旋入过滤减压阀上不用的出口。

③ 气路连接。气源必须是清洁干燥的空气或非腐蚀性气体，符合 ISA 标准 S7.3 - 1975 (R1981) 的要求。工厂装配的智能式阀门定位器，它的输出应配管至执行机构气源口。排气通过功率放大器输出，不断将供气排入控制器盖内的空间。壳体背后的放气口应常开，以防止盖内压力升高。如果需要远程排气，排气管线必须尽可能短并带有最少量的弯头和弯管。

④ 电气连接。4～20mA 回路连线，智能式阀门定位器通常由控制系统输出卡供电。使用屏蔽电缆将确保在电器噪声环境下正常运行。智能式阀门定位器连线步骤如下。
- 从端子盒上拆下端子盒盖，如图 8.28 所示。
- 将现场导线接入端子盒。在要求应用的地方，使用符合国家电气标准的安装套管。
- 把正极导线从控制系统输出卡"current output"（电流输出）端连至端子盒内印制电路板/端子条形组件号上的 LOOP + 接线端子。把负极（或返回）导线从控制系统输出卡连至端子盒内 LOOP - 接线端子，如图 8.28 所示。
- 连接安全地和大地接地点。更换并拧紧端子盒上的外罩。当控制回路已经准备好投入使用时，把电源加到控制系统输出卡上。

⑤ 测试连接。端子盒内的测试端可用来测量通过 1Ω 电阻的回路电流量。
- 打开端子盒盖。
- 调整测试表测量范围到 0.01～0.1V。
- 连接测试表的正测试笔至端子盒内的 TEST + 接线柱，而负测试笔连 TEST - 接线端。

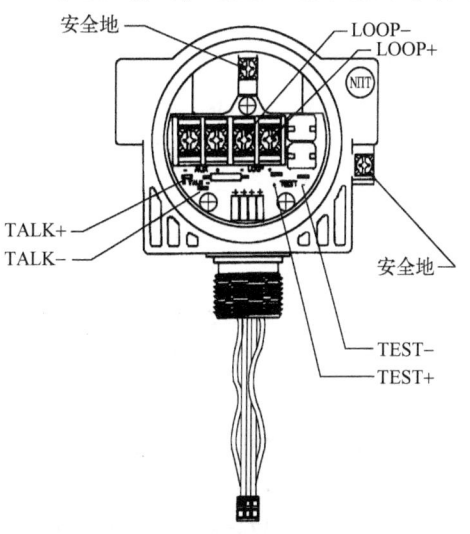

图 8.28　DVC5000 系列智能式阀门定位器端子盒

● 测得回路电流如下：U（测试表读数）×1000 为 mA 数，撤走测试笔，重新盖好端子盒盖。

⑥ 通信连接。通过 HART 调制解调器或 275 型 HART 通信器，可将 4～20mA 回路上的任何接线端点与 DVC5010 系列智能式阀门定位器连接。

（4）DVC5010 智能式阀门定位器的组态。改变仪表设置（setup）会引起输出压力或阀行程改变。为了设置和校准仪表，Protection 必须为 None，并且 Instrument Mode 必须设成 Out of Service。有两种初始设置方法：Auto Setup（自动设置），根据指定的执行机构类型和尺寸自动选择适当的组态参数；Manual Setup（手动设置），本方法允许对下列组态参数输入数值：Instrument Mode（仪表模式），Control Mode（控制模式），Feedback Char（反馈特征），Inst Supply Pressure（仪表气源压力），Zero Control Signal（零控制信号），Invert Feedback（反相反馈），Travel Cutoff Low（行程低截止点），Turning Set（整定参数组），Auto Calib Travel（自动标准行程）。

① Auto Setup（自动设置）：从"Online"菜单选择"Main Menu"、"Initial Setup"、"Auto Setup"和"Setup Wizard"。依照 HART 通信器显示的提示去设置仪表。设置是根据执行机构制造厂商与其确定的型号来决定所要求的设置信息的，如果输入其他的执行机构厂商及其型号，那么将会被提示输入这样的参数：执行机构类型（单作用或双作用），反馈特征（旋转轴或滑杆式），阀故障时动作（无气源时阀打开或关闭），行程传感器旋转方向（气信号压力增加使行程传感器轴顺时针或逆时针旋转）。

仪表供气压力范围和整定参数组通过"Setup Wizard"完成设置后，按"OK"按钮返回到"Auto Setup"菜单。选"Auto Calib Travel"能自动标定仪表行程。标定程序利用阀门与执行机构的停止点作为 0 与 100% 标定点。如果在完成自动设置和自动标定后，阀看起来有点不稳定或不灵敏，可以通过"Auto Setup"菜单选择"Stabilize/Optimize"来改善运行状况。

② 手动设置（Manual Setup）：如果给仪表初始设置输入各个参数，可从"Online"菜单选择"Main Menu"、"Initial Setup"和"Manual Setup"。下面描述了在手动设置期间出现的参数。

● Instrument Mode（仪表模式）：此处可以把仪表设成"Out of Service"或"In Service"。为了改变影响控制的组态变量，仪表必须设成"Out of Service"，将"Calibration/configuration Protection"设成"None"。

● Control Mode（控制模式）：让用户规定仪表读取它的设定值（SP）的地方。选择下列控制模式之一，"Analog（RSP）"（模拟）或"Digital"（数字）。

● 若仪表由 4～20mA 回路中接收其给定点，则选"Analog（RSP）"，通常仪表控制模式是"Analog（RSP）"。若仪表经 HART 通信链路以数字方式接收其给定点，则选"Digital"。当 HART 通信器需要将阀门移动行程，例如标定或行程输出期间，HART 通信器会自动将仪表切换到该模式。可是如果在仪表处于 Test 模式运行程序时中止它，仪表仍可停留于 Test 模式中。为使仪表摆脱 Test 模式，请选"Control Mode"，再选"Analog（RSP）"或"Digital"。

● Feedback Char（反馈特征）：选择"Rotary Shaft"（转轴）或"Sliding Stem"（滑杆）。

● Inst Supply Pressure（仪表气源压力）：调整仪表压力传感器的量程。气源压力组态时压力单位为 psi、bar 或 kPa。选择一个气源压力量程，使仪表的气源压力包括在它的范围之内。

- Zero Ctrl Signal（零控制信号）：辨识输入为 0 时，阀门全开或全关。如果对设置这个参数没有把握，可断开通向仪表的电流源。所导致的阀行程即 "Zero Control Signal"（配用正作用智能式阀门定位器时，断开电流源的效果与设定输出压力为 0 的作用是一样的）。
- Invert Feedback（反相反馈）：选择 "YES"、"NO" 或 "AUTO SET"。反相反馈的选择是为了建立合理的反馈取向。通过观察行程传感器转轴末端的转动来确定 Invert Feedback 的选择。如果对执行机构增加气压引起转轴顺时针转动，则输入 "YES"。如果它引起轴逆时针转动，则输入 "NO"。为使仪表确定其 Invert Feedback，也可选择 "Auto Set"。
- Travel Cutoff Low（行程低截止点）：此项定义了行程的低截止点。行程低截止点可用来确保对阀座的关闭力。当行程低于行程低截止点时，具有固体版本 5 的仪表，将使输出设置成零或至供气全压力，这与 Zero Ctrl Signal 的情况有关。对具有固体版本 3 或 4 的仪表，将使行程目标设置成 −23% 满行程。建议使用行程低截止点为 0.5%，以有助于保证最大的阀座关闭力。当设置了行程低截止点时，行程低限位便失效了，因为这些参数中只能有一个有效。行程低截止点设置成 −25%，它便失效了。
- Tuning Set（整定参数组）：有 11 组整定参数组供选择。每个整定参数组针对智能式阀门定位器的增益（gain）和微分（rate）设定提供预选值。Tuning Set C 提供最慢的响应，而 M 提供最快的响应。通常仪表采用高性能值。然而一旦压力传感器有故障，该仪表将用标准值继续操作。对具有固体版本 3 与 4 的仪表，始终采用标准值。

(5) DVC5010 智能式阀门定位器的校准。

① 自动校准行程。仅当对滑杆阀选择 "Auto Calibrate Travel" 时，才需要用户响应操作。转角阀不需要用户响应操作。用户响应操作为滑杆阀提供更准确的交点调整，如图 8.29 所示。选择 "Auto Calibrate Travel" 然后依照 HART 通信器显示的提示自动地校准阀行程。

选择交点调整的方法：如果选 "Last Value"，则采用当前存于仪表的交点设定值而无须与自动校准程序做进一步的用户响应操作（进至第 3 步）。如选 "Default"，一个交点的近似值送往仪表也必须与自动校准程序做进一步的用户交互操作（进至 3 步）。如选 "Manual"，则要选择调整源，模拟量 Analog 或数字量 Digital 均可。

校准步骤如下：

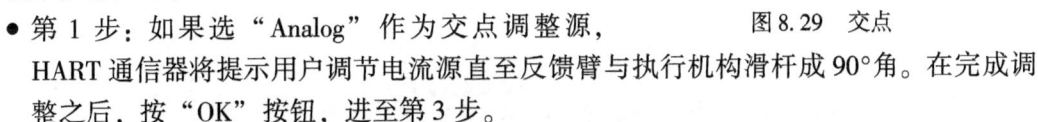

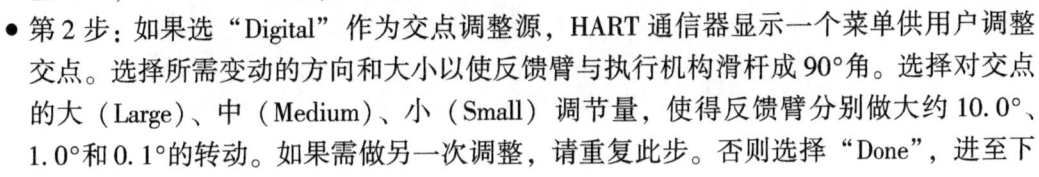

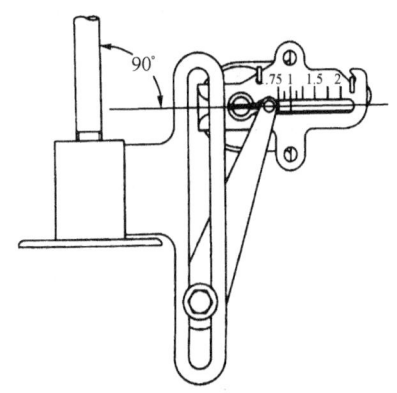

- 第 1 步：如果选 "Analog" 作为交点调整源，HART 通信器将提示用户调节电流源直至反馈臂与执行机构滑杆成 90°角。在完成调整之后，按 "OK" 按钮，进至第 3 步。

图 8.29 交点

- 第 2 步：如果选 "Digital" 作为交点调整源，HART 通信器显示一个菜单供用户调整交点。选择所需变动的方向和大小以使反馈臂与执行机构滑杆成 90°角。选择对交点的大（Large）、中（Medium）、小（Small）调节量，使得反馈臂分别做大约 10.0°、1.0° 和 0.1° 的转动。如果需做另一次调整，请重复此步。否则选择 "Done"，进至下一步。
- 第3步：自动校准程序的余下部分是自动进行的。当菜单出现时，它便完成了。
- 第4步：置仪表于"In Service"状态，然后检验阀行程是否很好地跟踪电流源。

② 手动校准行程。手动校准阀行程有 Analog Calibrate Adjust（模拟校准调整）和 Digital Calibrate Adjust（数字校准调整）两种方法。
- 模拟校准调整。选择"Main Menu"、"Calibrate"、"Man Calib Travel"和"Analog Calib Adj"。连接可变电流源至仪表端子 LOOP + 和 LOOP -。电流源应能产生 4～20mA 电流。依照 HART 通信器显示的提示去校准仪表行程的百分数。
- 数字校准调整。选择"Main Menu"、"Calibrate"、"Man Calib Travel"和"Digital Calib Adj"。后续步骤同模拟校准调整。

DVC5010 智能式阀门定位器主要用于一些重要控制点的回路场合，例如裂解炉的进料流量阀和乙二醇环氧反应器的进料流量阀的控制。使用手动操作器对其进行组态和校验，其线性度可达 99%，零点和量程及回差均可以控制在精度要求的范围之内，控制稳定且抗干扰的能力也特别强，能满足工艺控制的要求。

实训10　智能式差压变送器校验与组态操作

1. 实训目标

（1）熟悉智能式差压变送器 EJA 的结构。
（2）掌握智能式差压变送器 EJA 的安装与校验方法。
（3）掌握 BT200 的组态操作方法。

2. 实训装置（准备）

EJA 校验实训装置如图 8.30 所示。

（1）校验台 1 台（含电动气压源、精密数字校验仪 HB600F2、精密压力表）、托架 1 个、EJA - 110A 1 台、BT - 200 1 台、三阀组 1 个、防水接头 1 个、L 形支架 1 个、U 形圈 1 个。
（2）万用表 1 台，250Ω 电阻 1 个，螺钉旋具、内六方、扳手各 1 把。

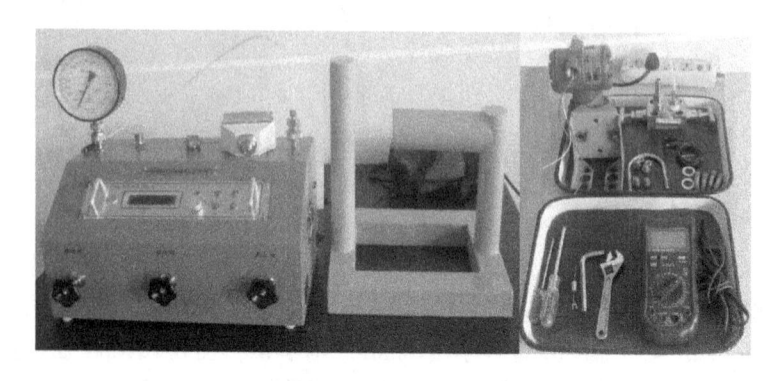

图 8.30　EJA 校验实训装置

3. 实训内容

（1）EJA 智能式差压变送器的安装。

（2）三阀组的操作。

（3）EJA 智能式差压变送器的校验。

4. 实训步骤

（1）EJA 智能式差压变送器的安装。安装托架，U 型圈要求水平安装且牢固。变送器与三阀组连接，螺栓应对角缩紧，不允许一次锁死。

（2）仪表接线并正确操作三阀组。

① 装校验仪，启动并清零。

② 变送器接线，检查电缆的通断及绝缘性，区分正、负电源线，被测变送器电流输出端连接到 HB600F2 顶部"电流"红色端子，将测变送器的供电端连接到 HB600F2 顶部"电流"黑色端子；按"功能"键切换到变送器电流测量方式（b 0.000mA），进入变送器电流测量工作状态。检查连接线并接通，接入 250Ω 电阻，检查电流，确定 4mA 并接通。

③ 接导压管，正确操作三阀组。打开平衡阀，并逐渐打开正压侧切断阀，使差压变送器的正、负压室承受同样压力；校验仪再次清零，关闭平衡阀，开启负压侧切断阀。根据任务要求通过 BT200 设置变送器零点、量程等。

（3）操作电动气压源。

① 通电。连接好电源线，按下控制电源开关。

② 设置压力值上限（超量程 5%），关闭回检阀和截止阀。按下启动按键，缓慢打开截止阀，当压力达到检定点时，关闭截止阀。

③ 待压力稳定后即可进行检测，通过回检阀和微调阀将压力调到准确检定值进行读数。

（4）校验。

① 按照任务要求按正反行程校验 0%、25%、50%、75%、100% 五点；并将实验数据填入表 8.3 中。

② 检测完毕后关闭启动开关，缓慢打开回检阀，使压力逐渐回零后，方可取下被测仪表。停电，拆除电缆和相关设备

（5）实训完毕，设备整齐摆放（按图 8.30 所示原始状态摆放）。

表8.3 EJA 精度校验数据记录表

| 被 检 点 ||理论输出值（mA）| 实际输出值（mA） || 绝对误差（mA） || 正反行程差值（绝对值）（mA） |
规定被检点（%）	实际输入值（kPa）		正行程	反行程	正行程	反行程	
0							
25							
50							
75							
100							

允许误差：_____（%）；基本误差：_____（%）；允许回差：_____（%）；回差：_____（%）
（检定结果注：压力值小数点后保留两位数字，电流值小数点后保留三位数字）。

5. 实训报告

(1) 填写实训设备规格与型号。
(2) 画出实验系统的接线图。
(3) 由实验数据分析得出结论。

本 章 小 结

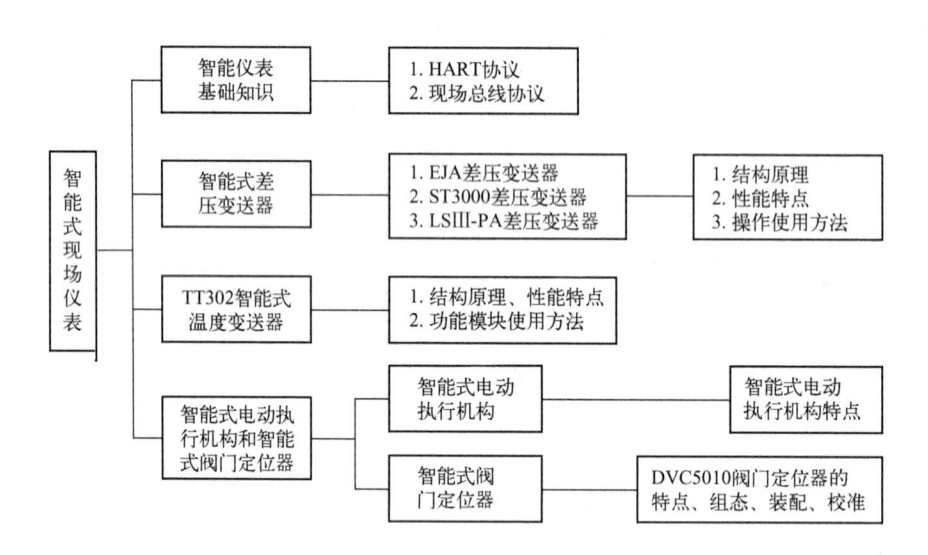

```
                    ┌── 智能仪表      ──┬─ 1. HART协议
                    │   基础知识         └─ 2. 现场总线协议
                    │
                    │                    ┌─ 1. EJA差压变送器      ┐  ┌─ 1. 结构原理
智能式现场仪表 ──────┼── 智能式差   ──────┼─ 2. ST3000差压变送器  ├──┤─ 2. 性能特点
                    │   压变送器         └─ 3. LSⅢ-PA差压变送器  ┘  └─ 3. 操作使用方法
                    │
                    │   TT302智能式      ┌─ 1. 结构原理、性能特点
                    ├── 温度变送器 ──────┤
                    │                    └─ 2. 功能模块使用方法
                    │
                    │   智能式电动执      ┌─ 智能式电动     ── 智能式电动
                    └── 行机构和智能 ─────┤   执行机构         执行机构特点
                        式阀门定位器     │
                                         └─ 智能式阀        ── DVC5010阀门定位器的
                                            门定位器          特点、组态、装配、校准
```

思考与练习题 8

1. 什么是 FSK 信号?
2. HART 协议通信方式是如何实现的?
3. CAN 总线通信方式有哪些技术特点?
4. 试述智能式变送器的构成原理。
5. EJA 差压变送器、ST3000 和 LSⅢ-PA 差压变送器各有什么特点?
6. 智能式温度变送器有哪些特点? 简述 TT302 温度变送器的工作原理。
7. 智能式变送器与模拟式变送器相比有哪些特点?
8. DVC5010 智能式阀门定位器如何安装与校准?

第9章

过程控制仪表及装置应用系统案例分析

知识目标
(1) 掌握基型控制器的简单工程方案实现方法。
(2) 掌握可编程调节器的一般工程方案实现方法。
(3) 了解DCS（CENTUM系统）复杂系统的应用方案。
(4) 掌握DCS在联锁保护系统中的应用方法。
(5) 掌握用现场总线模块构建控制系统方案。

技能目标
(1) 能运用基型控制器解决简单控制方案。
(2) 能运用一种可编程调节器解决一般控制方案。
(3) 能应用DCS实现系统的联锁保护。
(4) 能正确使用现场总线模块。

过程控制仪表及装置是实现过程自动化的基础。基型控制器、可编程调节器、DCS、现场总线仪表作为控制仪表的主体，已广泛应用于电力、石油化工、冶金等行业。本章结合石油化工、电力、冶金等行业的实际对象，介绍应用基型控制器、可编程调节器、DCS、现场总线仪表构成系统的方法。

9.1 基型控制器在安全火花型防爆系统中的应用

9.1.1 温度控制系统原理图

某列管式换热器的温度控制系统如图9.1（a）所示。换热器采用蒸气为加热介质，被加热介质的出口温度为（400±5）℃，温度要求记录，并对上限报警，被加热介质无腐蚀性。

现采用电动Ⅲ型仪表，并组成本质安全型防爆控制系统。如图9.1（b）所示为温度控制系统框图。图中 WZP-210 为一次测温元件铂热电阻，分度号为 Pt100，碳钢保护套管；DBW-4230 为温度变送器，测温范围 0～500℃；DXJ-1010S 为单笔记录仪，输入 1～5 V DC，标尺 0～500℃；DTZ-2100 为电动指示控制器，采用 PID 调节规律；DFA-3100 为检测端安全栅（温度变送器在现场）；DFA-3300 为操作端安全栅；ZPD-1111 为电气阀门定位器；DGJ-1100 为报警给定器，用于上限报警设定；XXS-01 为闪光报警器，最下方为气动薄膜控制阀。

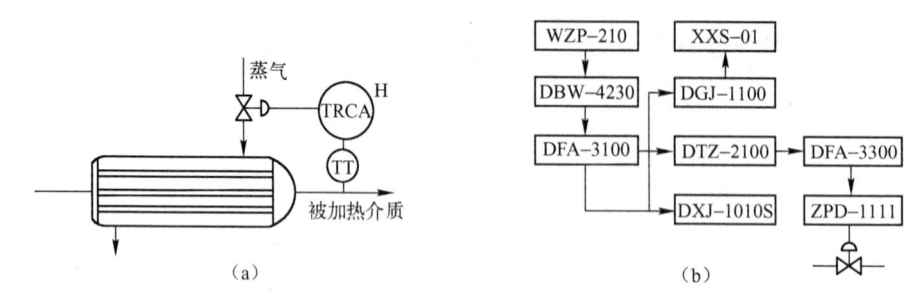

图 9.1　换热器的温度控制系统

9.1.2　温度控制系统接线图

该温度控制系统接线如图 9.2 所示。图中共有三个信号回路：① 热电阻和温度变送器 DBW-4230 输入端的信号回路；② 控制器的输入回路，温度变送器 DBW-4230 经检测端安全栅 DFA-3100，其信号为 4～20mA DC，转换为 1～5V DC 的信号，送到报警单元 XXS-01、记录仪表 DXJ-1010S 和控制器 DTZ-2100 输入端，采用并联连接法；③ 控制器的输出回路，控制器 DTZ-2100 输出经操作端安全栅 DFA-3300 送到阀门定位器 ZPD-1111，转换为 0.02～0.1MPa 的输出，推动气动薄膜控制阀动作。

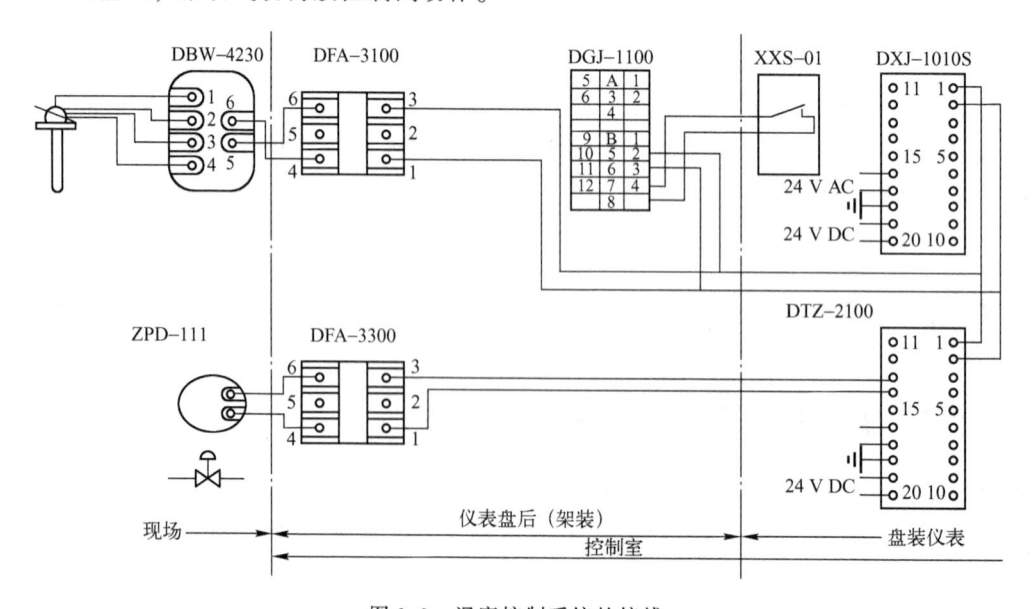

图 9.2　温度控制系统的接线

9.2 SLPC可编程调节器在压缩机防喘振控制中的应用

9.2.1 工艺流程及控制要求

空气压缩站是把大气中的空气经过过滤除尘,送到压缩机多级压缩,被压缩的空气经过冷却,送往干燥车间进行吸附干燥或冷凝干燥,送出来的干燥清洁的空气作为生产需要的仪表风和工业风,其流程简图如图9.3所示。

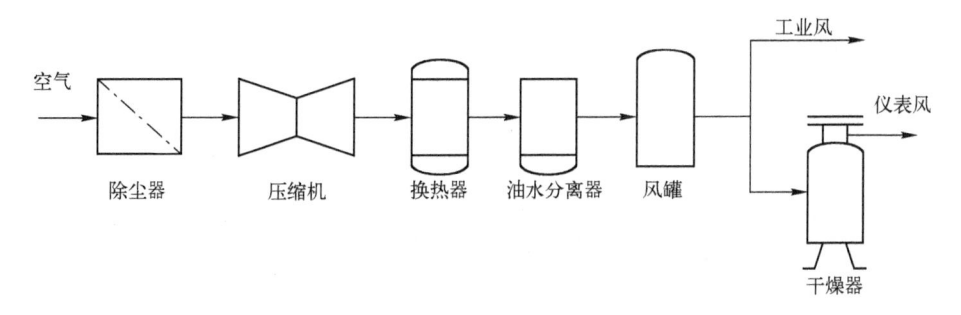

图9.3 空气压缩站流程简图

压缩机是空气压缩站的关键设备。在压缩机工作过程中,一些操作的变化使压缩机在运行过程中吸入流量减小到一定值时,出现一种不稳定的工作现象,其吸入流量和出口压力会周期性地低频率大幅度波动,并引起设备的强烈振动,这种现象被称为压缩机的喘振。防止喘振现象发生,必须改变操作,增加压缩机的入口流量,或者降低出口流体的阻力,应用专门的控制技术及时开启喘振阀。典型离心式压缩机防喘振控制方案如图9.4所示。

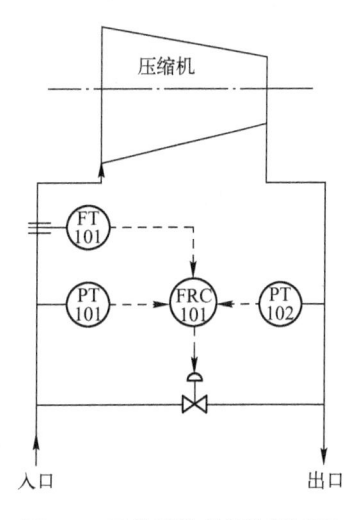

9.2.2 防喘振方案分析

要想防止压缩机喘振的发生,就要知道压缩机运行时其喘振点在哪里,才能确定一个合适的喘振控制裕度,再根据喘振发生的特点通过一些特定的控制方案来防止喘振的发生,保证机组安全稳定的运行。采用压缩比 P_2/P_1 和入口流量变送器的差压值 h 为坐标轴,画图得到的喘振线在工作点附近基本为直线形状,如图9.5所示。

图9.4 压缩机防喘振控制原理

流量与差压的关系为:

$$Q^2 = Ch/\rho \tag{9-1}$$

式中,Q——压缩机入口处的流量;C——常数(由孔板尺寸决定);
h——孔板差压;ρ——密度。

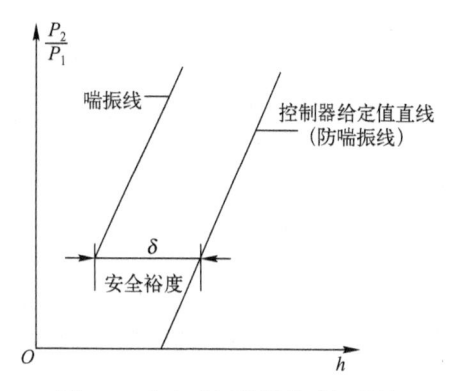

图 9.5 离心式压缩机防喘振曲线

该机组喘振线方程为：

$$P_2/P_1 = a + b \cdot h \tag{9-2}$$

式中，P_2——出口绝对压力；
P_1——入口绝对压力；
a、b——喘振线系数，由机组特性决定。

实际使用时，根据厂家提供的压缩机预期性能图和数据表确定 a、b 的值，得到压缩机喘振线，然后向右移动 δ（1%～10%）的裕量，即为压缩机的防喘振设定曲线，其控制器设定值方程式为：

$$h_{SP} = (P_2/P_1 - a)/b + \delta \tag{9-3}$$

式中：h_{SP}——差压设定值（百分数）；
δ——安全裕度（百分数）。

9.2.3 用 SLPC 实现防喘振方案

1. 功能分配

设 PT101 和 PT102 绝对压力变送器的量程为 $P_{1\max}$ 和 $P_{2\max}$，FT101 流量差压变送器的量程为 $H_{\max}$，流量防喘振控制器的设定值为：

$$h_{SP} = \left(\frac{P_2}{P_1} \times \frac{P_{2\max}}{P_{1\max}} - a \right) \times \frac{1}{b} + \delta \tag{9-4}$$

则 SLPC 功能分配如图 9.6 所示。

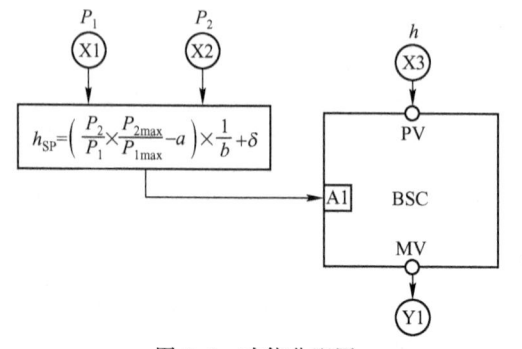

图 9.6 功能分配图

2. SLPC 控制程序

SLPC 的控制程序如表 9.1 所示。

表 9.1 SLPC 的控制程序

步 序	程 序	S1	S2	S3	说　明
1	LD X2	X2			读取出口压力信号
2	LD X1	X1	X2		读取入口压力信号
3	÷	X2/X1			除法运算
4	LD K01	K01	X2/X1		$K01 = P_{2\max}/P_{1\max}$
5	*	K01X2/X1			
6	LD K02	a	K01X2/X1		$K02 = a$
7	−	K01X2/X1 − a			
8	LD K03	$1/b$	K01X2/X1 − a		$K03 = 1/b$
9	*	(K01X2/X1 − a)/b			
10	LD K04	δ	(K01X2/X1 − a)/b		$K04 = \delta$
11	+	δ + (K01X2/X1 − a)/b			
12	ST A1	δ + (K01X2/X1 − a)/b			
13	LD X3	X3	δ + (K01X2/X1 − a)/b		读取入口差压信号
14	BSC				进行基本控制运算
15	ST Y1				将操作量送到 Y1
16	END				程序结束

需要说明的是本程序运行时，要求：MODE2 = 1；FL10 = 1 和 FL11 = 1。

9.3 JX − 300XP DCS 在过程控制装置 CS2000 中的应用

9.3.1 CS2000 过程控制实验装置简介

CS2000 过程控制实验装置包括控制台供电系统、实验对象及现场仪表系统等几部分，如图 9.7 所示。该实验装置包括一组有机玻璃三容水箱，每个水箱装有液位传感器；同时具有两路供水系统，一路由循环水泵、调节阀、孔板流量计加 EJA 的差压变送器组成，另一路由变频器、循环水泵、涡轮流量计组成，通过阀门切换，任意一组供水可以到达任意一个水箱。另外，为实现温度控制，该实验装置专门设计了一只常压电加热锅炉和一只强制对流换热器。常压电加热锅炉分内胆和夹套两层，内胆由电加热器提供热源，由一路供水系统提供水源，锅炉内胆装有防干烧装置来确保设备安全；夹套由一路供水系统提供冷却水。通过改变电加热器的加热功率或冷却水/待加热水的流量来影响内胆水温和夹套水温。

用 JX − 300XP DCS 对 CS2000 过程控制实验装置进行控制与运行调试是近几年全国高职院校职业技能大赛化工仪表自动化赛项核心项目，该项目要求：

（1）用 DCS 改变变频器输出控制泵对锅炉进行注水。

（2）用 DCS 改变单相调压模块输出控制加热管对锅炉进行加热。

（3）用 DCS 改变电动调节阀开度实现对中水箱液位进行控制，并通过整定 PID 参数获

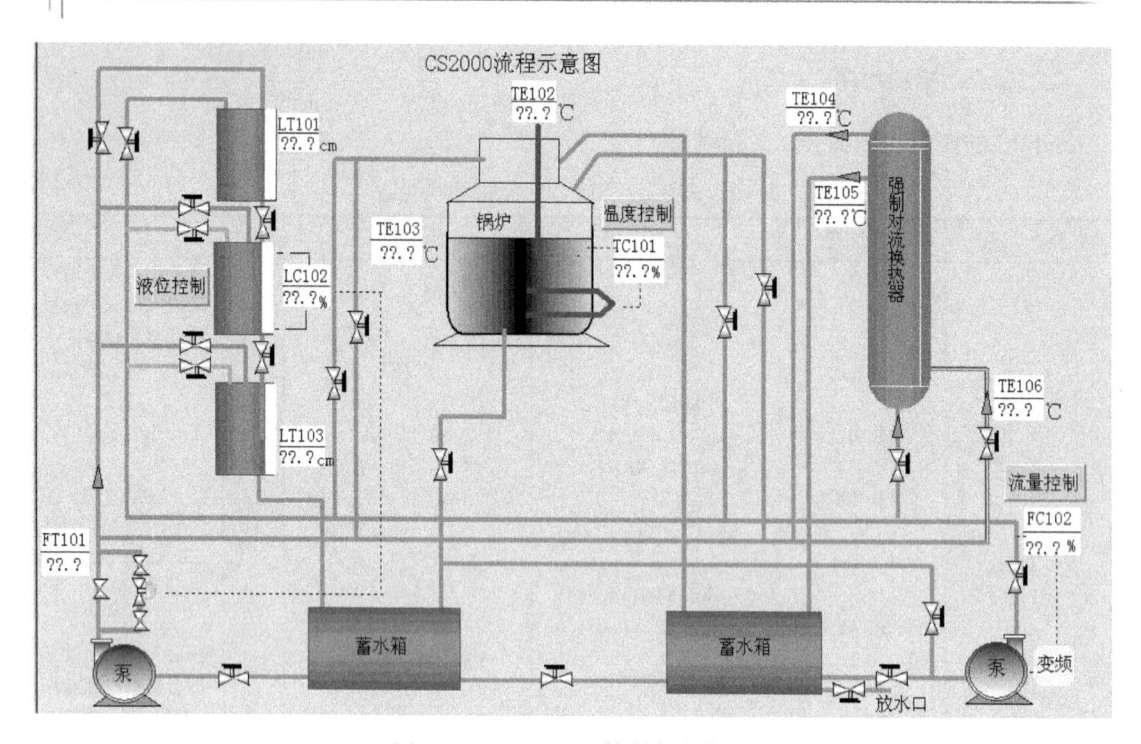

图 9.7　CS2000 过程控制实验装置

4:1衰减比的过渡过程曲线。

项目实施过程中碰到故障由学生自行排除。

9.3.2　JX-300XP DCS 硬件配置

与 CS2000 相匹配的 JX-300XP DCS 的最小配置如图 9.8 所示。该系统采用 SCnet II 网连接现场控制站、工程师站及操作员站各一台。

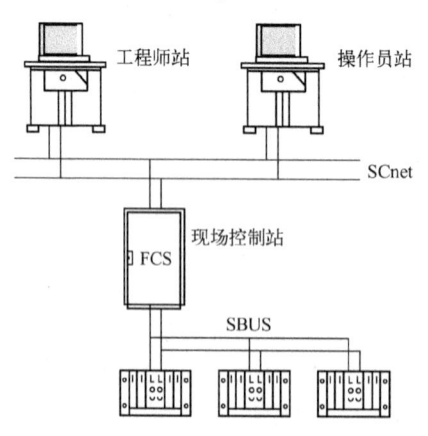

图 9.8　JX-300XP 控制系统的基本结构

1. 现场控制站

现场控制站由电源模块、主控卡、数据转发卡、输入/输出（I/O）卡、通信接口卡组成。主控卡是控制站软硬件的核心，具有双重化 10Mbps 以太网标准通信控制器和驱动接口，互为冗余，使系统数据传输实时性、可靠性、网络开放性有了充分的保证，构成了完全独立的双重化热冗余 SCnet II，协调控制站内软硬件关系和各项控制任务。通过过程控制网络与操作站、工程师站相连，接收上层的管理信息，并向上传递工艺装置的特性数据和采集到的实时数据；向下通过 SBUS 和数据转发卡的程控交换与智能 I/O 卡实时通信，实现与 I/O 卡的信息交换（现场信号的输入采样和输出控制）。

现场控制站采用一个控制机柜，用于安装电源模块 XP251-1、主控卡 XP243、数据转发卡 XP233、网络集线器 SUP2118M 和 I/O 卡等。其中，I/O 卡件有 11 块，6 路电压信号输入卡 XP314 3 块，6 路电流信号输入卡 XP313 3 块，4 路热电阻信号输入卡件 XP316 2 块，4 路频率输入卡件 XP335 1 块，4 路模拟量输出卡 XP322 2 块；用于完成模拟量、脉冲量的采集和控制等功能。

2. 工程师站与操作员站

JX-300XP 系统中的工作站包括工程师站和操作员站。工程师站存储着系统的全部组态及运行数据库，并配备有 DCS 系统组态、操作和维护的所有工具，主要用于完成系统控制站组态、操作站组态和操作小组组态。其中，控制站组态包含主控卡、数据转发卡和 I/O 卡参数设置及控制算法组态；操作站组态用于设置工程师站和操作员站的名称和 IP 地址；操作小组组态用于实现总貌画面组态、控制分组画面组态、流程图组态、运行报表组态等功能。操作员站是 DCS 系统的操作接口，操作人员通过它们来监控生产过程的状态和管理现场设备。

3. 通信网络

过程控制网络 SCnet II 各节点的通信接口均采用专用的以太网控制器，数据传输遵循 TCP/IP 和 UDP/IP 协议。网络采用双重化冗余结构，在其中任意一条通信线路发生故障的情况下，通信网络仍保持正常的数据传输。对于数据传输具有循环冗余校验、命令/响应超时检查、载波丢失检查、冲突检测及自动重发等功能，应用层软件提供路由控制、流量控制、差错控制、自动重发、报文传输时间顺序检查等功能，保证了网络的响应特性，使响应时间小于 1s。系统配有网络诊断软件，网络各组成部分经诊断后的故障状态被实时显示在操作站上以提醒用户及时维护。

9.3.3 控制系统回路接线

控制系统按所占位置区域分为现场和控制室，就实训室而言，现场为过程装置区，即 CS2000 所在区域，控制室分为控制站、操作站和中继台三个区域，中继台完成现场设备供电及仪表信号和 DCS 输入/输出卡件端子的对接，正确接线是保证仪表及 DCS 正常工作的首要条件，也是学生能顺利完成控制系统调试项目的关键，以"控制回路构成"为目标，以信号传递的"电流环路"为手段，检查线路是保证接线正确的有效手段。下面给出 DCS 控制系统的回路接线图。

（1）用 DCS 改变变频器输出控制泵对锅炉进行注水。DCS 控制系统的回路接线如图 9.9 所示。

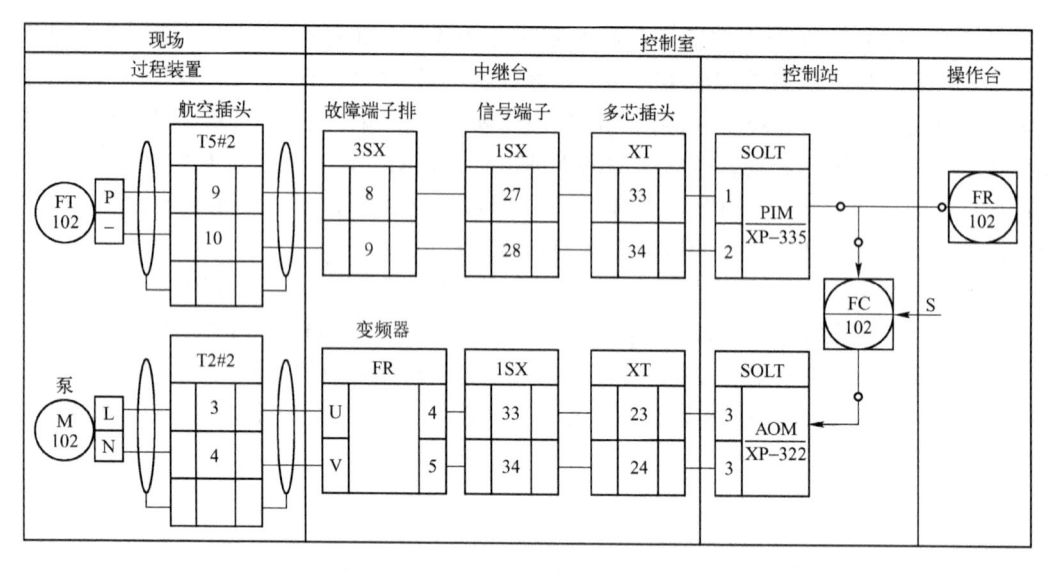

图 9.9 锅炉进行注水控制系统接线图

（2）用 DCS 改变单相调压模块输出控制加热管对锅炉进行加热。DCS 控制系统的回路接线如图 9.10 所示。

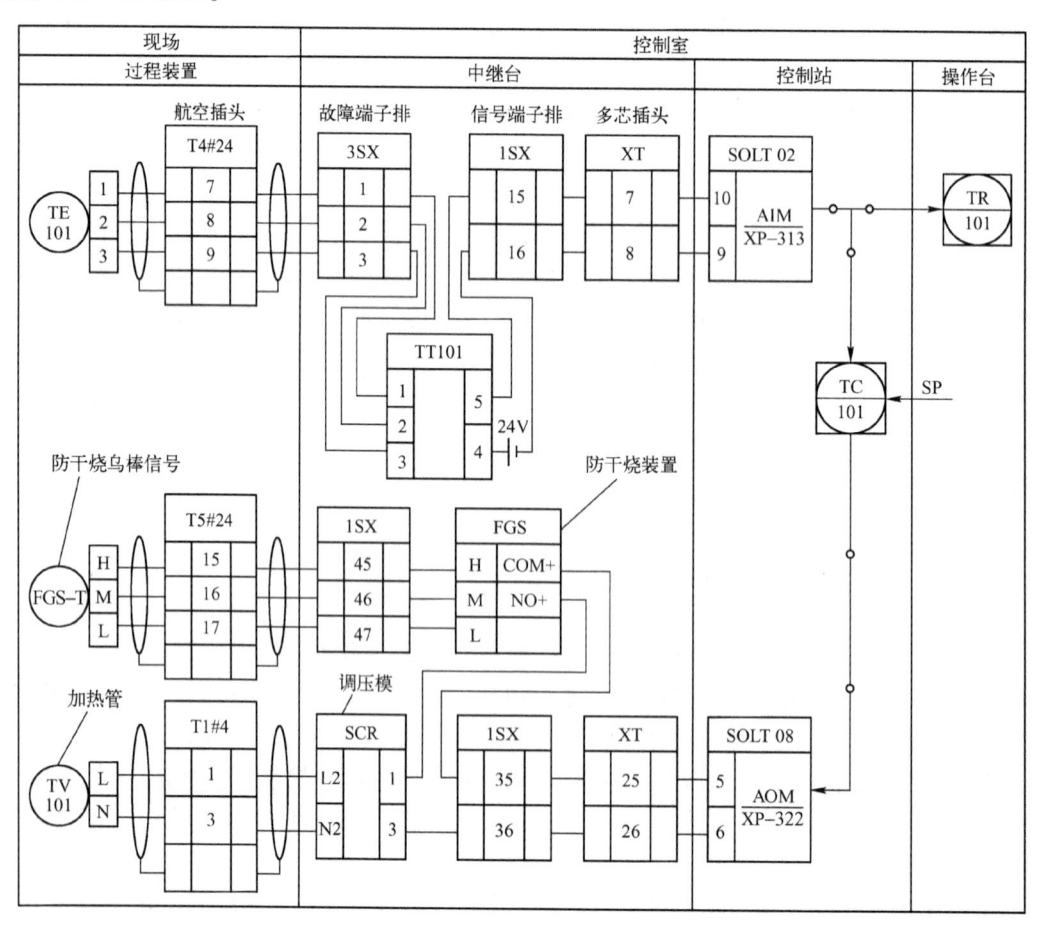

图 9.10 锅炉温度控制系统接线图

第9章 过程控制仪表及装置应用系统案例分析

（3）用 DCS 改变电动调节阀开度实现对中水箱液位控制。DCS 控制系统的回路接线如图 9.11 所示。

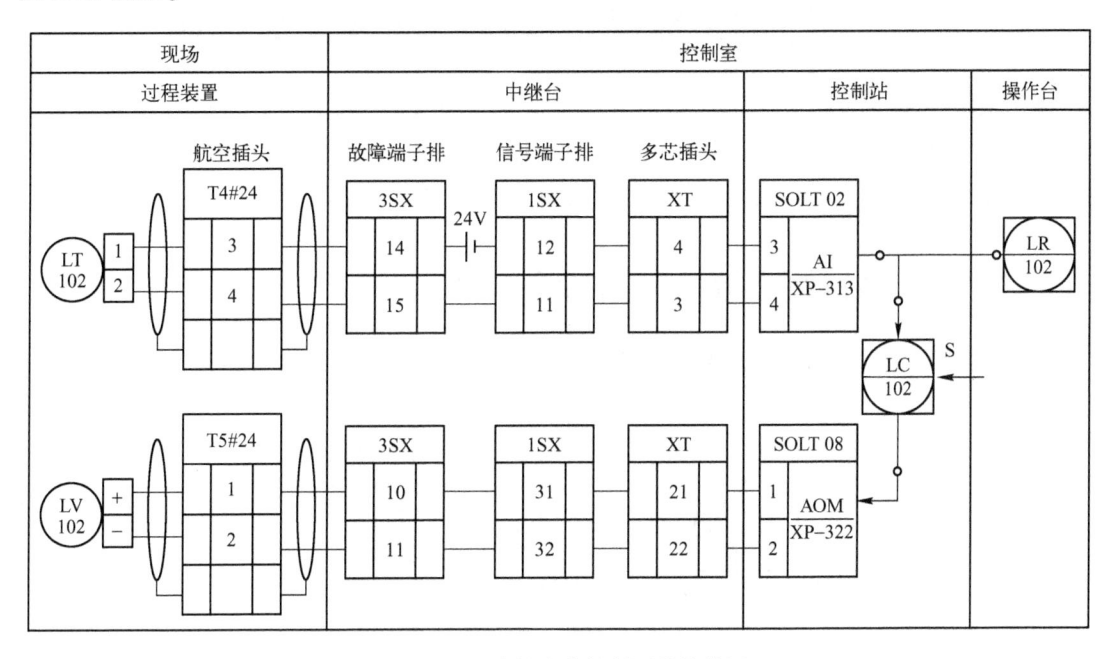

图 9.11 中水箱液位控制系统接线图

9.3.4 控制方案组态

在自定义方案中利用功能块实现控制算法组态如图 9.12 所示。

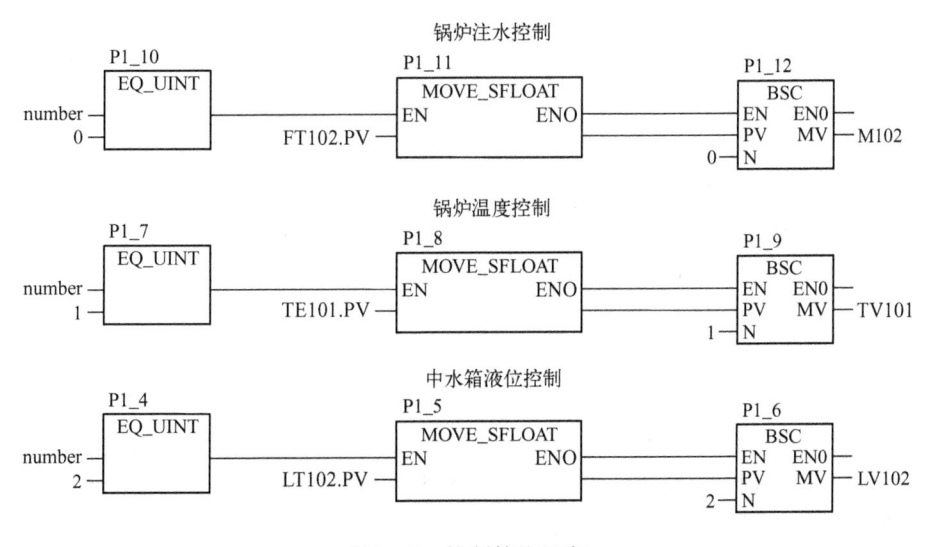

图 9.12 控制算法组态

9.4 用 DCS 实现结晶器钢水液位的控制

某炼钢厂大极坯连铸机的自动控制装置采用 YOKOGAWA 的 CENTUM 大规模集散控制系统。在该系统中结晶器钢水液位的控制,是极坯连铸生成过程的重要环节,它的控制效果直接影响极坯连铸的质量和安全运行。本节介绍用 DCS 实现典型的间隙过程工业自动化。

9.4.1 结晶器钢水液位控制系统原理

结晶器钢水液位控制原理如图 9.13 所示。

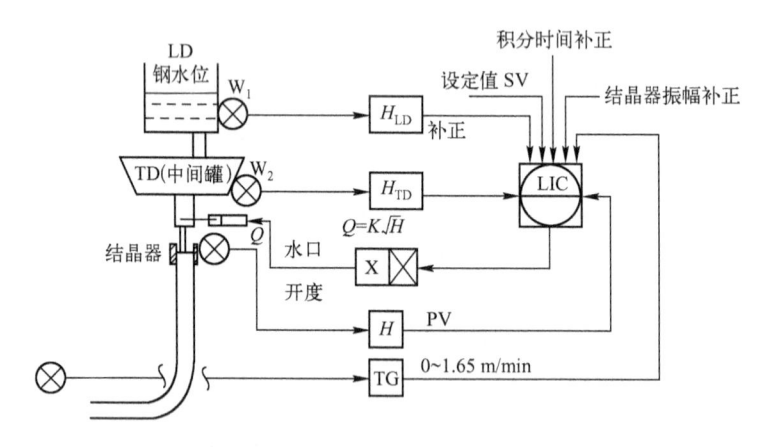

图 9.13 结晶器钢水液位控制原理图

1. 结晶器浇铸液位的测量

测量浇铸液位是控制结晶器液位的一个先决条件。这里采用的是电涡流式液位计,它根据钢水液位距测试头的不同高度而反映出涡流大小,并经过转换单元统一转换为 4～20mA DC 信号,它对应的测量范围是 -150～0mm。

结晶器液位距液位计测试头在 100±5mm 时液位控制才能由手动方式切换为自动方式。在投入自动方式后其液位控制的稳定度为 ±2mm。

2. 钢水静压力的影响

盛钢桶液位在浇铸时不断下降,因而钢水对中间罐水口的静压力也不断下降。控制系统要考虑到回路放大系数的下降。当熔池温度下降或品种改变时也会出现相同的情况。另外,流进和流出中间罐的钢水的动力,液位变化时钢水的惯性力,都会给液位的测量增加困难,为此在系统中又增加了积分时间的补偿。

3. 液位控制回路的相互关系及其他干扰参数

控制结晶器液位和中间罐液位是紧密关联的,而中间罐液位的调节参数是从盛钢桶中流

出的钢水量 Q_{LD}，从中间罐流进结晶器中的钢水量 Q_1 和 Q_2，累加量为 $Q_{LD}-(Q_1+Q_2)$。而参数 Q_1 和 Q_2 在两个结晶器液位调节系统中又是调节参数，因此这三个参数是相互关联的。

其他干扰参数的要求如下。

① 结晶器振动：克服措施是采用结晶器振幅补偿。
② 拉坯速度的改变：采用速度反馈补偿。
③ 发生"铸坯停动"的故障时，调节功能的适应性。

由结晶器钢水液位控制系统原理图及上述分析可以归纳出对控制的要求如下。

(1) 保持设定的液位，要求准确度为几毫米。
(2) 迅速排除浇铸过程中产生的故障。
(3) 稳定地控制浇铸过程。
(4) 在调节系统中，为避免失误要有冗余装置。
(5) 在发生故障时要能及时改变拉坯速度。

上述这些要求，采用常规的仪表控制是难以实现的，而采用 DCS 分散控制装置能满足这些要求。

9.4.2 结晶器钢水液位控制方案

1. 自动浇铸的条件

可以自动浇铸的条件如图 9.14 所示。

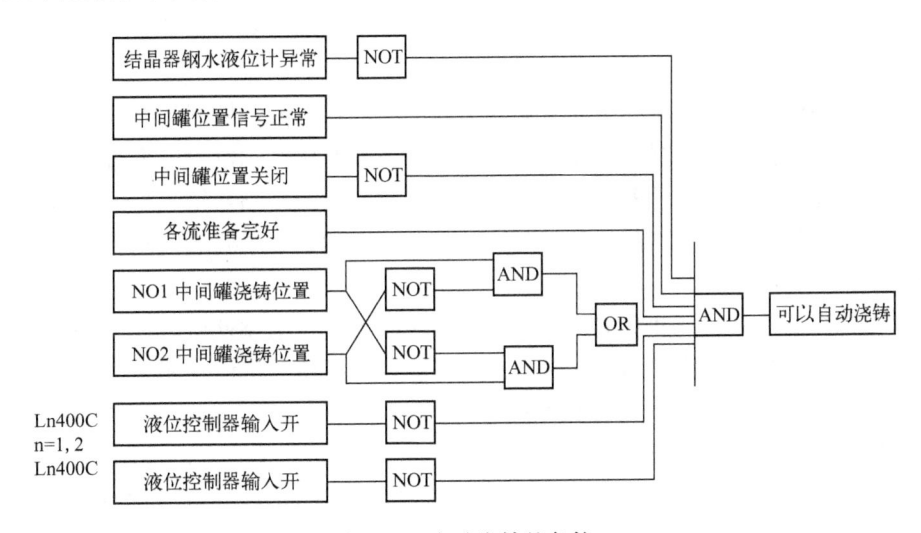

图 9.14 自动浇铸的条件

2. 结晶器钢水液位控制框图

结晶器钢水液位控制框图如图 9.15 所示。

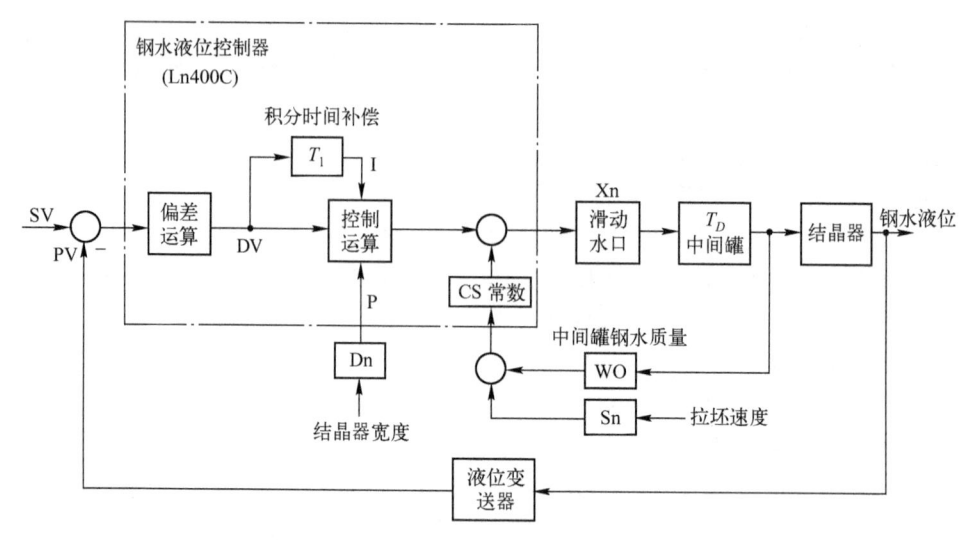

图 9.15　结晶器钢水液位控制框图

3. 结晶器内钢水液位控制的自动方式

（1）可以自动浇铸时，通过操作员投入自动方式，开始钢水液位控制。此时，液位计（Ln400C）自动地投入 CAS 方式。

（2）中间罐滑动水口的位置信号被变换成开度。

（3）液位控制器进行间歇 PID 控制的条件：|PV − SV| ≤ 2%，此时可平缓地进行非线性间歇控制。

（4）为了补偿由于浇铸速度急剧变化而引起的结晶器内液位控制的扰动，根据拉坯的速度对液位控制器进行前馈控制。前馈控制只在浇铸速度变化率超过设定值时进行。

（5）为了补偿由于中间罐钢水质量的急剧变化而引起的结晶器钢水液位控制的扰动，根据中间罐钢水质量对液位控制器进行前馈控制。前馈控制只在中间罐钢水质量变化率超过设定值时进行。

（6）为了修正结晶器宽度变更过程要对液位控制器进行增益补偿。

（7）在自动方式的液位控制中，操作人员不能进行液位设定值的变更，钢水液位控制器为 CAS 方式。液位控制器的手动方式不能运转。

（8）在前述的可以自动浇铸的条件不成立时，或中间罐滑动水口控制盘自动方式关闭时，液位控制计可自动投入手动方式。在中间罐浇铸位置 NO1、NO2 信号都打开时，中间罐滑动水口全封闭信号便会出现。

（9）钢水液位的控制用高速扫描进行（0.2 s）。

4. 结晶器钢水液位控制的手动方式

（1）在中间罐滑动水口控制盘上，使中间罐滑动水口以自动方式关闭，再用悬吊式按钮进行手动方式操作，使液位控制器的设定值和测量值一致，输出值和中间罐滑动水口的位置指示值一致。此时用液位控制器手动方式不能进行操作。

（2）在中间罐滑动水打开口事故封闭信号时，液位控制器投入手动方式，进行全封闭输出。

5. 液位报警位置

（1）当钢水液位高于 H_1 时，对报警盘进行故障显示；当钢水液位低于 L_1 或液位计异常时进行报警指示。

（2）当偏差异常时，向上位机发出信息程序；当偏差恢复正常时，亦发出信息程序。

9.4.3 用 DCS 实现结晶器钢水液位控制方案

钢水液位控制功能如图 9.16 所示。

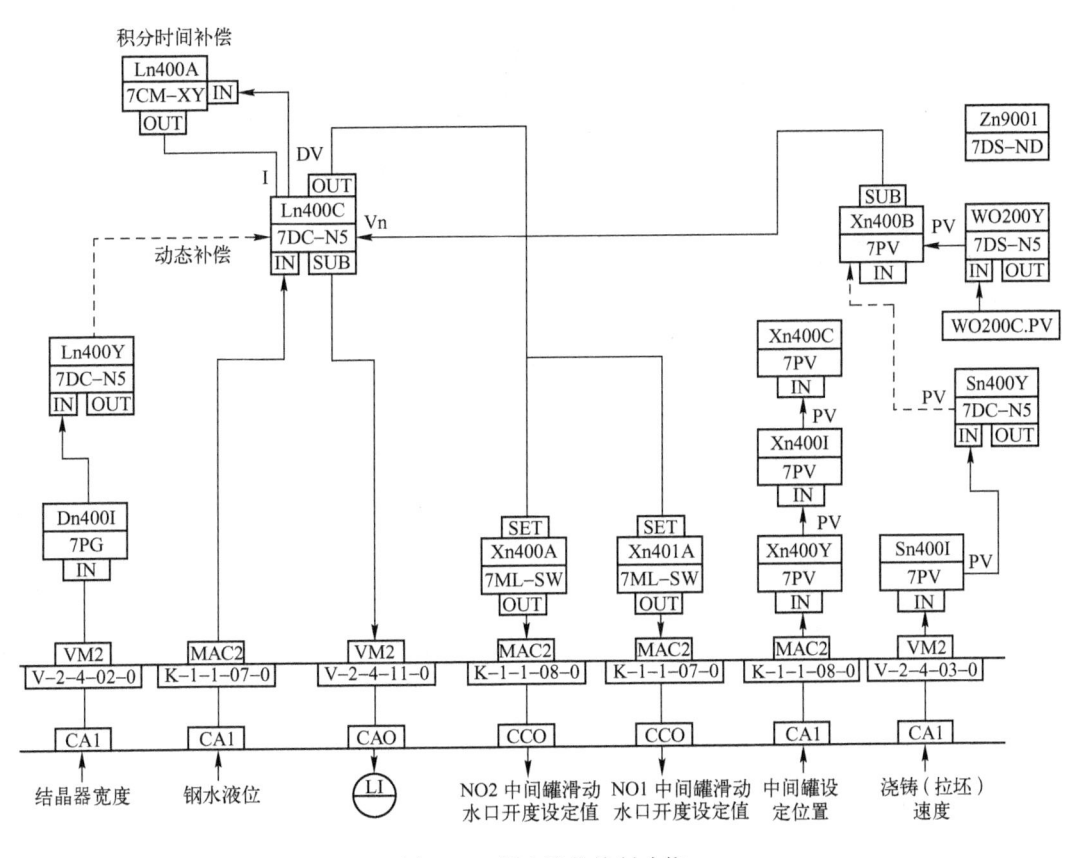

图 9.16 钢水液位控制功能

现就图 9.16 中用到的 CENTUM 系统的插件和功能模块说明如下。

① 信号变换器插件。CA1：用于将 4～20mA DC 的电流信号转换为 1～5V DC 的电压信号；CAO：用于将 1～5V DC 电压信号转换为 4～20mA DC 的电流信号；CCO：用于控制输出隔离。

② 输入/输出插件。MAC2（多路控制用模拟输入/输出插件）：8 路控制用隔离输入/输出，输入 1～5V DC，输出 4～20mA DC。VM2（多路模拟输入/输出插件）：8 路 1～5V

DC 隔离输入，8 路 1～5V DC 非隔离输出。

③ 功能模块。7PV：输入指示单元；7DC-N5：带低增益区的 PID 控制单元；7ML-SW：附输出切换开关的手动操作单元；7CM-XY：不等分折线函数单元；7DS-ND：常数设定单元；7PG：程序设定单元。

下面仅以钢水液位控制器（Ln400C）功能实现为例，说明内部功能的动作。钢水液位控制器（Ln400C）的内部功能如图 9.17 所示。

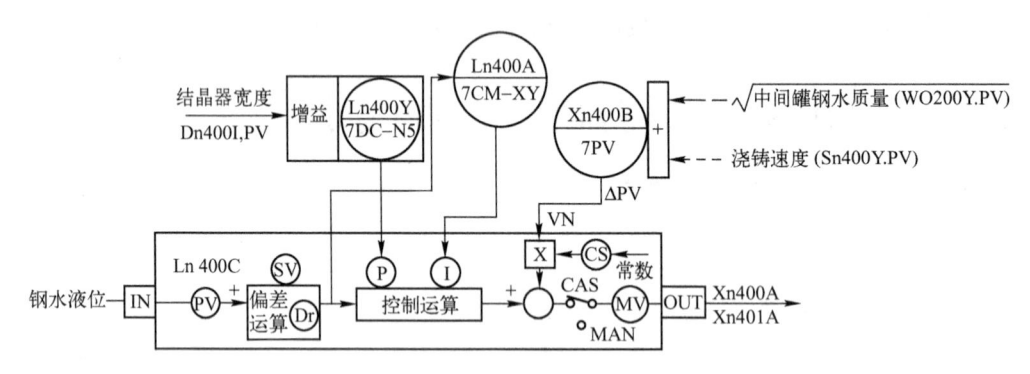

图 9.17 钢水控制器的内部功能

其他功能说明如下所述。

(1) 放大补偿。根据结晶器宽度的信息，对钢水液位计进行放大补偿。

$$G = G_\text{o}[1 + k(d - 1200)] \tag{9-5}$$

式中，G——补偿后的放大系数；G_o——基准值（$d = 1200\text{mm}$ 宽度）；

k——补偿系数；d——结晶器宽度。

增益放大值和比例的关系为：

$$G = \frac{100}{P} \tag{9-6}$$

式中，P——比例带，有：

$$P = \frac{100}{G} = \frac{100}{G_\text{o}} \times \frac{1}{1 + k(d - 1200)} = P_\text{o} \times \frac{1}{1 + k(d - 1200)} = P_\text{o} \times \frac{1}{1 + k'\left(\dfrac{d - 1200}{3250}\right)} \tag{9-7}$$

式中，P_o 为 $d = 1200\text{mm}$ 时的比例带，即 $P_\text{o} = \dfrac{100}{G_\text{o}}$。

当 d 在 900～1550mm 区间变化时，其 $\dfrac{d - 1200}{3250}$ 变化为 -0.092～0.108，放大补偿的范围设定值如表 9.2 所示。

表 9.2 放大补偿的范围设定值

d	Ln400Y.PV	900～1550mm
k'	Ln400Y.CS	0.000～1.000，可变
P_o	Ln400Y.P	6.3～999.9，可变
P	Ln400I.P	6.3～999.9，根据上述计算求出

第9章 过程控制仪表及装置应用系统案例分析

(2) 非线性间歇控制。非线性间歇控制如图 9.18 所示,在间歇宽度 2(Ln400CBS) 内,使等值偏差放大从 0、0.25、0.5 中选择。

(3) 前馈补偿作用。

① 当中间罐钢水质量（$\sqrt{中间罐钢水质量}$）的变化率超过设定值时,要进行液位控制器输出值的前馈补偿。当 $(\sqrt{W_{m-1}} - \sqrt{W_m}) \geq W_r$（在 1s 内的变化量）时,其补偿值为 $k_1(\sqrt{W_{m-1}} - \sqrt{W_m})$；当 $(\sqrt{W_{m-1}} - \sqrt{W_m}) < W_r$（在 1s 内的变化量）时,其补偿值为 0。数据设定如表 9.3 所示。

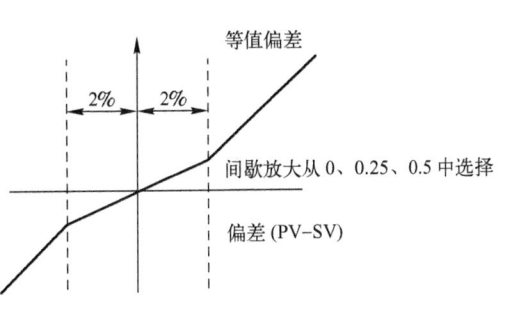

图 9.18 非线性间歇控制

表 9.3 前馈补偿数据的设定值

$\sqrt{W_m}$	W0200Y·PV (1ST) W0200Y·PV (2ST)	$\sqrt{中间罐钢水质量}$: 0.0~8.37（=$\sqrt{70}$）
k_1	W0200Y·CS (1ST) W0200Y·CS (2ST)	补偿系数: -1.000~1.000
W_T	W0200Y·VL (1ST) W0200Y·VL (2ST)	变化率的设定值: 0.00~8.370

注：PV——测量值；CS——控制信号；VL——变化率设定值。

② 当浇铸速度的变化率超过设定值时,要进行液位控制器输出值的前馈补偿（即要超前调节）。

其补偿值为 $k_2(V_m - V_{m-1})$（在 200ms 内的变化量）,数据设定如表 9.4 所示。

表 9.4 前馈补偿数据的设定值

V_m	W0200Y·PV (1ST) W0200Y·PV (2ST)	浇铸速度: 0.0~1.8m/min
k_2	W0200Y·CS (1ST) W0200Y·CS (2ST)	补偿系数: -1.000~1.000
V_T	W0200Y·VL (1ST) W0200Y·VL (2ST)	变化率设定值: 0.00~1.8

(4) 积分时间补偿。为克服钢水静压力而引起液位扰动的因素,根据偏差而变更积分时间 TI（变化率为 10 折线形式）,积分时间补偿如图 9.19 所示。

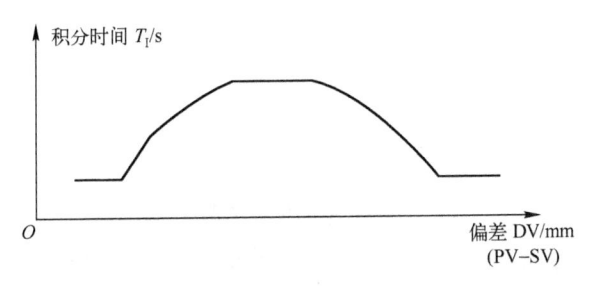

图 9.19 积分时间补偿

(5) 中间罐滑动水口开度。中间罐滑动水口开度如图 9.20 所示。

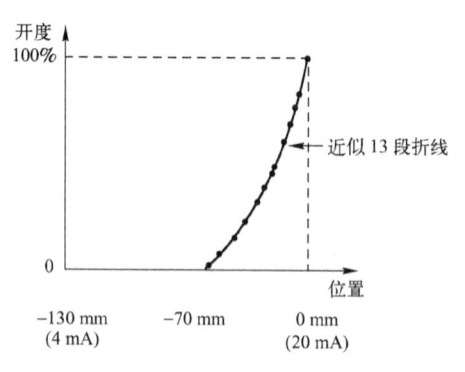

图 9.20 中间罐滑动水口开度

位置和开度对照表如表 9.5 所示。

表 9.5 位置和开度对照表

位置/mm	-130	-70	-64.2	-58.3	-52.5	-46.7	-40.8	-35.0	-29.2	-23.3	-17.5	-11.7	-5.8	0.0
开度/（%）	0.00	0.00	2.85	7.96	14.43	21.91	30.19	39.10	48.53	58.36	68.50	78.88	89.40	100.0

9.5 用 DCS 实现发电机组热电阻的故障检测

9.5.1 概述

发电厂燃煤气轮发电机组，需采用大量热电阻测量温度，在每台机组的三台给水泵中，就用了 60 多个点。由于给水泵转速高，出口压力大，因而振动较大，噪声较大，再加上其他人为的、不可预测的原因，众多的测温元件，如遇断阻、信号虚接等情况，都会引起保护误操作。如图 9.21 所示为给水泵电动机轴承温度保护曲线，运行时水泵的温升应服从正常曲线，它的突变有以下两种可能。

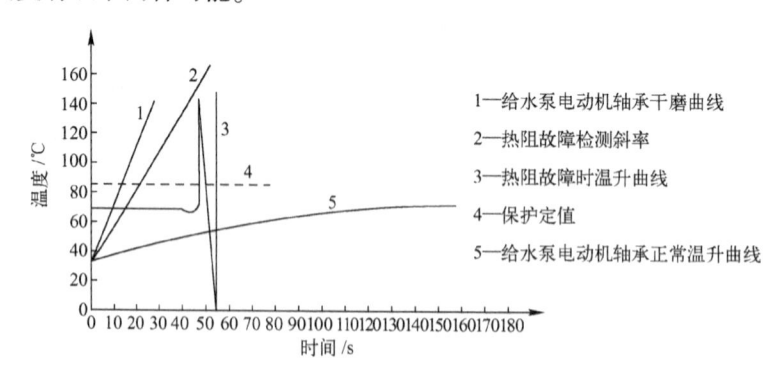

图 9.21 给水泵电动机轴承温度保护曲线

1—给水泵电动机轴承干磨曲线
2—热阻故障检测斜率
3—热阻故障时温升曲线
4—保护定值
5—给水泵电动机轴承正常温升曲线

（1）电动机轴承因缺油或干磨，温升极快，需要保护及时动作，以免烧毁轴瓦，这属正常保护范围。曲线显示，其温升斜率很大。

（2）信号线发生虚接或热阻故障时，理论上的温升速度将趋近于无穷大。这类假信号会引起给水泵跳闸。

9.5.2 测温元件加装断路（断阻）保护

根据这些特点，在保护回路中加装了"温升微分速率"回路 D_1、D_2 来鉴别热电阻是否工作在正常状态。同时，对它发出的错误信息加以屏蔽。

如图 9.22 所示是用 N-90 DCS 实现的热电阻故障检测逻辑图。可以看出，当 A、B 通道温度信号正常时，S_{K1} 闭合，信号送至后续回路，微分回路同时检测温升速率（即图 9.21 中的"热阻故障检测斜率"）是否超限。当温升速率小于 15℃/s 时，S_{K1}、S_{K2} 闭合；假设 A 通道温升的速率大于 15℃/s，即检测元件有问题时，G_1 发出信号，使触发器 R_1 记忆为"1"，S_{K1} 随之打开，A 通道被取消。这样，保护回路只保留 B 通道作为检测手段，反之亦然。当 A、B 通道都测得通道斜率大于 15℃/s 时，G_1、G_2 相继发出信号，使 R_1、R_2 均被置"1"，指令通过 A_0 向 A、B 通道发出跳闸信号。这样，当单通道的元件或控制电缆出现问题时，只发出报警信号而不跳闸；当两个通道都出现上述问题时，或者轴瓦缺油干磨时，保护立即动作，使给水泵尽早得以保护。

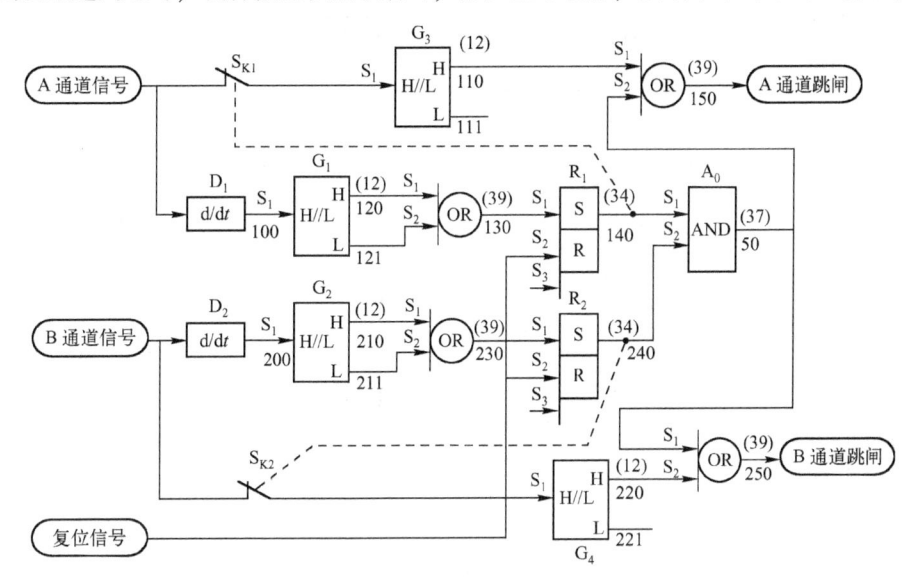

图 9.22 热电阻故障检测逻辑图

9.6 现场总线功能模块的应用

9.6.1 概述

现场总线技术有三大特点：信号传输数字化、控制功能分散化、开放与可互操作性。基金会现场总线（FF）标准在通常的开放系统互连（OSI）的七层模型外又增加了"使用层"，其主要内容是指定标准的"功能块"。FF 标准已不仅仅是信号标准或通信标准，它是新一代控制系统（现场控制系统 FCS）标准。

FF 目前已指定了标准功能模块，一般的功能模块有：模拟输入——AI；开关量输出——DO；手动——ML；偏值/增益——BG；控制选择——CS；开关量输入——DI；模拟输出——AO；比率——RA；P、PD 控制——PD；PID、PI、I 控制——PID。

先进的功能模块有：脉冲输入；复杂模拟量输出；复杂开关量输出；算术运算分离器；超前滞后补偿；死区；步进输出；设备控制；模拟报警；开关量报警；设定值程序发生；计算；积算；信号特征；模拟接口；选择；定时；开关量接口。

功能模块可以理解为"软件集成电路"，使用者不必十分清楚其内部构造细节，只要理解其外特性就可以了。用基本简单的功能模块还可以构成复杂的功能模块。FF 功能模块支持可编程控制器编程标准 IEC 1131-3。

功能模块的典型结构是有一系列输入和输出，内部有一套算法，还有一套对功能模块进行控制管理的信息。这些输入和输出及控制管理的信息也称为"参数"。

下面以 Smar 公司的 302 现场总线系统仪表为例，介绍如何用功能模块构筑系统的控制策略。Smar 功能模块如表 9.6 所示，功能模块在现场总线仪表中的分布如表 9.7 所示。

表 9.6 Smar 功能模块

AI	模拟输入	SPLT	分程输出选择
PID	PID 控制	SPG	设定值程序发生器
AO	模拟输出	CIDD	通信输入数字数据
ISS	模拟输入选择	CODD	通信输出数字数据
AALM	模拟报警	CIAD	通信输入模拟数据
CHAR	特征曲线	COAD	通信输出模拟数据
INT	积分器	ABR	模拟桥
ARTH	计算	DENS	密度
DBR	数字桥		

表 9.7 功能模块在现场总线仪表中的分布

现场总线压力差压变送器	LD302	AI, PID, CHAR, ARTH, ISS, INT
现场总线温度变送器	TT302	AI*2, PID, ISS, CHAR, ARTH, SPG
现场总线电流接口	FI302	AO*3, PID, ARTH, ISS, SPLT
电流现场总线接口	IF302	AI*3, CHAR, ARTH, ISS, INT
现场总线阀位输出器	FP302	AO, PID, ISS, SPLT, ARTH
现场总线阀门定位器	FY302	AO, PID, ISS, SPLT, ARTH
现场总线过程接口卡	PIC	PID*16, ARTH*16, SPG*16, TOT*24, DENS*24, CHAR*16, AALM*24, DBR*16, ABR*16
带现场总线接口 PLC	LC700	COAD, CIAD, CODD, CIDD

9.6.2 温压补正流量测量（FF-H1 协议）

温压补正流量测量系统连接示意图如图 9.23 所示。
参数设定：

AI 功能块（LD302-1）
TAG = PT-100
MODE-BLK. TARGET = AUTOLOCAL

ARTH 功能块（LD302-3）
TAG = FY-100
MODE-BLK. TARGET = AUTOCAS

L-TYPE = DIRECT
OUT-SCALE. UNIT = Pa
A-TYPE = 0
AI 功能块（LD302-2）
TAG = FT-100A
MODE-BLK. TARGET = AUTOLOCAL
PV-SCALE = 0～20inH2O
OUT-SCALE = 0～156CUFT/min
L-TYPE = SQR ROOT

AI 功能块（LD302-3）
TAG = FT-100B
MODE-BLK. TARGET = AUTOLOCAL
PV-SCALE = 0～200
OUT-SCALE = 0～495CUFT/min
L-TYPE = SQR ROOT

PV-UNIT = GAL/min
OUT-UNIT = GAL/min
K1 = 1
K2 = K3 = K4 = K6 = 0
K6 = 0.01726
RANGE-LO = 400
RANGE-H1 = 600

INT 功能块（LD302-3）
TAG = FQ-100
MODE-BLK. TARGET = AUTOCAS
OUT-UNIT = GAL/min
in HO
AI 功能块（TT302）
TAG = TT-100
MODE-BLK. TARGET = AUTOLOCAL
OUT-SCALE. UNIT = K

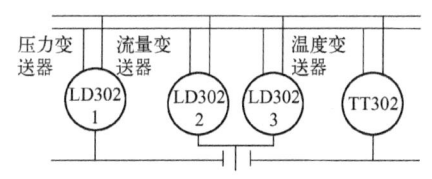

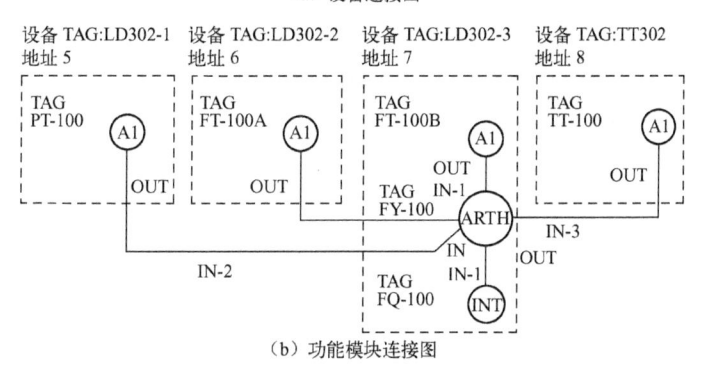

图 9.23 温压补正流量测量

说明：气体压力信号 PT-100、温度信号 TT-100、流量低段信号 FT-100A 送进变送器 LD302-3 与其内流量高段信号 FT-100B，由计算功能模块 ARTH 计算温压补正后的气体质量流量，同时积算其累计量。ARTH 所选择的公式为 $Q = Q \times \sqrt{P/TZ}$。

9.6.3 串级控制系统

串级控制系统示意图如图 9.24 所示。

图9.24 (a) 设备连接图　(b) 功能模块连接图

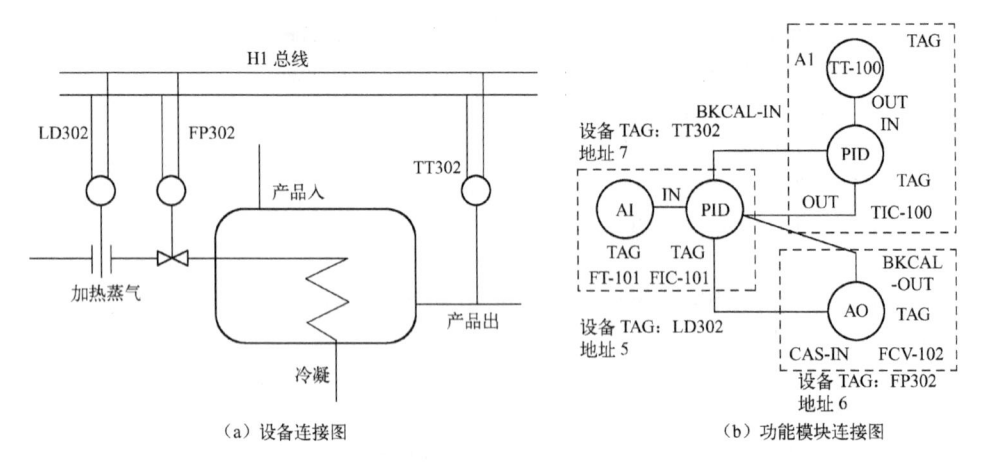

图 9.24　串级控制系统

参数设定略。

9.6.4　锅炉三冲量水位控制系统

锅炉三冲量水位控制系统示意图如图 9.25 所示。

(a) 设备连接图

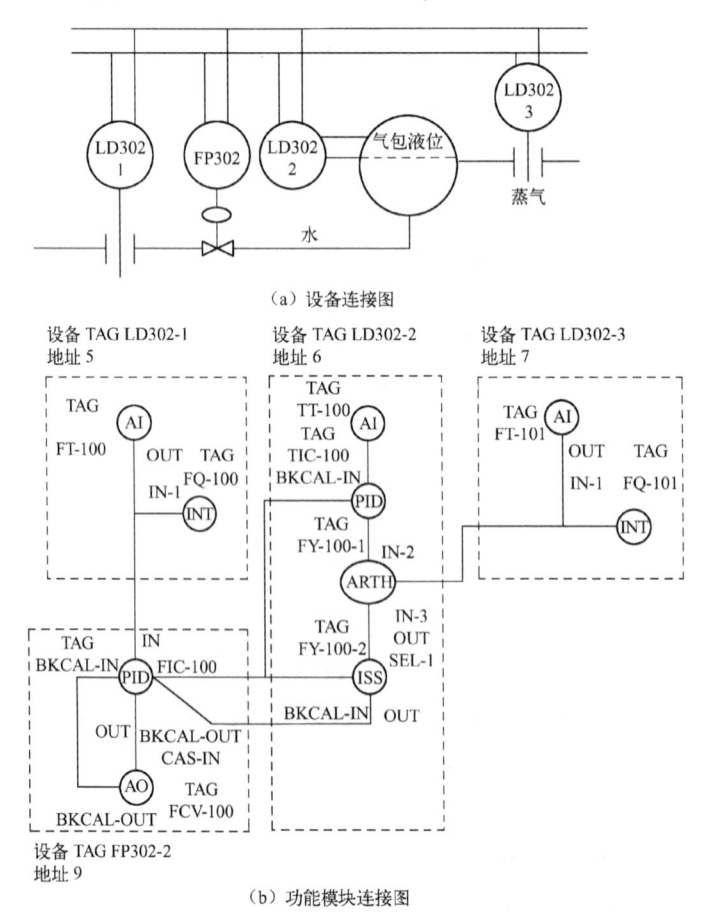

(b) 功能模块连接图

图 9.25　锅炉三冲量水位控制系统

第9章 过程控制仪表及装置应用系统案例分析

参数设定略。

通过以上例子可以形象地理解现场控制系统是如何把基本控制功能彻底分散到现场设备中去的。这种高度分散与自治的结构模式彻底解决了 DCS 控制站中仍然存在的风险集中问题，减少设备层次与数量，加入自诊断功能，控制室监控管理计算机与现场设备直接通信，提高了可靠性，降低了系统成本。可以想象分布在现场的智能设备要完成控制运算、通信、网络管理、系统管理，其技术是十分复杂的。不过这些都在后台，而面对设计与用户则是友好的界面。

本 章 小 结

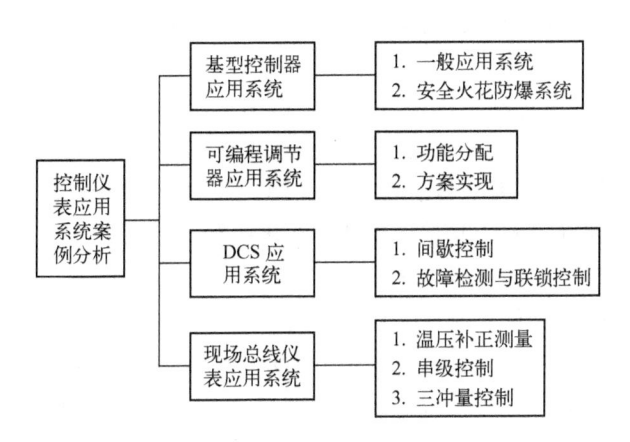

```
                    ┌─基型控制器───┬─1. 一般应用系统
                    │ 应用系统      └─2. 安全火花防爆系统
                    │
                    ├─可编程调节───┬─1. 功能分配
控制仪─┤ 器应用系统    └─2. 方案实现
表应用 │
系统案─┤
例分析 ├─DCS 应────────┬─1. 间歇控制
                    │ 用系统        └─2. 故障检测与联锁控制
                    │
                    └─现场总线仪────┬─1. 温压补正测量
                      表应用系统    ├─2. 串级控制
                                   └─3. 三冲量控制
```

思考与练习题 9

1. TT302 的功能是什么？
2. FI302 的功能是什么？
3. IF302 的功能是什么？
4. FP302 的功能是什么？
5. FY302 的功能是什么？

参 考 文 献

[1] 曹润生. 过程控制仪表. 杭州：浙江大学出版社，1987
[2] 胡广书. 数字信号处理（理论、算法与实现）. 北京：清华大出版社. 1997
[3] 刘宝琴. ALTERA 可编程逻辑器件及其应用. 北京：清华大学出版社. 1995
[4] 阳宪惠. 工业数据通信与控制网络. 北京：清华大学出版社. 2003.
[5] 阳宪惠. 现场总线技术及应用. 北京：清华大学出版社. 1999.
[6] 刘和平. TMS320LF240X DSP 结构、原理及应用. 北京：北京航空航天大学出版社. 2002
[7] 侯志林. 过程控制与自动化仪表. 北京：机械工业出版社. 2002
[8] 邵裕森. 过程控制及仪表. 上海：上海交通大学出版社. 1995
[9] 吴勤勤. 电动控制仪表及装置. 北京：化学工业出版社. 1990
[10] 刘巨良. 过程控制仪表. 北京：化学工业出版社，1998
[11] 周建元. 新型过程控制仪表. 北京：中国石化出版社，1993
[12] 张永德. 过程控制装置. 北京：化学工业出版社，2000
[13] 林锦国. 过程控制系统、仪表、装置. 南京：东南大学出版社，2001
[14] 周泽魁. 控制仪表与计算机控制装置. 北京：化学工业出版社，2002
[15] 钟汉武. 化工仪表及自动化实验. 北京：化学工业出版社，1991
[16] 刘琨. 电动调节仪表. 北京：中国石化出版社，1996
[17] 丁炜. 可编程控制器在工业控制中的应用. 北京：化学工业出版社，2004
[18] 魏庆九. CENTUM 在结晶器钢水液面控制中的应用. 见：DCS 应用技术学术研讨会论文集. 上海：中国自动学会仪表与装置专业委员会，1995
[19] 斯可克. 用现场总线功能块构筑系统控制策略. 见：DCS 应用技术和现场总线学术研讨会论文集. 上海：中国自动学会仪表与装置专业委员会，1997
[20] 张家祥等. DCS 联锁保护系统的优化. 见：DCS 应用技术和现场总线学术研讨会论文集. 上海：中国自动学会仪表与装置专业委员会，1997
[21] 费希尔－罗斯蒙特公司产品操作和维修手册
[22] 和利时公司产品操作和维修手册